变电运检典型设备
故障实例分析

BIANDIAN YUNJIAN DIANXING SHEBEI
GUZHANG SHILI FENXI

国网无锡供电公司　编

中国电力出版社
CHINA ELECTRIC POWER PRESS

内 容 提 要

本书以"实用、适合、实际"为编写原则，精选近几年现场真实发生的变电运行、检修专业中典型事故及异常实例，进行深入分析，并详细介绍了故障原因、处理方法和改进措施。全书根据设备类型分为十七章，涵盖了变压器、断路器、隔离开关、母线、线路、交直流系统、二次回路等设备的事故及异常案例，同时涉及变电设备验收、变电设备维护及切换试验等系统性的学习指导。每一章均分为三节：第一节为概述，第二节为实例分析，第三节为训练。

本书立足实际、分析透彻、结构清晰，力求让读者能够通过学习，正确认识故障的本质，提升处理变电设备故障的能力。全书侧重实战操作，并充分考虑到现场设备的发展以及电网生产方式的变化，确保内容同步及适度超前。本书适合变电运维、变电检修、调度监控等相关技术人员参考，也可作为电气专业师生的学习资料。

图书在版编目（CIP）数据

变电运检典型设备故障实例分析/国网无锡供电公司编. --北京：中国电力出版社，2025.1.
ISBN 978 - 7 - 5198 - 9409 - 2

Ⅰ. TM63

中国国家版本馆 CIP 数据核字第 202483L6B3 号

出版发行：中国电力出版社
地　　址：北京市东城区北京站西街 19 号（邮政编码 100005）
网　　址：http://www.cepp.sgcc.com.cn
责任编辑：丁　钊（010-63412393）
责任校对：黄　蓓　朱丽芳　马　宁
装帧设计：王红柳
责任印制：杨晓东

印　　刷：廊坊市文峰档案印务有限公司
版　　次：2025 年 1 月第一版
印　　次：2025 年 1 月北京第一次印刷
开　　本：787 毫米×1092 毫米　16 开本
印　　张：22.75
字　　数：512 千字
定　　价：78.00 元

编委会名单

前　言

保障电网安全运行是供电企业的首要职责，也是建设具有中国特色国际领先的能源互联网企业的基石。为有针对性地帮助运行检修人员精准诊断、快速排障、消除隐患，实现变电技能和经验的有效传承，我们精心编撰了这本能够解决变电站生产运维疑难杂症的实战型教材。本书直击变电站运维痛点，不仅概述了变电设备故障处理的标准流程，更精选近年来现场发生的典型事故与异常案例，极具参考价值。书中还配备了实战演练案例，旨在让读者学以致用、强化理论，提升实战技能。

本书的内容不仅限于传统的变压器、母线、线路事故及异常，还涵盖了调度监控、智能变电站等新生产方式下的事故及异常。考虑到许多事故及异常的根源往往可以追溯到设备验收不到位及维护切换试验的疏漏，本书还特别将设备验收及维护切换试验单独成章，以提供系统性的指导。

本书通过文字描述、简图、表格等多种形式展现了设备事故及异常发生的全过程及相应的处置方法。每一章均分三节，第一节为概述，第二节为实例分析，第三节为训练。如"变电设备维护及切换试验"一章，第一节概述了变电设备的维护及切换试验的一般要求与注意事项，第二节通过变电设备维护及切换试验实例，介绍了各类设备的维护及切换试验方法，第三节通过实训操作进一步巩固所学，并提供参考答案，帮助读者融会贯通前两节所学内容。

本书力争让读者正确理解变电设备故障的成因，做到知其然而知其所以然，从而提升其解决实际问题的能力。全书侧重实战操作，充分考虑到现场设备的发展以及电网生产方式的变化，确保内容同步及适度超前。本书适合变电运维、变电检修、调度监控等相关技术人员参考，也可作为电气专业师生的学习资料，帮助读者通过理论与实践结合的方式，全面提升故障处理的技能，真正做到实用、可靠、前沿。

本书由国网无锡供电公司组织编写，崔绍军、华济民、李凌霄、许纹碧、朱一琳、宦俊、曹思远、汤洪、汪楠、石天、黄晓伟、王强、汪奕彤、郑舒赛、徐泱奇、叶俊分别编写第一、二、三、四、五、六、七、八、九、十、十一、十二、十四、十五、十六、十七章，崔绍军、华济民、汪奕彤合作编写第十三章。

由于编写人员水平有限，本书难免有错误和不足之处，恳请广大读者批评指正。

编　者

目 录

第一章

变电设备验收

第一节 变电设备验收概述

作为变电工程三级验收体系中最后一环,变电运维人员的验收工作对于确保整个变电站的顺利投运以及可靠运行具有至关重要的作用。目前,运维人员对于变电设备的验收侧重于外观、操作、信号以及连锁方面的验收,具体内容主要包括变电一次设备的验收、变电二次设备的验收、连锁回路的验收、"四遥"系统的验收等内容。

一、一次设备验收概述

一次设备的验收主要包括主变压器、断路器、隔离开关、电容器、电抗器、电压互感器、电流互感器、避雷器、GIS 成套设备、开关柜、接地变压器、消弧线圈等内容。一次设备类型多,厂家更是不计其数,给验收工作带来很大的困难。对于运维人员而言,一次设备的验收主要包括资料、外观检查、操作、切换试验等方面的验收。

1. 资料验收一般原则

一次设备的相关资料既是运维人员编制现场运行规程、典型操作票、标准化作业卡以及事故预案等后期运维资料的基础;也是运维人员熟悉设备,进行倒闸操作、日常巡视、事故及异常处理的重要依据;同时,还是检修人员进行设备检修、事故异常处理的相关依据。因此,一次设备资料验收是运维人员进行变电设备验收不容忽视的重要组成部分。一次设备资料的验收包括:

(1) 说明书、出厂试验报告、合格证、安装指导说明等资料应齐全。

(2) 施工图和设计变更单等图纸资料齐全。

(3) 电气试验和质检记录、超声波测试等专业测试记录翔实、准确。

(4) 设备铭牌数据与设备台账一致或者铭牌已拍照、留档。

(5) 设备修试记录填写完整,无影响运行的缺陷和问题,可以投运结论明确。

2. 外观检查一般原则

在新建以及改扩建过程中,外观检查作为运维人员一次设备验收的一个重要环节,有着至关重要的作用。运维人员通过对一次设备外观进行检查,可检查一次设备的施工工艺是否满足相关标准,确保日常一次设备的正常、可靠运行。同时,通过一次设备的检查工作,运维人员可及时发现与清除遗留在设备中的接线、杂物,以免在设备充电过程中发生意外。同时,在一次设备外观检查过程中,运维人员可以检查设备封堵是否完善,有效避免小动物对于设备的危险,保证了日后设备运维的可靠性。

外观检查主要包括:

(1) 工完、料尽、场地清,无安装遗留物件。

（2）一次接线正确，三相相位正确，相色清晰，导线连接牢固完整，无散股、断股现象。

（3）二次接线检查正常，无松动等异常，电缆编号及号牌齐全，走向清晰。

（4）箱体密封良好，箱内封堵严密、平整、四方。

（5）各电源开关、熔丝、连接片投入正确，接触良好。

（6）各种指示灯、标记显示正确，无异常。

（7）基础无倾斜、下沉，架构完好无锈蚀、接地良好。

（8）注油设备外壳无膨胀、变形、渗漏油现象。

（9）绝缘子完整无裂纹、无破损、表面清洁无积尘。

3. 操作验收一般原则

运维人员最常见的工作就是倒闸操作，而一次设备的操作最多，因此一次设备的操作验收工作是一次设备验收中的重中之重。通过操作验收，运维人员可以熟悉设备的操作方法与技巧，也可以及时发现设备的异常，避免设备带缺陷投运。同时，操作验收也是现场运行规程、典型操作票等运维资料的重要资料基础。

一般而言，敞开式一次设备的操作包括后台操作、测控装置操作、端子箱操作以及机构箱操作等四种操作方法。对于隔离开关（接地闸刀）而言，机构箱操作还包括电动操作和手动操作两种方法。而对于组合电器设备的操作除了后台操作、测控装置操作，还包括汇控箱（开关柜）的操作。操作方式的选择一般由装置、端子箱以及机构箱上的"远方/就地"切换开关来决定。通过观察设计图纸，我们不难看出离一次设备越近，其操作方式的优先级越高，具体而言，机构箱手动操作闭锁机构箱电动操作，机构箱就地操作闭锁端子箱就地操作，端子箱就地操作闭锁测控装置就地操作，测控装置就地操作闭锁后台操作。在实际验收过程中，运维人员需要逐一验收每一级的操作以及对上一级操作的闭锁。

断路器的操作验收过程中，应确保断路器动作正常，计数器动作正常，开关储能正常，后台、机械、指示灯等相关指示正确。而隔离开关（接地闸刀）的操作验收应确保其无卡涩现象，三相同期符合要求，接触良好，同样的，其后台、机械、指示灯等相关指示应正确。

在扩建设备的验收过程中，误合扩建隔离开关至带电设备是验收过程中的主要危险源点。一般而言，在设备未验收之前，严禁扩建母线隔离开关与母线进行搭接。母线隔离开关验收时其对应的母线处于停役。待扩建的母线隔离开关与母线搭接并验收合格后，为了防止误合母线隔离开关，应做好相应的防护措施，一般采用脱开隔离开关的操作连杆、扎紧抱箍等方法，待设备投运前恢复相关措施。同时，运维人员应在验收结束后立即关好相关箱体并上锁，同时拉开隔离开关的控制电源以及电动机电源，做好相应的安全管控工作，确保验收过程中的安全生产工作。

4. 切换试验的一般原则

重要的交流或者直流电源一般采用环供或者双电源自动切换的方式，因此切换试验的验收工作，也是一次设备验收的重要组成部分。切换试验正确与否，同样关系到设备的可靠运行，因此切换试验的验收同样不可马虎。验收过程中应该严格按照切换试验的相关要求，力求完备、可靠。同时，验收过程中应该避免交流电源的并列运行，给设备造成影响。

二、二次设备验收概述

二次设备主要包括保护装置、测控装置、备自投装置、电压并列装置、稳控装置等。二次设备的能否准确、完善地验收，关系到设备的可靠运行，关系到电网的健康与稳定。随着变电专业分工的精益化，运维人员对于二次设备的验收侧重于出口连接片以及功能连接片的验收。对于运维人员而言，二次设备的验收主要包括资料记录、外观检查、功能及出口等方面的验收。

1. 资料记录的验收

与一次设备的资料相同，二次设备的相关资料也是运维人员编制现场运行规程、典型操作票、标准化作业卡以及事故预案等后期运维资料的基础，也是核对和制作压板的重要依据，还是运维人员进行倒闸操作、日常巡视、事故及异常处理的重要依据。

二次设备资料记录的验收主要包括：

（1）说明书、施工图纸等资料齐全。

（2）设备铭牌数据与设备台账一致或铭牌已抄录。

（3）继保记录填写完整，无影响运行的缺陷和问题，可以投运结论明确。

2. 二次设备的外观检查

与一次设备的外观千差万别不同，二次设备的外观相对简单，其验收的标准也相对单一。然而，二次设备的特点决定了其外观检查在运维人员验收体系中不可或缺的地位。通过二次设备的外观检查，可以避免遗留试验接线对设备安全运行的威胁。外观检查的验收主要包括如下几个方面。

（1）工完、料尽、场地清，无安装遗留物件，有关试验接线拆除。

（2）电缆洞封堵良好，保护屏用多股铜线与接地铜网连接，并可靠接地。

（3）屏内端子排接线合格、牢固，电缆名称牌齐全，标牌走向清晰准确。

（4）人机对话显示屏显示正常，无告警灯点亮。

（5）连接片、切换开关、低压断路器标志符号清晰、正确、标签齐全。

（6）熔丝符合设计规定，标示正确、齐全。

（7）交直流回路绝缘符合要求。

（8）保护定值单与装置所设定值、调度核对正确。

（9）定值单上已填入校验、核对、投入人的姓名及日期。

3. 二次设备功能及出口的验收

对于继电保护装置而言，功能以及出口连接片的验证是运维人员保护类装置动作正确与否的重要组成部分，为日后运维人员的连接片操作提供依据，也可以再次核对施工人员（厂家）的连接片名称是否与实际相符。

在实际验收过程中，运维人员的验收过程一般结合继保人员的验收工作同时进行。验收分保护装置性验收和传动验收两个部分，即通过装置加量，压上功能连接片，取下所有跳闸连接片，模拟相关故障，断路器无法跳闸。逐一验证保护的各个功能正确后，压上欲验证的跳闸出口连接片，模拟相关故障，保护正确动作，断路器跳闸，相关指示灯指示正确。采用同样的方法，逐一验证相关的跳闸出口连接片正确方可。

在扩建变电工程中，由于运行方式的局限性，某些断路器由于某种原因无法停役，在实际施工以及验收过程中应该做好相应的二次安全措施，确保保护的验收不会误跳运行开关。母差保护联跳扩建开关验收结束后，为了避免新建开关差流回路对于母差保护的影响而造成母差误动，一般继保人员会将扩建开关的母差 TA 短接退出，确保母差保护的可靠运行，待启动过程中带负荷测试正确后方可启用。

三、"四遥"系统验收概述

随着变电站自动化水平的日益提高，变电站"集中监控、少（无）人值守"的模式逐步适应于各个电压等级的变电站。因此，涵盖遥控、遥调、遥信、遥测在内的"四遥"系统的验收准确性对于监控人员及运维人员就显得尤为重要了，主要体现在：

1)"四遥"系统是监控人员、运维人员发现和判断异常及事故信号的依据。

2)"四遥"系统是运维人员倒闸操作的重要载体。

3)"四遥"系统是调度人员、监控人员、运维人员事故处理基础。

4)"四遥"系统是电网潮流分析的基础数据。

因此，如何做好"四遥"系统的验收工作是变电站运维人员验收工作中的重要组成部分。

"四遥"系统的验收中，遥信的验收最为重要且数量最多，运维人员也最为重视。通常而言，信号一般分由硬触点触发和由软报文触发两类，硬触点信号包括断路器、主变压器等本体的信号，而软报文信号一般由保护装置触发。在实际验收过程中，硬触点信号需要实际触发，因此运维人员需要对相关信号回路比较熟悉。而软报文信号通过装置触发即可，无需实际触发。

"四遥"系统的验收中，遥控的验收安全隐患最大，尤其是在改扩建变电工程中。在改扩建过程中，自动化人员做好相关安全措施（即将全站运行断路器的遥控连接片取下，"远方/就地"切换开关切至就地位置）后，运维人员方可进行遥控的验收工作。在验收过程中同样需要履行监护制度，确保设备的安全运行。运维人员的遥控验收一般首先将测控装置上待验收的断路器或隔离开关（接地闸刀）的遥控连接片取下，在后台遥控操作，无法操作成功，再压上遥控出口连接片后，在后台遥控成功。

电气设备常见的遥测量一般包括三相电流、三相电压、有功功率、无功功率、功率因数、温度等参数。以电流、电压为例，一般都是在测控装置上直接加一个标准量（二次值），然后依据变比，与后台核对正确与否。如果三相电流、三相电压、有功功率、无功功率、功率因数均与实际值相同，则该间隔的遥测验收通过。

主变压器、电抗器等温度的验收一般采用表计的实际温度值与后台对比，由于存在精度问题，一般不存在 5℃ 及以上误差，即认可该温度的遥测验收合格。

遥调的验收一般只针对有载调压的主变压器有载调压开关的验收，在实际验收过程中，一般只将有载调压开关升挡、降挡以及急停分别试验一次正确后即可。

四、"五防"连锁验收概述

电气误操作事故给电网安全、设备安全和人身安全造成巨大威胁，特别是现在随着电网的不断发展，容量、规模越来越大，发生事故后的影响范围将扩大，甚至会造成整个电网的崩溃。

目前新建的变电站中一般以机械防误系统、电气防误系统以及监控防误系统组成。目前，在江苏电网范围内的 220kV 及 500kV 变电站一般采用"站端监控系统逻辑闭锁＋设备间隔内电气闭锁"的方式来实现防误操作功能，不再设置独立的微机防误操作系统。站端监控系统逻辑闭锁与间隔内电气闭锁形成"串联"关系。

在实际验收过程中，电气闭锁和测控闭锁一般分别进行验收。在验收电气闭锁时，为了避免测控连锁对电气连锁的干扰，通常将测控连锁切至解锁位置；同样道理，验收测控连锁过程中，电气连锁同样切至解锁位置。

连锁的验收一般采用逆向验收法则，即如果验收断路器对隔离开关的连锁，首先将断路器合上，依次验收相对应的隔离开关无法拉开，即可验证断路器对相应隔离开关的连锁。同样道理，合上某隔离开关，对应相关接地闸刀无法操作，则可验收隔离开关对相关接地闸刀的连锁。

而对于倒排连锁的验收则采用正向验收法则，即合上母联及两侧母联隔离开关，然后合上正（副）母隔离开关后，如果可以合上副（正）母隔离开关，则表明倒排连锁正确；如果无法合上合上副（正）母隔离开关，则表明倒排连锁有误。

主变压器三侧间的连锁以及母线横向连锁相对比较复杂，运维人员在不熟悉设备的情况，应根据相关标准，认真编制连锁验收票，确保连锁验收的完善，不出现遗漏验收的现象，也为运维人员的倒闸操作做好硬件防护。验收过程中，隔离开关以及接地闸刀的手动操作同样具备连锁，运维人员应将手动条件的连锁同样列入验收票中。

连锁验收过程中，如果出现同一机构上隔离开关或接地闸刀的连锁不正确，运维人员应立即采用急停的措施，防止电动机运转造成其机械闭锁损坏。在改扩建过程中的连锁验收中，最大的安全隐患来自将隔离开关以及接地闸刀合至运行设备造成各类恶性事故，威胁设备及人身的安全。

新建以及改扩建变电工程的验收关系到设备日后能否安全、稳定的运行，也关系到电网的健康水平，也是各级验收体系中最后一环，具有至关重要的作用。因此，运维人员务必以严谨的态度对待相关验收工作，仔细编制相关验收作业卡，认真开展各项验收工作，排查每一个设备隐患，并及时要求施工方进行整改，高质量地完成各项验收工作。同时，在改扩建工程的验收过程中，防止各类事故的发生，确保设备的可靠投运。

第二节 变电设备验收实例

一、一次设备验收实例

1. 主变压器验收实例

电力变压器是电力系统的主要设备之一。它承担着电压变换以及电能分配和传输，并提供电力服务。它的正常运行是对电力系统安全、可靠、优质、经济运行的重要保证。主变压器作为变电站的核心部件，其验收主要包括本体、风冷系统、有载调压开关以及充氮灭火装置等的验收。

（1）主变压器本体的验收。主变压器本体的验收包括如下几个部分。

1）说明书、出厂试验报告、合格证、安装指导说明应齐全。

2）设计变更单和设计施工图完整。

3）油务化验、芯体检查、电气试验和质检记录齐全无误。

4）检查施工现场已清理（包括变压器顶部），工作人员全部撤离，无遗留物件。

5）变压器一次接线正确，三相相位正确，相色清晰。主变压器构架已经油漆。

6）瓷绝缘套管清洁无破损，基座接地良好。

7）设备名称牌正确、齐全。

8）油枕、充油套管油色、油位正常。本体气体继电器窗内应充满油，并加装防雨罩。

9）油枕、冷却装置、净油器等油系统上的蝶阀均应打开，各油管应注明名称。

10）本体、冷却装置及附件应无缺陷、渗漏油现象。

11）主变压器外壳不同位置的两点接地点，高中压侧中性点、铁芯接地点应连接牢固可靠。

12）呼吸器矽胶符合要求，油封杯内充满油，并呼吸正常。

13）主控室油温表、后台油温遥测值与本体油温表指示一致。

14）端子箱二次线检查正常，端子无松动等异常，备用电流互感器二次已短接，各类标签齐全，熔丝符合设计规定，标示正确、齐全。

15）风控箱指示正确，工作正常。

（2）变压器风冷系统的验收。高温对变压器寿命影响很大，同时变电运维人员定期要对变压器风冷进行切换作业，因此变压器风冷系统验收也就显得尤为重要了。变压器风冷系统分为油浸风冷和强油风冷两种冷却方式，下面分别阐述两种变压器风冷系统的验收工作。

1）油浸风冷系统验收。风控箱内二次线检查正常，端子无松动等异常，各类标签齐全，熔丝符合设计规定，标示正确、齐全，封堵良好。

图 1-1 中的电源切换开关 S1 切至 400V 交流 Ⅰ 段，图 1-2 中的风冷方式切换开关 S2、S3 切至手动位置，10 组风扇运行正常，转向一致，声音平稳。风控箱上相应风扇指示灯亮。

S1 切至 400V 交流 Ⅱ 段，S2、S3 切至手动位置，10 组风扇运行正常，转向一致，声音平稳。风控箱上相应风扇指示灯亮。

将 S1 切至 Ⅰ 段，拉开站用电屏上 Ⅰ 段电源总进线开关 Q1，K2 继电器动作，风控箱"Ⅱ 段电源投入灯"亮，而"Ⅰ 段电源投入灯"灭，10 组风扇工作正常。

将 S1 切至 Ⅱ 段，拉开站用电屏上 Ⅱ 段电源总进线开关 Q2，K1 继电器动作，风控箱"Ⅰ 段电源投入灯"亮，而"Ⅱ 段电源投入灯"灭，10 组风扇工作正常。

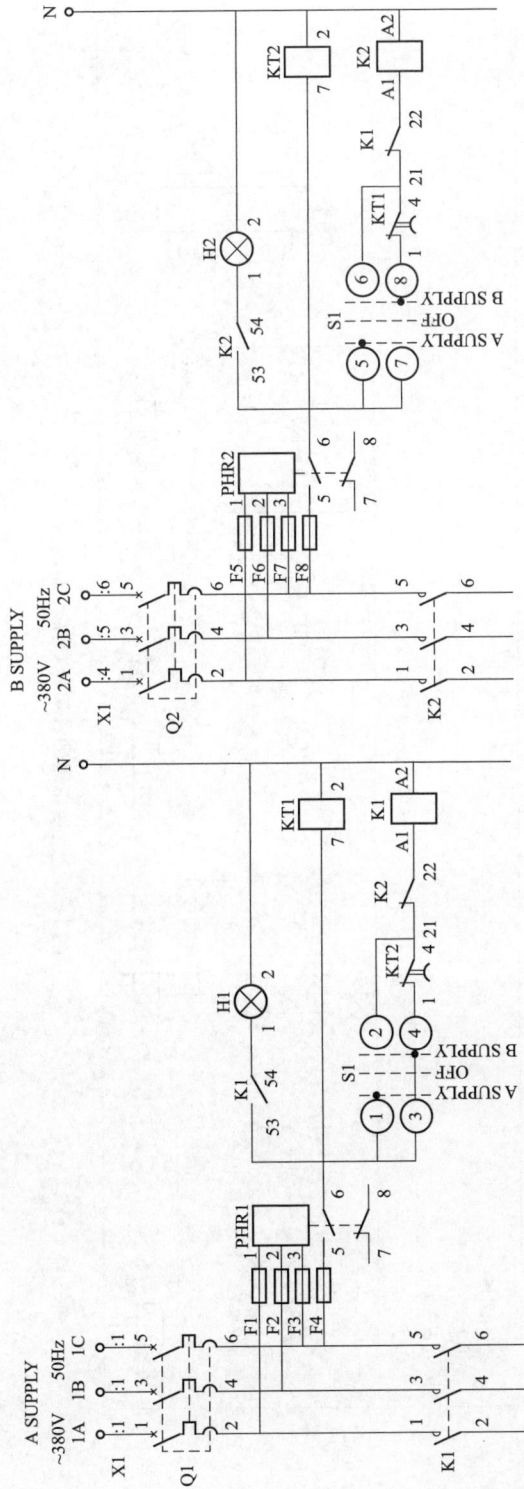

图 1-1 主变压器油浸风冷系统电源回路

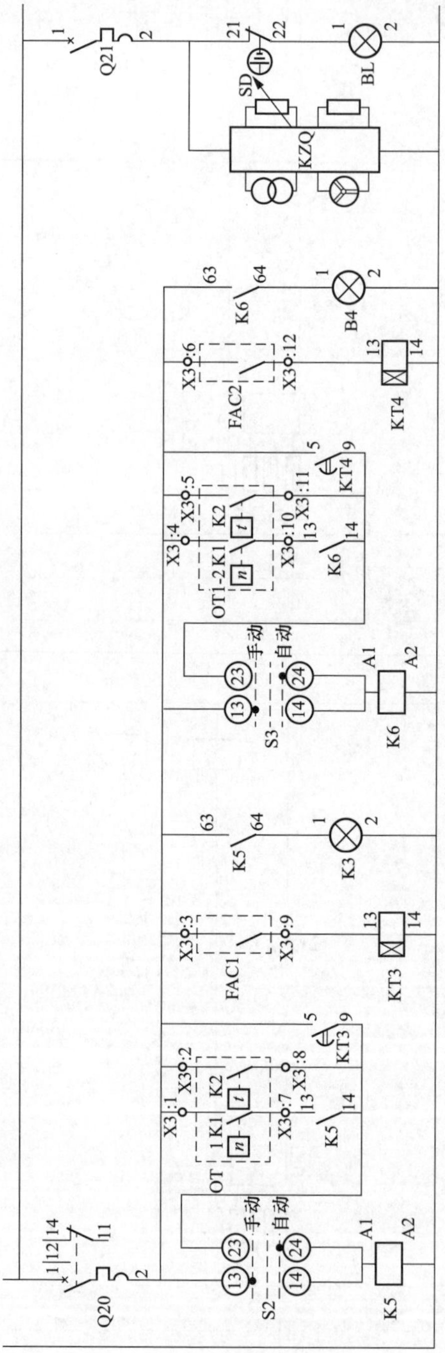

图 1-2 主变压器油浸风冷系统控制回路

将 S2、S3 切至自动位置，两组风扇均停转，相应指示灯熄灭，遥信复归。

风控箱内短接节点（温度计指针拨至 50℃），一组风扇投入；有"主变压器风扇一级投入"遥信，风控箱上相应指示灯亮。

温度计指针拨至 50℃，一组风扇停转；"主变压器风扇一级投入"遥信、指示灯复归。

风控箱内短接相关节点（温度计指针拨至 65℃），二组风扇投入；有"主变压器风扇二级投入"遥信，风控箱上相应指示灯亮。

温度计指针拨至 60℃，二组风扇停转，"主变压器风扇二级投入"指示灯复归。

FAC1、FAC2 继电器为变压器过电流继电器辅助触点，模拟主变压器高压侧负荷大于额定负荷的 60%（设定值），时间继电器 KT3 动作，其动合触点 KT3 延时闭合，K5 继电器得电动作，动合触点 K5 闭合，一级冷却器起动。

拉开风控箱内 Q20 开关，冷却器切至手动位置均不能投入运行。

拉开 400V 交流电源低压断路器 Q1、Q2，模拟风扇全停，风扇全停灯亮。

合上 Q21 开关，风控箱开启时，照明灯亮。温湿度达到一定条件，加热器自动投入。

2）强油风冷系统验收。风控箱内二次线检查正常，端子无松动等异常，各类标签齐全，熔丝符合设计规定，标示正确、齐全，封堵良好。

对于强油风冷的电源切换装置，与油浸风冷的方式相同，其验收方式也相同。由主变压器强油风冷系统电源回路图（见图 1-3）可以看出：

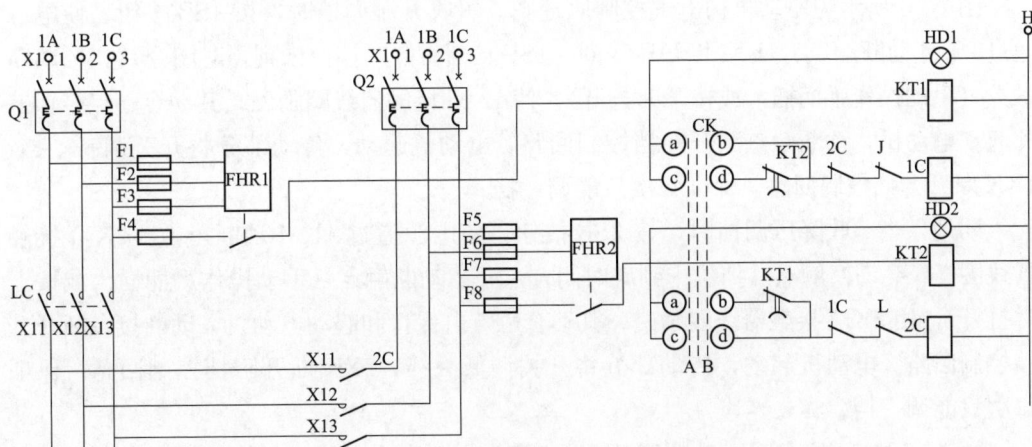

图 1-3　主变压器强油风冷系统电源回路

① 将电源切换开关 CK 切至 A 用位置，工作组风扇运行正常，转向一致，声音平稳。风控箱上相应风扇"Ⅰ段电源投入灯"（HD1）指示灯亮。

② 将电源切换开关 CK 切至 B 用位置，工作组风扇运行正常，转向一致，声音平稳。风控箱上相应风扇"Ⅱ段电源投入灯"（HD2）指示灯亮。

③ 将电源切换开关 CK 切至 A 用位置，拉开站用电屏上Ⅰ段电源总进线开关 Q1，2C 继电器动作，风控箱"Ⅱ段电源投入灯"（HD2）亮，而"Ⅰ段电源投入灯"（HD1）

灭，工作组风扇工作正常。

④ 将电源切换开关 CK 切至 B 用位置，拉开站用电屏上Ⅰ段电源总进线开关 Q2，1C 继电器动作，风控箱"Ⅰ段电源投入灯"（HD1）亮，而"Ⅱ段电源投入灯"（HD2）灭，工作组风扇工作正常。

图 1-4 中，短接 21-25 触点（模拟主变压器的油温大于高值 55℃），继电器 3ZJ 动作，动合触点 3ZJ 闭合，辅助冷却器运转。模拟主变压器的油温小于低值 45℃，辅助冷却器退出运转。

短接 21-27 触点（模拟高压侧负荷达到额定电流的 60%），触点闭合，起动继电器 3ZJ，辅助冷却器开始运转，当负荷低于 60% 时，辅助冷却器退出运转。

1 号工作组风扇运转时，取下熔丝 1FU，继电器 1BC 失电，动断触点 1BC 闭合，通过⑨-⑩触点，起动继电器 1KT 后起动了 4ZJ，4 号冷却器①-②触点接通，备用冷却器投入运转。

同理，3 号辅助冷却器风扇工作时，取下熔丝 3FU，备用冷却器投入运转。

（3）有载调压开关的验收。对变压器进行调压有两种方式，即有载调压和无载调压两种方式。现在的电力系统中，变压器越来越多地采用了有载分接开关。

对有载调压开关进行时，应首先对其外观进行验收，具体包括：

1）有载调压控制器的电源指示灯应指示正常。

2）开关箱油位、油色及其吸湿器检查均应正常。

3）开关箱及其气体继电器应无渗漏油现象。

图 1-5 所示为驱动机构电气控制原理图。验收升压调挡时，按 1SB 按钮，使电源通过 2KM 动断触点、1KM 接触器线圈、1SF 动断触点（挡位未到顶时闭合）、SY 动断触点（手动操作手柄插入或按下时打开），使 1KM 接触器线圈励磁，其动合触点自保持和起动电动机，动断触点断开降挡控制回路。电动机起动，传动部分将开关调高一挡，1XK 断开升挡控制回路。保证每次只能调一挡。

同理，当验收降压调挡时，按 2SB 按钮，使电源通过 1KM 动断触点、2KM 接触器线圈、2SF 动断触点（挡位未到底时闭合）、SY 动断触点（手动操作手柄插入或按下时打开），使 2KM 接触器线圈励磁，其动合触点自保持和起动电动机，动断接点断开升挡控制回路。电动机起动，传动部分将开关调低一挡，2XK 断开降挡控制回路。保证每次只能调一挡。

图 1-5 中 1XK、2XK 是顺序开关，YB 为电磁刹车，M 为三相交流电机，1KM、2KM 为交流接触器，SY 连锁开关（也可作急停用），1SB、2SB 按钮，1SF、2SF 是极限开关，HS 是信号灯。

运维专业上对于有载调压开关的验收侧重于操作部分。具体而言，一般主变压器有载调压控制箱内都有一个"调压远控/就地转换开关"，当运维人员将其切至"就地"位置时，在有载调压控制箱对主变压器进行电动调压时，将分头调节开关切向"升"或"降"，顺时针为分头升，逆时针为分头降，电动调节应轻巧、无异声，指针位置指示正

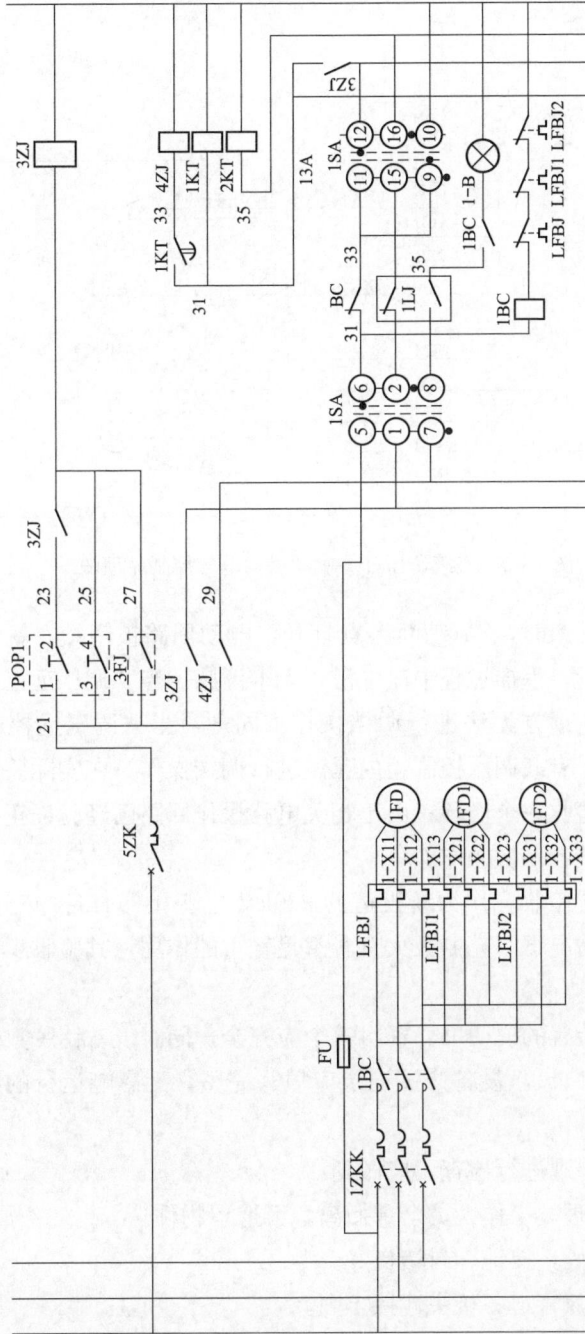

图 1 - 4　主变压器强迫油风冷系统控制回路

确，遥信挡位与实际相一致。对调压开关进行试操作一个循环，在极限位置（即最高挡位或者最低挡位）时，闭锁手动及电动调压功能。在调挡过程中，按下紧急停止按钮，交流电动机应停止。

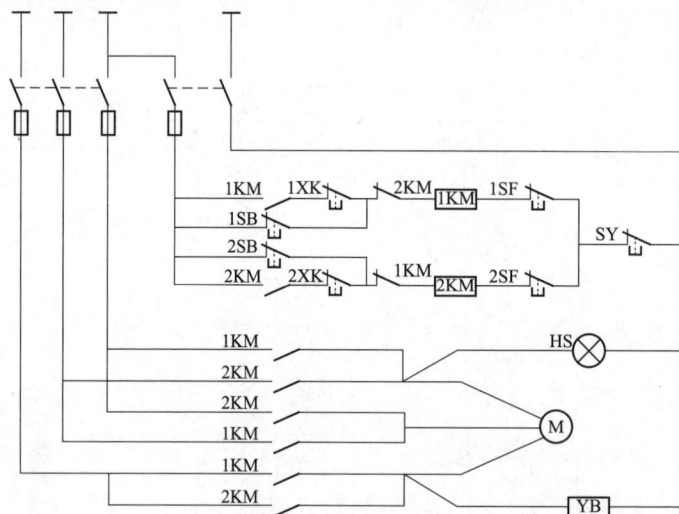

图 1-5　有载调压开关驱动机构电气控制原理图

当手动操作手柄插入时，SY 动断触点打开，电动回路被闭锁，就地电动操作及远方遥控操作均无法进行。手摇过程中应平滑，无卡涩感。当"调压远控/就地转换开关"切至"就地"位置时，远方无法进行调挡操作。同理，当"调压远控/就地转换开关"切至"远方"位置时，有载调压控制箱内无法进行调挡操作。在实际验收过程中，一般先就地电动调挡操作验收一个循环；由于相关电路操作回路已经验证正确，而远方遥控操作只进行升挡和降挡各一次操作。

（4）充氮灭火装置验收。作为新投运的 220kV 主变压器必备的充氮灭火装置，在主变压器着火等紧急情况下，充氮灭火有着举足轻重的作用，其验收工作也绝不是可有可无的一项工作。

首先，充氮灭火装置的说明书、资料齐全应齐全，同时设备铭牌数据与设备台账应保持一致（或铭牌已抄录），设备修试记录应填写完整，无影响运行的缺陷和问题，可以投运结论应明确。

对充氮灭火装置外观进行检查，应做到：

1）施工现场已清理，工作人员全部撤离，无遗留物件。

2）消防柜安装牢固，接地、封堵良好。

3）排油管道、充氮管道各接头连接牢固。

4）探测器接线正确，接线盒及出线口密封完好。

5）事故排油池设施完好，消防设施齐全。

6）控流阀的红色箭头指向气体继电器，手柄在"投运"位置，并已锁定。

7）二次线检查正常，无松动等异常，电缆编号及号牌齐全、清晰。

8）各电源开关、熔丝、连接片投入正确，接触良好。

9）各种指示灯显示正确，无异常，防误操作罩关闭并完好。

10）消防柜内，氮气气瓶压力表压力指示在13.5～20MPa，经减压阀出口压力指示在0.8～1MPa。

2. 开关柜的验收

开关柜在10、20kV以及35kV电压等级设备中有着广泛的应用，它的验收主要包括安装验收、开关分合闸试验、手车操作及连锁验收以及开关防跳试验。具体而言，开关柜的验收包括如下内容。

（1）安装验收。

1）工完、料尽、场地清，无安装遗留物件，引线接头牢固、不松动。

2）绝缘件清洁无破损、构架接地良好、相色完整。

3）所有紧固件已紧，无松脱现象。传动及接触连接部分已涂黄油。

4）箱体密封完好，箱内封堵严密、平整、四方。

5）箱内二次线检查正常，无松动等异常，电缆号牌清晰。

6）开关柜内控制线连接牢固、不松动。

7）箱内各元件标识清晰正确，交直流熔丝及低压断路器与图纸一致。

8）交流环网供电电源核相及标识正确。

9）开关柜前后柜门关闭正常。

10）温湿度控制仪工作正常，"工作"灯亮。

11）出线带电显示仪工作正常，按下试验按钮后L1～L3灯亮。

12）拉开柜内的装置操作电源1ZK，开关无法操作。

13）拉开柜内的装置电源2ZK，保护装置屏无显示。

14）拉开柜内的储能回路电源低压断路器3ZK，分合开关，开关不能储能。

15）拉开柜内的状态指示仪电源4ZK，状态指示仪不亮。

16）合上柜内柜体照明加热低压断路器5ZK，仪表室、照明室灯亮。

17）合上柜内温湿度控制器电源6ZK，温湿度控制器工作正常。强制投温控、开关室、电缆室、加热器工作正常。

18）拉开柜内带电显示器闭锁电源7ZK，带电显示器装置失电。

（2）开关分合试验。将开关柜上远方/就地切换开关YK切置"远方"位置，取下远方操作1LP连接片，后台无法分合开关。

放上远方操作1LP连接片，后台分合开关，开关动作正常、计数器动作正常，开关指示、遥信反映正确，开关储能正常。

开关柜上分/合闸控制开关QK无法进行分合开关。

开关柜上远方/就地切换开关YK切置"就地"位置，用开关柜上分/合闸控制开关QK就地分合开关，开关动作正常，计数器动作正常，开关遥信反映正确，开关储能正常，后台机无法进行遥控分合开关。

（3）手车操作及试验连锁。开关柜的连锁主要靠机械连锁构成，其中也包含部分的

13

电气连锁。手车操作与连锁的验收一般同时进行。其初始状态是开关合上,手车在工作位置,线路接地闸刀分开。

1)检查手车"工作位置指示正常"。由于开关对手车的连锁导致手车无法摇至试验位置。拉开开关,由手车对接地闸刀的连锁,此时接地闸刀无法操作,将摇杆插入操作孔将手车摇至"试验位置""试验位置"指示正确,无卡涩情况。

2)模拟出线带电显示装置有电,无法合上线路接地闸刀。

3)模拟出线无电,合上线路接地闸刀,线路接地闸刀位置指示正确。后柜门机械连锁解除,手车无法摇至"工作位置"。

4)将手车从试验位置拉出柜外,无卡涩现象,二次插把无断针现象,检查拉出开关绝缘无损坏,无遗留短接线。母线侧挡板上下无卡涩现象。

5)将开关推至试验位置,分开线路接地闸刀,线路接地闸刀位置指示正确,拉开储能电源,对开关进行手动储能应正常。插入摇杆将手车从试验位置摇至工作位置。

(4)开关防跳试验。开关柜的断路器防跳回路采用的是装置防跳回路,在验收过程中将开关柜上远近控切换开关切到"就地",开关置分位,按住就地合闸按钮,搭跳开关后,开关应不再合上,则可以验证开关柜的防跳回路正常。

二、二次设备验收实例

本节以最常见的南瑞继保 RCS-931 系列保护以及国电南瑞 PSL-631 系列保护为例来阐述 220kV 线路保护的相关验收工作。

1. 资料记录

1)相关说明书、施工图纸等资料齐全。

2)设备铭牌数据与设备台账一致(或铭牌已抄录)。

3)继保记录填写完整(无影响运行的缺陷和问题、可以投运结论明确)。

2. 外观检查

1)工完、料尽、场地清,无安装遗留物件,有关试验接线拆除。

2)电缆洞封堵良好,保护屏用多股铜线与接地铜网连接,并可靠接地。

3)屏内端子排接线合格、牢固,电缆名称牌齐全,标牌走向清晰明确。

4)人机对话显示屏显示正常,无告警灯点亮。

5)连接片、切换开关、低压断路器号清晰、正确、标签齐全。

6)熔丝符合设计规定,标示正确、齐全。

7)交直流回路绝缘符合要求。

8)保护定值单与装置所设定值、调度核对正确。

9)定值单上已填入校验、核对、投入人的姓名及日期。

3. 功能及出口

(1)第一套保护(931保护)整组试验。603保护所有连接片均取下,931保护全部连接片均取下,所有装置上电,同时停用开关本体机构三相不一致保护。

1)断路器置合位,模拟A相故障,931保护装置上"保护动作"灯亮,断路器不跳闸。

2）压上 931 保护装置上 A 相跳闸出口 1LP1 连接片，断路器置合位，模拟 A 相故障，断路器 A 相跳闸，B、C 相在合位，保护装置上"跳 A"灯亮，CZX－12 操作箱 TA1 灯亮，有"保护动作""保护出口跳闸Ⅰ"遥信，保护装置显示动作信息正确，取下 A 相跳闸出口 1LP1 连接片。

3）压上 931 保护装置上 B 相跳闸出口 1LP2 连接片，断路器置合位，模拟 B 相故障，断路器 B 相跳闸，A、C 相在合位，保护装置上"跳 B"灯亮，CZX－12 操作箱 TB1 灯亮，有"保护动作""保护出口跳闸Ⅰ"遥信，保护装置显示动作信息正确，取下 B 相跳闸出口 1LP2 连接片。

4）启用 603 重合闸单相方式（重合闸 1LP6 连接片启用），压上启动 603 重合闸 1LP15 连接片，压上 C 相跳闸出口Ⅰ 1LP3 连接片，断路器置合位，模拟 C 相故障，断路器 C 相跳闸，C 相重合，保护装置上"跳 C""重合闸"灯亮，CZX－12 操作箱 TC1 灯亮。保护装置显示动作信息正确，有"保护动作""重合闸动作""保护出口跳闸Ⅰ"遥信，603 装置上"重合允许"灯在重合闸动作前亮，断路器重合后，"重合允许"灯闪光，十几秒后"重合允许"灯点亮。取下 C 相跳闸出口 1LP3 连接片。

5）放上 A、B、C 相跳闸出口连接片，放上重合闸出口连接片，断路器置合位，模拟 C 相永久故障，931 保护装置上"跳 C""重合动作"灯亮，CZX－12 操作箱"跳闸信号Ⅰ A 相""跳闸信号Ⅰ B 相""跳闸信号Ⅰ C 相""重合闸"灯亮。有"931 保护动作""线保护出口跳闸Ⅰ""931 保护重合闸动作"信号，断路器 A、B、C 相在分位。

6）断路器置合位，模拟相间（AB）故障，931 保护装置上"跳 A""跳 B""跳 C"灯亮，CZX－12 操作箱"跳闸信号Ⅰ A 相""跳闸信号Ⅰ B 相""跳闸信号Ⅰ C 相"灯亮。有"931 保护动作""保护出口跳闸Ⅰ"信号，断路器 A、B、C 相在分位。

（2）第二套保护（603）整组试验。603 保护所有连接片均取下，931 保护全部连接片均取下，所有装置上电，同时停用断路器本体机构三相不一致保护。

1）开关置合位，模拟 B 相故障，保护装置上"保护动作"灯亮，开关不跳闸。

2）开关置合位，压上 A 相跳闸出口 1LP1 连接片，模拟 A 相故障，有事故总信号，断路器 A 相跳闸，B、C 相在合位，保护装置上"保护动作"灯亮，CZX－12 操作箱 TA2 灯亮，有"保护动作""非全相运行""保护出口跳闸Ⅱ"遥信，保护装置显示动作信息正确，取下 A 相跳闸出口连接片。

3）断路器置合位，压上 B 相跳闸出口 1LP2 连接片，模拟 B 相故障，有事故总信号，断路器 B 相跳闸，A、C 相在合位，保护装置上"保护动作"灯亮，CZX－12 操作箱 TB2 灯亮，有"保护动作""非全相运行""保护出口跳闸Ⅱ"遥信，保护装置显示动作信息正确，取下 B 相跳闸出口连接片。

断路器置合位，启用重合闸单相方式（重合闸 1LP6 连接片启用），压上 C 相跳闸出口 1LP3 连接片，模拟 C 相瞬间故障，有事故总信号，断路器 C 相跳闸，C 相重合，保护装置上"保护动作""重合闸动作"灯亮，CZX－12 操作箱 TC2、CH 灯亮。保护装置显示动作信息正确，有"保护动作""重合闸动作""保护出口跳闸Ⅱ"遥信，603 装置上"重合允许"灯在重合闸动作前亮，断路器重合后，"重合允许"灯闪光，十几秒后"重合允许"灯点亮。取下重合闸出口连接片、取下 C 相跳闸出口连接片。

断路器置合位，放上三跳出口 1LP4 连接片，模拟三相故障，保护装置上"保护动作"灯亮，断路器三跳。取下三跳出口 1LP4 连接片。

断路器置合位，放上永跳出口 1LP5 连接片，启用重合闸单相方式（重合闸 1LP6 连接片启用），模拟单相故障，保护装置上"保护动作"灯亮，断路器三跳不重合。

两侧 603 保护启用重合闸单相方式（重合闸 1LP6 连接片启用）、压上 A、B、C 相及三相跳闸、永久跳闸出口 1LP1、1LP2、1LP3、1LP4、1LP5 连接片，压上对侧 603 保护的远跳开入 1LP11 连接片。压上本侧 603 保护的远跳开入 1LP11 连接片。本侧 631 启用过电流保护模拟本侧 631 保护过电流动作本侧断路器三相跳闸，不重合。对侧断路器三相跳闸，不重合。本侧保护装置上"保护动作"灯亮，CZX-12 操作箱 TA2、TB2、TC2 灯亮。保护装置显示动作信息正确。

（3）631 保护整组试验及相关信号验收。取下"投过电流保护"15LP15 连接片，模拟区内相间/接地故障，断路器不跳闸。放上"投过电流保护"15LP15 连接片，模拟区内相间/接地故障，断路器三相跳闸，有遥信，631 装置"保护动作"灯亮，有"631 过电流保护投入""631 保护动作"遥信；保护装置显示动作信息正确，CZX-12R 操作箱 TA1、TB1、TC1 灯亮。

三、"四遥"系统验收实例

1. 断路器 SF_6 相关信号

110kV 及以上电压等级的断路器一般采用 SF_6 作为其灭弧介质，气室中 SF_6 气体密度用密度继电器监控并用压力表指示其压力。因此 110kV 及以上电压等级的断路器均会发"断路器 SF_6 气压低报警"和"断路器 SF_6 气压低闭锁"这两个信号，用于监视断路器的 SF_6 压力，如图 1-6 所示。以西门子 3AT2EI/3AT3EI 断路器为例，当 SF_6 压力降至 0.64MPa 以下，压力触点 B4 闭合，由此发出"SF_6 压力低报警"；当 SF_6 压力降至 0.62MPa 以下，K5 触点闭合，由此发出"SF_6 压力低报警"。

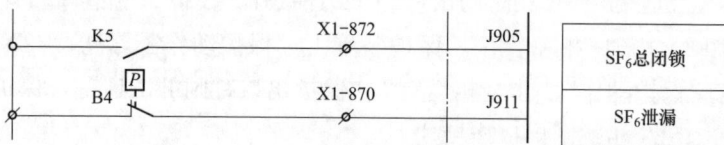

图 1-6　断路器 SF_6 相关信号

不同厂家的断路器，SF_6 压力的报警值不同，对于北京 ABB 的 LTB245E1，其两个报警值分别为 0.62MPa 和 0.60MPa。

2. 开关三相不一致动作

在 220kV 及以上电压等级的输电线路中普遍采用分相操作的断路器，由于设备质量和操作等原因，运行中可能出现三相断路器动作不一致的异常状态，即断路器非全相运行。根据国家电网公司和国网江苏省电力有限公司十八项反措实施细则，220kV 断路器外加式三相不一致保护停用，断路器本体三相不一致保护则应启用。三相不一致动作是指断路器三相动断触点、三相动合触点分别并联后串联，三相位置不一致出口跳断路器第一组跳闸线圈或第二组跳闸线圈，如图 1-7 所示。

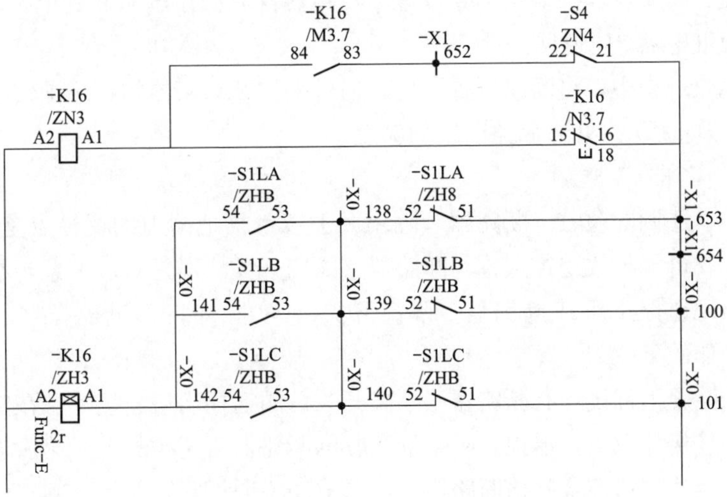

图 1-7　三相不一致信号

在实际验收过程中，一般采用合上断路器短接跳开一相断路器后经过 3s 延迟（躲过重合闸时间）三相断路器均跳开，不重合。

3. 控制回路断线

"控制回路断线"用于监视断路器操作回路的完整性。处于分闸状态的断路器，若出现控制回路断线时，则表明合闸回路的完整性被破坏，不能操作合闸及重合闸；处于合闸状态的断路器，若出现控制回路断线时，则表明跳闸回路的完整性被破坏，不能实现操作分闸及保护装置自动跳闸。因此开关"控制回路断线"信号的验收异常重要和关键。

控制/操作电源 I 回路断线是指 CZX12R 操作箱第一跳闸回路、合闸回路同时断开使 11HWJ 和 3TWJ 均不动作，如图 1-8 所示。可能为直流操作电源低压断路器开关闭锁、跳合闸回路接触不良、开关辅助触点不到位等；开关直流操作电源 I 失电，CZX12R 操作箱内电源监视继电器 12JJ 返回。

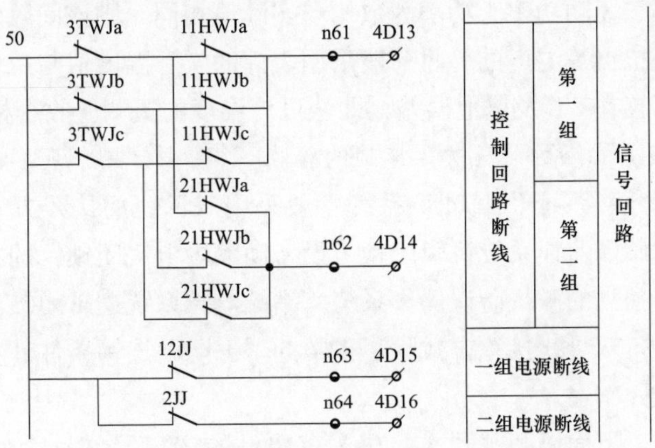

图 1-8　控制回路断线信号

17

同样，控制/操作电源回路断线Ⅱ是指 CZX12R 操作箱第二跳闸回路、合闸回路同时断开使 2HWJ 和 TWJ 均不动作。可能为直流操作电源低压断路器开关闭锁、跳合闸回路接触不良、断路器辅助触点不到位等；断路器直流操作电源Ⅱ失电，CZX12R 操作箱内电源监视继电器 2JJ 返回。

在实际验收过程中，将断路器置合位，通过来拉开断路器的直流操作电源Ⅰ或Ⅱ来实现控制/操作电源Ⅰ（Ⅱ）回路断线的触发。

4. 遥控、遥测以及遥调

（1）遥控、遥调的验收。断路器、隔离开关以及接地闸刀的遥控点是一一对应的，若不进行验收，可能导致遥控点位与断路器（隔离开关）不是对应关系，在以后的运行过程可能会出现遥控拉开 A 断路器（隔离开关），实际却将 B 断路器（隔离开关）拉开，造成误操作的事故。

一般测控装置上都设计有断路器（隔离开关）的遥控出口连接片，在实际验收过程中一般先将该连接片取下，遥控合闸某欲验收的断路器，遥控失败。然后放上该断路器的遥控出口连接片，遥控合闸该断路器，如果成功说明该断路器的合闸点位正确。如果遥控失败，则该断路器的遥控点位很可能错误，该断路器的遥控验收无法通过。当断路器遥控合闸成功后，然后遥控分开该断路器后即完成该开关的遥控验收工作。

在扩建工程中的遥控验收过程中，为了防止遥控点位错误造成将运行断路器误拉开的错误，我们通常将全部断路器以及隔离开关（接地闸刀）的遥控出口连接片全部取下，然后再进行扩建断路器的遥控验收。待全部扩建断路器的遥控验收工作全部结束后，确认全部扩建断路器的遥控点位正确后，再将全部断路器以及隔离开关（接地闸刀）的遥控出口连接片全部放上。

遥调的验收一般只针对有载调压的主变压器有载调压开关的验收，在实际验收过程中，一般只将有载调压开关升挡、降挡以及急停分别试验一次正确后即可。

（2）遥测的验收。电气设备常见的遥测量一般包括三相电流、三相电压、有功功率、无功功率、功率因数、温度等参数。以电流、电压为例，一般都是在测控装置上直接加一个标准量（二次值），然后依据变比，与后台核对正确与否。如果三相电流、三相电压、有功功率、无功功率、功率因数均与实际值相同，则该间隔的遥测验收通过。

主变压器、电抗器等温度的验收一般采用表计的实际温度值与后台对比，由于存在精度问题，一般不存在 5℃ 及以上误差，即认可该温度的遥测验收合格。

5. 双母线接线方式下的"五防"连锁的验收

（1）概述。220kV 系统及 110kV 系统一般采用双母线的接线方式，对于敞开式的变电站一般采用"站端监控系统逻辑闭锁＋设备间隔内电气闭锁"的方式来实现防误操作功能，不再设置独立的微机防误操作系统。站端监控系统逻辑闭锁与间隔内电气闭锁形成"串联"关系。双母线接线方式除了正常的"五防"连锁条件外，其最大的特点是倒母线，下面将逐一阐述。

（2）电气连锁。下面以某敞开式 220kV 变电站的 220kV 线路为例来说明 220kV 出线的连锁验收工作。其一次系统图如图 1-9 所示。

图 1-9 中 2X41 是断路器的编号，2X411 是指正母隔离开关，2X412 是指副母隔离开关，2X413 是指出线隔离开关，2X417、2X418 是指断路器接地闸刀，2X414 是指线路接地闸刀。

图 1-10～图 1-14 中，YK 是解锁切换开关，当电气回路存在问题时，可直接将 YK 切换解锁位置，将电气回路短接。断路器机构箱内是断路器 A、B、C 三相的动断触点，2G 动断（开）触点是指 2X412 隔离开关的动断（开）触点，1GD 动断触点是指 2X417 断路器接地闸刀的动断触点，3GD1 动断触点是指 2X418 断路器接地闸刀的动断触点，3GD2 动断触点是指 2X414 线路接地闸刀的动断触点。

在图 1-10 中，2X411 电气操作回路中有两个途径：①经断路器的动断触点、2X412 隔离开关的动断触点与 2X417、2X418 断路器接地闸刀的动断触点串接；②经 2X412 隔离开关的动合触点与 2X417、2X418 断路器接地闸刀的动断触点串接。第一个回路用于正常的线路停役操作，第二个回路用于热倒操作。

因此，2X41 线路正母 2X411 隔离开关的电气连锁条件是2X41、2X412、2X417、2X418 均分开或 2X412 合上，2X417、2X418 均分开。

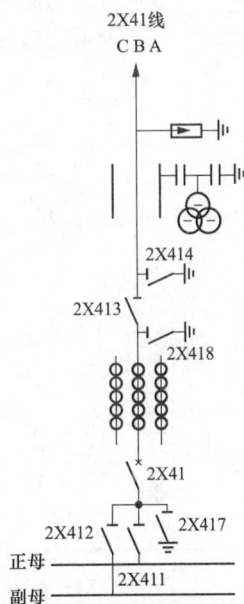

图 1-9 双母线接线方式的一次系统图

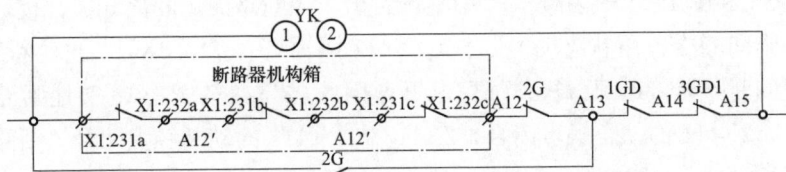

图 1-10 正母隔离开关电气连锁图

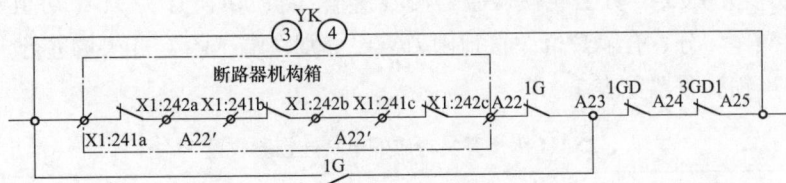

图 1-11 副母隔离开关电气连锁图

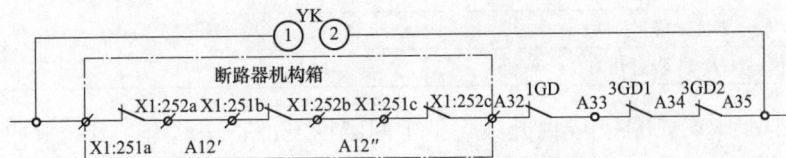

图 1-12 出线隔离开关电气连锁图

图1-13 断路器接地闸刀的电气连锁图

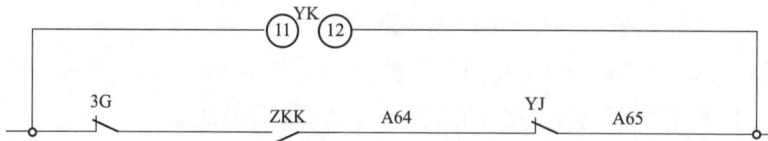

图1-14 线路接地闸刀的电气连锁图

同理，2X412、2X413、2X417、2X418、2X414的电气闭锁条件见表1-1。

表1-1 双母线接线方式下隔离开关、接地闸刀电气闭锁条件

序号	设备名称	电气闭锁条件
1	2X411	2X41、2X412、2X417、2X418均分开
		热倒：2X412合上，2X417、2X418均分开
2	2X412	2X41、2X411、2X417、2X418均分开
		热倒：2X411合上，2X417、2X418均分开
3	2X413	2X41、2X417、2X418、2X414均分开
4	2X417、2X418	2X411、2X412、2X413均分开
5	2X414	2X413分开，线路电压互感器二次ZKK低压断路器合上，线路低电压

从表1-1和图1-10~图1-14中不难看出，当断路器、隔离开关、接地闸刀保持分位时（即本间隔冷备用状态时），合上2X411隔离开关后，2X411的动断触点打开，图1-13中的断路器接地闸刀操作回路断开，因此，2X417、2X418接地闸刀是无法合上的；同时，2X411的动合触点闭合，2X417和2X418的动断触点闭合（断路器接地闸刀分位），2X412则允许操作。

将2X41断路器端子箱内隔离开关、接地闸刀远方就地切换开关切至就地位置，电气解/闭锁切换开关YK切至连锁位置，测控屏解/闭锁切换开关1BK切至解锁位置，在端子箱内操作。分、合隔离开关接地闸刀需要分别在端子箱、机构箱进行。2X411隔离开关电气连锁验收票见表1-2。

表1-2 2X411隔离开关对应的电气连锁验收票

合2X411隔离开关	允许	
合2X417接地闸刀	禁止	
合2X418接地闸刀	禁止	2X411隔离开关连锁
合2X412隔离开关	允许	
分2X411隔离开关	—	

验收完毕后，分2X411隔离开关，整个间隔恢复冷备用状态，开始验收2X412隔离开关的电气连锁。同理，2X412、2X413隔离开关对应的电气连锁验收票见表1-3、表1-4。

表 1-3　　　　　　　　　　2X412 隔离开关对应的电气连锁验收票

所有设备置分闸位置		
合 2X412 隔离开关	允许	
合 2X417 接地闸刀	禁止	2X412 隔离开关连锁
合 2X418 接地闸刀	禁止	
合 2X411 隔离开关	允许	
分 2X412 隔离开关	—	

表 1-4　　　　　　　　　　2X413 隔离开关对应的电气连锁验收票

合 2X413 隔离开关	允许	
合 2X417 接地闸刀	禁止	2X413 隔离开关连锁
合 2X418 接地闸刀	禁止	
合 2X414 接地闸刀	禁止	
分 2X413 隔离开关	—	

从表 1-2 和图 1-10～图 1-12 可以看出，当本间隔冷备用状态时，合上 2X417 接地闸刀后，2X417 的动断触点打开，图 1-10～图 1-12 中的隔离开关操作回路断开，因此，2X411、2X412、2X413 隔离开关是无法合上的；其具体的验收票见表 1-5。同理，2X418、2X414 接地闸刀对应的电气连锁验收票见表 1-6、表 1-7。

表 1-5　　　　　　　　　　2X417 接地闸刀对应的电气连锁验收票

合 2X417 接地闸刀	允许	
合 2X411 隔离开关	禁止	2X417 接地闸刀连锁
合 2X412 隔离开关	禁止	
合 2X413 隔离开关	禁止	
分 2X417 接地闸刀	—	

表 1-6　　　　　　　　　　2X418 接地闸刀对应的电气连锁验收票

合 2X418 接地闸刀	允许	
合 2X411 隔离开关	禁止	
合 2X412 隔离开关	禁止	2X418 接地闸刀连锁
合 2X413 隔离开关	禁止	
分 2X418 接地闸刀	—	

表 1-7　　　　　　　　　　2X414 接地闸刀对应的电气连锁验收票

合 2X414 接地闸刀	允许	
合 2X413 隔离开关	禁止	2X414 接地闸刀连锁
分 2X414 接地闸刀	—	

防止带负荷拉、合隔离开关，是"五防"连锁验收作业中重要组成部分之一，从表 1-8 和图 1-10～图 1-12 不难看出，当 2X41 断路器的任一相在合闸位置时，其对应的动断辅助触点打开，2X411、2X412、2X413 隔离开关均无法操作。在实际验收作业过程中一般采用合上开关的方式使其全部动断触点打开来实现模拟开关对隔离开关的

电气闭锁。具体验收票见表1-8。

表1-8　　　　　　　　　　　2X41 断路器对应的电气连锁验收票

合 2X41 断路器	允许	
合 2X411 隔离开关	禁止	
合 2X412 隔离开关	禁止	2X41 开关连锁
合 2X413 隔离开关	禁止	
分 2X41 断路器	—	

防止带电合接地闸刀也是"五防"连锁验收作业中重要组成部分，即当线路有电时，线路接地闸刀是无法合上的。具体体现在电气闭锁回路（见图1-14）中，即当电压互感器二次低压断路器线路无压继电器显示无压后方可合上线路接地闸刀。因此，其具体的验收票见表1-9。

表1-9　　　　　　　　　　　线路有压的电气连锁验收票

所有设备置分闸位置		
拉开电压互感器二次低压断路器 ZKK	—	
合 2X414 接地闸刀	禁止	
合上电压互感器二次低压断路器 ZKK	—	线路有电对线路接地
模拟线路带电	—	闸刀的影响
合 2X414 接地闸刀	禁止	

至此，通过表1-1～表1-9中的验收票，可对图1-10～图1-14中的所有电气连锁回路中的所有环节均进行了逆向验证。

隔离开关、接地闸刀手动操作以及机构箱操作同样应该具有防误闭锁功能，其闭锁也应通过电气闭锁和站端监控系统逻辑闭锁来实现，其电气闭锁条件应与电动操作一致。因此，隔离开关、接地闸刀手动操作以及机构箱操作的电气连锁验收也是连锁验收作业中不可或缺的一项工作。手动闭锁是通过机构箱自带的手摇操作电磁锁实现。

由于电气连锁回路在前文中已经全部验收完毕，因此只需在电气连锁回路中破坏其中一个条件验证手动操作以及机构箱操作回路的电气连锁即可。这里通过断路器实现对全部隔离开关手动以及机构箱操作的验证，以及通过出线隔离开关实现对所有接地闸刀手动以及机构箱操作的验证，具体验收票见表1-10和表1-11。

表1-10　　　　　　　　　　隔离开关的电动、手动操作连锁验收票

所有设备置分闸位置，隔离开关机构箱切至就地位置，在机构箱进行操作		
合 2X41 断路器	允许	
合 2X411 隔离开关	禁止	
合 2X412 隔离开关	禁止	
合 2X413 隔离开关	禁止	
手合 2X411 隔离开关（挡板无法打开）	禁止	隔离开关机构箱电动、
手合 2X412 隔离开关（挡板无法打开）	禁止	手动操作
手合 2X413 隔离开关（挡板无法打开）	禁止	
分 2X41 断路器	—	

表 1-11   接地闸刀的电动、手动操作连锁验收

所有设备置分闸位置,隔离开关机构箱切至就地位置,在机构箱进行操作		
合 2X413 隔离开关	允许	
合 2X417 接地闸刀	禁止	
合 2X418 接地闸刀	禁止	
合 2X414 接地闸刀	禁止	接地闸刀机构箱电动、
手合 2X417 接地闸刀(挡板无法打开)	禁止	手动操作
手合 2X418 接地闸刀(挡板无法打开)	禁止	
手合 2X414 接地闸刀(挡板无法打开)	禁止	
分 2X413 隔离开关		

从图 1-10~图 1-14 中可以看出,当 2X41 断路器端子箱内解锁开关切至解锁位置,所有隔离开关、接地闸刀电气连锁回路处于解锁状态,在验收过程中,解锁回路的验收同样不可或缺,其验收票见表 1-12。

表 1-12   解锁回路的验收票

2X41 回路所有设备置分闸位置,将 2X41 断路器端子箱内解锁开关切至解锁位置,测控屏上切解锁状态		
合 2X41 断路器	允许	
合 2X413 隔离开关	允许	
合 2X411 隔离开关	允许	
合 2X412 隔离开关	允许	隔离开关电气解锁
分 2X413 隔离开关	允许	回路的验收
分 2X411 隔离开关	允许	
分 2X412 隔离开关	允许	
分 2X41 断路器		
2X41 回路所有设备置分闸位置,将 2X41 断路器端子箱内解锁开关切至解锁位置,测控屏上切解锁状态		
合 2X413 隔离开关	允许	
合 2X417 接地闸刀	允许	
合 2X418 接地闸刀	允许	
合 2X414 接地闸刀	允许	接地闸刀电气解锁
分 2X417 接地闸刀	允许	回路的验收
分 2X418 接地闸刀	允许	
分 2X414 接地闸刀	允许	
分 2X413 隔离开关		

6. 测控连锁

对于敞开式变电站,测控连锁除了实现本间隔的连锁功能,其最主要的作用是实现与母线的横向连锁、主变压器三侧的纵向连锁、热倒的倒排操作、接地闸刀临时点对隔离开关连锁、隔离开关对接地闸刀临时点的连锁、接地闸刀的有流连锁等电气连锁无法实现功能。

以图 1-9 中 2X41 间隔为例,其测控逻辑连锁票见表 1-13。

在扩建工程中,由于 220kV 没有办法同时停役,因此在连锁验收过程中,220kV Ⅰ段母线停役期间,只验收 2X411 相关内容。涉及 220kV Ⅱ段母线的相关内容不得验

收。同理，220kV Ⅱ段母线停役期间，只验收 2X412 相关内容。

表 1-13 　　　　　　　　　　　　测 控 逻 辑 连 锁 票

测控层验收

将 2X41 端子箱内 1、2、3、4、5、6QK 切至就地位置，YK 解锁位置，测控屏 1BK 切至连锁位置，在现场操作

序号	验收条件	测试内容	结果	备注
	所有设备置分闸位置			
1	合 2X411 隔离开关	允许		2X411 隔离开关连锁
	合 2X417 接地闸刀	禁止		
	合 2X417 专用接地点	禁止		
	合 2X418 接地闸刀	禁止		
	合 2X418 专用接地点	禁止		
	合 2X412 隔离开关	禁止		
	合 220kV Ⅰ段母线 22117 接地闸刀（端子箱、机构箱）	禁止		
	手合 220kV Ⅰ段母线 22117 接地闸刀（挡板无法打开）	禁止		
	合 220kV Ⅰ段母线 22117 专用接地点	禁止		
	合 220kV Ⅰ段母线 22127 接地闸刀（端子箱、机构箱）	禁止		
	手合 220kV Ⅰ段母线 22127 接地闸刀（挡板无法打开）	禁止		
	合 220kV Ⅰ段母线 22127 专用接地点	禁止		
	分 2X411 隔离开关			
	所有设备置分闸位置			
2	合 2X412 隔离开关	允许		2X412 隔离开关连锁
	合 2X417 接地闸刀	禁止		
	合 2X417 专用接地点	禁止		
	合 2X418 接地闸刀	禁止		
	合 2X418 专用接地点	禁止		
	合 2X411 隔离开关	禁止		
	合 220kV Ⅱ段母线 22217 接地闸刀（端子箱、机构箱）	禁止		
	手合 220kV Ⅰ段母线 22217 接地闸刀（挡板无法打开）	禁止		
	合 220kV Ⅱ段母线 22217 专用接地点	禁止		
	合 220kV Ⅱ段母线 22227 接地闸刀（端子箱、机构箱）	禁止		
	手合 220kV Ⅰ段母线 22227 接地闸刀（挡板无法打开）	禁止		
	合 220kV Ⅱ段母线 22227 专用接地点	禁止		
	分 2X412 隔离开关	—		
	所有设备置分闸位置			
3	合 2X413 隔离开关	允许		2X413 隔离开关连锁
	合 2X417 接地闸刀	禁止		
	合 2X417 专用接地点	禁止		
	合 2X418 接地闸刀	禁止		
	合 2X418 专用接地点	禁止		
	合 2X414 接地闸刀	禁止		
	合 2X414 专用接地点	禁止		
	分 2X413 隔离开关	—		

续表

序号	验收条件	测试内容	结果	备注
	所有设备置分闸位置			
	合 2X417 接地闸刀	允许		
	合 2X411 隔离开关	禁止		
	合 2X412 隔离开关	禁止		
	合 2X413 隔离开关	禁止		
4	分 2X417 接地闸刀	—		2X417 接地闸刀及 2X417 专用接地线连锁
	合 2X417 接地线	允许		
	合 2X411 隔离开关	禁止		
	合 2X412 隔离开关	禁止		
	合 2X413 隔离开关	禁止		
	拆除 2X417 接地线	—		
	所有设备置分闸位置			
	合 2X418 接地闸刀	允许		
	合 2X411 隔离开关	禁止		
	合 2X412 隔离开关	禁止		
	合 2X413 隔离开关	禁止		
5	分 2X418 接地闸刀	—		2X418 接地闸刀及 2X418 专用接地线连锁
	合 2X418 接地线	允许		
	合 2X411 隔离开关	禁止		
	合 2X412 隔离开关	禁止		
	合 2X413 隔离开关	禁止		
	拆除 2X418 接地线	—		
	所有设备置分闸位置			
	合 2X414 接地闸刀	允许		
	合 2X413 隔离开关	禁止		
6	分 2X414 接地闸刀	—		2X414 接地闸刀及 2X414 专用接地线连锁
	合 2X414 接地线	允许		
	合 2X413 隔离开关	禁止		
	拆除 2X414 接地线	—		
	所有设备置分闸位置			
	合 2X41 断路器	允许		
	合 2X411 隔离开关	禁止		
7	合 2X412 隔离开关	禁止		2X41 断路器连锁
	合 2X413 隔离开关	禁止		
	分 2X41 断路器	—		
	所有设备置分闸位置，模拟三相有电流	—		
	合 2X411 隔离开关	禁止		
8	合 2X412 隔离开关	禁止		三相有电流的连锁
	合 2X413 隔离开关	禁止		
	分开所有设备	—		

续表

序号	验收条件	测试内容	结果	备注
	所有设备置分闸位置			
	合 220kV Ⅰ 段母线 22117 接地闸刀	允许		22117 母线接地闸刀及专用接地点的连锁
	合 2X411 隔离开关	禁止		
	分 220kV Ⅰ 段母线 22117 接地闸刀	—		
	合 220kV Ⅰ 段母线 22117 专用接地点	允许		
	合 2X411 隔离开关	禁止		
	分 220kV Ⅰ 段母线 22117 专用接地点	—		
	合 220kV Ⅰ 段母线 22127 接地闸刀	允许		22127 母线接地闸刀及专用接地点的连锁
	合 2X411 隔离开关	禁止		
	分 220kV Ⅰ 段母线 22127 接地闸刀	—		
	合 220kV Ⅰ 段母线 22127 专用接地点	允许		
	合 2X411 隔离开关	禁止		
9	分 220kV Ⅰ 段母线 22127 专用接地点	—		
	合 220kV Ⅱ 段母线 22217 接地闸刀	允许		22217 母线接地闸刀及专用接地点的连锁
	合 2X412 隔离开关	禁止		
	分 220kV Ⅱ 段母线 22217 接地闸刀	—		
	合 220kV Ⅱ 段母线 22217 专用接地点	允许		
	合 2X412 隔离开关	禁止		
	分 220kV Ⅱ 段母线 22217 专用接地点	—		
	合 220kV Ⅱ 段母线 22227 接地闸刀	允许		22227 母线接地闸刀及专用接地点的连锁
	合 2X412 隔离开关	禁止		
	分 220kV Ⅱ 段母线 22227 接地闸刀	—		
	合 220kV Ⅱ 段母线 22227 专用接地点	允许		
	合 2X412 隔离开关	禁止		
	分 220kV Ⅱ 段母线 22227 专用接地点	—		
	所有设备置分闸位置			
	合 25101 隔离开关	—		倒母线验证
	合 25102 隔离开关	—		
	合 2510 断路器	—		
	合 2X411 隔离开关	—		
	合 2X41 断路器	—		
	合 2X412 隔离开关	允许		
10	手合 2X412 隔离开关	允许		
	所有设备置分闸位置			
	分 2X411 隔离开关	允许		倒母线验证
	手分 2X411 隔离开关	允许		
	合 2X411 隔离开关	允许		
	手合 2X412 隔离开关	允许		
	分 2X412 隔离开关	允许		
	手分 2X412 隔离开关	允许		

续表

序号	验收条件	测试内容	结果	备注
	线路正母运行，母联运行中			
	分 2510 断路器	—		
	合 2X412 隔离开关	禁止		
	手合 2X412 隔离开关	禁止		
	分 25101 隔离开关	—		
	合 2510 断路器	—		
	合 2X412 隔离开关	禁止		
11	手合 2X412 隔离开关	禁止		Ⅰ 母→Ⅱ 母连锁
	分 2510 断路器	—		
	合 25101 隔离开关	—		
	分 25102 隔离开关	—		
	合 2510 断路器	—		
	合 2X412 隔离开关	禁止		
	手合 2X412 隔离开关	禁止		
	分 2510 断路器	—		
	合 25102 隔离开关	—		
	合 2510 断路器	—		线路副母运行，母联运行中
	合 2X412 隔离开关	—		
	分 2X411 隔离开关	—		
	分 2510 断路器	—		
	合 2X411 隔离开关	禁止		
	手合 2X411 隔离开关	禁止		
	分 25101 隔离开关	—		
12	合 2510 断路器	—		
	合 2X411 隔离开关	禁止		
	手合 2X411 隔离开关	禁止		Ⅱ 母→Ⅰ 母连锁
	线路正母运行，母联运行中			
	分 2510 断路器	—		
	合 25101 隔离开关	—		
	分 25102 隔离开关	—		
	合 2510 断路器	—		
	合 2X411 隔离开关	禁止		
	手合 2X411 隔离开关	禁止		
	所有设备置分闸位置			
	220kV 侧有电压	允许		
13	合 2X414 接地闸刀	禁止		220kV 侧有
	手合 2X414 接地闸刀	禁止		电压的连锁
	合 2X414 专用接地点	禁止		
	所有设备置分闸位置，隔离开关机构箱切至就地位置，在机构箱进行操作			
14	合 2X41 断路器	允许		隔离开关机构箱
	合 2X411 隔离开关	禁止		电动、手动操作

序号	验收条件	测试内容	结果	备注
14	合 2X412 隔离开关	禁止		隔离开关机构箱电动、手动操作
	合 2X413 隔离开关	禁止		
	手合 2X411 隔离开关（挡板无法打开）	禁止		
	手合 2X412 隔离开关（挡板无法打开）	禁止		
	手合 2X413 隔离开关（挡板无法打开）	禁止		
	分 2X41 断路器	—		
15	所有设备置分闸位置，隔离开关机构箱切至就地位置，在机构箱进行操作			接地闸刀机构箱电动、手动操作
	合 2X413 隔离开关	允许		
	合 2X417 隔离开关	禁止		
	合 2X418 隔离开关	禁止		
	合 2X414 隔离开关	禁止		
	手合 2X417 隔离开关（挡板无法打开）	禁止		
	手合 2X418 隔离开关（挡板无法打开）	禁止		
	手合 2X414 隔离开关（挡板无法打开）	禁止		
	分 2X413 隔离开关	—		

第三节　变电设备验收训练

一、一次设备验收实训

1. 主变压器强油风冷系统验收

风控箱内二次线检查正常，端子无松动等异常，各类标签齐全，熔丝符合设计规定，标识正确、齐全，封堵良好。

对于强油风冷的电源切换装置，与油浸风冷的方式相同，其验收方式也相同。

如图 1-15 所示，将电源切换开关 CK 切至 A 用位置，工作组风扇运行正常，转向一致，声音平稳。风控箱上相应风扇"Ⅰ段电源投入灯"（HD1）指示灯亮。

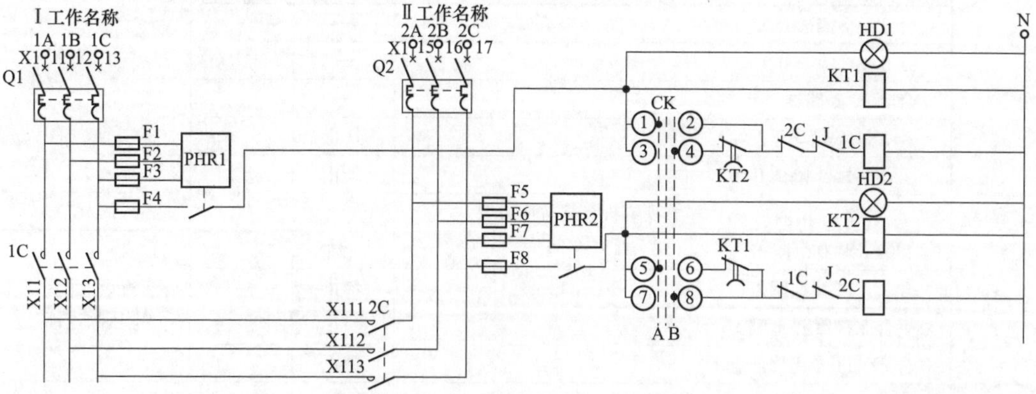

图 1-15　强油风冷电源切换回路

将电源切换开关 CK 切至 B 用位置，工作组风扇运行正常，转向一致，声音平稳。

风控箱上相应风扇"Ⅱ段电源投入灯"(HD2)指示灯亮。

将电源切换开关 CK 切至 A 用位置，拉开站用电屏上Ⅰ段电源总进线断路器 Q1，2C 继电器动作，风控箱"Ⅱ段电源投入灯"(HD2)亮，而"Ⅰ段电源投入灯"(HD1)灭，工作组风扇工作正常。

将电源切换开关 CK 切至 B 用位置，拉开站用电屏上Ⅰ段电源总进线断路器 Q2，1C 继电器动作，风控箱"Ⅰ段电源投入灯"(HD1)亮，而"Ⅱ段电源投入灯"(HD2)灭，工作组风扇工作正常。

短接图 1-16 中的 21-25 触点（模拟主变压器的油温大于高值 55℃），继电器 3ZJ 动作，动合触点 3ZJ 闭合，辅助冷却器运转。模拟主变压器的油温小于低值 45℃，辅助冷却器退出运转。

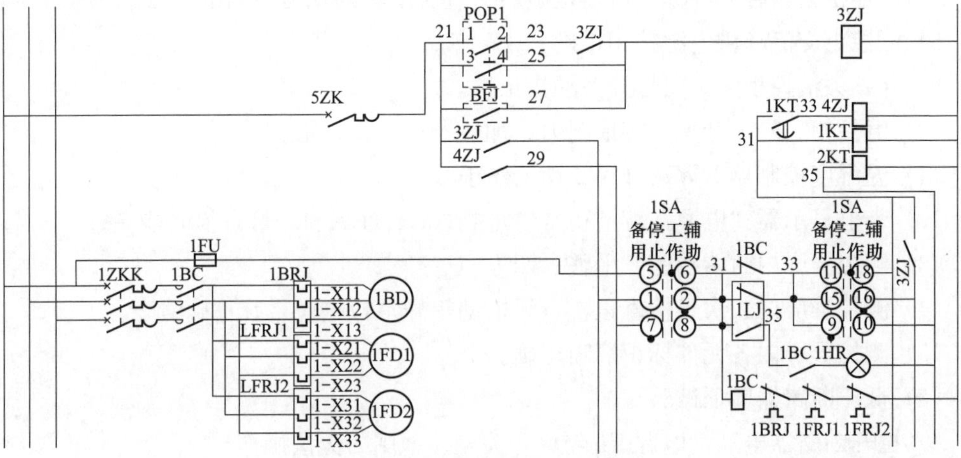

图 1-16 强油风冷系统控制回路

短接 21-27 触点（模拟高压侧负荷达到额定电流的 60%），触点闭合，起动继电器 3ZJ，辅助冷却器开始运转，当负荷低于 60% 时，辅助冷却器退出运转。

1 号工作组风扇运转时，取下熔丝 1FU，继电器 1BC 失电，动断触点 1BC 闭合，通过⑨-⑩触点，起动继电器 1KT 后起动了 4ZJ，4 号冷却器①-②触点接通，备用冷却器投入运转。

同理，3 号辅助冷却器风扇工作时，取下熔丝 3FU，备用冷却器投入运转。

2. 组合电器设备（GIS）的验收

随着电力设备的发展，组合电器在 220kV 变电站以及 500kV 变电站有着广泛的应用。组合电器的验收主要侧重于资料记录、外观检查、低压断路器试验、断路器分合闸验收、隔离开关操作验收、汇控柜光字牌验收、设备操作以及相关信号的验收。以河南平高电气股份有限公司的 ZF11-252（L）型全封闭组合电器而言，具体验收主要包括如下几个部分：

（1）资料记录。

1）说明书、资料齐全。

29

2）设备铭牌数据与设备台账一致或者铭牌已拍照、留档。

3）设备修试记录填写完整，无影响运行的缺陷和问题，可以投运结论明确。

（2）外观检查。

1）工完、料尽、场地清，无安装遗留物件，引线接头牢固、不松动。

2）GIS外壳清洁无锈蚀破损现象，穿线管、气管无撞瘪扭曲或裂纹，构架接地良好。

3）断路器SF$_6$压力指示正常（0.6MPa）。

4）其他气室SF$_6$压力指示正常（绿区）。

5）汇控柜箱体密封良好，箱内封堵严密、平整、四方。

6）汇控柜箱内二次线检查正常，无松动等异常，电缆号牌正确清晰。

7）汇控柜箱内各元件标识清晰正确，交直流熔丝的规格与图纸一致。

8）汇控柜交流环供电源核相正确。

9）开、关汇控柜时，门灯开关动作正常。

10）汇控柜、隔离开关、接地闸刀、加热器均工作正常。

11）温湿度控制器KW1、KW2均工作正常。

12）带电显示器"电源"灯"正常"灯亮。L1、L2、L3灯自检时能亮。

13）测控屏屏内封堵严密、平整、四方。

14）测控屏屏内二次线检查正常，无松动等异常，电缆号牌正确清晰。

15）测控屏屏内各元件标识清晰正确。

（3）低压断路器验证试验。

1）拉开断路器电动机电源F1隔离开关，接地闸刀无法操作。

2）拉开辅助回路电源F2，日光灯不工作。

3）拉开隔离开关、接地闸刀电动机电源F3，隔离开关、接地闸刀无法操作。

4）拉开隔离开关、接地闸刀控制电源F4，隔离开关、接地闸刀无法操作。

5）拉开信号指示电源F5，状态指示灯不亮。

6）拉开汇控柜驱潮加热回路F6，汇控柜内加热器不工作。

7）拉开隔离开关、接地闸刀驱潮电源F7，隔离开关、接地闸刀机构内加热器不工作。

8）拉开断路器机构驱湿电源F8，断路器机构内加热器不工作。

（4）断路器分合试验。

1）将汇控柜内远近控切换开关SK1切到"远方"，在汇控柜内无法分合断路器。

2）将汇控柜内远近控切换开SK1关切到"就地"，汇控柜内分合断路器，断路器动作正常，红绿灯、机械指示正确，计数器动作正常，断路器储能正常，储能灯亮。

就地做断路器防跳试验，动作应该正常，具体断路器的防跳试验方法与下文中的敞开式断路器相同，下文中会有详细的介绍，此处就不再单独介绍了。

（5）隔离开关操作验收。将汇控柜内隔离、接地远近控切换开关SK2切到"就地"位置，在汇控柜依次操作正母隔离开关、副母隔离开关、出线隔离开关、避雷器隔离开关、电压互感器隔离开关、断路器接地闸刀、线路接地闸刀、避雷器接地闸刀、电压互感器接地闸刀，分合接地闸刀一次，接地闸刀动作正确，机械指示、位置信号指示正确。上述隔离开关在后台无法操作。

将汇控柜内隔离、接地远近控切换开关 SK2 切到"远方"位置、汇控柜内所有隔离开关、接地闸刀均不能操作；相反，上述接地闸刀在后台则可以操作。

（6）汇控柜光字牌验收。

1）油泵打压超时报警。逐相模拟开关油泵打压超时（A，B，C）或短接中间继电器 KZ1 触点，相应光子牌应亮。

2）断路器油泵起动信号。模拟断路器油泵起动或短接中间继电器 KZ2 触点，相应光子牌应亮。

3）断路器低气压报警。模拟其他气室 SF$_6$ 压力低报警（低于 0.52MPa）或短接中间继电器 KZ3 触点，相应光子牌应亮。

4）气室低气压报警。模拟某一气室 SF$_6$ 压力低报警（低于 0.44MPa）或短接中间继电器 KZ4 触点，相应光子牌应亮。

5）断路器低气压闭锁。模拟断路器 SF$_6$ 压力低闭锁（低于 0.5MPa）或短接 K8 触点，相应光子牌应亮。

6）断路器合闸低油压闭锁。模拟断路器合闸低油压闭锁（低于 0.3MPa）或短接 K5 触点，相应光子牌应亮。

7）断路器主分闸低油压闭锁。模拟第一组跳闸低油压闭锁（低于 23.7MPa）或短接 K7 触点，相应光子牌应亮。

8）断路器副分闸低油压闭锁。模拟第二组跳闸低油压闭锁（低于 23.7MPa）或短接 K9 触点，相应光子牌应亮。

9）主分非全相报警。放上 LD1 压板，模拟非全相动作或短接 K3 触点，相应光子牌应亮。

10）副分非全相报警。放上 LD2 压板，模拟非全相动作或短接 K4 触点，相应光子牌应亮。

11）断路器电机断电信号。拉开断路器电动机电源 F1 隔离开关、接地闸刀无法操作。

12）辅助回路断电信号。拉开辅助回路电源 F2，日光灯不工作。

13）接地闸刀电机断电信号。拉开隔离开关、接地闸刀电动机电源 F3，隔离开关、接地闸刀无法操作。

14）接地闸刀控制回路断电信号。拉开隔离开关、接地闸刀控制电源 F4，隔离开关接地闸刀无法操作。

15）汇控柜驱潮加热回路断电信号。拉开汇控柜驱潮加热回路 F6，汇控柜内加热器不工作。

16）接地闸刀驱潮回路断电信号。拉开接地闸刀驱潮电源 F7，隔离开关、接地闸刀机构内加热器不工作。

17) 断路器机构驱湿回路断电信号。拉开断路器机构驱湿电源 F8，断路器机构内加热器不工作。

18) TV0.2 级二次无电信号。拉开 TV0.2 级二次低压断路器。

19) TV0.5 级二次无电信号。拉开 TV0.5 级二次低压断路器 1。

20) TV0.5 级二次无电信号。拉开 TV0.5 级二次低压断路器 2。

二、二次设备验收实训

（一）主变压器保护的验收

作为电网的枢纽设备，主变压器的地位毋庸置疑，因此其保护的重要性也就可见一斑了。主变压器保护的验收一般包括资料记录、外观检查以及功能及出口的验收。

1. 资料记录

1) 说明书、资料齐全。

2) 设备铭牌数据与设备台账一致（或铭牌已抄录）。

3) 继保记录填写完整（无影响运行的缺陷和问题、可以投运结论明确）。

2. 外观检查

1) 工完、料尽、场地清，无安装遗留物件，有关试验接线拆除。

2) 电缆洞封堵良好，保护屏用多股铜线与接地铜网连接，并可靠接地。

3) 屏内端子排接线合格、牢固，电缆名称牌齐全，标牌走向清晰准确。

4) 人机对话显示屏显示正常，无告警灯点亮。

5) 连接片、切换开关、低压断路器标志符号清晰、正确、标签齐全。

6) 熔丝符合设计规定，标示正确、齐全。

7) 交直流回路绝缘符合要求。

8) 保护定值单与装置所设定值、调度核对正确。

9) 定值单上已填入校验、核对、投入人的姓名及日期。

3. 功能及出口

某 220kV 变电站的 1 号主变压器三侧断路器的编号依次为 2501、901 以及 601，三侧的母联（分段）的编号依次为 2510、910、610。本节以北京四方电气双套主保护、双套后备保护原则双重化三面屏配置的主变压器保护为例来阐述主变压器保护功能及出口的验收工作。每块屏配置情况见表 1-14。

表 1-14　　　某 220kV 变电站 1 号主变压器保护配置情况

屏名	设备配置
主变压器保护屏Ⅰ	CSC-326D：主变压器保护装置 JFZ-40QA：电压切换箱 打印机
主变压器保护屏Ⅱ	CSC-326D：主变压器保护装置 JFZ-40QA：电压切换箱 打印机

续表

屏名	设备配置
主变压器保护屏Ⅲ	CSC-336C2：主变压器非电量保护装置 CSC-122T：断路器辅助保护装置 JFZ-12TA：分箱操作箱（高压侧） JFZ-13TB：三相操作箱（中/低压侧）

注 1. 两套变压器保护装置各占一块屏，分别简称为"1号主变压器第一套保护""1号主变压器第二套保护"，对应的保护屏也分别称为"1号主变压器保护屏Ⅰ""1号主变压器保护屏Ⅱ"。主变压器非电量保护单独占一块屏，对应的保护屏称为"1号主变压器保护屏Ⅲ"。

2. 主变压器第一套保护中的××保护称为主变压器第一套××保护，主变压器第二套保护中的××保护称为主变压器第二套××保护，主变压器第三套保护中的变压器非电量保护称为主变压器××保护。

3. 主变压器第一、二套保护均配置差动保护及后备保护，以独立的输入/输出回路和直流电源形成保护的双重化配置，其中主变压器第一套保护动作跳三侧断路器第一组跳圈，主变压器第二套保护动作跳三侧断路器第二组跳圈。

（1）第一（二）套保护整组试验及相关信号验收。

1）三侧断路器置合位，电气量保护启用，取下所有跳闸连接片，模拟主变压器故障，三侧断路器均不跳闸。

2）三侧断路器置合位，电气量保护启用，放上"2501跳闸出口Ⅰ"连接片，模拟主变压器故障，2501断路器跳闸，保护装置上"跳闸"灯亮；高压侧操作箱上"Ⅰ组跳A、Ⅰ组跳B、Ⅰ组跳C""A相分位、B相分位、C相分位"灯亮，取下"2501跳闸出口Ⅰ"连接片。

3）三侧断路器置合位，电气量保护启用，放上"2501跳闸出口Ⅱ"连接片，模拟主变压器故障，2501断路器跳闸，保护装置上"跳闸"灯亮，高压侧操作箱上保护装置上"跳闸"灯亮，高压侧操作箱上"Ⅱ组跳A、Ⅱ组跳B、Ⅱ组跳C""A相分位、B相分位、C相分位"灯亮，取下"2501跳闸出口Ⅱ"连接片。

4）三侧断路器置合位，电气量保护启用，放上"901跳闸出口"连接片，模拟主变压器故障，901断路器跳闸，保护装置上"启动""跳闸"灯亮；中压侧操作箱上"Ⅰ组跳A、Ⅰ组跳B、Ⅰ组跳C""A相分位、B相分位、C相分位"灯亮，取下"901跳闸出口"连接片。

5）三侧断路器置合位，电气量保护启用，放上"601跳闸出口"连接片，模拟主变压器故障，601断路器跳闸，保护装置上"启动""跳闸"灯亮；低压侧操作箱上"Ⅰ组跳A、Ⅰ组跳B、Ⅰ组跳C""A相分位、B相分位、C相分位"灯亮，取下"601跳闸出口"连接片。

6）610断路器置合位，电气量保护启用，模拟主变压器故障，610断路器不跳闸。放上"610跳闸出口"连接片，模拟主变压器故障，610断路器跳闸，保护装置上"启动""跳闸"灯亮；低压侧操作箱上"Ⅱ组跳A、Ⅱ组跳B、Ⅱ组跳C""A相分位、B相分位、C相分位"灯亮，取下"610跳闸出口"连接片。

7）910断路器置合位，电气量保护启用，模拟主变压器故障，910断路器不跳闸。放上"910跳闸出口"连接片，模拟主变压器故障，910断路器跳闸，保护装置上"启动""跳闸"灯亮；中压侧操作箱上"Ⅱ组跳A、Ⅱ组跳B、Ⅱ组跳C""A相分位、B

相分位、C 相分位"灯亮，取下"910 跳闸出口"连接片。

8) 2510 断路器置合位，电气量保护启用，模拟主变压器故障，2510 断路器不跳闸。放上"2510 跳闸出口Ⅰ"连接片，模拟主变压器故障，2510 断路器跳闸，保护装置上"跳闸"灯亮；高压侧操作箱上"Ⅰ组跳 A、Ⅰ组跳 B、Ⅰ组跳 C""A 相分位、B 相分位、C 相分位"灯亮，取下"2510 跳闸出口Ⅰ"连接片。

9) 2510 断路器置合位，电气量保护启用，模拟主变压器故障，2510 断路器不跳闸。放上"2510 跳闸出口Ⅱ"连接片，模拟主变压器故障，2510 断路器跳闸，保护装置上"启动""跳闸"灯亮，高压侧操作箱上"跳闸Ⅱ""跳闸位置"灯亮，取下"2520 跳闸出口Ⅱ"连接片。

至此，第一套保护的电气量保护即主保护的出口连接片全部验证完毕。

同理，对于第二套电气量保护也采用同样的验证方法实现。

(2) 第三套非电气量和失灵保护整组试验及相关信号验收。

1) 三侧断路器置合位，非电气量保护启用，取下所有非电量跳闸出口连接片，模拟主变压器重瓦斯保护动作，三侧断路器均不跳闸。

2) 三侧断路器置合位，非电气量保护启用，放上"非电量跳 2501 出口Ⅰ"连接片，模拟主变压器重瓦斯保护动作，2501 断路器跳闸，保护装置上"启动""跳闸"灯亮；高压侧操作箱上"Ⅰ组跳 A、Ⅰ组跳 B、Ⅰ组跳 C""A 相分位、B 相分位、C 相分位"灯亮，取下"非电量跳 2501 出口Ⅰ"连接片。

3) 三侧断路器置合位，非电气量保护启用，放上"非电量跳 2501 出口Ⅱ"连接片，模拟主变压器重瓦斯保护动作，2501 断路器跳闸，保护装置上跳闸"灯亮；高压侧操作箱上"Ⅱ组跳 A、Ⅱ组跳 B、Ⅱ组跳 C""A 相分位、B 相分位、C 相分位"灯亮，取下"非电量跳 2501 出口Ⅱ"连接片。

4) 三侧断路器置合位，非电气量保护启用，放上"非电量跳 901 出口"连接片，模拟主变压器重瓦斯保护动作，901 断路器跳闸，保护装置上"跳闸"灯亮；中压侧操作箱上"Ⅱ组跳 A、Ⅱ组跳 B、Ⅱ组跳 C""A 相分位、B 相分位、C 相分位"灯亮，取下"非电量跳 901 出口"连接片。

5) 三侧断路器置合位，非电气量保护启用，放上"非电量跳 601 出口"连接片，模拟主变压器重瓦斯保护动作，601 断路器跳闸，保护装置上"启动""跳闸"灯亮；低压侧操作箱上"Ⅱ组跳 A、Ⅱ组跳 B、Ⅱ组跳 C""A 相分位、B 相分位、C 相分位"灯亮，取下"非电量跳 601 出口"连接片。

至此，非电气量保护的出口连接片全部验证完毕。

在验收过程中，不论是何种保护均应做保护动作传动断路器的验证工作，在实际验收过程中一般只传动一次。

(二) 备自投的验收工作

1. 资料记录

1) 说明书、资料齐全。

2) 设备铭牌数据与设备台账一致（或铭牌已抄录）。

3）继电保护记录填写完整（无影响运行的缺陷和问题、可以投运结论明确）。

2. 外观检查

1）工完、料尽、场地清，无安装遗留物件，有关试验接线拆除。

2）电缆洞封堵良好，保护屏用多股铜线与接地铜网连接，并可靠接地。

3）屏内端子排接线合格、牢固，电缆名称牌齐全，标牌走向清晰准确。

4）人机对话显示屏显示正常，无告警灯点亮。

5）连接片、切换断路器、低压断路器标志符号清晰、正确、标签齐全。

6）熔丝符合设计规定，标示正确、齐全。

7）交直流回路绝缘符合要求。

8）保护定值单与装置所设定值、调度核对正确。

9）定值单上已填入校验、核对、投入人的姓名及日期。

3. 功能及出口

35kV 分段 610 断路器置合位，模拟 1（2）号主变压器 35kV 侧后备保护动作，分段开关应跳闸，有遥信，备投应闭锁。

610 断路器置分位，601 断路器置合位，模拟 35kV 两条母线分列运行时Ⅰ母失电，601 断路器不跳闸，610 断路器不合闸。放上 5LP 连接片（601 跳闸出口），模拟 35kV 两条母线分列运行时，Ⅰ母失电，601 断路器跳闸，610 断路器不合闸，601 断路器置合位，610 断路器置分位，放上 4LP 连接片（610 合闸出口），模拟 35kV 两条母线分列运行时，Ⅰ母失电，601 断路器跳闸，610 断路器合闸。

610 断路器置分位，602 断路器置合位，模拟 35kV 两条母线分列运行时Ⅱ母失电，602 断路器不跳闸，610 断路器不合闸。放上 6LP（602 跳闸出口）连接片，模拟 35kV 两条母线分列运行时，Ⅱ母失电，602 断路器跳闸，610 断路器不合闸。602 断路器置合位，610 断路器置分位，放上 4LP（610 合闸出口）连接片，模拟 35kV 两条母线分列运行时，Ⅱ母失电，602 断路器跳闸，610 断路器合闸。

三、"四遥"系统的验收实训

1. 断路器操作机构相关信号验收

液压机构断路器依靠油泵将油打入液压储能筒压缩氮气储备必须的操作动能，通过液压的释放完成断路器的分合闸。机械能是由压缩的氮气储存在液压储压筒中，液压油的压力由压力监控器监控并由压力表指示。因此液压压力的验收对于断路器的正常运行有着重要的意义。以 3AT2EI/3AT3EI 断路器为例，其操作机构液压设定值见表 1-15。

表 1-15　　　　　3AT2EI/3AT3EI 断路器操作机构液压设定值

断路器型号	3AT2EI/3AT3EI	断路器型号	3AT2EI/3AT3EI
正常液压	33	油泵起动	32
重合闸闭锁	30.8	合闸闭锁	27.8
总闭锁	26.3	氮气泄漏报警	35.5
安全阀动作	37.5		

断路器液压压力对于断路器的正常运行有着重要的意义。为了能够及时、准确地反映断路器液压机构的压力异常变化，一般采用表1-16来表示。在实际验收过程中一般将液压储能筒阀门关闭，依次将压力表的压力调至相关启动值来触发相关信号。

表1-16 断路器液压压力验收值

信号名称	验收方法
氮气泄漏	油泵在打压过程中液压升至35.5MPa（K81、K182动作触点闭合）
油泵打压	断路器油泵降至32MPa（K9LA、K9LB或K9LC动作触点闭合）
油压低闭锁合闸	断路器液压降至合闸闭锁压力27.8MPa（K2动作触点闭合）
油压低闭锁重合闸	断路器液压降至合闸闭锁压力30.8MPa（K4动作触点闭合）
油压低闭锁分闸	断路器液压降至分闸闭锁压力26.3MPa（K3或K103动作触点闭合）

而对于弹簧结构的断路器而言，一般采用"弹簧未储能"来反映断路器的储能情况。在实际验收过程中一般采用拉开端子箱内开关电动机电源低压断路器并分合断路器，断路器储能电动机无法运转，弹簧也就无法储能了。

气压机构的断路器信号与液压机构大致相仿，出于篇幅原因，本书就不再赘述。当然，断路器还有"开关现场就地控制""断路器位置触点"等信号，本书也不再一一赘述。

2. 电压回路断线及切换继电器同时动作

在双母线接线方式下，二次电压小母线上的电压经过电压切换回路进入保护装置，而取正母电压或是副母电压由母线隔离开关的辅助触点决定。当电压失却时，保护装置无法采到电压值，严重影响保护装置的正常运行。因此，一般采用"电压回路断线"来监视电压回路的运行状况。

正常运行状态时，断路器和某一母线隔离开关在合位，断路器的动合辅助触点HWJ闭合，隔离开关的动断辅助触点1YQJ2、2YQJ2中一个闭合、一个打开，回路不接通，不会发出电压回路断线信号；当断路器在合位时，两个母线隔离开关动合辅助触点由于某些原因断开，CZX-12R操作箱正、副母电压切换继电器1YQJ2、2YQJ2同时失磁不动作，动断辅助触点1YQJ2、2YQJ2闭合，发出电压回路断线信号，如图1-17所示。此时，母线电压无法开入到保护装置中。

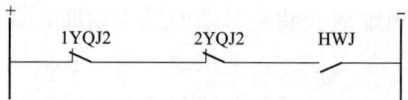

图1-17 电压回路断线信号1

在实际验收过程中一般采用将正、副母隔离开关分开，断路器合上，来触发"电压回路断线"发信。

随着运行经验的积累，该信号调整为当1YQJ和2YQJ动断触点闭合（两把隔离开关均在分闸位置）时或保护屏后的电压低压断路器位置触点闭合（低压断路器跳开）时，发出电压回路断线，与断路器位置无关，如图1-18所示。

在双母线接线方式下，在热倒过程中会出现正、副母隔离开关同时处于合闸位置，此时母联断路器处于合闸位置（双母线并列运行），正、副电压小母线上的电压值相等，因此正、副电压小母线上的电压同时被采进保护装置。为了防止正、副母线分列运行的状态下，如果正副母隔离开关的辅助触点由于某种原因同时闭合，那么 CZX-12R 操作箱正、副母电压切换继电器 1YQJ、2YQJ 同时动作，电压小母线通过 1YQJ、2YQJ 并列，由于其触点容量比较小会造成触点的粘连而损坏，造成保护装置采集电压的异常，影响保护装置的正常运行。因此，一般采用"电压切换继电器同时动作"来监视电压回路的这种异常情况，其具体的信号图如图 1-19 所示。同时，该信号还可以监视热倒过程中结束后隔离开关触点的情况。

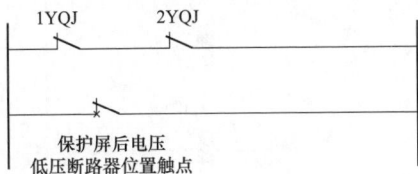

图 1-18 电压回路断线信号 2   图 1-19 电压切换继电器同时动作

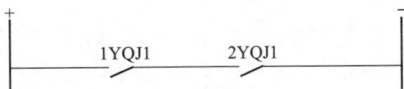

在实际验收过程中，一般采用将正、副隔离开关同时合上来触发"电压切换继电器同时动作"信号。

为了防止线路电压互感器低压断路器跳闸而造成保护装置无法采集到线路电压，设计单位通常会通过线路电压互感器低压断路器 1ZKK 和 2ZKK 的触点来表征线路电压互感器电压回路的运行状态，一般以"线路 TV 低压断路器跳开"来表示。当线路电压互感器 1ZKK 或 2ZKK 任一个低压断路器跳闸，其动断触点闭合，"线路 TV 低压断路器跳开"发信。当线路电压互感器 1ZKK 或者 2ZKK 低压断路器均在合闸位置，其动断触点全部打开，"线路 TV 低压断路器跳开"不发信。

四、"五防"连锁验收实训

1. 3/2 接线方式下"五防"连锁验收实训

3/2 接线方式多应用于 500kV 系统，由于电压等级较高，存在线线串和线变串两种接线模式，其连锁在各个电压中最为复杂。以某 500kV 变电站的第一串（线变串）为例来阐述 3/2 接线方式下的"五防"连锁验收工作，如图 1-20 所示，由于其 500kV 采用的是 GIS 设备，因此其电气闭锁回路中仍然同时具备横向连锁功能。

从图 1-21 可以看出，50132 隔离开关的电气连锁回路中包含着 501317、501327 接地闸刀的动断触点、5013 断路器 A、B、C 三相的动断触点、母线接地闸刀 5117 的动断触点。因此，50132 隔离开关的连锁条件是 501317、501327、5217 接地闸刀以及 5013 断路器均分开。43R2 是电气解锁开关。

同理，第一串间隔中的隔离开关、接地闸刀的电气闭锁条件见表 1-17。

当 5011 断路器合位时，50111、50112 隔离开关电气连锁回路中 5011 断路器的动断触点打开，50111、50112 隔离开关的电动回路无法操作；同时，50111、50112 隔离开关的手动操作挡板无法打开，实现 5011 断路器对 50111、50112 隔离开关电气连锁。

将 5011 断路器端子箱内隔离开关、接地闸刀远方就地切换开关切至就地位置，电气解锁切换开关切至连锁位置，测控屏 1BK 切至解锁位置，在端子箱内操作。分、合隔离开关接地闸刀需要分别在端子箱、机构箱进行。其验收票见表1-18。

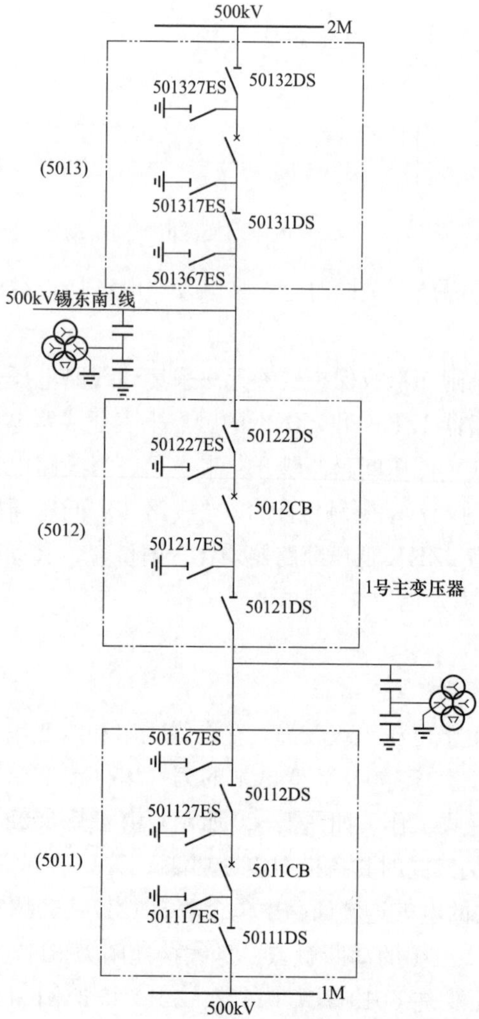

图1-20 某500kV变电站第一串回路系统图 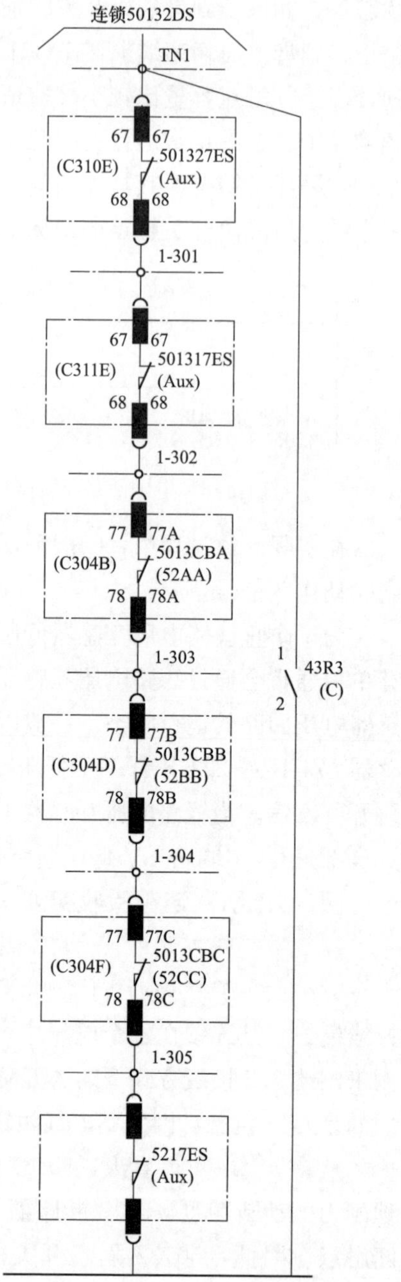　　图1-21 50132隔离开关电气连锁回路图

表1-17　　　　　　　　第一串隔离开关、接地闸刀电气闭锁条件

序号	设备名称	操作条件
1	50111隔离开关	5011断路器，5117、501117、511127接地闸刀均分开
2	50112隔离开关	5011断路器，501117、501127、501167，250167、3117接地闸刀均分开
3	501117、501127接地闸刀	50111、50112隔离开关均分开

续表

序号	设备名称	操作条件
4	501167 接地闸刀	50112、50121、25016、3519 隔离开关均分开
5	50121 隔离开关	501167、501217、501227、5012，250167、3117 接地闸刀均分开
6	50122 隔离开关	501217、501227、501367 接地闸刀、5012 断路器均分开
7	501217、501227 接地闸刀	50121、50122 隔离开关均分开
8	501367 接地闸刀	50122、50131 隔离开关均分开；线路无电压、电压互感器二次低压断路器合上
9	50131 隔离开关	501317、501327、501367 接地闸刀以及 5013 断路器均分开
10	50132 隔离开关	501317、501327、5217 接地闸刀以及 5013 断路器均分开
11	501317、501327 接地闸刀	50131、50132 隔离开关均分开

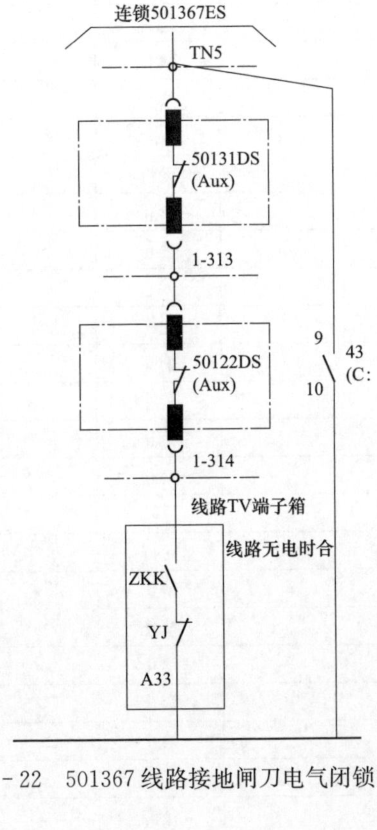

图 1-22 501367 线路接地闸刀电气闭锁回路图

表 1-18   5011 断路器对应的电气连锁验收票

合 5011 断路器	允许	
合 50111 隔离开关	禁止	
合 50112 隔离开关	禁止	5011 断路器的连锁
分 5011 断路器	—	

同样，第一串回路的电气连锁验收票见表 1-19。

表 1-19　　　　　　　　　　　第一串回路电气连锁验收票

所有设备置分闸位置			
合 50111 隔离开关	允许		
合 501117 接地闸刀	禁止		50111 隔离开关的连锁
合 501127 接地闸刀	禁止		
合 5117 接地闸刀	禁止		
分 50111 隔离开关	—		
合 50112 隔离开关	允许		
合 501117 接地闸刀	禁止		
合 501127 接地闸刀	禁止		
合 501167 接地闸刀	禁止		50112 隔离开关的连锁
合 250167 接地闸刀	禁止		
合 3117 接地闸刀	禁止		
分 50112 隔离开关	—		
合 501117 接地闸刀	允许		
50111 隔离开关	禁止		501117 接地闸刀的连锁
50112 隔离开关	禁止		
分 501117 接地闸刀	—		
合 501127 接地闸刀	允许		
50111 隔离开关	禁止		501127 接地闸刀的连锁
50112 隔离开关	禁止		
分 501117 接地闸刀	—		
合 501167 接地闸刀	允许		
合 50112 隔离开关	禁止		
合 50121 隔离开关	禁止		501167 接地闸刀的连锁
合 25016 隔离开关	禁止		
合 3519 隔离开关	禁止		
合 501167 接地闸刀	—		
合 50121 隔离开关	允许		
合 501217 接地闸刀	禁止		
合 501227 接地闸刀	禁止		
合 501167 接地闸刀	禁止		50121 隔离开关的连锁
合 250167 接地闸刀	禁止		
合 3117 接地闸刀	禁止		
分 50121 隔离开关	—		
合 501217 接地闸刀	允许		
合 50121 隔离开关	禁止		501217 接地闸刀的连锁
合 50122 隔离开关	禁止		
合 501217 接地闸刀	—		
合 5012 断路器	允许		
合 50121 隔离开关	禁止		5012 断路器的连锁
合 50122 隔离开关	禁止		
分 5012 断路器	—		

续表

所有设备置分闸位置		
合 501227 接地闸刀	允许	
合 50121 隔离开关	禁止	501227 接地闸刀的连锁
合 50122 隔离开关	禁止	
分 501227 接地闸刀	—	
合 501367 接地闸刀	允许	
合 50122 隔离开关	禁止	501367 接地闸刀的连锁
合 50131 隔离开关	禁止	
分 501367 接地闸刀	—	
合 50131 隔离开关	允许	
合 501367 接地闸刀	禁止	
合 501317 接地闸刀	禁止	50131 隔离开关的连锁
合 501327 接地闸刀	禁止	
分 50131 隔离开关	—	
合 5013 断路器	允许	
合 50131 隔离开关	禁止	5013 断路器的连锁
合 50132 隔离开关	禁止	
分 5013 断路器	—	
合 501317 接地闸刀	允许	
合 50131 隔离开关	禁止	501317 接地闸刀的连锁
合 50132 隔离开关	禁止	
分 501317 接地闸刀	—	
合 50132 隔离开关	允许	
合 501317 接地闸刀	禁止	
合 501327 接地闸刀	禁止	50132 隔离开关的连锁
合 5217 接地闸刀	禁止	
分 50132 隔离开关	—	

从图 1－22 中可以看出，501367 线路接地闸刀的连锁条件除了 50122、50131 隔离开关均分开，还包括线路无电压、电压互感器二次低压断路器合上。因此，其验收票还应包括如下设备，见表 1－20。

表 1－20　　　　　　　　电压互感器与接地闸刀验收票

所有设备置分闸位置		
拉开电压互感器二次低压断路器 ZKK	—	
合 501367 接地闸刀	禁止	
合上电压互感器二次低压断路器 ZKK	—	线路有电对线路接地闸刀的影响
模拟线路带电	—	
合 501367 接地闸刀	禁止	

500kV 母线接地闸刀的连锁条件是母线上所有隔离开关均分开，因此，正母线接地闸刀横向连锁验收票见表 1－21。

表 1 - 21　　　　　　　　正母接地闸刀横向连锁验收票

所有设备置分闸位置		
合 5117 接地闸刀	允许	
合 50111 隔离开关	禁止	
合 50121 隔离开关	禁止	
合 50131 隔离开关	禁止	正母线接地闸刀的连锁
合 50141 隔离开关	禁止	
合 50151 隔离开关	禁止	
分 5117 接地闸刀	—	

同理,副母线接地闸刀电气连锁验收票见表 1 - 22。

表 1 - 22　　　　　　　　副母接地闸刀电气连锁验收票

所有设备置分闸位置		
合 5217 接地闸刀	允许	
合 50132 隔离开关	禁止	
合 50232 隔离开关	禁止	
合 50332 隔离开关	禁止	副母线接地闸刀的连锁
合 50342 隔离开关	禁止	
合 50352 隔离开关	禁止	
分 5217 接地闸刀	—	

500kV 部分 GIS 设备的测控连锁与电气连锁大致上相似,其验收票与电气连锁的验收票也大致一致。

2. 主变压器三侧连锁测控连锁验收实训

这里以某 220kV 变电站 1 号主变压器的三侧测控连锁为例来阐述主变压器三侧的纵向测控连锁的验收,其验收票见表 1 - 23。

表 1 - 23　　　　　某 220kV 变电站 1 号主变压器的三侧测控连锁验收

将 2501 间隔汇控柜内 CB、DS/ES 远近控切换开关切至就地位置,连锁解锁开关切解锁位置,主变压器测控屏内 1QK1(WK)切至连锁位置,在汇控柜操作。
将 701 间隔汇控柜内 S5、S6 切至就地位置,S201 切至解锁位置,S202、S204 切钥匙 1 位置,测控屏 2QK1(WK)切至连锁位置,在汇控柜操作。
将 1 号主变压器 301 间隔汇控柜内 S20 切至就地位置,测控屏切连锁位置,在汇控柜操作

序号	验收条件	测试内容	结果	备注
	所有设备置分闸位置			
	合 25013 隔离开关	允许		
	合 25014 接地闸刀	禁止		
	合 7014 接地闸刀	禁止		
1	合 3017 接地闸刀	禁止		
	220kV 侧临时接地点电磁锁	没电		
	110kV 侧临时接地点电磁锁	没电		
	35kV 侧临时接地点电磁锁	没电		
	分 25013 隔离开关	—		

续表

序号	验收条件	测试内容	结果	备注
2	所有设备置分闸位置			
	合 25014 接地闸刀	允许		
	合 25013 隔离开关	禁止		
	合 7013 隔离开关	禁止		
	合 3011 隔离开关	禁止		
	分 25014 接地闸刀	—		
3	所有设备置分闸位置			
	将插把插入 220kV 侧临时接地点电磁锁	允许		
	合 25013 隔离开关	禁止		
	合 7013 隔离开关	禁止		
	合 3011 隔离开关	禁止		
	将插把拔出 220kV 侧临时接地点电磁锁	—		
4	所有设备置分闸位置			
	合 7013 隔离开关	允许		
	合 25014 接地闸刀	禁止		
	合 7014 接地闸刀	禁止		
	合 3017 接地闸刀	禁止		
	220kV 侧临时接地点电磁锁	没电		
	110kV 侧临时接地点电磁锁	没电		
	35kV 侧临时接地点电磁锁	没电		
	分 7013 隔离开关	—		
5	所有设备置分闸位置			
	合 7014 接地闸刀	允许		
	合 25013 隔离开关	禁止		
	合 7013 隔离开关	禁止		
	合 3011 隔离开关	禁止		
	分 7014 接地闸刀	—		
6	所有设备置分闸位置			
	将插把插入 110kV 侧临时接地点电磁锁	允许		
	合 25013 隔离开关	禁止		
	合 7013 隔离开关	禁止		
	合 3011 隔离开关	禁止		
	将插把拔出 110kV 侧临时接地点电磁锁	—		
7	所有设备置分闸位置			
	合 3011 隔离开关	允许		
	合 25014 接地闸刀	禁止		
	合 7014 接地闸刀	禁止		
	分 3011 隔离开关	—		
8	所有设备置分闸位置			
	合 3017 接地闸刀	允许		
	合 25013 隔离开关	禁止		

续表

序号	验收条件	测试内容	结果	备注
8	合 7013 隔离开关	禁止		
	分 3017 接地闸刀	—		
9	所有设备置分闸位置			
	将插把插入 35kV 侧临时接地点电磁锁	允许		
	合 25013 隔离开关	禁止		
	合 7013 隔离开关	禁止		
	将插把拔出 35kV 侧临时接地点电磁锁	—		

第二章

变电设备维护及切换试验

第一节　变电设备维护及切换试验概述

一、主要内容

设备定期维护及切换试验是变电运维专业除操作、监视、管理职责之外的重要工作，是变电运维专业的核心业务之一，共分两大类。

1. 变电站定期运行维护工作

（1）避雷器泄漏电流抄录。变电站避雷器泄漏电流表计示数结合巡视进行抄录。

（2）避雷器动作次数抄录。变电站避雷器动作次数应每月进行一次抄录。

（3）蓄电池电压测量。变电站的直流系统蓄电池每周测一次代表电池的电压，每月普测一次所有电池的电压。代表电池应不少于整组电池个数的十分之一，选测的代表电池应相对固定，便于比较。

（4）微机保护对时。变电站有 GPS 装置的应每月一次对微机保护进行对时。

（5）开关空压机放水。开关的气动机构应每周进行放水工作，放尽水后应关紧阀门并检查气动机构压力正常，无异常信号。

（6）防汛水泵试验。变电站防汛水泵应每月进行试运转试验。

（7）全站室内外照明系统检查。每季度应检查一次变电站室内外照明系统，确保照明系统完好。

（8）消防、防小动物、安全用具设施检查维护。每月一次对消防器材进行检查维护并做好记录，每季度一次对消防设施进行检查并做好记录，每月一次对防小动物设施进行检查维护并做好记录，每月一次对变电站安全工器具检查，确保无超周期工具。

（9）剩余电流动作保护器（漏电保护器，户内生活用）试验。变电站内的生产、生活用剩余电流动作保护器每季度应进行一次专业试验，并贴合格证，标清试验人员及时间。

（10）机构箱加热器及照明维护。每季检查一次机构箱内加热器及照明电源。

（11）空调维护。每半年对空调维护一次。

2. 变电站定期切换试验工作

（1）事故照明切换试验。变电站事故照明系统每季试验检查一次。

（2）高频保护通道试验。在有专用收发信设备运行的变电站，运维人员应结合巡视进行高频通道的测试工作。

（3）主变压器冷却器轮换试验。变压器装有冷却设备的风扇正常时作为备用或辅助状态的，应每季进行手动启动试验，确保装置正常，试验后根据轮换需要放置方式。

（4）主变压器冷却器电源自投功能试验。冷却装置电源有两路以上，平时作为备用的电源应每季度进行启动试验，试验时严禁两电源并列，试验后倒回原方式。

（5）备用主变压器充电试验。备用主变压器应每半年进行一次启动试验，每次带电运行时间不少于24h。

（6）直流充电机切换试验。直流系统中的备用充电机应半年进行一次启动试验。

（7）站用变压器切换试验。变电站使用站用变压器二次侧互投功能的每季应进行一次试验站用变压器定期切换试验。

（8）电磁型重合闸试验。电磁型重合闸每15天进行重合闸试验。

二、变电设备维护及切换试验的一般要求

（1）定期轮换试验遇不良气候等无法正常试验的情况时可顺延。但生产管理系统中的记录应按时填写，并在备注中写明顺延原因。顺延的试验项目应争取在短时间内且条件允许时补做，并在生产管理系统中填写记录。

（2）进行轮换试验应由具备相应资质的运行人员进行，事先应经过必要的培训。执行轮换试验工作时应遵守保证安全的组织措施和技术措施。

（3）变电站内设备除有关规程规定由专业人员根据周期进行试验外，其余维护及切换试验工作都应由运维人员对有关设备进行定期的测试和试验，以确保设备的正常运行。对于处在备用状态的设备，应按照要求，定期投入备用设备，进行轮换运行，保证备用设备处在完好状态。

（4）应按规定的周期对变电站设备进行定期轮换试验，试验时间和结论应做好记录。进行切换试验应掌握正确的方法和步骤，并按照标准化作业（作业指导书）卡中定期切换要求执行。

（5）二次设备运行场所的空调，环境温度达到30℃时开启制冷，制冷后室内温度不得低于27℃；环境温度低于5℃时开启制热，制热后室内温度不得高于10℃。

（6）人员工作或休息环境与二次设备运行场所混杂的，夏天空调制冷温度设置不得低于26℃。

（7）蓄电池组屏后放置在二次设备室的，运行环境与二次设备一致；单独放置在蓄电池室的，环境温度达到30℃时开启制冷，制冷后室内温度不得低于26℃；环境温度低于5℃时开启制热，制热后室内温度不得高于10℃。

（8）带温湿度控制的加热器设置为自动长期投入运行。不带温湿度控制的加热器在湿度大于80%时投入，小于60%退出。

（9）需使用标准化作业（作业指导书）卡中定期切换试验项目有：防汛水泵试验、微机保护对时、事故照明切换试验、开关空压机放水、站用变压器定期切换试验、电磁型重合闸试验、全站室内外照明系统检查。

（10）需填写生产管理系统定期切换试验记录的试验项目有：事故照明切换试验、站用变压器切换试验、电磁型重合闸试验、开关空压机放水、防汛水泵试验、主变压器冷却器轮换试验。

（11）需填写生产管理系统专用记录的试验项目有：避雷器泄漏电流抄录（避雷器

泄漏电流记录）、蓄电池电压测量（蓄电池测量记录）、避雷器动作次数抄录（避雷器动作记录）。

三、变电设备维护及切换试验的一般注意事项

（1）运维人员应熟知设备维护及切换试验的内容，对本岗位规定的设备维护与切换试验应能熟练操作。

（2）设备维护与切换试验应按照现场运行规程规定，在规定的时间，由专人负责进行，工作时间、内容、试验人员、设备情况及试验结果应做好相关记录，发现问题应及时向上级汇报。

（3）设备维护与切换试验前，应征得当班负责人同意。

（4）对于可能发出告警、异常信号的试验项目，工作前应向设备所辖监控中心汇报，避免引起误会。

（5）应使用合格的工器具，并根据现场作业指导书（作业卡）按步骤进行试验。

（6）设备维护与切换试验中，出现事故或异常，应立即停止，并恢复到原始运行方式。待事故异常处理完毕后重新进行试验。

（7）下列情况可不进行设备维护与切换试验：

1）事故状态或设备异常情况（待时候补做）。

2）设备有较大缺陷不能及时消除。

3）设备运行未达到一个轮换周期时。

4）受到当前运行方式或设备工况限制时。

四、变电设备维护及切换试验周期的一般规定

（1）日常维护工作周期。

1）避雷器动作次数、泄漏电流抄录每月1次，雷雨后增加1次。

2）管束结构变压器冷却器每年在大负荷来临前，应进行1~2次冲洗。

3）高压带电显示装置每月检查维护1次。

4）单个蓄电池电压测量每月1次，蓄电池内阻测试每年至少1次。

5）在线监测装置每季度维护1次。

6）全站各装置、系统时钟每月核对1次。

7）防小动物设施每月维护1次。

8）安全工器具每月检查1次。

9）消防器材每月维护1次，消防设施每季度维护1次。

10）微机防误装置及其附属设备（电脑钥匙、锁具、电源灯）维护、除尘、逻辑校验每半年1次。

11）接地螺栓及接地标志维护每半年1次。

12）排水、通风系统每月维护1次。

13）漏电保安器每季试验1次。

14）室内外照明系统每季度维护1次。

15）机构箱、端子箱、汇控柜等的加热器及照明每季度维护1次。

16）安防设施每季度维护 1 次。

17）二次设备每半年清扫 1 次。

18）电缆沟每年清扫 1 次。

19）事故油池通畅检查每 5 年 1 次。

20）配电箱、检修电源箱每半年检查、维护 1 次。

21）室内 SF_6 氧量告警仪每季度检查维护 1 次。

22）防汛物资、设施在每年汛前进行全面检查、试验。

（2）设备定期轮换、试验周期。

1）在有专用收发信设备运行的变电站，运维人员应按保护专业有关规定进行高频通道的对试工作。

2）变电站事故照明系统每季度试验检查 1 次。

3）主变压器冷却电源自投功能每季度试验 1 次。

4）直流系统中的备用充电机应半年进行 1 次启动试验。

5）变电站内的备用站用变压器（一次侧不带电）每半年应启动试验 1 次，每次带电运行不少于 24h。

6）站用交流电源系统的备自投装置应每季度切换检查 1 次。

7）对强油（气）风冷、强油水冷的变压器冷却系统，各组冷却器的工作状态（即工作、辅助、备用状态）应每季进行轮换运行 1 次。

8）对 GIS 设备操作机构集中供气压器的工作和备用气泵，应每季轮换运行 1 次。

9）对通风系统的备用风机与工作风机，应每季轮换运行 1 次。

10）UPS 系统每半年试验 1 次。

第二节 变电设备维护及切换试验实例

一、变电站微机保护 GPS 对时

1. 变电站 GPS 系统介绍

（1）作为变电站的标准时钟，其基本要求是：有尽可能短的冷、热启动时间，配有后备电池，有高精度、可灵活配置的时钟输出信号，以保证自动化信息传输、继电保护及自动装置的精确对时。为了实现各个变电站间设备的时间统一，使用 GPS 时钟系统针对各站自动化系统中的计算机、控制装置等进行校时。

（2）GPS 时钟系统通过接收 GPS 卫星发射的低功率无线电信号，将这些信息通过各种接口类型来传输给自动化系统中需要时间信息的设备（计算机、保护装置、故障录波器、事件顺序记录装置、安全自动装置、远动 RTU），使整个系统的时间同步。

2. 继电保护和自动装置的精确对时必要性

（1）异常或事故分析的精确对时需要。正常运行时，保护装置会实时监测电流、电压等信息。电力系统出现异常或事故时，保护装置动作，故障录波装置录制相关波形。对这些信息及波形的分析，必须以统一的时间为基准，否则就不能对事故发生的原因、

各种保护及自动装置动作行为、先后顺序以及事故的演变和发展过程做出正确的判断。

（2）高压线路光纤保护的调试准确定时需要。高压线路纵联电流差动保护是比较线路两侧的电流量，将电信号变为光信号进行传输的。保护装置经交流采样、模数变换后，保护 CPU 单元对信号进行滤波处理，并将滤波后的电流数字量传送给通信 CPU 单元，同时保护 CPU 单元也将接收通信 CPU 经同步调整后的对侧电流数字量，并与本侧电流数字量进行比较判断以决定是否发出口命令。保护调试需要在线路两侧的保护上同时加故障量，以真实地模拟线路发生区内或区外故障时保护的动作行为。在线路两侧同时加故障量，靠一般的时钟是办不到的，这是因为一般时钟的工作精度是秒级，而作为快速保护的光纤纵联保护，其工作时间是毫秒级，由一般时钟造成的误差，无法保证两侧所加故障量的同时性。而采用具有 GPS 准确定时功能由 PC 机控制的继电保护试验装置来保证两侧所加故障量的同时性，其时间误差是微秒级的，可满足同时加故障量的要求。

（3）计算网络电能损耗的精确对时需要。只有同一时间测量、采集处于不同位置的同一线路受进与送出的电能，才能准确计算出某元件的电能损耗，以实现电力输送能量损耗为最小的原则。

（4）检测功率平衡和控制潮流的精确对时需要。由于电力系统的发、供、用是同时完成的统一体，测录电网各相关部位同一时间的电压、电流、功角和输送的功率就十分重要，这些信息是调度人员进行电力调度的依据，也是维持高质量电能的监控基础。而计算同一时间的数据则需要各个节点的时间统一才能实现。

（5）稳定控制装置的精确对时需要。稳定控制装置会在系统故障切除后频率、电压均异常情况下，判断低频低压或高频高压事，快速采取就地低频低压减载或高频高压切机的控制措施，保障系统安全稳定运行提供保障，故对时间精度要求较高。常用的稳定控制装置要求设置高精度的时钟芯片，并配置有 GPS 硬件对时回路，便于全系统时钟同步配备高速以太网络通信接口。

3. 为什么需要人工对时

（1）GPS 同步时钟包括 IRIG-B 同步时钟、脉冲（PPS、PPM）同步时钟、串口通信同步时钟、网络同步时钟（SNTP）4 种方式。其中 IRIG-B 同步时钟、脉冲同步时钟在电力自动化上广泛应用，串口通信时钟同步主要直接针对主站计算机。目前大多数厂站采用多种时钟同步共存的方式，普遍的有 IRIG-B、脉冲、规约软对时共存的情况。

（2）对于 IRIG-B 时钟同步方式，可能出现两种误差情况。第一种误差，IRIG-B 同步时钟，时间信息不包含年，只包含当前日是本年第几天的信息。按这个信息能非常容易计算出月和日，但是如果年不正确，又遇到闰年，月、日会存在偏差；第二种误差，虽然微机装置采用 GPS 的 IRIG-B 方式校时，同时还接受了其他主站的规约软对时，当接受其他主站对时后，由于主站时间经过通信链路后，或多或少会存在时间的延迟，而且规约对时通常要求对到毫秒，在没有得到精确的误差纠正后，微机装置所授的主站时间就会有误差，此时装置内的时钟不正确，在误差时间段内若产生事件，事件的时间也会存在误差，这种误差是由于主站通过软对时引起的，主站每下发一次软对时，微机装置的系统时间就变化一次，只有等待下次 IRIG‐B 标准时钟信号到来后才能回到准确的时间，若主站为多个主站，那么很难保证微机装置时间的正确性。

（3）对于 PPS 时钟同步方式，可能出现两种误差。第一种误差：PPS（秒脉冲）方式时间信息不包含年、月、日、时、分、秒的信息，这些年、月、日、时、分、秒的信息必须依靠规约软对时，或由人工对微机装置进行设置获得，假如缺乏规约软对时，也没有对微机装置的进行人工设置系统时间，微机装置的时间可能误差几年、几月、几日、几时、几分、几秒不等；第二种误差：虽然微机装置采用 GPS 秒脉冲校时，也同时接受其他主站规约的软对时，当接受其他主站对时后，时间在年、月、日、时、分、秒上正确了，由于主站时间经过通信链路后，或多或少会存在时间的延迟，毫秒会有误差的，在没有得到精确的误差纠正后，微机装置所授的主站时间也会有误差。若在误差时间段内产生事件，事件的时间也不正确，这种误差也是由于主站通过软对时引起的，主站每下发一次软对时，微机装置的系统时间就变化一次，只有等待下次接受 GPS 时间信号后才回到正确时间，同样，若主站为多个主站，那么很难保证微机装置正确的时间。分脉冲与秒脉冲的情况相似。

（4）在变电站现场的运行维护工作中，必须增加人工方式，采用面板操作，核对每个微机装置的年、月、日、时、分、秒的时间信息，并且在微机装置重新启动后，必须重新核对微机装置的年、月、日、时、分、秒的时间信息。这样 GPS 的脉冲对时能够保证对毫秒精确要求。

二、主变压器冷却器轮换试验

（1）变压器运行时，绕组和铁心中的损耗所产生的热量必须及时散逸出去，以免过热造成绝缘损坏。当变压器绕组温度在 80～140℃ 范围内，温度每升高 6℃，其绝缘老化速度将增加一倍，即温度每升高 6℃，绝缘寿命就降低 1/2，这就是绝缘寿命的六度法则。因此，当变压器的上层油温与下层油温产生温差时，需要通过冷却器形成油温对流，并经冷却器冷却后流回油箱，从而起到降低变压器运行温度的作用，防止变压器长期处在高温状态，影响供电可靠性，甚至影响电网安全稳定运行。风冷系统对运行主变压器起到冷却作用，当变压器顶层油温超过整定值时，控制电路会自动投入各组冷却装置，对主变压器降温，使其能够带额定功率运行。当冷却设备故障时，冷却条件遭到破坏，变压器运行温度迅速上升，变压器绝缘的寿命损失急剧增加。因此，必须对变压器风冷系统定期进行试验，以保证其功能完备、可靠。

（2）强油循环风冷方式。强迫油循环风冷方式是把变压器中的油利用油泵打入油冷却器后再流回油箱。油冷却器做成容易散热的特殊形状，利用风扇吹风作冷却介质，把热量带走。这种方式若把油的循环速度比自然对流时提高 3 倍，则变压器可增加容量 30%。大型变压器容量不同，生产厂家不同，冷却器组数一般从 4～12 组不等。各组冷却器有工作、辅助、备用、停用 4 种方式，可根据变压器负荷及油温情况投入冷却器组数，其余冷却器可置辅助或备用位置。

1）强油循环风冷控制回路。以型号为 OSFPS‐750000/500 变压器的冷却回路为例，该冷却系统共有七组冷却器，每组冷却器控制回路设有一个冷却器方式切换开关 SC，通过 SC 在"工作""辅助""备用""停止"四个位置的切换确定该组冷却器的工作方式。

① SC 切换开关位置表见表 2-1。

表 2-1　　　　　　　　　　　　　　SC 切换开关位置表

工作状态	停止	工作	辅助 1	辅助 2	备用
触点	↑	↗	→	↘	↓
1-2		×			
3-4		×			
5-6			×		
7-8			×		
9-10				×	
11-12				×	
13-14					×
15-16					×

②"停止"模式。停止模式时，冷却器工作方式切换开关 SC 所有触点均断开，该组冷却器退出运行。

③"工作"模式。如图 2-1 所示，设置方式为"工作"的冷却器（以第一组为例），其 SC1 触点 1-2、3-4 接通，KM1 及 KM11、KM12、KM13 经 Q1、QC1、SC1 的触点 3-4 及其自身的热继电器动断触点启动，其中 KM1 为第一组冷却器潜油泵的接触器，KM11、KM12、KM13 为第一组冷却器三只风扇的接触器，第一组冷却器工作。工作指示红灯 H1 经 QF8、KM1 及 KM11、KM12、KM13 的动合触点，K01（油流继电器）的动合触点、SC1 触点 3-4 启动，指示第一组工作正常。

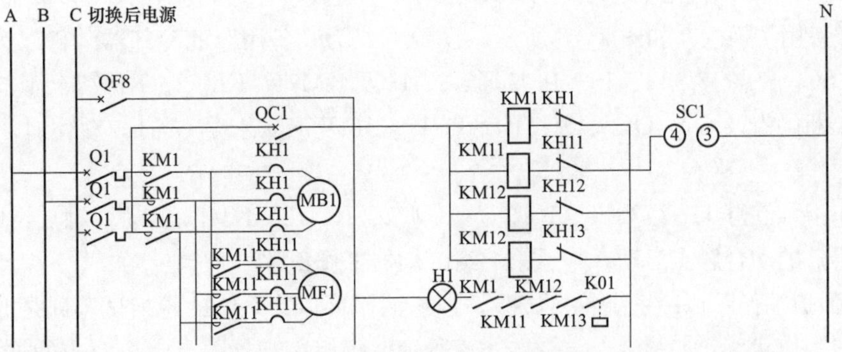

图 2-1　"工作"模式冷却器启动回路

④"辅助 1"模式。如图 2-2 所示，设置方式为"辅助 1"的冷却器（以第七组为例），其 SC7 触点 5-6、7-8 接通，KM7 及 KM71、KM72、KM73 经其自身的热继电器动断触点及 Q7、QC7、SC7 的触点 7-8 及 K3 启动，其中 KM7 为第七组冷却器潜油

泵的接触器，KM71、72、73 为第七组冷却器三只风扇的接触器，当 K3 动作时，"辅助1"冷却器工作。工作指示红灯 H7 经 QF8、KM7 及 KM71、KM72、KM73 的动合触点、K07（油流继电器）的动合触点、SC7 触点 7－8 启动，指示第七组冷却器工作正常。

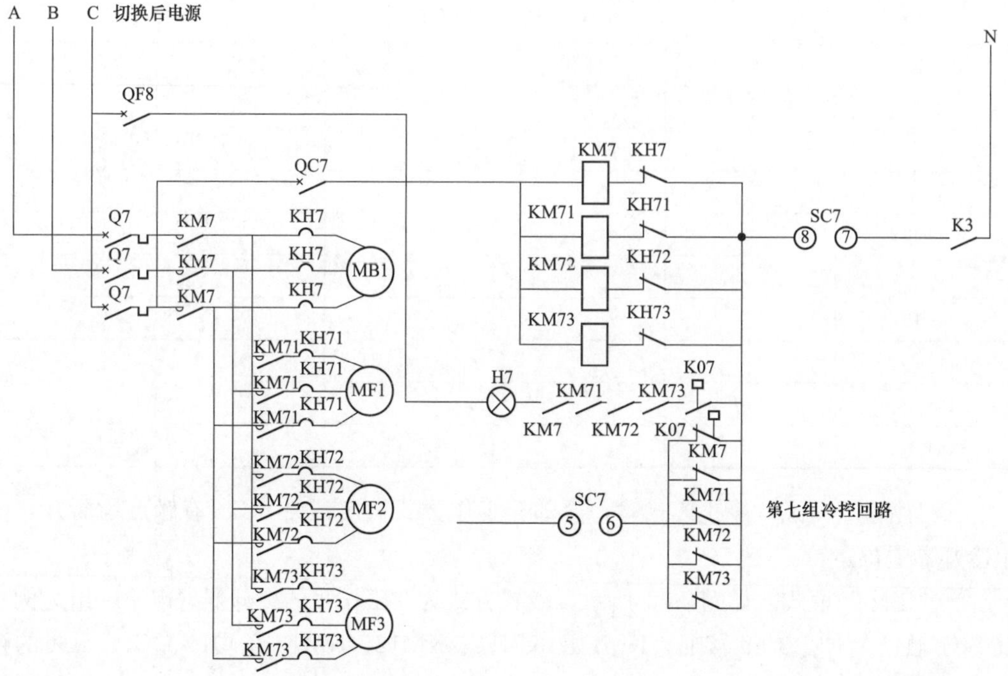

图 2－2   "辅助"模式冷却器启动回路

⑤"辅助 2"模式。设置方式为"辅助 2"的冷却器（仍以第七组为例），其 SC7 触点 9－10、11－12 接通，KM7 及 KM71、KM72、KM73 经其自身的热继电器动断触点及 Q7、QC7、SC7 的触点 11－12 及 K4 启动，当 K4 动作时，"辅助 2"冷却器工作。

⑥"备用"模式。如图 2－3 所示，设置方式为"备用"的冷却器（仍以第七组为例），其 SC7 触点 13－14、15－16 接通，KM7 及 KM71、KM72、KM73 经其自身的热继电器动断触点及 Q7、QC7、SC7 的触点 15－16 及 K5 启动，当 K5 动作时，"备用"冷却器工作。

工作指示红灯 H7 经 QC8、KM7 及 KM71、KM72、KM73 的动合触点，K07（油流继电器）的动合触点启动，指示第七组冷却器工作正常。

2）强迫油循环风冷系统轮换试验。强迫油循环风冷系统的轮换试验即是改变各组冷却器的工作状态。如图 2－1～图 2－3 所示，每组冷却器都有一个对应的选择开关，通过将选择开关分别切至"工作""辅助""备用"位置，决定了对应的冷却器组的工作状态。根据现场规程定期对冷却器组的工作状态进行依次轮换，对平时不运行的冷却器组进行强制启动，试验其机械、电气功能完好，以保证每组冷却器都能随时投入使用，从而保障主变压器的安全稳定运行。

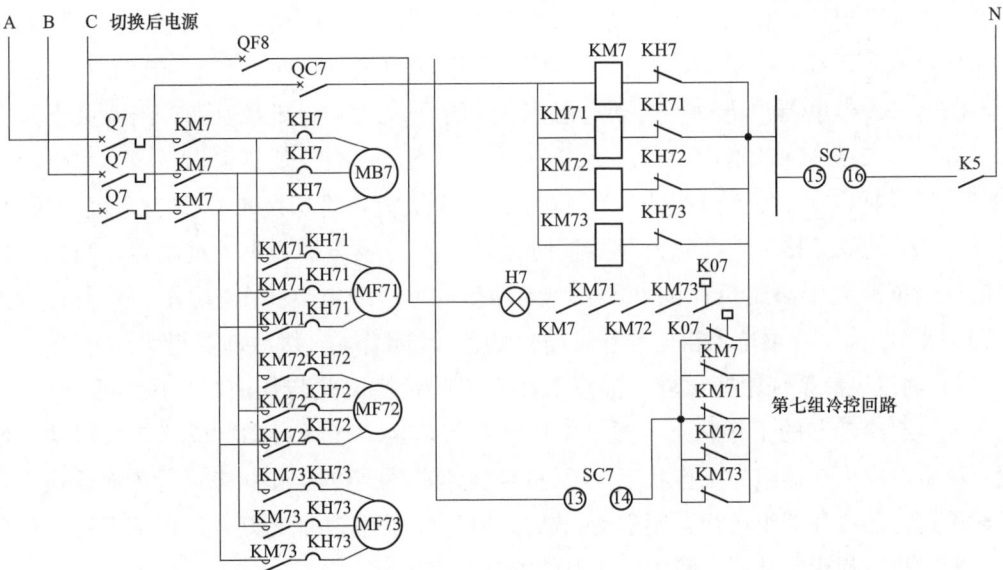

图 2-3 "备用"模式冷却器启动回路

（3）油浸风冷方式。油浸风冷方式是在变压器的拆卸式散热器的框内，装上风扇，当变压器油温达到规定值时，依靠风扇的强烈吹风，使散热管内流动的热油迅速得到冷却，冷却效果比自然冷却的效果好得多，加装风冷后可使变压器的容量增加 30%～35%。这种冷却方式常用于大、中型变压器上。

1）油浸风冷系统控制回路如图 2-4 所示。

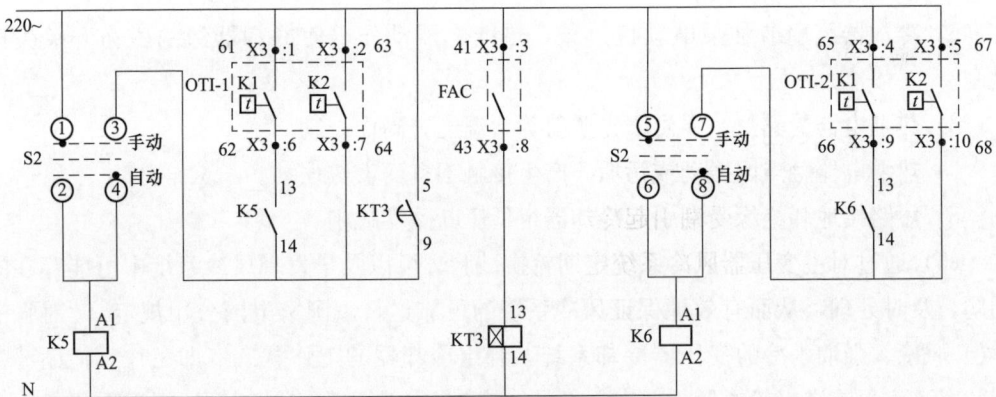

图 2-4 油浸风冷系统控制回路

油浸风冷主变压器风冷系统一般为两组，一般为"一级启动"冷却器和"二级启动"继电器。与强油风冷主变压器辅助风冷启动一样，油浸风冷也是根据负荷或者温度进行启动冷却器。温度继电器 OT1-1 供冷却器一级启动，其设置温度动合触点 K1 为低值（50℃），动合触点 K2 为高值（60℃）；温度继电器 OT1-2 供冷却器二级启动，其设置温度动合触点 K1 为低值（60℃），动合触点 K2 为高值（70℃）。当切换开关 S2 在自动位置时，触点③-④接通，当油温升高到 50℃以上时，动合触点 K1（OT1-1）

闭合；当油温继续升高到 60℃，动合触点 K2（OT1－1）闭合，K5 继电器得电动作，动合触点 K5 闭合，一级冷却器启动，同样，当温度升高到 70℃，动合触点 K2（OT1－2）闭合，K6 继电器得电动作，动合触点 K6 闭合，二级冷却器启动。当温度下降到 60℃以下，二级冷却器退出；温度下降到 50℃以下，一级冷却器退出。因为温度未达到起动温度时，冷却器不能运转，为了验证冷却器完好，将切换开关 S2 在手动位置时，触点①-②、⑤-⑥接通，两级冷却器同时运转。FAC 继电器为电流继电器，当主变压器高压侧负荷大于额定负荷的 60%（设定值），时间继电器 KT3 动作，其动合触点 KT3 延时闭合，K5 继电器得电动作，动合触点 K5 闭合，一级冷却器起动。

2）油浸风冷系统轮换试验。油浸风冷系统的轮换试验与强油循环风冷系统一样，是改变各组冷却器的工作状态。通过将选择开关切至"一级启动"或"二级启动"位置，决定对应冷却器组的工作状态。通过定期对冷却器组的工作状态进行依次轮换，对平时不运行的冷却器组进行强制起动，试验其机械、电气功能完好，以保证每组冷却器都能随时投入使用，从而保障主变压器的安全稳定运行。

（4）风冷系统运行中的常见问题。

1）该风扇或油泵三相电源有一相断路（熔断器熔断、接触不良或断线），使电动机运行电流增大，热继电器动作切断电源，或使电动机烧坏。

2）风扇或油泵轴承机械故障。

3）电动机因摩擦、震动、引线盖渗水等原因故障。

4）风扇或油泵控制回路中相应的控制继电器、接触器或其他元件故障，或回路断线（如端子松动，接触不良）。

5）冷却器风扇或油泵电动机过载，热继电器动作，使冷却器组的磁力开关失磁跳闸。

6）热继电器受酷热、强烈阳光照射等，温度升高而误动。

7）热继电器触点因振动或污垢，产生接触不良而发热误动。

8）短路接地和绝缘受潮引起冷却器组低压断路器跳闸。

（5）通过对主变压器风冷系统定期轮换试验，可以及早发现风冷系统中可能存在的问题，及时处理，从而有效地保证风冷系统的可靠运行。国家电网公司规定："对强油（气）风冷、强油水冷的变压器冷却系统，各组冷却器的工作状态（即工作、辅助、备用状态）应每季进行轮换运行一次，将具体轮换方法写入变电站现场运行规程。"

三、主变压器风冷系统电源自投功能试验

对于采用强油循环风冷系统和油浸风冷系统的主变压器，在运行中一旦失去风冷，在负荷和环境温度不变的情况下，油温会急剧上升，将对变压器内部绝缘材料造成很大威胁，可能造成绝缘老化、击穿。如果处理不及时或者处理不当，轻者造成变压器甩负荷，重者造成变压器损坏或更大的电网事故。因此，为了保证风冷系统可靠运行，一般采用两路不同电源的站用交流电为风冷系统供电，一路为工作电源，另一路为备用电源。当工作电源故障，通过切换回路自动投入备用电源，并向站端发告警信号。

1. 主变压器风冷系统电源切换回路（见图2-5）

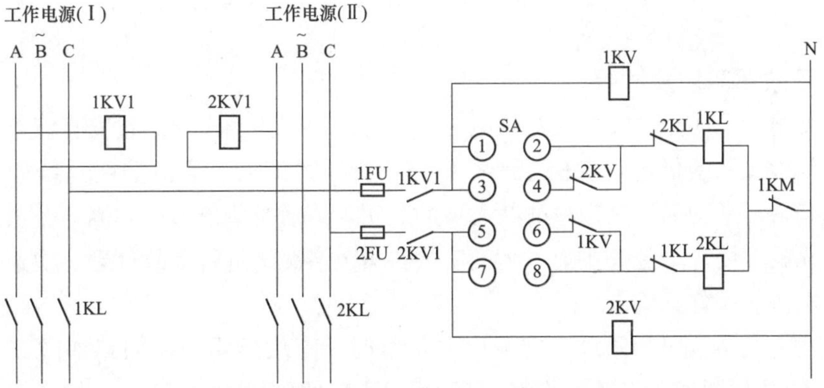

图2-5　主变压器风冷系统电源切换回路

工作电源Ⅰ、Ⅱ一般从站用电屏的两段400V母线分别而来，投入电网之前，先将SA开关手柄置于Ⅰ工作Ⅱ备用，或者Ⅱ工作Ⅰ备用位置。当变压器投入运行时，1KM动断触点接通；1KV1、2KV1带电，动合触点接通，起动1KV、2KV使动断触点断开；假定SA开关手柄在Ⅰ位，则SA1-2接通起动1KL接触器，1KL主触头闭合由工作电源（Ⅰ）供电。2KL线圈回路被1KL动断触点断开（闭锁了）。当工作电源（Ⅰ）由于某种原因停电，1KL线圈断电，1KL主触头断开工作电源（Ⅰ），1KL动断触点接通，1KV断电动断触点接通，再经SA5-6触点动作2KL接触器，2KL主触头闭合由工作电源（Ⅱ）供电。假如工作电源（Ⅰ）恢复供电时，1KV1动作起动，1KV动作，1KV动断触点断开使2KL断电，2KL的主触头断开工作电源（Ⅱ），2KL动断触点起动1KL，1KL的主触头闭合由工作电源（Ⅰ）供电。

2. 主变压器风冷系统电源自投功能试验

主变压器风冷系统电源自投功能试验是人为模拟工作电源故障，即手动断开工作电源，使备用电源自投；然后恢复工作电源，使备用电源自切，以此试验风冷系统电源自动切换回路功能正常。保证当工作电源异常时，备用电源能正常供电，支持风冷系统继续运行。

3. 主变压器风冷系统电源切换回路常见问题

（1）工作电源或备用电源缺相，使电动机过载，热继电器动作或电动机烧损。

（2）电源切换回路中元件老化、端子松动等导致回路功能无法正常实现。

（3）指示灯损坏无法正常反应风冷电源工作状态。

4. 试验目的

通过主变压器风冷系统电源自投功能试验，可以尽早发现风冷电源及切换回路中存在的问题，特别是存在一些老旧变电站，主变压器风冷电源缺相监视功能不完善，备用电源缺相无信号指示，只有通过试验才能发现。从而排除安全隐患。因此，主变压器风冷系统电源自投功能试验不但要定期进行，在每年迎峰度夏前，也需增加进行一次，以保证高负荷期间主变压器的稳定运行。

第三节 变电设备维护及切换试验训练

一、事故照明切换试验

（1）变电站照明正常时由交流供电，一旦变电站交流消失，通过交直流切换装置由直流系统给事故照明供电，确保在事故状态下必须的照明。事故照明系统能否实现正确、快速切换，从而保证站内事故状态下的照明，给运行值班人员判断、分析、处理事故提供可靠的照明环境至关重要，为变电站在紧急情况下进行事故处理、快速排除故障和恢复供电提供条件。

（2）变电站事故照明原理。交流电源正常时，事故照明切换回路如图 2-6 所示，低压继电器 ZJ 线圈通电，其动合触点闭合，KM1 线圈通电，KM1 主触点闭合，交流回路接通；当交流电源消失时，低电压继电器 ZJ 的线圈断电，直流接触器 KM2 线圈通电，其主触点闭合，直流事故照明回路接通，直流电源指示灯亮。直流接触器 KM1、KM2 的动断辅助触点分别串接到对方接触线圈所在的支路中，实现交直流电源投入的互锁，以避免事故照明投运时交直流电源同时并列运行的情况。

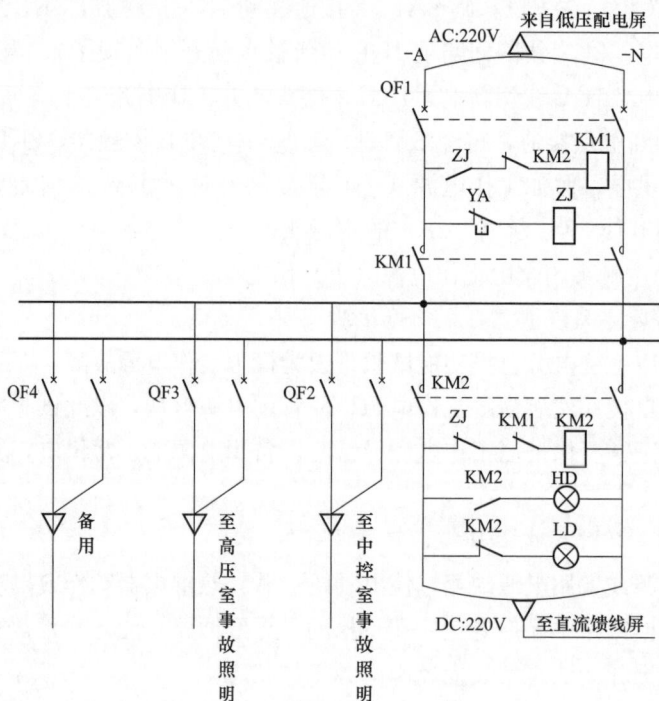

图 2-6 事故照明切换回路

（3）事故照明切换试验。图 2-6 中试验按钮 YA 即用于测试事故照明切换试验。

当按下 YA，强制使 ZJ 断电，模拟交流电源失却，使直流电源自动投入，交流回路断开；当松开 YA，ZJ 线圈通电，断开直流回路，恢复交流供电。

二、站用变压器二次侧自投试验

站用变压器主要为变电站提供生产、生活用电，为站内的设备提供交流电源，如保护屏、高压开关柜内的储能电动机、SF_6 断路器储能、主变压器有载调机构等。自动切换试验是检验变电站站用交流电源系统能否正常工作，或在其出现故障时能否自动切换而不致站用交流电源失压的重要检验手段。站用变压器二次侧自投从装置上来分有两大类，即备自投装置和 ATS（自动位置切换开关，Automatic Transfer Switch），从接线形式来看主要有以下三种。

1. 单母分段带母联接线方式（备自投方式，见图 2-7）

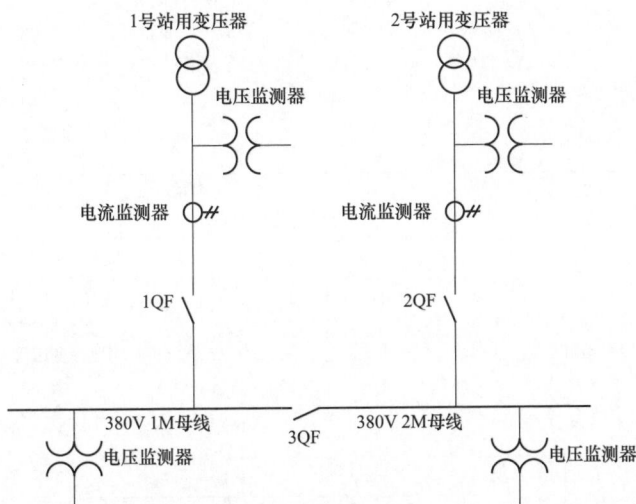

图 2-7 单母线分段带母联接线方式

对于这种接线方式，以 RCS965X 系列装置为例，备自投充电条件为：1M、2M 均有电压，1QF、2QF 在合位，3QF 在分位；备自投放电条件为：3QF 分位且 1M、2M 均无电压，有外部闭锁信号，手跳 1QF 或 2QF，控制回路断线。自投动作过程为：当充电完成后，检测到 1M 无电压，1 号站用变压器低压侧无电流、无电压，2M 有电压，则确认 1QF 跳开（若检测到 1QF 未跳，经延时后跳开 1QF）后合上 3QF。

也可采用其他备自投装置，或取消备自投放电条件，则正常动作行为为 RCS965X 系列类似，但当手跳 1QF（2QF）时，只要检测到 1M（2M）无电压，3QF 也会动作合上。

2. 单母双进线方式（备自投，见图 2-8）

对于这种接线方式，备自投装置工作原理是工作电源跳闸后再合上备用电源，以实现电源的自投。正常情况下，1 号站用变压器（2 号）带全站所用交流负荷，即 1QF（2QF）运行，2QF（1QF）热备用。当检测到 1M 无电压、1 号站用变压器（2 号）低压侧无电压，而 2 号站用变压器（1 号）低压侧有电压时，备自投动作，确认 1QF（2QF）跳开（若检测到未跳，则经延时跳开）后，自动合上 2QF（1QF）。

3. 单母分段接线方式（ATS，见图 2-9）

对于这种接线方式，正常情况时，1QF、2QF、3QF、4QF 开关在合位，1M 经

1ATS合于1号站用变压器低压侧，2M经2ATS合于2号站用变压器低压侧。当检测到1M无电压、1号站用变压器低压侧无电压、无电流，而2号站用变压器低压侧有电压，则1ATS动作，切换到2号站用变压器低压侧，反之类似。

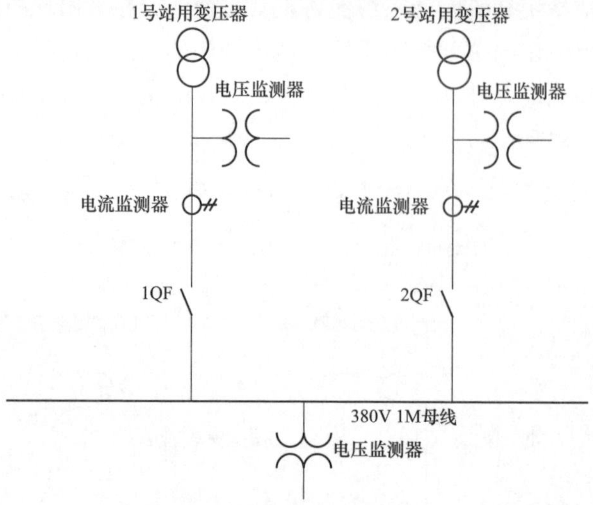

图 2-8　单母双进线方式

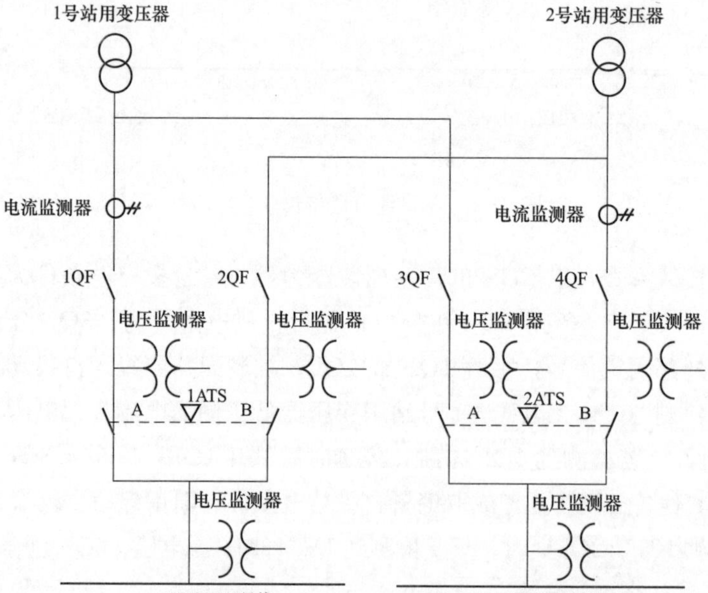

图 2-9　单母分段接线方式

通过上述原理分析可以得出如下结论。

（1）对于使用ATS装置的站用交流系统，1ATS、2ATS均需进行切换试验。首先手动断开1QF，检查1ATS应自动切换到2QF；再手动断开3QF，检查2ATS应自动切换到4QF。试验完成后，恢复原始运行方式。

（2）对于使用充放电功能备自投装置的站用交流系统，如RCS965X系列，注意不得手动断开站用变压器二次侧，否则将因备自投拒动而引起380V母线失电。应该采用断开上级电源的方法来进行自投切换试验。

（3）对于不带充放电功能的备自投装置，则可采用手动断开站用变压器二次侧开关的方式进行投切试验。对于单母分段带母联接线方式，应检查母联是否合上；对于单母双进线接线方式，应检查另一台站用变压器开关是否合上。

（4）切换前应确保熟知自投切装置的动作原理，并做好危险源点分析与预控，严格现场作业指导书（作业卡）步骤执行，避免因操作不当导致站用电失电。

（5）当有任意一台站用变压器有异常状态时，不得进行切换作业，不得人为将两台站用变压器二次侧并列运行。

三、直流充电机切换试验

变电站直流系统是为各类设备、操作提供直流电源的电源设备，是变电站的重要组成部分。直流系统的可靠性、安全性直接影响到变电站的安全稳定运行。直流系统运行方式的变化由运维人员自行把握，是现场生产管理工作的重点。

1. 直流系统的组成及运行方式

（1）变电站直流系统一般分 220V 和 110V 两种，并通过 DC/DC 转换模块提供 48V 直流作为通信电源。直流系统一般设两段母线，每段设置一组工作充电机，一组蓄电池组。另设一组可在两段母线间切换的备用充电机组，作为两段母线的备用电源。工作充电机除提供负荷电源外，只作为蓄电池的正常浮充电源。备用充电机既可作为蓄电池正常浮充电时使用，也可作为蓄电池充、放电时使用。

（2）正常运行时，蓄电池组自带本段直流母线运行，各段母线联络开关在分位。工作充电机运行，浮充蓄电池。备用充电机交流电源正常供给，备用充电机不带负荷，与各段母线之间开关分位。直流系统运行方式示例如图 2-10 所示。

如图 2-10 所示，两路交流分别从交流配电室 1、3 号动力箱取得接入 1 号充电柜和 2 号充电柜；3 号充电柜的两路交流电源从 400V 站用电室 13DP 和 26DP 取得。正常方式下，由 1、2 号充电柜分别供直流Ⅰ、Ⅱ段和 1、2 号蓄电池运行，母排分段运行，3 号充电机在空载运行状态。此方式下 1、2、3 号充电柜各把手状态如下：12ZK、22ZK 在"投入"位置，11ZK、21ZK 在"投入"位置，QK11，QK21 在"断开"位置。运维人员禁止操作 12ZK、22ZK 这两个把手，只有在蓄电池进行充放电试验或检修时由检修人员操作。

2. 直流系统备用充电机切换试验

（1）3 号充电机代 1 号充电机操作步骤。

1）检查 1 号蓄电池组运行正常。

2）将 1 号充电柜 11ZK 把手切至"断开"位置。

3）将 3 号充电柜 31ZK 把手切至"3 号充电机输出至 1 号蓄电池组"位置。

4）检查负荷电流切换正常。

5）断开 1 号充电机 1~5 号充电模块低压断路器。

（2）3 号充电机代 1 号充电机恢复操作步骤。

1）合上 1 号充电机 1、2、3、4、5 号充电模块低压断路器。

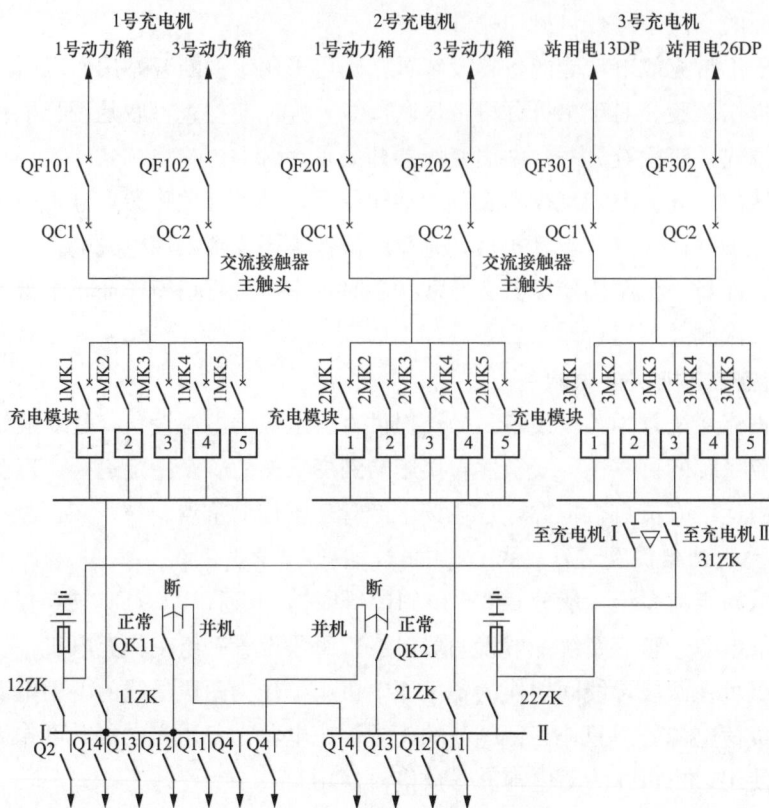

图 2-10　直流系统运行方式

2）检查各充电模块运行正常。

3）检查 1 号蓄电池组运行正常。

4）将 3 号充电柜 31ZK 把手切至"断开"位置。

5）将 1 号充电柜 11ZK 把手切至"投入"位置。

(3) 3 号充电机代 2 号充电机操作步骤。

1）检查 2 号蓄电池组运行正常。

2）将 2 号充电柜 21ZK 把手切至"断开"位置。

3）将 3 号充电柜 31ZK 把手切至"3 号充电机输出至 2 号蓄电池组"位置。

4）检查负荷电流切换正常。

5）断开 2 号充电机 1、2、3、4、5 号充电模块低压断路器。

(4) 3 号充电机代 2 号充电机恢复操作步骤。

1）合上 2 号充电机 1、2、3、4、5 号充电模块低压断路器。

2）检查各充电模块运行正常。

3）检查 2 号蓄电池组运行正常。

4）将 3 号充电柜 31ZK 把手切至"断开"位置。

5）将 2 号充电柜 11ZK 把手切至"投入"位置。

第三章

变压器事故及异常

第一节 变压器事故及异常处理概述

一、变压器事故处理概述

1. 一般原则

主变压器故障跳闸，特别是承担大量负荷的大型主变压器突然跳闸，会引发系统内的一系列连锁反应，严重时甚至可能造成系统失去稳定。在变电站，最常见的连锁反应或并发情况就是相邻主变压器的严重过负荷，恶劣情况下主变压器事故还会引发火灾。此时，变电站值班人员因为需要应对多个异常情况而容易产生顾此失彼的情况，因此值班员必须沉着冷静，抓住主要矛盾，分清轻重缓急，主动与调度员协商，确定处理的优先顺序，并参照以下原则进行处理。

（1）一台主变压器跳闸后，值班人员除应按常规的事故处理规定迅速向所属值班调度员报告跳闸时间、跳闸断路器、主保护动作情况等信息外，还应报告未跳闸的另一台主变压器的潮流及过负荷情况以及象征系统异常的电压、频率等明显变化的信息。

（2）在未跳闸主变压器过负荷的情况下，应按规程规定对跳闸主变压器一、二次回路进行检查，如能确认主变压器属非故障跳闸或查明故障点确在变压器回路以外时，应立即提请值班调度员对跳闸主变压器进行试送，以迅速缓解另一台主变压器过负荷之危。

（3）如主变压器属故障跳闸或无法确认主变压器属非故障跳闸时，应同时进行主变压器跳闸处理和未跳闸主变压器的过负荷处理。过负荷情况比较严重时应优先进行未跳闸主变压器的过负荷处理。

（4）如主变压器故障跳闸引发系统失稳等重大异常情况时，应优先配合调度进行电网事故的处理，同时按短期急救性负荷的规定对过负荷主变压器进行监控。

（5）一旦主变压器因故障着火时，灭火及防止事故扩大便成为最紧迫的首要任务。此时应迅速实施断开电源、关停风扇和油泵、起动灭火装置、召唤消防人员、视需要打开放油阀门等一系列处理措施，火情得以控制后，再迅速进行其他异常的处理。

（6）根据保护动作情况判断主变压器故障性质。变压器的故障跳闸分析可通过气体（瓦斯）保护和差动保护进行联合分析。

2. 气体保护动作的处理

重瓦斯保护动作跳闸后，差动保护未动作时，会有两种可能：①变压器内部故障在匝间发生，此时差动保护无法动作，变压器内部故障在绕组尾部发生，此时差动保护不灵敏，可能不动作，故障发生在变压器附件上如铁心等，此时差动保护无法动作；②本体保护误动作，气体保护或压力释放动作，应考虑是否有人误动、油回路上是否有人进行工作、是否伴有直流接地信号，气体保护或压力释放电缆绝缘是否损坏，如气体保护或压力释放单独动作，气体继电器内无气体，误动作的可能较大。此时检查变压器外部无明显故障，检查瓦斯气体和进行油中溶解气体色谱分析，证明变压器内部无明显故障后，可以试送一次，有条件时，应尽量进行零起升压。另外若明显为误动作，则还可将该保护误动作原因消除或停用保护后送电，否则，按保护全部动作处理。

3. 差动保护动作的处理

差动保护主要反映变压器绕组和引出线的相间短路，中性点直接接地侧的单相接地短路。因此若差动保护动作，变压器各侧的断路器同时跳闸，按图3-1处理。

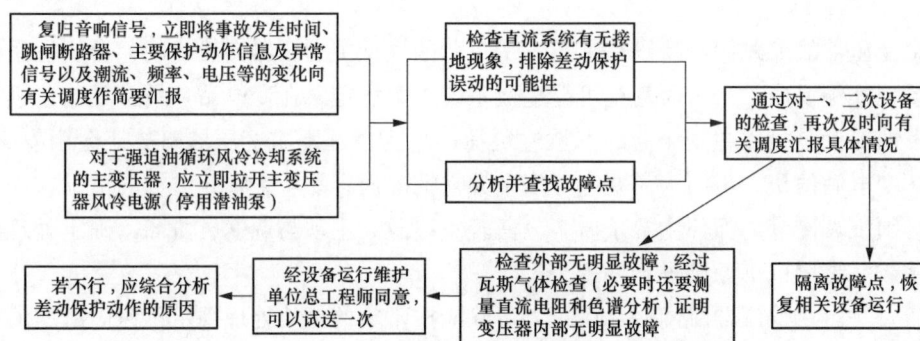

图3-1 应对变压器差动保护动作跳闸采取的措施

4. 重瓦斯保护与差动保护同时动作的处理

重瓦斯保护与差动保护同时动作跳闸，则可认为是变压器内部故障，未查明原因和消除故障前不得送电。

5. 定时过电流保护动作的处理

定时过电流保护为后备保护，可作为下属母线保护的后备或作变压器主保护的后备。所以，过电流保护动作跳闸，应根据其保护范围、保护动作信号情况、相应断路器跳闸情况、设备故障情况等予以综合分析判断，然后分别进行处理（见表3-1）。

表3-1　　　　　　　　　　　　定时过电流保护动作的处理

故障原因	下属母线设备发生故障，未能及时切除	下属母线设备发生故障，主变压器跳闸	过电流保护动作跳闸
处理方法	检查失电母线上各线路保护是否已跳闸，造成越级，拉开拒跳断路器，切除故障若无线路信号动作，可能是线路故障，因保护未动作断路器不跳闸，造成的越级。可以将所有出线的断路器全部拉开，并检查变压器本体及失电母线有无异常情况，若查不出明显故障时，则变压器可以在空载下试投送一次，试投正常后再逐条恢复线路送电。当合在某一路出线断路器时又出现越级跳变压器断路器时，则应将该出线停用，恢复变压器和其余出线的供电	检查母线及设备，检查中若发现母线或所属母线设备有明显的故障特征时，则应切除故障母线后，再恢复送电主变压器主保护如气体保护也有动作反应，则应对主变压器本体进行检查，若发现有明显故障特征时，不可送电	主变压器主保护，如气体保护也有动作，则应对主变压器本体进行检查，若发现有明显故障特征时，不可送电

最常见的是下属线路故障拒跳造成的越级跳闸，其次是母线设备故障造成跳闸。

6. 注意事项

（1）由于大型变压器的造价昂贵，其绝缘与机械结构相对薄弱，故障跳闸后对其进行强送或试送的相对成本过高。而且，一旦故障发生在主变压器内部，其自行消除的可能性微乎其微，使强送失去意义。因此，主变压器故障跳闸后一般不考虑通过强送的方法尽快恢复供电，只有在完全排除主变压器内部故障的可能，外部检查找不到任何疑点或确认主变压器属非故障跳闸且情况紧急的情况下，方可对主变压器进行试送，但这种情况需要由具有足够权威和资质的人员（如总工程师）加以确切的认定。

变电站值班人员能予以确认的非故障跳闸情况为：

1）由工作人员误碰导致的跳闸。

2）由值班人员误操作因素导致的跳闸。

3）无保护动作且现场检查无任何异常的不明原因跳闸（此情况可先送电，再由调度安排方式停役检查）。

4）其他经有权限领导认定可以送电的非故障跳闸。

（2）主变压器故障跳闸后，一时难以查明原因，而系统又急需恢复其运行时，可考虑采取零起升压的方法对变压器试送电，以最大限度地减少对主变压器的冲击。但这需要由电网调度对系统的方式作出较大的调整，由电厂等部门的多方配合方能实现，一般这种情况很少出现。

（3）主变压器是保护配置最复杂、最完善的设备，由多种不同原理构成的主变压器保护对不同类型的故障往往呈现不同的灵敏度和动作行为。因此，通过保护动作情况和动作行为的分析，结合现场检查情况和必要的油、气试验，一般情况下可以对主变压器故障的性质、范围作出基本的判断。在进行故障的分析与判断时，应优先考虑下列情况，以设法排除内部故障的可能，为尽快恢复供电提供前提条件和争取时间。

1）是否存在区外故障越级的可能。

2）是否存在保护误动或误碰的可能（气体、压力保护二次线受潮短路，差动回路断线，阻抗保护失压等）。

3）是否存在误操作的可能。

4）是否存在主变压器回路中辅助设备故障的可能。

（4）如果发现有下列情况之一时，应认为主变压器存在内部故障。

1）气体继电器采集的气体可燃。

2）变压器有明显的内部故障征象，如外壳变形、防爆管喷油、冒烟火等情况。

3）差动、气体、压力等主保护中有两套或两套以上动作。

4）故障录波图存在表示内部故障的特征。

一旦认为主变压器存在内部故障，则必须进一步查明故障原因，排除故障，并经电气试验，油、气分析，证明故障已经排除后，方可重新投入运行。

（5）一旦查明故障在主变压器外部，必须尽一切努力隔离故障，恢复主变压器运行。一般情况下，主变压器的停运会对变电站的供电和电网的运行造成严重影响，因此一旦查明故障在主变压器外部或其他辅助设备上，应迅速采取隔离、拆除、抢修等措施排除故障，恢复主变压器的运行，然后对已隔离的设备进行检查处理。

7. 调度关于变压器事故处理的一般规定

（1）变压器（包括高压电抗器、低压电抗器，下同）的主保护（包括重瓦斯、差动保护）同时动作跳闸，未经查明原因和消除故障之前，不得进行强送。

（2）变压器的气体或差动保护之一动作跳闸时，在检查变压器外部无明显故障，检查瓦斯气体，证明变压器内部无明显故障者，在系统急需时可以试送一次，有条件时，应尽量进行零起升压。

（3）变压器后备过电流保护动作跳闸，在找到故障并有效隔离后，一般对变压器试送一次。

（4）变压器过负荷及其他异常情况，应汇报调度，并按现场规程进行处理。

二、变压器异常处理概述

1. 一般原则

（1）如主变压器有下列情形之一者，应立即要求调度将其停用。

1）变压器内部音响很大，很不均匀，有爆裂声。

2）压力释放装置喷油或冒烟。

3）严重漏油使油枕油面降落低于油位指示器的最低限度。

4）套管有严重的破损和放电现象。

5）充油套管油面不正常的升高或降低。

6）主变压器着火。

（2）如变压器有下列情况之一者，应加强监视和检查，判断原因，并立即汇报，采取相应措施。

1）变压器有异常声音。

2）在负荷、冷却条件正常的情况下，变压器温度不断上升。

3）引出线桩头发热。

4）变压器渗漏油，油枕油面指示缓慢下降。

2. 变压器过负荷

（1）记录过负荷起始时间、负荷值及当时环境温度。

（2）将过负荷情况向调度汇报，采取措施降低负荷。查对相应型号变压器过负荷限值表，并按表内所列数据对正常过负荷和事故过负荷的幅度和时间进行监视和控制。

（3）手动投入全部冷却器。

（4）对过负荷主变压器特巡，检查风冷系统运转情况及各连接点有无发热情况。

（5）指派专人严密监视过载主变压器的负荷及温度，若过负荷运行时间已超过允许值时，应立即汇报调度将主变压器停运。

3. 变压器过励磁

主变压器过励磁运行时会使变压器的铁心产生饱和现象，导致励磁电流激增，铁心温度升高，损耗增加，波形畸变，严重时会造成变压器局部过热危及绝缘甚至引发故障。主变压器的过励磁是由于其铁心的非线性磁感应特性造成的，与变压器的工作电压和频率有关，由于电力系统的频率相对稳定，可近似地视作与系统的电压升高有关。一般500kV变压器，当其运行电压超过额定电压5%时便可认为已进入过励磁运行状态。

主变压器过励磁运行时，值班人员必须及时向调度报告并记录发生时间和过励磁倍数，按现场运行规程中的有关限值与允许时间规定进行严密监控，逾值时应及时向调度汇报，提请调度采取降低系统电压的措施或按调度指令进行处理。与此同时，严密监视主变压器油温、线温的升高情况和变化速率。当发现其变化速率很高时，即使未达到主变压器的温度限值也必须提请调度立即采取降低系统电压的措施。

4. 变压器温度超限或不正常升高

当主变压器运行温度超过监视值、发出超温信号或其油温指示油温升超过许可限度时，应从以下几个方面查明原因。

（1）检查变压器的负荷和环境温度，并与以前相同负荷和环境温度下的油温，绕组温度进行对比分析。

（2）核对温度表排除误指示可能。

（3）检查变压器冷却装置情况，冷却器是否已全部投入运行，散热器是否存在积灰等影响其冷却效率的情况。

（4）调阅站内监控系统的主变压器温度/负荷曲线进行分析。如温度升高是由于过负荷、过励磁或冷却器故障引起的，则按相应的规定进行处理；如原因不明，必须立即报告调度及有关领导，请专业人员进行检查并查找原因加以排除。

当发现主变压器温度较相同运行条件下的历史数据有明显差距，或温度虽未越限但在负荷没有大幅变化的情况下呈现较快的增长速率时，必须引起高度重视，并采取以下措施。

1）增加对主变压器进行检查巡视的次数。

2）调出监控系统中主变压器温度/负荷曲线进行密切监视。

3）运用排除法对有可能引起主变压器温度升高的各种原因进行分析排除。

4）请有关专业人员进行检查并寻找原因。

5. 变压器油位不正常升降

（1）判定主变压器油位不正常升降的主要判据有：

1）本体或调压开关油枕的油位指示。

2）油位/油温曲线。

3）渗漏油情况。

4）相同运行条件下的历史数据。

（2）发现油位指示异常后，可从以下几个方面进行检查分析，予以认定或排除。

1）渗漏油情况。程度较严重的漏油或长期的微漏油现象可能会使变压器的油位降低，应立即通知检修人员进行堵漏和加油。如因大量漏油而使油位迅速下降时，禁止将重瓦斯保护改信号，通知检修人员迅速采取制止漏油的措施，并立即加油。如油面下降过多，危及变压器运行时应提请调度将故障变压器停运。

2）油位指示器误指示。220kV 及以上主变压器一般都采用带有隔膜或胶囊的油枕，当出现以下情况时，油位指示器可能会出现误指示：①隔膜或胶囊下面储积有气体，使隔膜或胶囊的位置高于实际油面；②呼吸器堵塞，使油位下降时隔膜上部空间或胶囊内出现负压，造成油位计误指示；③隔膜或胶囊破裂，油进入隔膜上部空间或胶囊内。

可通过放气、检查呼吸器呼吸情况、检查呼吸器矽胶有无被油浸润情况等方法加以分析排除。

3）本体油箱与调压开关油箱之间密封不良。正常时本体油箱与调压开关油箱之间是隔离的，而且从设计上保证了本体油位高于调压开关油位。因此一旦因电气接头发热或其他原因使两者的阻隔密封破坏时，本体油箱的油将持续流入调压开关油箱，使调压开关油位异常升高，甚至从调压开关呼吸器管道中溢出。这种情况一经确认，应申请主变压器停役加以处理。

4）主变压器存在内部故障或局部过热现象。

以上引起油位异常的各种原因排除后，应怀疑主变压器存在内部故障或局部过热现象的可能，可采集油、气样进行分析确认。

6. 冷却系统故障

发现冷却系统故障或发出冷却器故障信号时，值班人员必须迅速作出反应，首先应判明是冷却器故障还是整个冷却系统故障。

若是一组或两组冷却器故障，则无论是风扇电动机故障还是油泵故障均应立即将该组冷却器停用，并视不同情况调整剩余冷却器的工作状态，确保有一组工作于常用状态，然后对故障冷却器进行检查处理或报修。在一组或两组冷却器停运期间，值班人员必须按现场运行规程中规定的相应允许负荷率对主变压器的负荷进行监控。

冷却器全停时，应由值班负责人指定专人监视、记录主变压器的电流与温度，并立即向调度汇报，同时以最快的速度分析有关信号查找原因并设法恢复冷却器运行。若是站用电失电所致，则按站用电失电有关规定处理；若是冷却系统备用电源自投回路失灵，则立即手动合上备用电源；若是直流控制电源失电，则将冷却器控制改为手动方式后恢复冷却器运行。

如果一时无法恢复冷却器运行时，应于无冷却器允许运行时间到达前报告调度要求停用主变压器，而不管上层油温或线温是否已超过限值。因为在潜油泵停转的情况下，热传导过程极为缓慢，在温度上升的过程中，绕组和铁心的温度上升速度远远高于油温的上升速度，此时的油温指示已不能正确反映主变压器内部的温度升高情况，只能通过负荷与时间来进行控制，以避免主变压器温度升高的危险程度。强迫油循环风冷冷却系统温度表见表 3-2。

表 3-2 　　　　　　　　　　　强迫油循环风冷冷却系统温度表

名称	允许温升	允许温度
绕组温度（强迫油循环风冷冷却系统）	65℃	98℃（A 级绝缘耐受的绕组最热点为 98℃，年平均温度 20℃，再减去最热点与平均温度之差 13℃，得绕组平均温升 65℃）

名称	允许温升	允许温度
上层油温（强迫油循环风冷冷却系统）	40℃	85℃（A级绝缘耐受的绕组最热点为98℃，年平均温度20℃，再减去绕组最热点与顶层油温差38℃，得绕组平均温升40℃；控制顶层油温85℃，可保证绕组最热点在98℃以下）

强迫油循环风冷变压器运行中，当冷却系统（指油泵风扇、电源等）发生故障，冷却器全部停止工作，在额定负载下运行20min。20min后顶层油温未达到75℃，则可以继续运行，但切除全部冷却器的最长时间在任何情况下不得超过1h。

7. 轻瓦斯保护动作发信

轻瓦斯保护信号动作时，运维人员应立即展开以下工作：

（1）500kV及以上设备。发生本体轻瓦斯报警时，不得赴设备区检查，应立即申请停电检查。

（2）220kV及以下设备。发生本体轻瓦斯报警时，运维单位联合调度部门做好设备紧急停运的相关准备，不得赴设备区检查，同时利用在线油色谱分析、高清视频以及机器人等手段做好状态跟踪，一旦发现劣化趋势，或一天内连续发生两次轻瓦斯报警，立即申请停电检查，停电前做好相关安全管控工作。

（3）非强迫油循环结构且未装排油注氮装置的变压器本体发生轻瓦斯报警，应立即申请停电检查，停电前做好相关安全管控工作。

气体继电器正常运行中的注意事项有：

（1）气体继电器防雨罩或接线盒盖应扣罩严密，接线盒无进水可能。因为接线盒内若进水或潮湿，引起接线端子短路，会造成气体继电器绝缘降低击穿而跳闸。

（2）气体继电器内窗应注满油，无气体、无渗漏油现象。

8. 主变压器异常噪声

变压器正常运行的音响应当是连续均匀、和谐的嗡嗡声，有时由于负荷或电压的变动，音量可能略有高低，不应有不连续的、爆裂性的噪声。

异常噪声有两种类型：①机械振动引起的；②局部放电引起的。变压器发生音响异常时，运行人员应检查变压器的负荷、电压、温度和变压器外观有无异常。如果负荷及电压正常而有不均匀的噪声，首先应设法弄清噪声的来源是来自变压器的外部还是内部。可以用听音棒（也可用适当大小的螺钉旋具替代）一端顶紧在外壳上，另一端用耳朵倾听内部音响进行判断。

（1）若判明噪声是来自变压器外部（如铭牌或其他外部附件振动等），可进一步查明原因，予以消除。

（2）若风扇、油泵运转产生异常噪声，可能是轴承损坏或其他机械或电气故障引起，应通知检修人员检修排除。

（3）若噪声是来自变压器内部，应根据其音质判断是内部元件机械振动还是局部放电。放电噪声的节拍规律一般与高压套管上的电晕噪声类似。如发现可疑内部放电噪声，为了准确判断，应立即通知化验部门进行油中含气成分的色谱分析。在化验未做出结论之前，应对变压器加强监视。如有备用变压器，可按现场条件及规程规定切换到备用变压器运行。若色谱分析判明变压器内部无电气故障，噪声是由内部附件振动引起，变压器可继续运行，但应加强监视，注意噪声的变化发展。

（4）若色谱分析判明变压器内存在局部放电或其他故障，应按现场规程及调度命令将变压器退出运行。

第二节　变压器典型事故及异常实例

一、一起绝缘子放电导致的1号主变压器跳闸实例

某年8月17日，220kV某变电站发生了1号主变压器110kV侧A型架C相悬挂绝缘了受漂浮物影响对横担放电，造成1号主变压器差动保护动作跳开三侧断路器的故障。

1. 事件经过

某年8月17日，5：58监控人员发现某变电站事故信号为：1号主变压器差动保护动作跳开三侧断路器，110kV正母线失电，35kV备用自投动作分开1号主变压器35kV侧501断路器，合35kV母联510断路器，并汇报调度，通知操作班。6：10调度发令监控合上该变电站110kV某线863断路器恢复对110kV正母线供电，6：25操作班人员到达现场，恢复站用电系统，开始对现场进行检查。6：28调度发令监控合上某变电站110kV母联710断路器，拉开某线863断路器，6：35操作班汇报调度：1号主变压器比率差动保护、220kV侧后备保护、110kV侧后备保护均动作，故障录波显示为C相故障，故障电流8.04kA，35kV备自投动作成功。6：45停用35kV备用自投，取下1号主变压器保护屏Ⅱ33XB1。8：04调度发令1号主变压器及三侧断路器改为检修。

15：42经登杆检查发现1号主变压器110kV侧A型架C相悬挂绝缘子靠近110kV高压室侧有放电痕迹（见图3-2），更换C相悬挂绝缘子，主变压器试验合格后，16：06对主变压器送电成功。

2. 原因分析

操作班到达现场后立即打印了1号主变压器差动保护、220kV侧后备保护、110kV侧后备保护及故障录波器的故障报告，如图3-3所示。

图3-2　有放电痕迹的绝缘子

从图3-3可以发现，主变压器差动保护仅高压侧的BC相存在差流，但由于LFP-972B型主变压器差动保护采用高、中压侧采样电流（I_a、I_b、I_c）需经过装置软件星形转三角形的换算，即$I_A=I_a-I_b$，$I_B=I_b-I_c$，$I_C=I_c-I_a$，经过换算后的计算电流（I_A、I_B、I_C），再进行三侧差流计算得出差流显示值（DI_A、DI_B、DI_C），对于此类保护算法的单相故障都会造成两相比率差动动作，故从图3-3的差流波形显示还无法判断出到底是BC两相的哪相发生故障。

```
CPU1 RELAY:
┌────┬──────────┬────────┬────────────────────────────┐
│ NO.│  Trip    │ TRIP   │         Trip Relay          │
│    │ Time(ms) │ PHASE  │                             │
├────┼──────────┼────────┼────────────────────────────┤
│ 1  │  00016   │   BC   │  BLCD                       │
├────┼──────────┼────────┼────────────────────────────┤
│ 2  │          │        │                             │
├────┼──────────┼────────┼────────────────────────────┤
│ 3  │          │        │                             │
└────┴──────────┴────────┴────────────────────────────┘
```

```
I:   03.50IN/1
TZ   DIA  DIB  DIC  IAH  IBH  ICH  IAL  IBL  ICL  IAM  IBM ICM (-60MS)
```

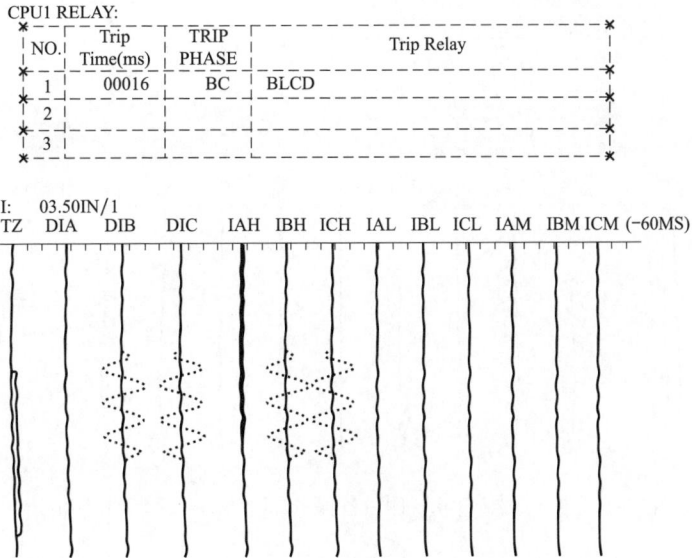

图 3-3　LFP-972B 型主变压器差动保护装置打印波形

通过主变压器 220kV 侧后备保护 LFP-973E 装置打印波形（见图 3-4）可以看出主变压器 220kV 侧仅 C 相有明显的故障电流，并出现零序电流且主变压器 220kV 侧的 C 相电压有一定的跌落，可以判断出是 C 相单相故障造成的差动保护动作。

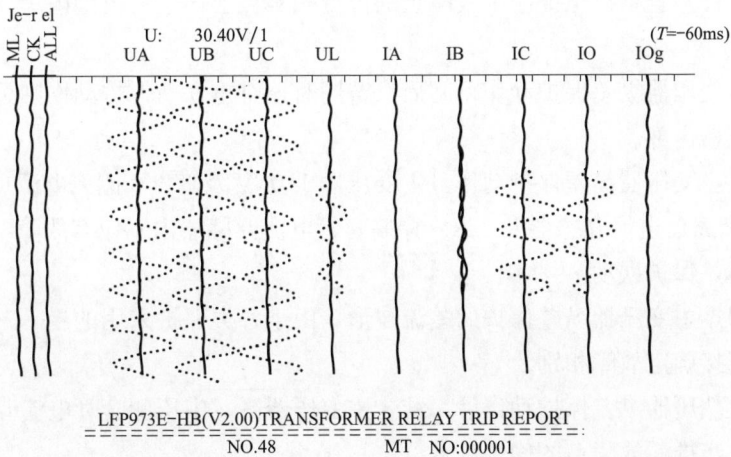

```
Je-r el
ML CK ALL   U:   30.40V/1                              (T=-60ms)
            UA   UB   UC   UL   IA   IB   IC   IO   IOg
```

LFP973E-HB(V2.00)TRANSFORMER RELAY TRIP REPORT
==
　　　　　　NO.48　　　　　MT　NO:000001

图 3-4　主变压器 220kV 侧后备保护 LFP-973E 装置打印波形

结合主变压器 110kV 侧后备保护 LFP-973E 装置打印波形（见图 3-5），可以进一步确定出是 C 相故障造成的差动保护动作且主变压器 110kV 侧的 C 相电压几乎跌落至零。

联系三张保护波形及保护电流的采样电流互感器位置（各侧差动保护电流采自断路器电流互感器，各侧后备保护采自主变压器套管电流互感器），可以分析出故障点位于主变压器 110kV 侧套管电流互感器与 110kV 侧断路器电流互感器间。

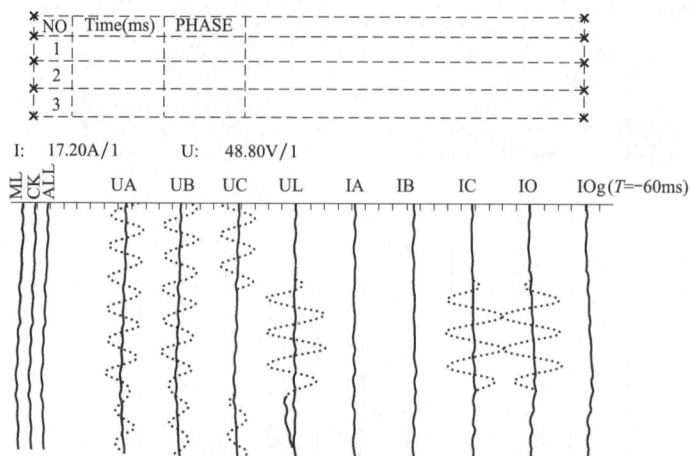

图 3-5 主变压器 110kV 侧后备保护 LFP-973E 装置打印波形

因为若故障点位于主变压器内部、主变压器 35kV 侧或主变压器 220kV 侧套管电流互感器与 220kV 侧断路器电流互感器间，则由于 1 号主变压器 110kV 侧系统无电源点，主变压器 110kV 侧套管电流互感器内应无故障电流（即 110kV 侧后备保护采不到故障电流）。故采用排他法可以断定，故障点只可能存在于主变压器 110kV 侧套管电流互感器与 110kV 侧断路器电流互感器间。

最后的登杆检查结果也证明了故障点的位置确实在上述位置范围内。

3. 防范措施

（1）在主变压器纵差保护动作跳闸后，若同时还有重瓦斯保护动作则可基本确定故障点在主变压器内部。

（2）若仅主变压器纵差保护动作且主变压器 110kV 及 35kV 侧无电源点，则主变压器的 110kV 断路器电流互感器及 35kV 穿墙套管电流互感器内不应有故障电流；否则可能为区外故障，保护误动。

（3）仅根据主变压器纵差保护的差流波形，由于各类保护采用的星—三角转化算法不同，不能直接确定故障相别。

（4）在主变压器纵差保护动作后，结合主变压器高、中压侧套管电流互感器的电流采样可以进一步推断故障点的确切位置。

二、某变电站 1 号主变压器有载重瓦斯动作异常实例

1. 异常现象

2024 年 2 月 13 日，监控告某 110kV 变电站 1 号主变压器有载重瓦斯保护动作，跳开主变压器两侧断路器，10kV Ⅰ、Ⅱ 段母线失电，该站全站失电。

2. 处理过程

（1）现场检查情况。现场对变压器进行外观检查无明显异常，有载气体继电器内存有一定量气体，变压器顶部无异物。1 号主变压器非电量保护显示有载重瓦斯动作。现场向调度申请 1 号主变压器及两侧断路器检修，待检修检查处理。

（2）试验检查情况。

1）油、气样试验数据正常，气体经检测为空气，主要数据如图3-6所示。

2）直流电阻试验（数据合格）见表3-3。

3）绝缘电阻试验（数据合格）见表3-4。

4）绕组介质损及电容量试验（数据合格）见表3-5。

5）有载开关动作特性检查（数据合格）如图3-7所示。

6）气体继电器二次回路检查（数据不合格）。脱开非电量电源后，对有载瓦斯二次电缆进行绝缘电阻检查，发现重瓦斯回路二次绝缘明显降低，数据不合格；排查二次电缆各处，发现在气体继电器接线盒螺口处存在电缆破皮情况，相关情况如图3-8所示。

对破皮的二次电缆进行剪除，电缆剩余长度足够，重新制作二次电缆接头，并测试绝缘电阻合格，接线后瓦斯保护校验合格，动作正确，处理完成，恢复送电。

3. 异常分析

根据主变压器油样试验、电气试验、有载开关特性试验数据，判断主压器本体及有载开关均无故障情况。结合非电量保护装置保护动作报告及现场二次电缆检查情况，可

色谱分析原始记录

机型：　No: 2024101

委托单位			采(送)样日期			2.13	（　　）		
设备名称									
运行编号			出厂序号				编号		
室温：	℃		真空度P表：			MPa	TCDI：		mA
CTTP：	℃		AUXT：	℃			N_2：		mL/min(MPa)
H_2：	mL/min(MPa)		AIR：		mL/min(MPa)		V=		mL
Ⅰ：$V_{g'}$ =		mL；		V_g =		mL；	V_g/V=		
Ⅱ：$V_{g'}$ =		mL；		V_g =		mL；	V_g/V=		

出峰频序	保留时间	脱气率	倍率	U (Bi)	峰高（Ⅰ）(面积)	浓度（Ⅰ）PPm	峰高（Ⅱ）(面积)	浓度（Ⅱ）PPm
H_2						9		
CH_4						6.0		
C_2H_4						0.4		
C_2H_6						0.4		
C_2H_2						0		
总烃						6.8		
CO						427		
CO_2						1876		

备注：

分析人员：　　　　　　　　　分析日期：2.13

图3-6　油、气样试验数据图（一）

色谱分析原始记录

机型：　　　　No: 2024102

委托单位			采(送)样日期		2.13	(	)
设备名称							
运行编号		出厂序号			编号		
室温：	℃	真空度P表：		MPa	TCDI:		mA
CTTP:	℃	AUXT:	℃	N₂:			mL/min(MPa)
H₂:	mL/min(MPa)	AIR:		mL/min(MPa)	V=		mL

Ⅰ：$V_{g'}$ = 　　　mL；　　V_g= 　　　mL；　　V_g/V=

Ⅱ：$V_{g'}$ = 　　　mL；　　V_g= 　　　mL；　　V_g/V=

出峰频序	保留时间	脱气率	倍率	U (Bi)	峰高(Ⅰ)(面积)	浓度(Ⅰ)PPm	峰高(Ⅱ)(面积)	浓度(Ⅱ)PPm
H₂						3		
CH₄						6.0		
C₂H₄						0.2		
C₂H₆						0.5		
C₂H₂						0		
总烃						6.7		
CO						73		
CO₂						1238		

备注：

分析人员：　　　　　　　　分析日期：2.13

图 3-6　油、气样试验数据图（二）

表 3-3　　　　　　　　　　直流电阻试验数据表

线圈	分接位置	实测值（mΩ）			误差（%）
		A-O	B-O	C-O	
高压	3	361.3	362.5	364.1	0.77
	4	354.9	356.0	123.5	0.73
	5	350.2	351.5	353.2	0.85
	6	344.1	345.3	347.2	0.98
	7	339.1	340.1	341.8	0.79
	8	332.9	333.9	335.5	0.77
低压		ab	bc	ca	0.307
		4.894	4.909	4.902	

确定跳闸原因为有载瓦斯接线盒螺口尺寸较小且存在快口，二次电缆在安装时未对注意到内部的快口，穿线时存在挤压，主变压器运行过程中长期振动，不断摩擦电缆表皮，导致表皮破损，引起短路接通保护回路。

表 3-4　　　　　　　　　　　　　　　绝缘电阻试验数据表

被试线圈	绝缘吸收比（MΩ）		
	R15″	R60″	R60″/R15″
高-低地	6700	12000	1.79
低-高地	7500	13000	1.73
铁心对地（MΩ）	10000		
夹件对地（MΩ）	10000		

表 3-5　　　　　　　　　　　　　绕组介质损及电容量试验数据表

被试线圈	介质损（tanδ）	实测值	初值	偏差（%）
	tanδ（%）	C_x（pF）	C_x（pF）	
高—低地	0.211	6106	6116	−0.16
低—高地	0.234	9791	9799	−0.08

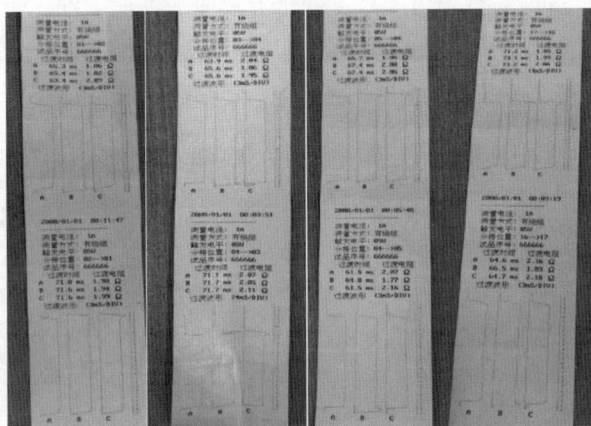

图 3-7　有载开关动作特性检查情况

4. 注意事项

（1）巡视时需加强对主变压器气体继电器（本体、有载气体继电器）的关注，若继电器内存在气体，应及时联系分管专职，进行分析处理。

（2）在新建或改扩建工程中，对非电量信号验收时应注意非电量装置、非电量保护、后台、监控端的一致性。

图 3-8　气体继电器接线盒螺口

（3）发生主变压器跳闸故障时，应关注站用电是否存在失电情况。若发生全站失电情况，应第一时间恢复站用电。

（4）主变压器有载重瓦斯动作后，现场检查应注意主变压器调压分接开关是否进行调整，统计调压开关近期动作次数及总次数。

三、2 号主变压器事故放油阀喷油异常实例

某年 7 月 10 日，220kV 某变电站 2 号主变压器发生了事故放油阀喷油故障，监控中心、操作班运行人员及时发现并进行了妥善的应急处理，有效防止了事故的发生。

1. 故障前该变电站运行方式

220kV：2951 接正母线运行，2K60、2 号主变压器 2502 接副母线运行，220kV 母联 2510 正副母线热备用。

110kV：2 号主变压器 902 接副母线运行，供 727、942、813、945。110kV 母联 910 正副母线运行；944、814 接正母线运行；889 正母线热备用；941、943 冷备用。

35kV：2 号主变压器 602 接 Ⅱ 段母线，供 2 号站用变压器 651 接 Ⅰ 段母线运行，652 Ⅰ 段母线热备用、1 号站用变压器接 652 出线运行，35kV 分段 610 Ⅰ、Ⅱ 段母线运行，分段 6101 隔离开关工作位置。

2. 事件经过

8：43 监控中心发现某变电站发出"2 号主变压器本体装置异常"信号遂立即通知操作班运行人员。9：30 操作班人员到达现场，检查现场后台机信号为"2 号主变压器油位异常"信号，设备现场检查为 2 号主变压器事故放油阀喷油，主变压器本体油位降到最低（见图 3-9）。操作班人员立即汇报调度后由监控中心操作，转移 110、35kV 负荷后，9：55 该变电站 2 号主变压器紧急拉停。现场喷油情况如图 3-10 所示。

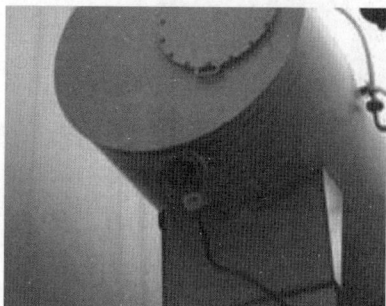

图 3-9　主变压器油位指示

图 3-10　事故放油阀喷油

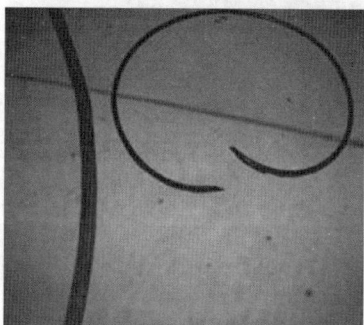

图 3-11　密封圈

3. 原因分析

该主变压器为 OSFSZ10 - 180000/220 型变压器，投运时间为 2008 年 6 月 28 日。

经公司技术人员现场检查后，分析原因为：事故排油阀阀芯处法兰未充分紧固，球阀在变压器油压力作用下，阀芯密封圈（见图 3-11）松动，导致喷油事故发生。

4. 防范措施/经验教训

（1）掌握设备缺陷发生的规律性。在酷暑、严寒、高温、高负荷情况下，要加强对注油设备的巡视与检查，及时发现事故隐患，做好已知渗油缺陷的跟踪与检查，严密监控缺陷的发展。

（2）加强对注油设备的重点巡视，尤其要注意主变压器各阀门是否存在渗油迹象。

（3）对同类型主变压器事故放油阀结构进行培训，让运行人员进一步了解其结构，在今后的验收工作中提醒施工单位重视。

四、主变压器中性点和平衡绕组套管底部渗油

某年 3 月 23 日，运行人员巡视中发现 1 号主变压器本体靠东面地上有一堆油迹，是中性点和平衡绕组套管底部渗油引起，当时每分钟为 3～4 滴（见图 3-12、图 3-13）。运行人员马上对主变压器回路的接点进行测温跟踪，没有发现发热点。运行人员及时向工区汇报，并建议尽快安排计划停电处理，并对主变压器的油温与油位进行跟踪监视。

图 3-12　现场渗油情况　　　　　图 3-13　平衡绕组套管底部开裂情况

在 4 月 10 日停电消缺时发现 35kV C 相套管、中性点 XY 套管底部有 3～5cm 的裂纹，平衡绕组套管铜管由于安装野蛮，导致密封不良；同时发现主变压器油介损超标（5.3，正常应小于 1.0）。在 5 月 4 日再次安排停电，调换 35kV 侧（BJW-40/1200 型）和中性点（BJL-40/60 型）共 5 只套管，调换平衡绕组套管内铜管，5 月 7 日恢复运行。

五、某变电站 1 号主变压器油位异常实例

1. 异常现象

2023 年 1 月 25 日，监控告某变电站 1 号主变压器本体油位低。值班员至现场检查发现 1 号主变压器本体油位计指示 0，油温约 18℃，主变压器非电量保护装置及后台发"本体油位低"信号，主变压器油位及油温表指示如图 3-14、图 3-15 所示。

图 3-14　本体油位高时本体油位计显示情况　　图 3-15　本体油位高时主变压器油温表显示情况

查阅历史，2022 年 6 月 27 日，监控告该变电站 1 号主变压器本体油位高。值班员至现场检查发现 1 号主变压器本体油位计指示 10（满格），油温约 60℃，主变压器非电量保护装置及后台发"本体油位高"信号，主变压器油位及油温表指示如图 3-16、图 3-17 所示。

75

图 3-16　本体油位低时本体油位计显示情况　　　图 3-17　本体油位低时主变油温表显示情况

该主变压器生产厂家：××变压器有限公司，型号：SZ11-50000/110，投运日期：2015 年。

2. 处理过程

在上述两个异常处理过程中，值班员至现场检查变压器周围无溢油、漏油痕迹，主变压器呼吸器呼吸畅通，于是立即汇报班长与专职，联系检修处理。

检修人员至现场检查后，分别对变压器进行补油、放油后，信号恢复正常。

3. 异常分析

该变电站 1 号主变压器投运后多次出现夏天温度高，油温上升至 60℃ 左右时油位高告警，需放油处理；冬天温度低，油温下降至 18℃ 左右时油位低告警，需补油处理。这与主变压器本体的油温油位曲线（见图 3-18）严重不符且日常运维过程中未发现有溢油、漏油情况。经过查阅相关资料及咨询检修专业人员，初步分析得出出现上述情况的原因可能为：①主变压器油枕设计容量偏小；②油位计摆杆偏短导致油位计显示不准确；③主变压器安装时未严格按油温油位曲线注油且经过多次放油、补油，油位计误差越来越大。

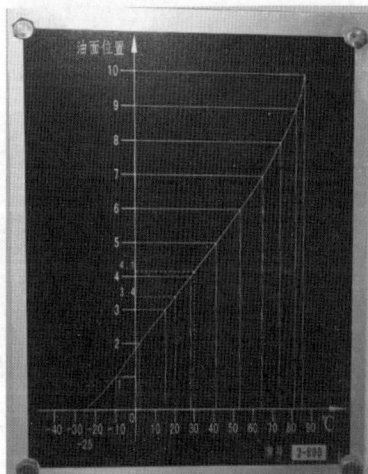

图 3-18　主变压器本体油温
油位曲线

针对原因 1，查阅资料后得出该型号主变压器油枕的容积为主变压器本体油量的 7.767%，而一般油枕的容积应设计为主变压器本体油量的 10% 左右。由于变压器油的热胀冷缩，过小的油枕容积容易造成油温高时油位很快达到设计上限而发出油位高报警信号，而油温低时油位又低于设计下限发出油位低报警信号。

针对原因 2，经咨询检修、厂家人员并查阅相关资料后发现该型号的主变压器在设计制造方面存在问题，油位计的摆杆长度常与理论值不相符。如图 3-19、图 3-20 所示，主变压器油位计指示变化的过程为：当油枕内的油位升高或降低时，油位计的浮球或摆杆随之升高或降低，带动传动机构转动，通过磁钢使报警部分的磁铁（或凸轮）和显示部分的指针旋转，当油位达到最低或者最高时，磁铁吸合（或凸轮拨动）相应的微动开关，此时发出油位异常报警信号。

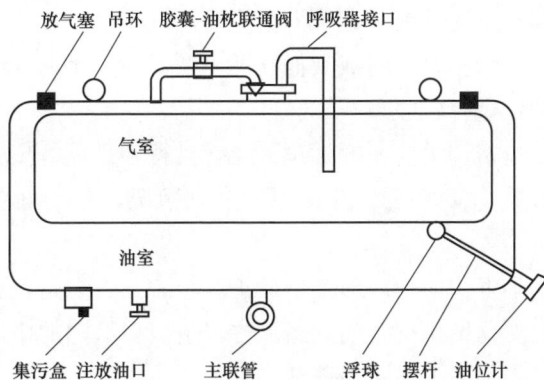

图 3-19　主变压器油枕结构示意图

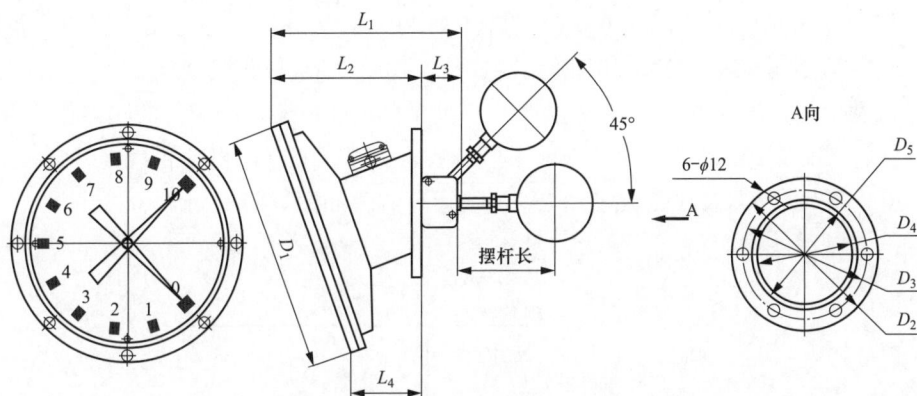

图 3-20　油位计结构示意图

油位计的指示与摆杆的长短密切相关，摆杆长度偏短（或偏长）使摆杆的偏转角度大于（或小于）理论偏转值，造成油位计的实际显示与理论上的油温油位曲线不符。对于该型号的主变压器油位计，相关资料中经过理论计算得出油位计摆杆的长度应为760mm，而检修人员曾拆解出一台同型号主变压器的油位计摆杆进行测量，测量得到的长度仅为730mm，咨询厂家人员后也得知该油位计摆杆的实际值与理论值之间会出现差异。因此，油位计摆杆长度不正确会出现油位计的实际显示与理论上的油温油位曲线不匹配，也即假油位的情况。

针对原因 3，询问检修人员后得知，主变压器安装时一般都会按油温油位曲线注油且对于此型号的主变，每次放油、补油的量也较小，所造成的误差不会很大。

同时，该变电站所处地区周边工厂较多，在夏季高温天气时，负荷偏重，而冬季低温叠加春节放假因素时，负荷偏轻，季节因素对油温的影响较其他变电站而言更大，继而使油位的波动也较大。

4. 注意事项

针对该型号主变压器冬夏两季油位异常的情况，根本的解决方法是更换符合设计要求的油位计摆杆和对油枕进行增容改造。

在对该型号变压器进行改造前，运维人员应注意以下事项：

（1）对于新上的该型号主变压器或其他涉及主变要油量大量变动的工作，应严格按油温油位曲线对主变油位进行验收。

（2）在日常运维时应密切关注主变油位的变化，特别是夏季高温天气和冬季低温天气时可增加巡视次数或在 D5000 上关注油温的变化情况，夏季可在主变压器室增加临时排风措施。

（3）当油位异常信号发出时也应对变压器进行检查，查看是否有漏油、呼吸器呼吸不畅通等其他影响油位变化的情况，防止经验主义造成对缺陷的错误判断，如无其他缺陷，应及时汇报专职联系检修人员进行放油、补油。

六、某变电站 1 号主变压器中后备保护动作异常实例

1. 故障现象

2023 年 7 月 20 日 4 时 56 分，监控告知某 110kV 变电站 1 号主变压器中后备保护动作，110kV 洪明 926、301、101 断路器分闸，10kV 备自投正确动作。

异常发生前，该变电站 110kV 洪明 926 供 1 号主变压器，经 301 断路器供 35kV 母线，1 号主变压器 101 断路器供 10kV Ⅰ 段母线，分段 110 断路器热备用，备自投启用。35kV 洪江 357 断路器及线路接于 35kV 母线运行方式如图 3-21 所示。

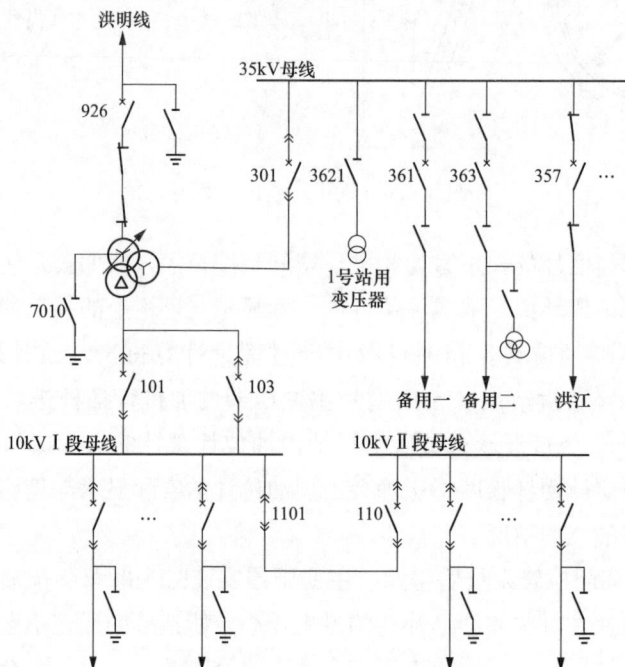

图 3-21　该变电站运行方式

2. 处理过程

故障涉及主变压器三侧断路器跳闸，值班员接到监控电话后，立即将情况告知班长及专职，同时赶赴现场进行检查。运维专职同时将情况向分管领导进行初步汇报。

　　5 时 40 分，值班员到达现场后，检查 1 号主变压器保护装置，发现 1 号主变压器中后备保护复压方向过电流 Ⅱ、Ⅲ 段动作，故障电流一次值为 4060A，故障相别为 ABC 三相。

　　值班员初步判断 35kV 母线范围内发生三相短路故障。进入 35kV 高压室，发现有白色烟雾和刺鼻气味，判断故障点可能位于 35kV 高压柜内，于是逐间隔排查。当打开洪江 357 开关柜时，发现 3571 母线闸刀处有明显的放电痕迹，如图 3-22 所示。待检修人员到达现场后对母线仓进一步检查，发现 3571 闸刀与 357 断路器间三相连接排损坏、3571 闸刀开关侧 A、B 相支持绝缘子破损严重，如图 3-23 所示。

图 3-22　洪江 3571 闸刀处放电痕迹 　　图 3-23　洪江 3571 闸刀动触头支撑绝缘子放电现象

　　确认故障点在洪江 357 开关柜后，向调度申请 35kV 母线及洪江 357 间隔、备用一 361 开关、备用二 363 断路器、1 号站用变压器改为检修。同时，洪江 3571 闸刀故障属主变压器中后备保护范围，通常情况下应跳 301 断路器，但保护实际直接跳主变压器三侧，故值班员及时联系继保人员现场检查分析。

　　经继保人员分析，系保护定值单整定错误，保护跳闸矩阵有误，从而导致扩大停电范围，对定值进行修改后试验正常。随后，1 号主变压器 110kV 侧及 10kV 恢复送电。

　　当日，检修人员将 1 号站用变压器 3621 闸刀支持绝缘子拆除，用于 35kV 洪江 3571 闸刀，同时更换 3571 闸刀与 357 断路器间三相连接排，更换 35kV 洪江 357 间隔母线室与开关室间绝缘隔板后，耐压试验正常。17 时 30 分，洪江 357 间隔恢复送电。

　　3. 故障分析

　　1 号主变压器保护故障录波波形如图 3-24 所示。保护启动时 B、C 相电压同时跌落接近于零，B、C 相相电流同时增大，为典型的相间短路故障，50ms 后转换为三相故障。其中故障电流为 20A 左右（二次值），电流互感器变比为 1000/5，折合一次值为 4000A 左右，满足中后备复压过电流 Ⅱ、Ⅲ 段定值 900/4.5A，1810ms 后 Ⅱ 段（时间定值 1.8s）保护动作但未跳开开关，2115ms Ⅲ 段保护（时间定值 2.1s）动作，跳开主变压器三侧断路器，故障切除。结合洪江 357 开关柜内故障点位于母线仓与开关仓间的绝缘挡板附近，检修人员判断故障原因可能是绝缘挡板老化，母线仓与开关仓 BC 相放电，进而发展为三相短路。

　　35kV 洪江 357 间隔母线闸刀故障，处于 1 号主变压器中后备保护动作范围。二次检修人员对 1 号主变压器中后备保护装置及相关二次回路进行检查，其采样及动作定值均正确，保护动作报文显示正确。但在 Ⅱ 段复压过电流保护动作的情况下，测量中后备保护跳 301 断路器出口连接片未有正电，说明Ⅱ段复压过电流无法跳开 301 断路器。对装置出口配置进行检查，发现装置整定中后备Ⅱ段跳闸出口仅跳分段开关（现场实际无此开关），未跳 301 断路器。1 号主变压器保护定值单中，中后备Ⅱ段注明 1.8s 跳"本侧分段开关"，故装置整定与定值单一致。由此可见，1 号主变压器保护定值单中后备Ⅱ段跳闸出口整定错误导致中后备Ⅱ段动作后未跳开 301 断路器，而是待中后备Ⅲ段动作后直接跳开主变压器三侧，从而使故障跳闸范围扩大。1 号主变压器中后备保护定值单如图 3-25 所示。

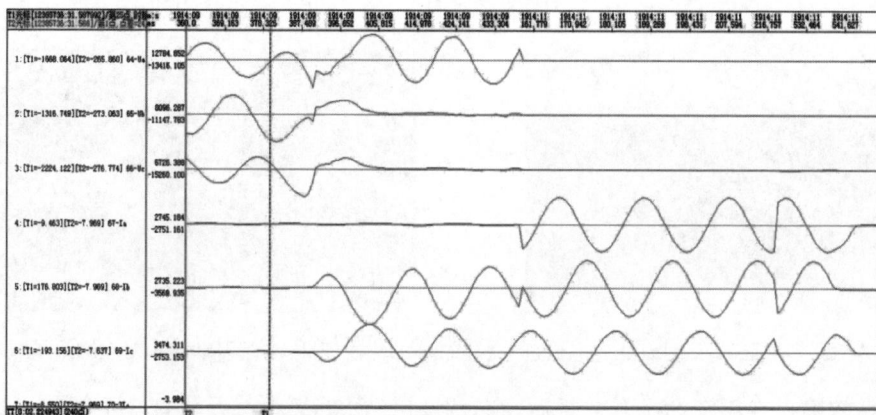

图 3-24　1 号主变压器保护故障录波信息

	Ⅱ段复压方向过流投退	投入
	Ⅱ段复压方向过流复压元件	投入
Ⅱ段复压方向过流保护	Ⅱ段复压方向过流电流定值	900A/4.5A
	Ⅱ段复压方向过流时限	1.8s(跳本侧分段开关)
	Ⅱ段正方向元件投退	退出
	Ⅱ段反方向元件投退	退出
	Ⅲ段复压方向过流投退	投入
	Ⅲ段复压方向过流复压元件	投入
Ⅲ段复压方向过流保护	Ⅲ段复压方向过流电流定值	900A/4.5A
	Ⅲ段复压方向过流时限	2.1s(跳三侧开关)
	Ⅲ段正方向元件投退	退出
	Ⅲ段反方向元件投退	退出

图 3-25　1 号主变压器中后备保护定值单

4. 注意事项

（1）巡视时需加强对开关柜类设备异常运行声响的发现与判别，必要时利用局部放电检测、停电检查等手段进行综合判断。

（2）日常运维过程中，应按照规定每季度对开关柜开展一次局部放电检测，发现局部放电检测数据异常，应及时联系检修单位确认，并勿长时间停留在设备附近。若经确认开关柜局部放电异常，应尽早安排停电处理。

（3）针对开关柜内绝缘隔板使用情况，在平时运维检修过程中需予以关注，实现差异化运维。

七、某变电站 2 号主变压器本体储油柜底部积水缺陷实例

1. 事件经过

2023 年 9 月 22 日，检修人员在某 220kV 变电站更换 2 号主变压器本体油位计的过程中，发现储油柜底部存在少量积水现象，严重影响设备安全运行，如图 3-26、图 3-27 所示。

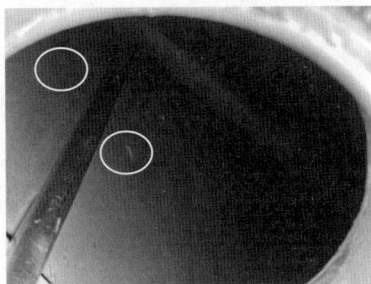

图 3-26　储油柜底部积水 1

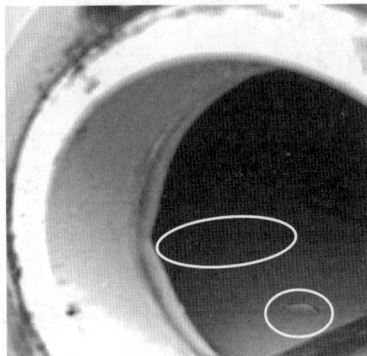

图 3-27　储油柜底部积水 2

2. 缺陷分析

检修人员迅速对设备附件所有密封面进行排查，发现顶部放气阀内部存在锈蚀痕迹。经检查发现放气阀的密封圈尺寸选择过小，紧固后压缩量不满足要求导致发生渗水现象，如图 3-28～图 3-31 所示。

图 3-28　顶部放气阀结构

图 3-29　放气阀底部法兰内部锈蚀痕迹

图 3-30　放气阀锈蚀痕迹

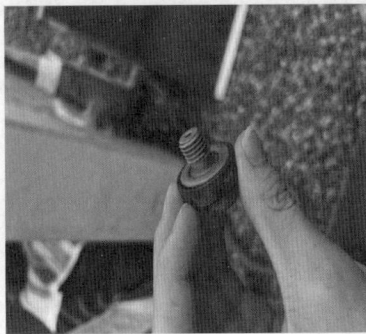

图 3-31　原密封圈过薄

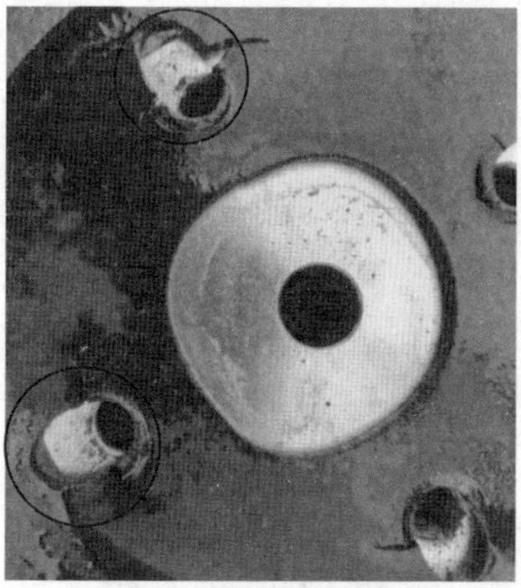

图 3-32 密封圈孔洞过大，
紧固后超出法兰面

后续工作过程中的主变压器压漏环节发现顶部油枕与本体连接法兰出现渗油现象，排油后检查发现本体与油枕连接法兰的密封圈孔洞尺寸过大，导致螺栓紧固后密封圈孔洞范围超过法兰面发生渗油，这一缺陷也是造成油枕内部积水的原因之一，如图 3-32 所示。

3. 处置情况

若未发现该隐患并及时处置，积水一旦超出导油管口，水分进入本体，绕组绝缘遭到破坏，可能导致气体继电器重瓦斯动作，造成主变压器跳闸停运事故。工作人员对放气阀更换合适尺寸的密封圈后进行紧固，同时打开储油柜的检修人孔，将内部残余水分清理干净并更换顶部胶囊袋与本体的连接法兰处密封圈后重新注油并进行压漏试验，放气阀无渗漏，顶部法兰无渗漏。结束后进行油样微水测试，试验数据合格，隐患消除。

4. 整改措施及预防建议

针对此次情况，治理小组总结了两条建议：①找出同厂家、同型号的变压器，安排停电计划进行检查；②对停电计划中同结构的变压器进行排查。

第三节　变压器事故及异常处理训练

一、"主供电源故障"异常处理训练

1. 现象

"冷却器工作电源Ⅰ故障"光字牌亮（1 号主变压器压器风冷主供电源切在电源Ⅰ，400V 交流Ⅰ段母线送电源Ⅰ。2、3、5、6 组冷却器切在工作位置，1、4 组冷却器切在辅助位置）。

2. 处理参考答案

主变压器风冷切换图如图 3-33 所示。

（1）现场检查主变压器风冷系统自投切正确。

（2）检查交流室 400V 交流Ⅰ段母线是否失电。

（3）若 400V 交流Ⅰ段母线电压正常，值班员带好万用表、图纸及冷却控制箱钥匙到冷却器控制箱，打开箱门测量电源Ⅰ引入箱内的 A、B、C 三相电压正常，判断故障在冷却器控制箱内，常见为 FUA、FUC 熔断器熔断，查出故障熔断器替换同规格的即可；若不能查找出原因，应汇报调度及工区，请求派人协助。

（4）若 400V 交流Ⅰ段母线电压消失，值班员检查主变压器风冷自投工作正确后，进行站用变压器切换操作恢复 400V 交流Ⅰ段母线后，"冷却器工作电源Ⅰ故障"光字牌可以复归，检查风冷自动返回电源Ⅰ供电。

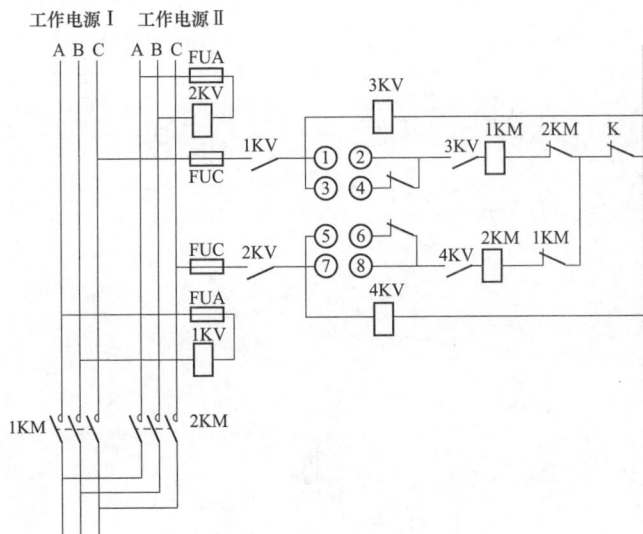

图 3-33　主变压器风冷切换图

二、500kV主变压器本体内部故障跳闸处理训练

1. 现象

主变压器各侧断路器跳闸，35kV侧所挂站用变压器失电，站用电自投投入，电容器组跳闸。本体压力释放动作（主变压器有载压力释放动作），主变压器重瓦斯保护动作（主变压器有载瓦斯动作），主变压器大差动动作，主变压器高阻抗保护动作。相关电容器组低电压动作，相关站用电自投投入（400V失电动作，见图3-34）。

2. 参考处理答案

(1) 尽快切除全部冷却器，避免故障中产生的游离碳、金属微粒进入非故障部分。

(2) 汇报调度变压器跳闸时间保护动作情况，处理相关站用电自投投入（400V失电动作），恢复直流母线充电器运行（由于400V失电或瞬时失电引起直流母线充电器失电）。

(3) 现场检查保护动作情况，主变压器本体设备情况，相关断路器等一次设备，检查断路器的位置及气体继电器中是否充气，压力释放阀或防爆管是否喷油，根据检查情况汇报调度及上级领导。

(4) 故障判断分析。气体继电器有气体或本体（或有载）压力释放动作，说明变压器内部存在故障不得进行强送和试送，未经查明原因并消除故障前，不得进行强送和试送。恢复运行前必须经外部检查正常，同时对变压器进行电气试验、油化验，确证无问题。有条件时，应尽量进行零起升压。零起升压的方法是：将发电机、线路、变压器等设备在停电的情况下，构成单独系统，发电机逐步增加励磁电流，同时观察变压器的电压逐步升高。当变压器的电压没有升高，电流逐步增加，说明变压器确实存在故障。零起升压时，应加强与发电机处联系防止发生过电压。

(5) 本体压力释放无法自动复归，送电前必须手动复归动作标杆。

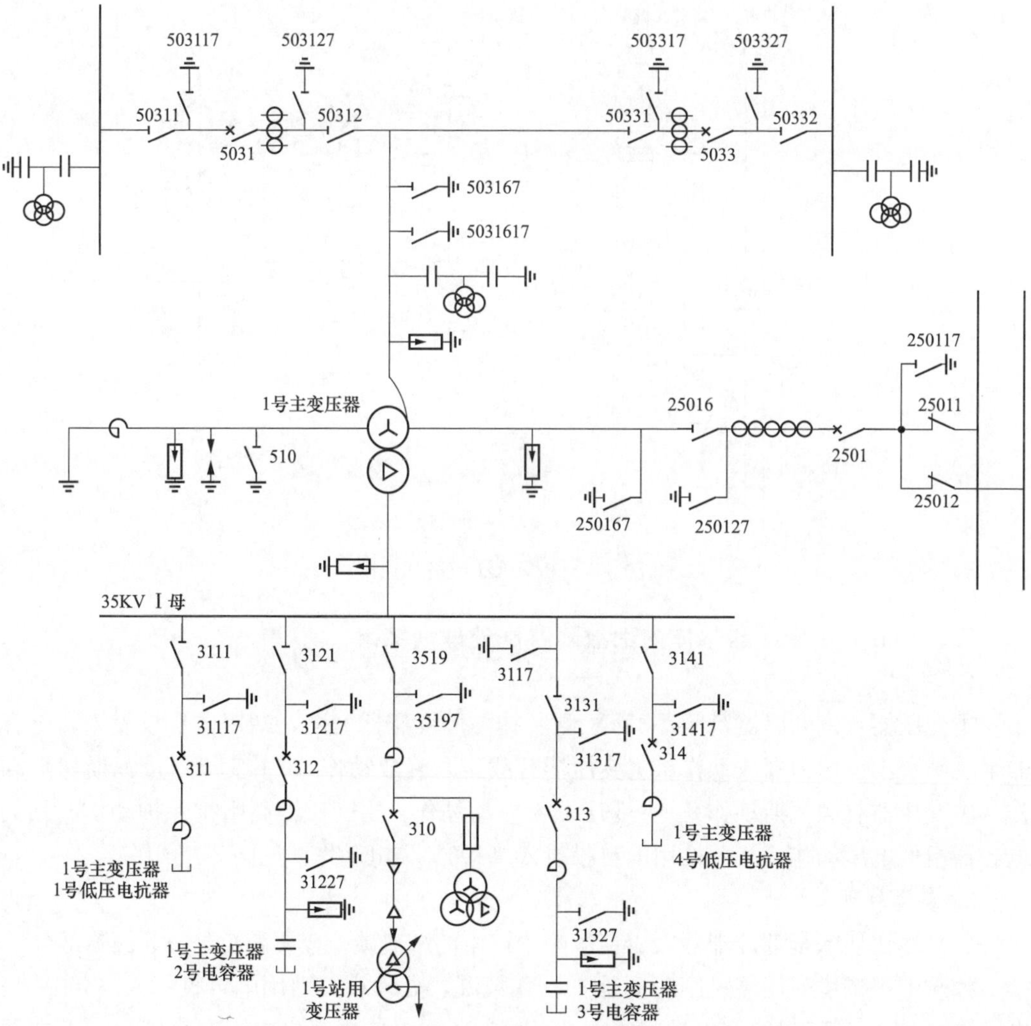

图 3-34　一次系统简图

三、变压器本体油位较高（呼吸器管道阀门关闭）时如何判别真假油位及正确处理假油位

1. 现象

变压器本体油枕油位较高（检查时答案为：①以往油位温度曲线正常；②有载油位正常，没有加过油；③呼吸器矽胶封口油杯内是没有气泡；④呼吸器阀门关闭）。

2. 处理参考答案

（1）对照油位温度曲线是否符合，参考以往油位温度曲线偏离值。

（2）是否投运时油位过高，证实油位确实过高。

（3）检查有载油位是否降低，查阅有载是否多次加油（证明不是有载油位渗入本体油箱）。

（4）观察呼吸器矽胶封口油杯内是否有气泡。

（5）检查气体继电器内是否有气体（证明变压器油箱内不缺油）。

（6）汇报调度要求停用变压器重瓦斯保护跳闸出口，操作停用变压器重瓦斯保护跳闸出口。

（7）检查呼吸器堵塞原因，呼吸器堵塞，阀门是否关闭。

（8）打开呼吸器阀门，油位恢复正常。

（9）汇报调度缺陷消除，要求投入变压器重瓦斯保护跳闸出口。

四、变压器呼吸器硅胶变色分析及处理

1. 现象

目前由于变压器油枕已使用胶膜或胶囊袋使油面与空气隔离，防暴管改用压力释放阀与空气隔离，呼吸器硅胶作用已经降低，主要是防止胶膜上或胶囊袋内凝聚水分发生假油位和防止胶膜或胶囊袋老化，硅胶变色的原因主要是硅胶吸收了水分后，发生变色，未变色时一般为蓝色或浅蓝色（也有白色、黄色等），变色后一般为浅红色或浅紫色（pH 值不同）。

2. 分析及处理参考答案

变压器呼吸器硅胶变色 2/3，应进行更换，并分析原因，看时间是否过快。硅胶一般可维持 3 个月以上，观察硅胶变色部位，变色从呼吸器呼吸口开始原因有：

1) 长期天气阴雨，空气湿度大，此情况正常。

2) 呼吸器下部油封罩内无油或油位太低，起不到良好的油封作用，使空气未经油封而自由进出呼吸器，可加油处理。

3) 呼吸器安装不当或安装不密封，应重新安装。呼吸器中部开始，硅胶管裂纹、破损应更换；上部开始呼吸器管道密封不良，可结合停电时处理。

五、1号主变压器第一组冷却器故障（正常运行方式，当时天气为暴雨）

1. 现象

1 号主变压器保护屏上"1 号主变压器冷却器故障""1 号主变压器备用冷却器投入"光字牌示警。

2. 处理

（1）记录异常发生时间，并迅速至现场检查。

（2）至现场检查发现，1 号主变压器第一组冷却器已停止运行，第四组备用冷却器已投入运行，其余冷却器运行正常，主变压器上层油温及温升均正常。

（3）检查主变压器风冷电源箱，发现第一组冷却器低压断路器已跳开，至第一组冷却器油泵接线盒检查发现盒内有明显积水现象，检查其余接线盒关闭紧密，无任何渗漏现象。

（4）将 1 号主变压器第一组冷却器切换开关投至"停用"位置，并设法将第一组冷却器接线盒内的积水除去，关紧盒门。

（5）汇报调度及领导。

（6）待天气转好后，再去试送第一组冷却器低压断路器，如仍送不上，则联系有关检修人员进行处理。

第四章

电流互感器事故及异常

🔧 第一节　电流互感器事故及异常处理概述

一、电流互感器事故处理概述

电流互感器的作用是把电路中的大电流变为小电流，供给测量仪表和继电保护回路使用。

由于电流互感器二次回路中只允许带很小的阻抗，所以它在正常工作时，趋近于短路状态，声音极小，一般认为无声，因此电流互感器的故障常伴有声音或其他现象发生。

（1）当电流互感器二次绕组或回路发生短路时，电流表、功率表等指示为零或减少，同时继电保护装置误动或不动作。出现这类故障后，应汇报调度，保持负荷不变，停用可能误动作的保护装置，并进行处理，否则应申请停电处理。

（2）电流互感器二次回路开路时，电流表指示为零，有功功率表、无功功率表、电能表指示降低，差动断线光字牌示警，电流互感器发出异常响声或发热、冒烟等，故障点端子排也可能会击穿冒火，值班员可以根据严重程度采取如下不同措施。

1）停用有关保护，将故障电流互感器二次侧短接。

2）有条件者申请旁路代运行后停电处理。

3）如冒烟起火，应立即拉开该断路器，改冷备用后用消防设备灭火。

（3）对充油型电流互感器还应检查互感器密封情况，其油位是否正常；对带有膨胀器密封的互感器，可通过油位窥视口内红色导向油位指示器观察。若油位急剧上升，可视为互感器内部存在短路或绝缘过热故障，以致油膨胀而引起，值班员应向调度申请停电处理。油位急剧下降，可能是互感器严重渗、漏油引起。值班员应视其情况，加强监视，报告调度并申请停电处理。

二、电流互感器异常处理概述

1. 电流互感器运行注意事项

（1）电流互感器在运行中，运行人员应定期进行检查，以保证安全运行，检查内容如下。

1）电流互感器应无异声及焦臭味。

2）电流互感器连接接头应无过热现象。

3）电流互感器瓷套应清洁，无裂痕和放电声。

4）注油的电流互感器，要定期进行油化试验，以检查油质情况，防止油绝缘降低。

5）对环氧式电流互感器，要定期进行局部放电试验，以检查绝缘水平，防止爆炸起火。

6）对 SF_6 电流互感器，要检查压力正常。

（2）电流互感器在运行中，要防止二次侧开路而危及人身及设备安全。造成二次侧开路的原因有：

1）端子排上电流回路导线端子的螺钉未拧紧、松动脱落，造成电流互感器二次侧开路。

2）保护盘上，电流互感器端子连接片未放或铜片未接触而压在胶木上，造成保护回路开路，相当于电流互感器二次侧开路。

3）切换三相电流的切换开关接触不良，造成电流互感器二次侧开路。在运行中，电流互感器如有开路现象，会引起电流仪表、继电保护的不正确动作（或指示）。

（3）电流互感器二次回路的操作，一般在断路器断开后进行，以防止电流互感器二次侧开路。在停电的情况下停用电流互感器，应将纵向连接端子连接片取下，然后在电流互感器侧横向短接。电流端子的操作在断路器冷备用后进行（一次侧挂地线前）。在运行情况下停用电流互感器，应先用备用连接片在电流互感器侧横向短接，然后取下纵向连接片。投入电流互感器，应先用备用连接片将纵向端子接通，然后取下横向短接连接片。以上操作如将引起某继电保护误动作，则应先停用该继电保护。

在运行情况下，需切换电流端子连接片（如倒母线时二次回路需切换）时，应先用备用电流端子连接片接通需连接的母差电流端子，然后停用另一母线母差电流端子。在操作电流端子时，如发现火花，应立即把端子连接片接上并拧紧，然后查明原因。操作人员应站在绝缘垫上，身体不得触碰接地物体。

2. 电流互感器常见异常（见表 4-1）

表 4-1   电流互感器常见异常

过热故障	内部有臭味、冒烟	内部有放电声	内部声音异常	充油式电流互感器严重漏油	外绝缘破裂放电
负荷过大，内部故障，二次回路开路，内部匝间、层间短路或接地	内部发热严重绝缘已烧坏	引线与外壳之间有火花放电现象。内部短路、接地、夹紧螺钉松动，内部绝缘损坏	铁心松动，发出不随一次负荷变化的嗡嗡声，二次开路，因饱和及磁通的非正弦，使硅钢片振荡发出较大的声音	内部故障过热引起	外力破坏或污闪

（1）过热现象。原因可能是负荷过大、内部故障、二次回路开路等。

（2）内部有臭味、冒烟。

（3）内部声音异常。

1）铁心松动，发出不随一次负荷变化的"嗡嗡"声（长期保持）。

2）某些离开叠层的硅钢片，在空负荷（或轻负荷）时，会有一定的"嗡嗡"声（负荷增大时消失）。

3）二次回路开路，因磁路饱和及磁通的非正弦性，会使硅钢片振荡且振荡不均匀而发出较大的噪声。

（4）内部有放电声或引线与外壳之间有火花放电现象。

（5）充油式电流互感器严重漏油。

（6）干式电流互感器外壳开裂。

（7）外绝缘破裂放电。

3. 电流互感器的运行规定

（1）电流互感器的负荷电流对独立式电流互感器应不超过其额定值的110％，对套管式电流互感器，应不超过其额定值的120％（宜不超过110％），如长时间过负荷，会使测量误差加大和使绕组过热、损坏。

（2）电流互感器在运行时，它的二次回路始终是闭合的，因其二次负荷电阻的数值比较小，接近于短路状态。电流互感器的二次回路在运行中不允许开路，因为出现开路时，在二次回路中会感应出一个很大的电动势，这个电动势可达数千伏，因此，无论对工作人员还是对二次回路的绝缘都是很危险的，在运行中要格外小心。

（3）油浸式电流互感器应装设金属膨胀器或微正压装置，以监视油位和使绝缘油免受空气中的水分和杂质影响。

（4）电流互感器的二次绕组应可靠接地，它属于保护接地，正常情况下在端子箱中接地。为防止二次回路多点接地造成继电保护动作，对主变压器差动保护、母差保护等，各侧电流互感器二次绕组只允许一点接地，接地点一般设在保护屏上。

（5）电流互感器与电压互感器的二次回路不允许互相连接。因为，电压互感器二次回路是高阻抗回路，电流互感器二次回路是低阻抗回路。如果电流互感器二次回路接于电压互感器二次回路，会造成电压互感器短路；如果电压互感器二次回路接于电流互感器的二次回路，则会使电流互感器近似开路，这样是极不安全的。

（6）电流互感器二次侧开路时会使其铁心产生严重饱和现象，磁通的波形发生畸变，并在二次侧感应出很高的电压。因此当发现电流互感器油箱内出现明显的电磁振动声或振动声有明显增强时，应考虑其二次回路有开路的可能，并对相应端子箱及有关二次回路进行检查，如发现开路点立即报告调度和有关领导，通知有关专业人员前来处理，如未发现开路点，则应请专业人员进行检查分析。

🔧 第二节　电流互感器典型事故及异常实例

一、一起电流互感器二次侧开路事故处理剖析

1. 事故现象

某年3月25日，为查明3月20日某220kV变电站220kV某4556断路器误跳的原因，对4556断路器11保护进行检查。

10：20保护人员到现场后，值班员向调度申请停用4556断路器11保护，10：32整套11保护停用，10：44调度发许可令，10：50值班员许可工作。13：38 4555断路器901、11保护高频发信，4556断路器901高频发信，11保护屏后端子排着火了，运行值班人员当机立断将4556断路器拉闸，随后火熄灭，端子排烧焦发黑（见图4-1）。

2. 原因分析

当时继保人员需将图4-2中保护用TA至11保护屏的外部二次端子A421、B421、C421、N421短接后方可在试验端子进行保护试验，试验结束后在拆除试验用连线时却错误地将保护外部TA二次短路线拆除，引起了TA的二次侧开路。

电流互感器是根据电磁感应原理工作的，正常情况下，一、二次侧磁通向量差为铁心中的励磁电流磁通。当TA二次开路时，二次电流为$I_2=0$，一次电流全部变为励磁电流，一方面磁通急增，在二次开路处会感应一个很高的电压，这将危及人身安全；另一方面，磁通增加会使铁心高度饱和并发热，将会损坏设备绝缘。当时4556负荷达到了379A，TA二次的开路产生了高电压，引起了着火。

图4-1 4556断路器保护屏端子排图

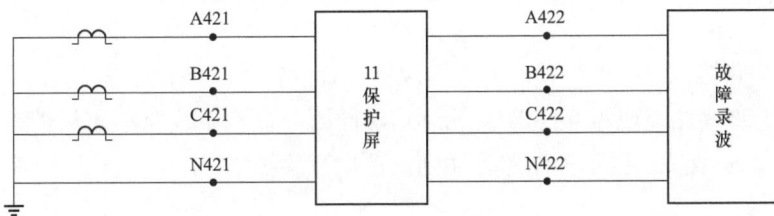

图4-2 交流电流回路

3. 排除措施

发生上述情况后，值班员立即收回工作票和安措卡，停止所有工作，并将此情况汇报省调、区调及工区技术员，后经证实着火原因为TA二次侧开路引起。15：50根据省调口令将4556断路器改为检修；17：40对4556断路器11保护屏后端子排进行更换，同时对4556断路器电流互感器进行检查试验；20：40各项试验结果均正常，汇报调度；21：55将220kV旁路4520断路器代4556断路器运行于副母线，恢复4556线路供电。

规程中明确规定TA二次侧开路，而通信正常时，可汇报调度听候处理；通信失灵时，可使用安全工具将其二次短接，短接时应注意以下两方面。

（1）纵差、母差回路应停用保护后方可进行。

（2）有关高频保护回路应在保护停用后方可进行，未与调度联系从两侧停用保护前，不可短接；但若情况严重、有危及设备安全时，可拉开相应的断路器来达到消除故障的目的。

二、一起电流互感器爆炸事故实例

1. 事故现象

某500kV变电站运行中，5052断路器电流互感器A相突然发生爆炸（见图4-3、图4-4），B相电流互感器受损，50524隔离开关B相下部绝缘子受损，50524隔离开关

B 相机构箱受损。

图 4-3　5052A 相 TA 爆炸实景（一）　　　图 4-4　5052A 相 TA 爆炸实景（二）

500kV 一/三母第一套、第二套母差保护动作；5114 线第一、二套纵差保护动作；5113 线、5114 线、5123 线、5124 线第一、二套距离保护动作。

2. 原因分析

（1）事故直接起因是由于 5114 线 5052 断路器电流互感器 A 相爆炸引起。

（2）5113、5114、5123、5124 四条线路的距离保护方式由于设备起动投运前摆方式时，将"断路器位置投退切换小开关"放错位置（错放于加速距离 1、2、3 段保护的位置），故 5052 断路器电流互感器 A 相爆炸的同时，该四条线路距离保护后加速动作，引起其他三条 500kV 线路本侧断路器跳闸，造成事故扩大。

3. 排除措施

（1）制订计划对系统内运行的所有 500kV 该类电流互感器进行调换。

（2）对目前运行中的 500kV 该类电流互感器采用红外线成像设备进行监视，运行人员日常巡视过程中采用望远镜进行检查并与该类设备保持 50m 的安全距离。

（3）立即对原运行规程重新修订，并组织相关人员学习，统一对保护切换开关实际功能的理解；同时对照原理对运行中的"断路器位置投退切换小开关"和其他二次设备以及相关运行规程进行一次全面普查。

三、两起电流互感器 TA 端子操作错误导致的主变压器跳闸事故

1. 事故一

某 500kV 变电站在操作"1 号主变压器 5041 断路器由运行为检修"中，当操作第九项"短接 1 号主变压器保护屏Ⅰ5041 断路器 TA 二次 1SD 端子"时，将 1SD 短接。在随后的"短接 1 号主变压器保护屏Ⅱ（谐波差动）5041 断路器 TA 二次 6SD 端子"时，又将 6SD 短接。此时，1 号主变压器谐波制动差动保护动作，高中压侧 5042、2501 断路器跳闸，1 号主变压器低抗自切。

当时 5041 断路器已在分开位置，其 TA 二次已不带电流，但谐波制动差动保护在投入状态，1 号主变压器的另一台断路器 5042 尚处于运行状态。因此，短接该 TA 二次端子的正确操作方法应该是先将该端子接入纵差回路的连接片全部拆除，然后再将该电流端子的 TA 一侧短路接地。然而，值班员在执行上述操作时，却采用了错误的操作方法，即先用备用连接片将该电流端子短路接地，然后再拆除该端子接入纵差回路的连接片。和电流的电路结构使 5041 断路器 TA 二次侧 6SD 端子被短接的同时，5042 断路器 TA 二次侧的 7SD 也被短接。于是，5042 断路器流过电流的二次感应值全部变成了差动回路的不平衡电流（见图 4-5）。此时，纵然主变压器差动保护具有优良的制动特性，能躲过 50% 额定电流产生的不平衡电流，无奈当时 1 号主变压器的负荷电流超过 50%，差动保护动作便成了不可避免的现实。

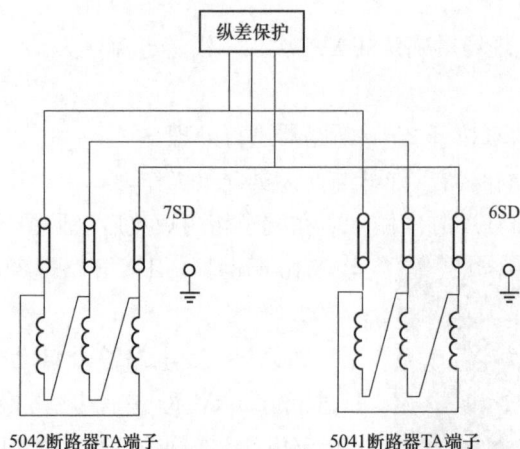

图 4-5　1 号主变压器差动保护 TA 端子示意图

2. 事故二

某变电站 220kV 旁路保护屏调换，当时该变电站主变压器差动保护正常运行中，旁路屏上 TA 侧端子短接，主变压器保护屏上 TA 端子 2SD 接入。因继保工作人员不放心，要求值班人员将主变压器保护屏上的旁路 TA 端子 2SD 也短接。差动出口连接片投入的情况下，值班员认为此时也需遵循"先短后拆"原则，将 2SD 端子 TA 侧 A、B 相短接，此时差动保护动作，跳开三侧断路器。

2SD 放上短接连接片后，相当于将 2501A、B 相 TA 短接，A、B 相形成回路（见图 4-6），2501TA 电流不经过差动继电器，引起不平衡电流，差动继电器动作。

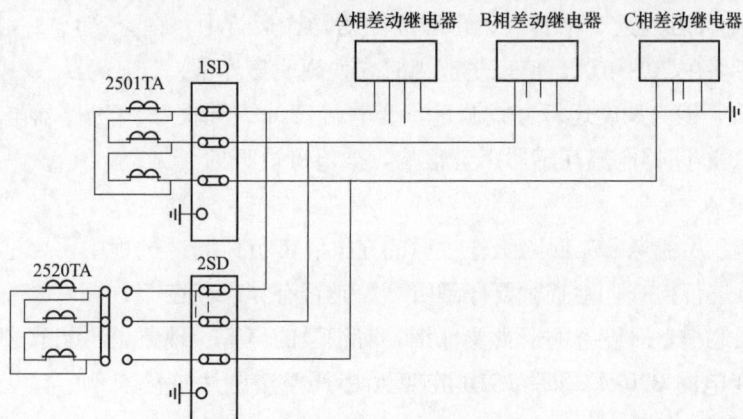

图 4-6　220kV 侧电流回路图

四、某变电站 220kV 母联 2510 断路器 TA 开路异常

1. 事件经过

某年 7 月 11 日 10：30，细心的值班员在某变电站巡视时听见 220kV 母联 2510 断路器 TA 的 B 相有异声，当时母联断路器电流为 85A。

检查发现母联 2510 断路器第二组 TA 二次 421 没有电流，初步判断为此组 TA 二次开路。

继电保护人员到达现场后确认 TA 二次 421 没有电流，为 421 开路，要求拉开 2510 断路器进行处理。

11：52 汇报调度要求拉开 2510 断路器进行处理。

11：57 拉开 2510 断路器后许可继保人员开始工作。

12：04 继保人员将 TA 二次侧 421 在端子箱内短接后（见图 4-7），汇报调度后合上 2510 断路器，TA 开路现象消失，恢复正常。

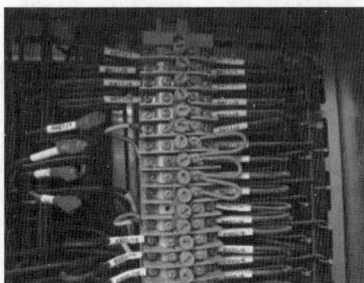

图 4-7　2510 断路器保护屏端子排

2. 原因分析

220kV 该变电站综合自动化改造在某年 6 月 13 日进行 220kV 母差保护调换工作，工作内容为 220kV4551、220kV2K64、220kV2K63、220kV2243、220kV2241、1 号主变压器 4501、2 号主变压器 4502、220kV 母联 2510、220kV 旁路 2520 原 220kV 母差保护回路退出接入新 220kV 母差保护装置。

220kV 母联断路器共有四组 TA 二次绕组（见图 4-8），改造前四组 TA 二次绕组作用分别为：母联保护及故障录波器（411）、充电保护（421）、母差保护（431）、测量表计及遥测（441）。

在母差保护调换时，第二组 TA 二次绕组 421 改成了备用，但施工单位忘记在端子箱内将 421 进端子排处短接。

6 月 13 日当天继保人员对旁路 2510 断路器进行带负荷测试，因为电流不大，错过了发现断路器电流回路存在开路。

在 6 月 13 日后的近 1 个月内，母联断路器均在运行中，白天 8：00～16：00 的断路器电流一般都在 20～40A，值班员巡视时未发现明显异常。

7 月 11 日，因为调度运行方式调整，变电站 220kV 母联 2510 断路器电流在 80A 左右，母联 2510 断路器电流互感器声音很响，被值班员听见。

3. 防范措施

（1）在新 TA 或老 TA 回路工作过后的充电、带负荷测试过程中，要选择 TA 电流较大时对 TA 进行检查，检查时要仔细听 TA 是否有异声存在。

（2）加强巡视，对设备的巡视要仔细，对细微的声音、现象也不能放过。

五、某变电站 220kV 母联 2510 流变 A 相严重渗漏油缺陷实例

1. 情况简述

2022 年 12 月 19 日 10：33，运维巡视发现某变电站 220kV 母联 2510 倒立式电流互

感器 A 相严重漏油（见图 4-9），油位偏低，立即申请 2510 开关停役。

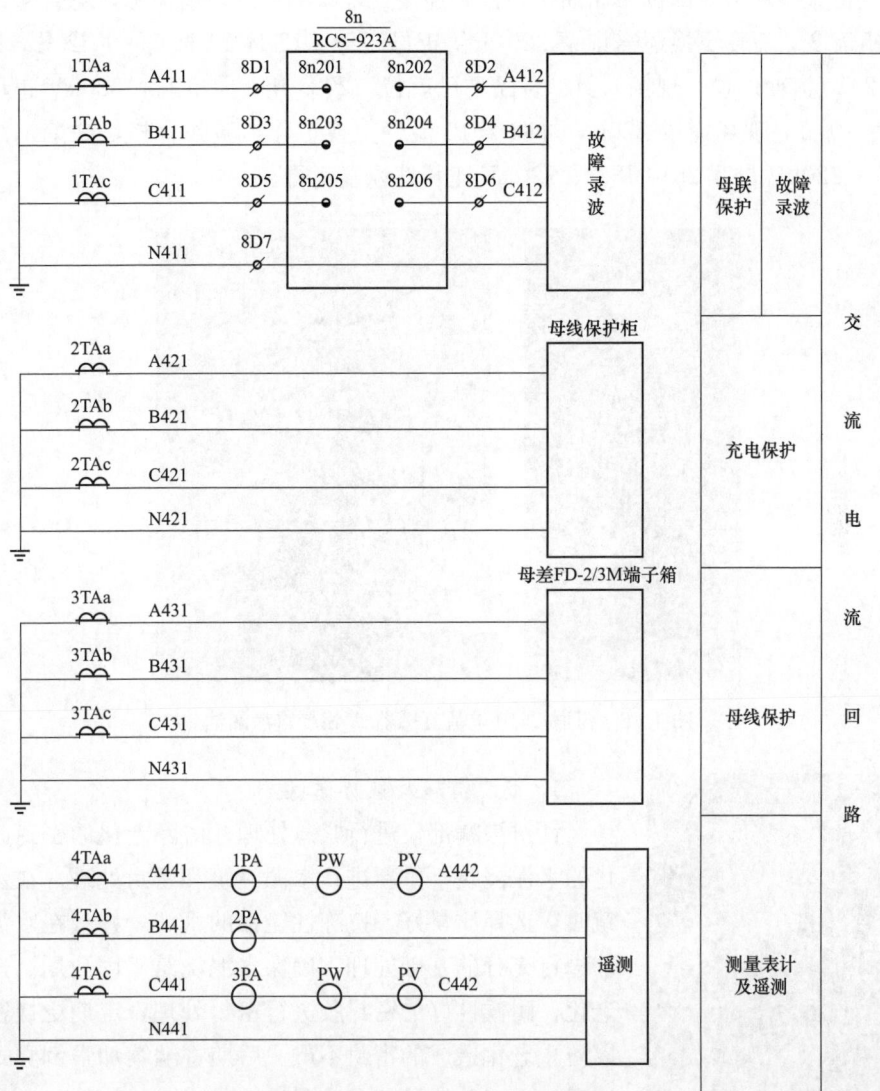

图 4-8 2510 断路器电流回路图

1PA～3PA—电流表；PW—有功功率表；PV—无功电流表

2. 缺陷分析

停电检查发现渗漏油部位为储油柜与瓷套连接处，连接处为水泥浇筑，外层涂有一圈密封胶（见图 4-10）。判断渗漏原因为天气骤冷导致的水泥浇筑裂化，同时外层密封胶老化，使得密封不严引起渗漏。

3. 运行风险评估及处置情况

油位偏低可能导致电流互感器 A 相工作异常，影响变电站的电流测量和保护功能，增加电网运行安全隐患；并影响电网负荷监测和故障诊断，增加电网运行风险。如若继续在油位偏低的状态下运行，可能导致电流互感器 A 相过热，造成设备损坏甚至引发火灾的风险。

停电检查发现渗漏部位为储油柜与瓷套连接处，缺陷难以现场消除，综合考虑决定更换整组流变，流变更换还需申请220千伏正母陪停。12月19日11时52分，220千伏母联2510流变停役。现场人员、备品均已就位。2023年1月9日，220kV正母线陪停。1月10日，现场完成220kV母联2510流变更换工作，验收合格，缺陷消除。22时32分，220kV母联2510开关、220kV正母线恢复运行。

图 4-9　母联 2510 电流互感器 A 相严重渗漏油

图 4-10　A 相储油柜与
瓷套连接处渗漏油

4. 整改措施及预防建议

针对渗漏部位进行紧急处理，清除老化的密封胶和裂化的水泥浇筑，重新进行水泥浇筑和密封处理。在水泥浇筑时，选择质量好、抗冻性能强的水泥，并且在水泥浇筑前进行充分的基础处理，确保水泥浇筑坚固耐用。选择耐老化、耐候性好的密封胶进行密封处理，定期更换密封胶以防止老化造成的密封不严。后期将继续加强倒立式流变巡视，重点关注油位及渗漏油情况。

六、某变电站 2 号主变压器低后备保护动作异常实例

1. 异常现象

2023 年 12 月 04 日 23 时 34 分，监控告某变电站 2 号主变压器两套低后备保护动作，2 号主变压器 35kV 侧 602 断路器跳闸，35kV Ⅱ 段母线失压。异常发生后，35kV 侧 602 断路器跳闸，低后备保护闭锁备自投，35kV Ⅱ 段母线失电。该变电站接地方式为小电阻接地。

2. 处理过程

故障涉及主变压器断路器跳闸，值班员接到监控电话后，立即将情况告知班长及专职，同时赶赴现场进行检查。现场检查 2 号主变压器保护装置显示，低零流 1 段 T1 出口，低零流 2 段 T1 出口，零序故障电流 $I_0 = 4.375\text{A}$，两套保护故障信息显示一致。查询定值单，低零流 1 段 T1 出口定值 I_0＝1.25A，跳低压侧分段开关并闭锁备自投，低零流 2 段 T1 出口定值 I_0＝1.25A，跳主变压器低压侧断路器并闭锁备自投，与现场实际开关跳闸状态相符。2 号主变压器低压侧波形如图 4-11 所示。从 2 号主变压器低压侧电压电流波形可看出，故障类型为 B 相接地故障。

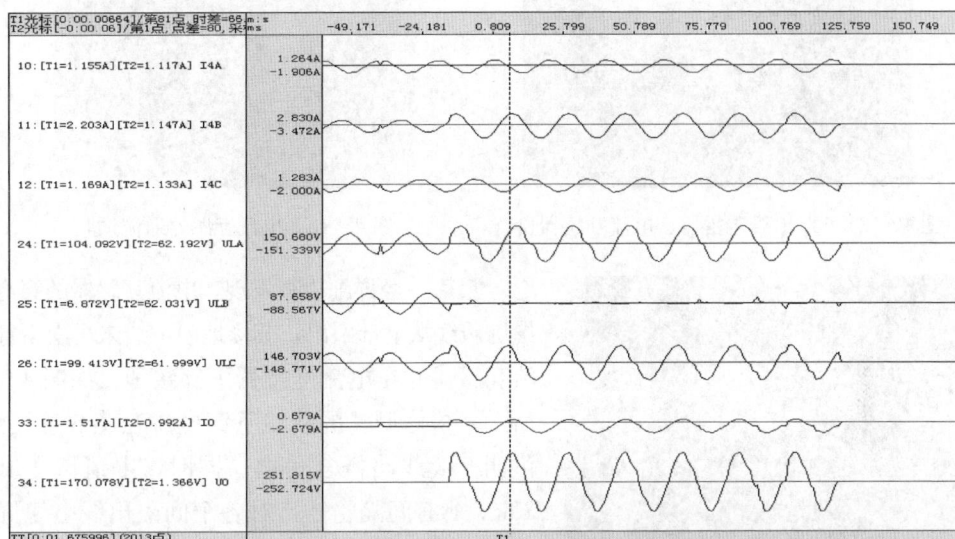

图 4-11　2 号主变压器低压侧波形

该变电站 35kV 设备为充气柜设备，运维人员随即对 35kV 母线进行检查，未发现明显异常，同时对 35kV Ⅱ段母线上所有设备保护装置检查，均未发现保护启动及告警信号。

随后，检修人员对 35kV 母线上所有间隔保护装置的零序电流功能启用控制字、保护装置运行状态、保护电流端子排内外阻、保护装置采样及功能测试等项目进行检查，未发现异常。申请对 35kV Ⅱ段母线及相关设备停役检查，绝缘试验结果无异常；同时对充气柜间隔进行气样分析，试验结果无异常。

经检修人员确认，35kV Ⅱ段母线及相关设备无异常，调度发令通过该变电站 35kV 洪明 582 断路器对洪明 582 线路进行试送。试送后，报"35kV Ⅰ段母线接地动作"，B 相电压跌落，A、C 相电压升高，判断 35kV 洪明 582 线路上有 B 相接地故障。巡线发现 B 相电缆分接头处电缆芯线与电缆屏蔽线发生触碰，造成短路接地。

根据洪明 582 断路器对 582 线路的试送结果，初步判断 582 线路发生 B 相接地故障，而洪明 582 断路器保护拒动，导致主变压器保护越级跳闸。因此，申请将 35kV 洪明 582 线改为线路检修，对出线避雷器、电流互感器及相关二次回路进行检查，情况如下：

35kV 洪明 582 出线避雷器及三相穿心电流互感器，外观检查未见异常（见图 4-12），同时对长爱线三相电流互感器进行通流试验（见图 4-13），一次侧通流 25A，二次侧测量电流 0.208A，试验结果表明电流互感器变比合格，极性正常。

图 4-12 582 出线避雷器、电流互感器检查

图 4-13 电流互感器通流试验

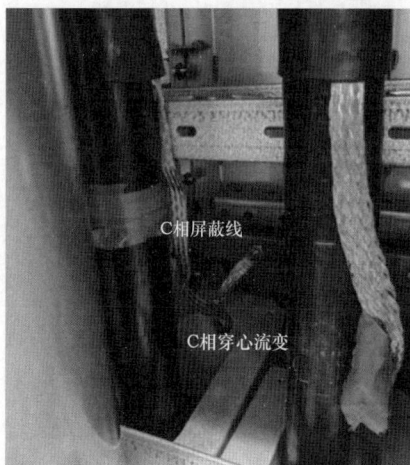

图 4-14 洪明 582 出线电缆屏蔽线
接地情况

最后，经详细检查发现，电流互感器的穿心电缆屏蔽线从上部引出，其接地引下线未再次下穿电流互感器并在电流互感器下部接地，如图 4-14 所示。检修调整屏蔽线下穿电流互感器后接地，洪明 582 线路恢复送电。同时，申请该变电站 35kV 所有间隔轮停，对各个间隔出线电缆屏蔽线进行调整。

3. 异常分析

洪明 582 出线三相电流互感器及电缆接线示意图如图 4-15 所示，电缆屏蔽线单次穿过电流互感器后进行接地。对于保护装置而言，零序电流采用自产方式，零序电流为三相电流互感器电流采样的矢量和。当线路发生 B 相接地故障，线路三相电缆零序电流流过三相电流互感器后，经故障点，并经电缆屏蔽线返回线路三相电流互感器，这导致电流互感器采样电流的矢量和中，电缆芯中的零序电流成分矢量和与屏蔽线中的三相电流矢量和等大反向，零序电流成分被抵消，导致保护采样电流中矢量和仍接近于 0，零序保护拒动，零序电流回路示意图如图 4-16 所示。

调整电缆屏蔽线接线后，使电缆屏蔽线重新穿回电流互感器后进行接地，此时的零序电流回路如图 4-17 所示。屏蔽线中的零序电流自身相互抵消，三相电流互感器中的矢量和即为三相电缆芯中的矢量和，为电缆芯中的零序电流，因此保护装置可准确自产出电缆芯中的零序电流，零序保护装置可正确动作。

另外，电缆屏蔽线可完全不穿过电流互感器，接线图如图 4-18 所示。穿心式电流互感器仅能感受电缆芯中的电流，三相电流采样值的矢量和即为电缆芯零序电流，即保护装置可准确自产出电缆芯零序电流，零序保护装置可准确动作。

4. 注意事项

(1) 根据 GB 50169—2016《电气装置安装工程接地装置施工及验收规范》中规定，

当电缆穿过零序电流互感器时，其金属护层和接地线应对地绝缘且不得穿过互感器接地；当金属护层接地线未随电缆芯线穿过互感器时，接地线应直接接地，当金属护层接地线随电缆芯线穿过互感器时，接地线应穿回互感器后接地。

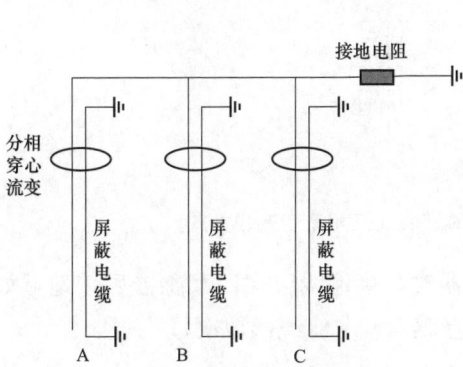

图 4-15　582 线零序故障电流情况

图 4-16　582 线零序故障电流情况

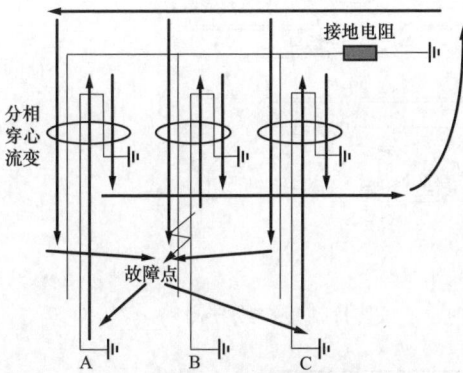

图 4-17　调整电缆屏蔽线后
582 线零序故障电流情况

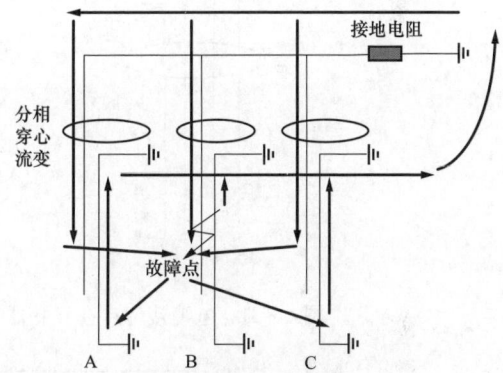

图 4-18　电缆屏蔽线不穿过电流变时
零序故障电流情况

因此，对于三相穿心式流变而言，可参考上述规定，进行接线。

1）当金属护层接地线未随电缆芯线穿过互感器时，接地线应直接接地，如图 4-19、图 4-20 所示（屏蔽线 0 次穿过电流互感器，非缠绕偶数次）。

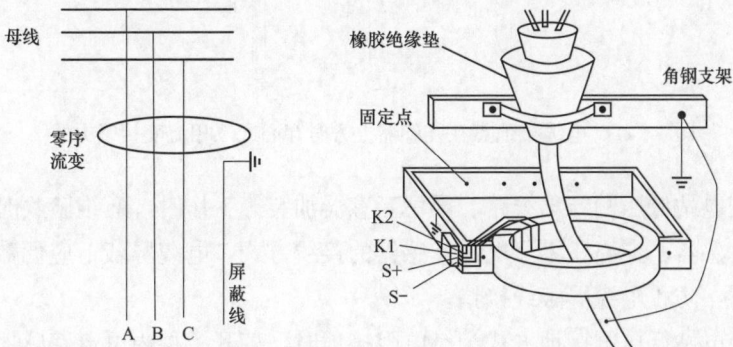

图 4-19　电缆接地点在互感器下方时穿心式零序流变接线方式

图 4 - 20 电缆接地点在互感器下方时穿心式三相流变接线方式

2）当金属护层接地线随电缆芯线穿过互感器时，接地线应穿回互感器后接地，如图 4 - 21、图 4 - 22 所示（屏蔽线 2 次穿过电流互感器，非缠绕偶数次）。

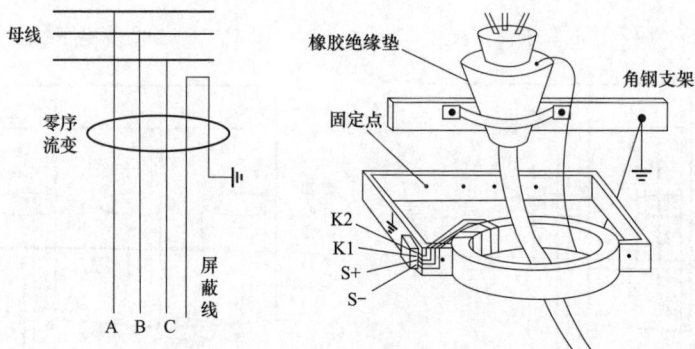

图 4 - 21 电缆接地点在互感器上方时穿心式零序流变接线方式

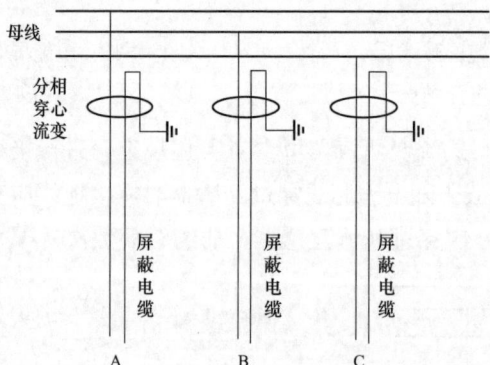

图 4 - 22 电缆接地点在互感器上方时穿心式三相流变接线方式

（2）当变电站低压侧新出线路、零序互感器加装等工作时，运维验收时应注意穿心式三相电流互感器、穿心式零序电流互感器的接线方式，电缆屏蔽下应偶数次穿过穿心式电流互感器，防止电缆屏蔽线接错。

（3）当变电站低压侧接地方式为小电阻接地时，若开关柜内电流互感器为三相电流互感器，保护装置宜优先采样自产零序方式，增加采样的准确性，防止零序电流互感器采样不准确导致保护误动。

第三节　电流互感器事故及异常处理训练

一、"电流互感器二次开路"事故处理训练

1. 现象

电流互感器有"嗡嗡"响声，开路处有火花、发热、冒烟，电流表指示为零、有功功率表、无功功率表、电能表指示降低，差动断线光字牌示警，微机保护显示窗显示开路相电流为零，部分保护电流互感器断线告警，部分保护装置异常、闭锁（母差保护）。

2. 处理参考答案

电流互感器二次侧开路时会使其铁心产生严重饱和现象，磁通的波形发生畸变，并在二次侧感应出很高的电压。因此电流互感器的电磁振动声或振动声有明显增强，开路处产生较大火花，应立即汇报调度停用相关保护，如母差保护、差动保护、分相电流差动保护及零序保护。负荷电流较大时（1/3 额定电流以上），应立即汇报调度降低负荷电流，情况允许时拉开断路器，使电流互感器电流降至零。当发现电流互感器有发热、冒烟及强烈振动、异声故障现象时，可不经调度立即拉开断路器，使电流互感器电流降至零。负荷电流较小时，值班员到现场对相应端子箱及有关二次回路进行检查，特别要对端子排进行详细检查，开路点多发于端子排小线松动，端子排处绝缘比较薄弱。如发现开路点立即报告调度和上级领导，通知有关专业人员前来处理；如未发现开路点，则应向有关领导汇报，请专业人员进行检查分析，有条件时进行旁代处理。如有能力时（一般不主张），做好安全措施，站在绝缘垫上，穿绝缘靴、戴绝缘手套，使用绝缘工具，进行短接处理。

二、"5011 电流互感器母差二次断线"异常处理训练

1. 现象

中央信号为："500kV Ⅰ母第一套母差的 TA 开路""500kV Ⅰ母第一套母差闭锁"。500kV Ⅰ母第一套母差保护信号为：Open TA Alarm L1 黄灯亮，Block 红色灯。

2. 处理参考答案

（1）汇报调度。500kV Ⅰ母第一套母线差动保护 TA 开路、"500kV Ⅰ母第一套母差闭锁"。申请：500kV Ⅰ母第一套母差改为信号，同时对 500kV Ⅰ母第一套母差保护屏、所有 500kV Ⅰ母边断路器 TA 二次回路及 TA 进行检查，无发现。

（2）操作。根据调度指令，将 500kV Ⅰ母第一套母差改为信号，插入 500kV Ⅰ母第一套母差保护所有出口插把。

（3）按 REB103 面板上 RESET 按钮。

（4）经等待保护运行 10s，500kV Ⅰ母第一套母差保护信号为：Open TA Alarm L1 黄灯亮，Block 红色灯再次告警。

（5）汇报调度及上级领导。500kV Ⅰ母第一套母差 TA 长时间开路，请检修人员进行处理。

(6) 为了防止电流互感器长期开路运行，可申请调度，逐一拉开 500kV Ⅰ 母侧断路器，逐一按 REB103 面板上 RESET 按钮，检查保护运行 10s，500kV Ⅰ 母第一套母差保护信号为：Open TA Alarm L1 黄灯亮，Block 红色灯是否再次告警。

(7) 申请调度拉开 5011 断路器。

(8) 根据调度指令拉开 5011 断路器。

(9) 按 REB103 面板上 RESET 按钮，保护运行 10s，500kV Ⅰ 母第一套母差保护信号为：Open TA Alarm L1 黄灯，Block 红色灯没有再次告警。

(10) 此时，可以判别是 5011 电流互感器第一套母差开路。

三、220kV 旁路代主变压器 TA 端子切换训练

1. 训练内容

旁路代主变压器操作前主变压器差动保护装置中电流如图 4 - 23 所示，简述旁路代主变压器时 TA 端子的切换过程，并画出示意图。

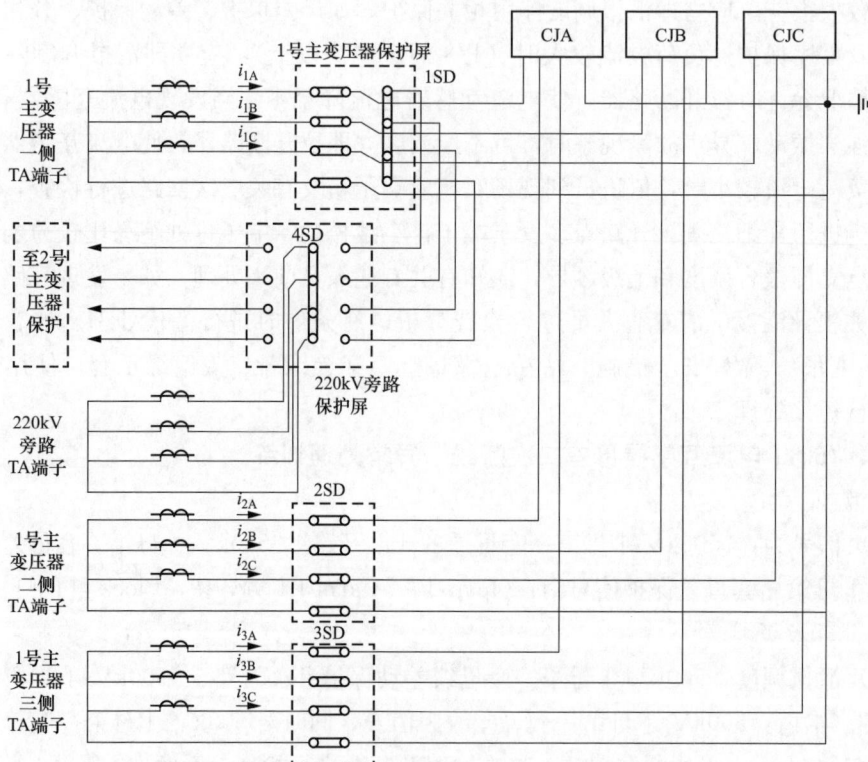

图 4 - 23　旁路代前差动 TA 位置图

2. 参考答案

(1) 旁路代主变压器操作时电流互感器切换操作要求。

1) 当操作旁路代主变压器时，如果差动保护采用断路器独立电流互感器，就必须进行旁路与主变压器的电流端子切换。操作中必须先停用差动保护，再操作相应电流端子；待一次系统操作完毕，再启用差动保护。

2) 电流端子切换应保证在一次断路器分闸情况下进行，防止操作方法不当引起电

流回路开路,对人员和设备造成危害。

3)当操作旁路代主变压器而切换电流端子时应先拆封再投入,以免造成差动回路二次电流短路。

4)操作旁路代主变压器切换电流端子时停用主变压器差动保护时,尽量缩短差动保护停用时间。

(2)旁路代主变压器操作时电流互感器切换操作的步骤。

1)在220kV旁路断路器热备用状态下,停用1号主变压器差动保护。

2)将220kV旁路保护屏上电流试验端子4SD由"短接"位置切至"代1号主变压器"位置。

3)将1号主变压器保护屏上220kV旁路电流端子1SD由"短路"位置切至"投入"位置(先拆再投入)。

4)合上220kV旁路2520断路器(交流电压回路、保护跳闸回路切换略)。

5)拉开1号主变压器2501断路器。

6)将1号主变压器差动保护2501断路器电流端子1SD由"投入"切至"短接"位置。

7)检查1号主变压器差动保护不平衡电流应小于符合要求,启用1号主变压器差动保护。

切换后差动保护TA位置如图4-24所示。

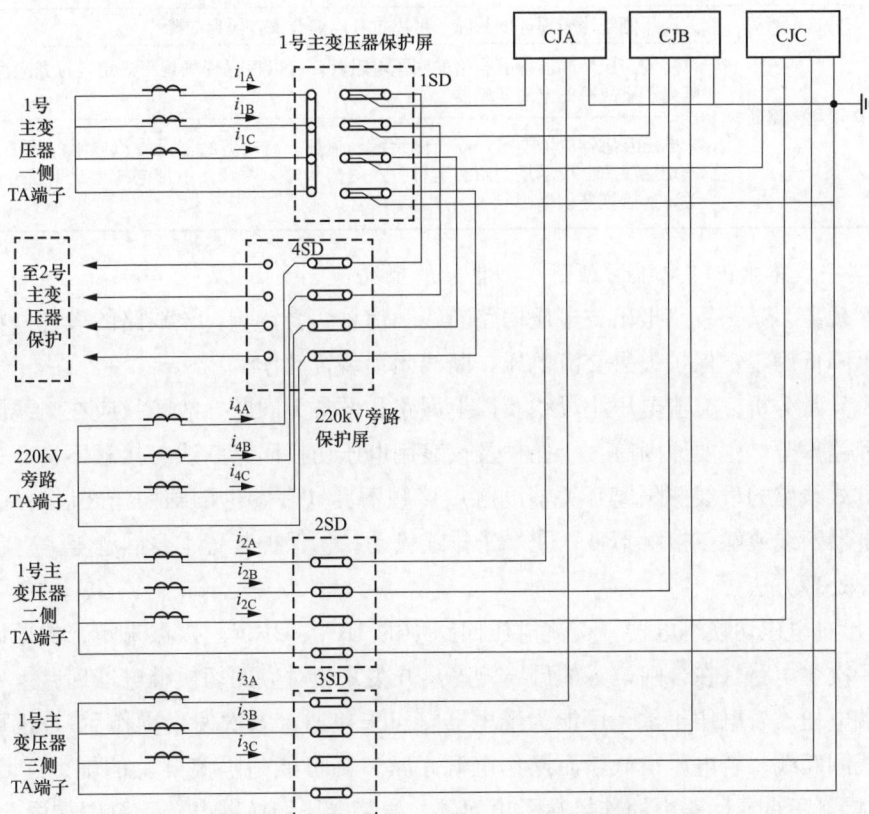

图 4-24 旁代后差动保护 TA 位置图

第 五 章

电压互感器事故及异常

第一节　电压互感器事故及异常处理概述

一、电压互感器事故处理概述

1. 电压互感器本体故障处理方法

电压互感器本体故障处理方法见表 5-1。

表 5-1　　　　　　　　　电压互感器本体故障处理方法

故障现象	处理方法
电压互感器本体故障造成保护及自动装置电压失却	退出可能误动的保护及自动装置，断开故障电压互感器二次低压断路器（或拔掉二次熔断器）
电压互感器三相或一相高压熔断器已熔断	拉开隔离开关隔离故障
高压一次熔丝未熔断	高压侧绝缘未损坏的故障，可以拉开隔离开关，隔离故障
	所装高压熔断器上有合格的限流电阻时，可以根据现场规程规定，拉开隔离开关，隔离严重故障的电压互感器
	电压互感器故障严重，高压侧绝缘已损坏。高压熔断器无限流电阻的只能由断路器切除故障。应尽量利用倒运行方式隔除故障；否则在不带电的情况下拉开隔离开关，然后恢复供电

2. 某一线路报出"电压回路断线"信号的情况

（1）现象。某一线路报出"电压回路断线"信号，警铃响，该线路的表计（如功率表）指示降低为零，保护失去交流电压，断线闭锁装置动作。

（2）异常分析。交流电压小母线及以上回路和设备无问题，故障只应在与线路有关的二次回路部分，主要原因有：①保护及仪表用电压切换回路断线、接触不良，如双母线接线方式线路的母线侧隔离开关辅助触点接触不良（常发生倒闸操作之后）；②电压切换继电器断线或触点接触不良；③端子排线松动；④保护装置本身问题等。

（3）处理方法。

1）检查电压切换继电器（交流电压回路中的 1KV、2KV）接点未闭合的原因。可在线路一次主电路（在合闸位置的母线侧隔离开关）相对应的切换继电器回路上，测量线圈两端电压。若电压正常，可能为继电器接点未接通（多次发生操作后），也可能是继电器线圈断线；若电压很低，而操作电源正常，则可能是隔离开关的辅助接点（1G或 2G）接触不良或回路中的连接端子出问题。线路电压切换继电器示意图如图 5-1 所示，假设正母隔离开关在合闸位置，测量 4D108 与 4D196 对地电压异常，可认为电压切换继电器存在断线可能，无法使交流电压切换回路对应的 1KV 节点闭合，造成低压断路器 Q 无交流电压开入到保护装置，同时通过图 5-2 所示的 1KV、2KV 的动断节点串联并经断路器辅助接点发出"TV 失压"信号。

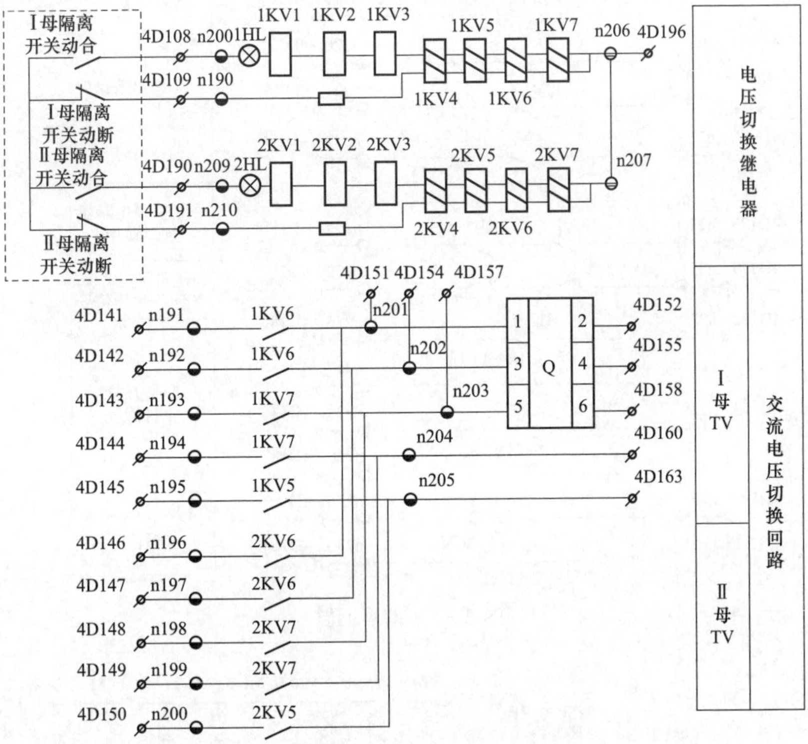

图 5-1 线路电压切换继电器示意图

2) 检查电压切换继电器（交流电压回路中的 1KV、2KV）接点闭合的原因。应测量电压的小母线引入端子和保护回路的交流电压是否正常。如图 5-1 所示，测量正母小母线引入端子 4D141～4D143，若电压不正常，可能是正母小母线至引入端子间端子排、接线柱等有断线点或接触不良。

3) 若为所有接于正母线上的回路保护装置都发出"电压回路断线"信号，则可能为电压互感器二次到小母线间存在问题，如图 5-3 所示，低压断路器 Q 跳闸，母线电压互感器隔离开关辅助接点断开，端子排、接线柱等有断线点或接触不良都会发出"电压回路断线"信号。

（4）处理时注意防止交流电压回路短路，分别情况进行如下处理：

1) 如发现端子线头、辅助触点接触有问题，可自行处理，申请停用相关保护，防止保护误动作。

2) 若属隔离开关辅助触点接触不良，不可采用晃动隔离开关操动机构的方法，以防止带电拉隔离开关而造成母线短路或人身事故。可采用临时短接辅助触点的方法或在不打开隔离开关锁且不动传动机构的条件下，使触点接通，使得保护交流电压恢复正常，正常后，投入所退出的保护。

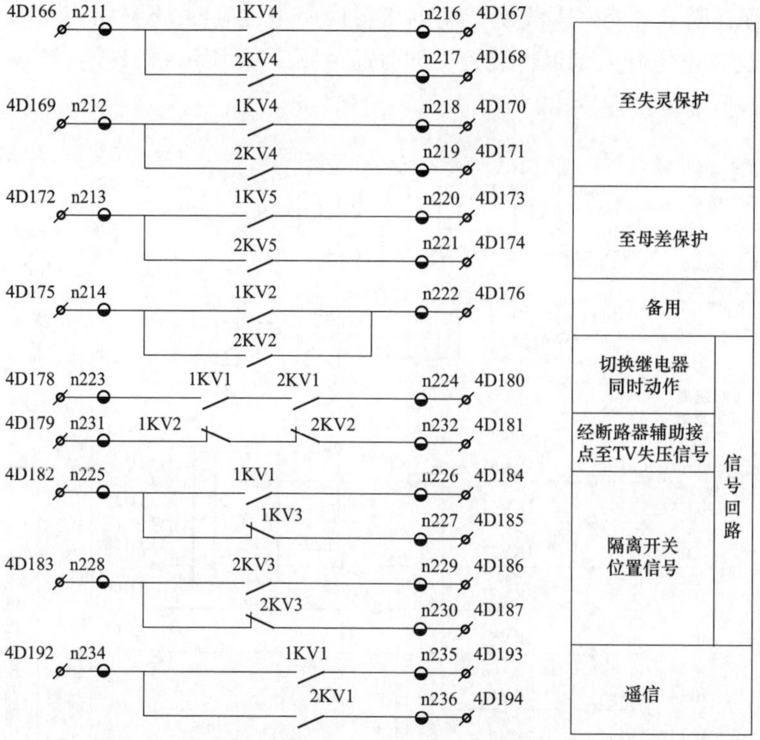

图 5-2 信号回路

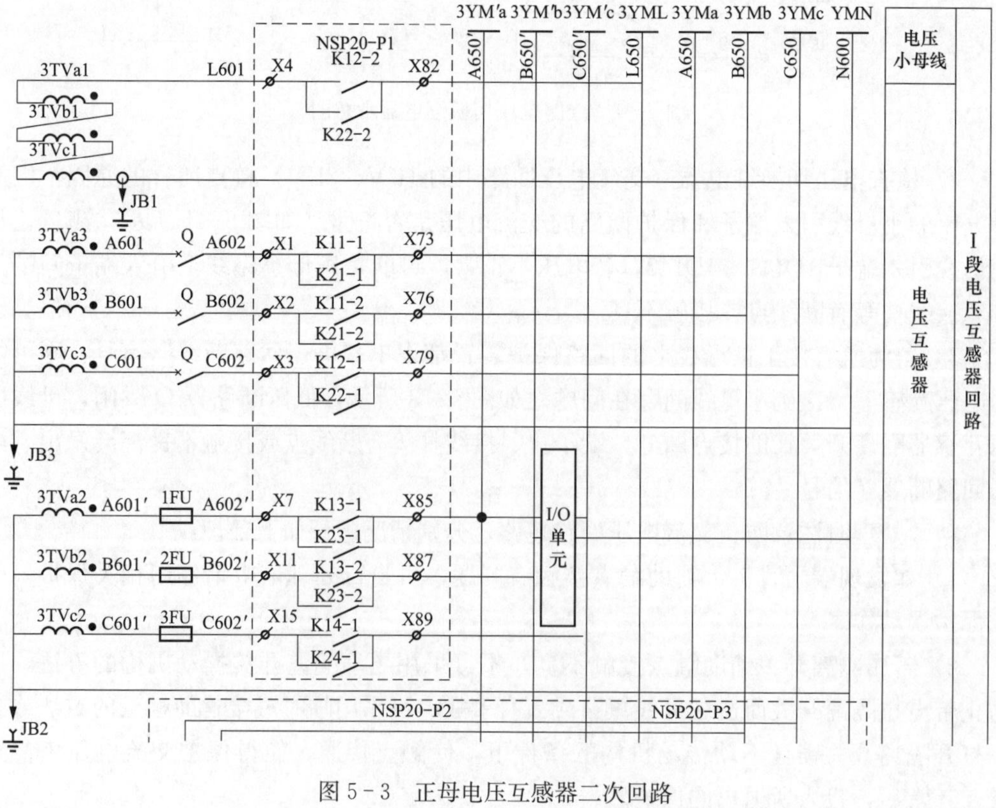

图 5-3 正母电压互感器二次回路

3）不能自行处理的应汇报调度和有关上级，退出可能误动的保护。

二、电压互感器异常处理概述

1. 电压互感器二次电压异常升降

电压互感器二次电压异常升降在排除一次电压异常波动的情况下，常与电压互感器的内部故障有关，电磁式电压互感器有可能是一、二次绕组匝间短路，电容式电压互感器则极有可能是局部电容击穿、失效或电磁单元故障。因此，一旦发现二次电压异常升降，应对其变化和发展情况进行密切监视，同时立即对电压互感器进行外观检查，并将检查与监测情况迅速向调度及有关领导报告，设法将电压互感器停役检查。

2. 电压互感器二次失压

电压互感器二次回路失压一般是由于其二次低压断路器跳闸或熔丝熔断造成的，会引起保护失压闭锁或失去电压鉴别等严重情况。值班人员应迅速检查相应低压断路器或熔丝的跳闸或熔断情况，为争取时间，可在检查未发现故障点的情况下将低压断路器试合一次或换上相同规格熔丝后试放一次，如不成，则不得再次试合或试放熔丝。此时，应立即将低压断路器二次失压的情况及对保护装置的影响向调度报告，并按调度指令进行处理。处理中必须注意：

（1）双母线接线方式下，在电压互感器二次回路故障发现并消除前，不得通过电压互感器二次并列开关与其他母线电压互感器二次回路并列，或运用热倒的方法将线路/元件倒至另一条母线运行，以免扩大故障。正确的方法是采用冷倒的方法，将电压互感器二次回路故障母线上的线路/元件倒至另一条母线运行。由于需将倒排的线路/元件短时间停电，需要调度在电网运行方式上作出适当调整。

（2）采用一又二分之一接线方式的 500kV 线路/元件，其电压互感器一般有两组二次绕组，分别对应两个独立的电压互感器二次回路，同时故障的概率极低，故可以在停用受影响的一组保护后，继续维持线路/元件的运行，同时联系继保人员检查处理。

（3）一又二分之一接线的母线电压互感器二次回路故障仅对同期及遥测回路产生影响，故可以静待继保人员查处。

3. 运行注意事项

（1）在电压互感器出现异常的情况下，不得用近控操作方式拉开电压互感器高压隔离开关将电压互感器切除，不得将异常电压互感器的二次与正常电压互感器二次并列。禁止将该电压互感器所在母线保护停用或将母差保护改为非固定连接方式（或单母方式）。

（2）电压互感器出现异常并有可能发展为故障时，值班人员应主动提请调度将该电压互感器所在母线上的设备倒至另一条母线上运行，然后用隔离开关以远控操作方式将异常电压互感器隔离。

（3）发现电压互感器电磁振动明显增强或有异常声响，并伴有电压大幅度升高或波动时应考虑发生谐振的可能。

（4）运行中的母线电压互感器原则上不准停用，母线电压互感器停用时，应将有关保护停用。

（5）母线电压互感器二次并列开关 BK 应经常断开，原则在母线联络后接通，以提供母线电压。

（6）电压互感器停电操作应包括高压侧隔离开关、二次开关或熔丝及计量专用熔丝，防止由二次侧反充电造成保护误动。停电步骤应先二次后一次，送电时反之。电压互感器二次熔丝熔断或低压断路器跳闸后，应立即恢复；若再次熔断或跳闸，此时，不允许以二次电压并列开关并列，应汇报调度申请停用故障电压互感器及相关保护，报检修部门派人检查。

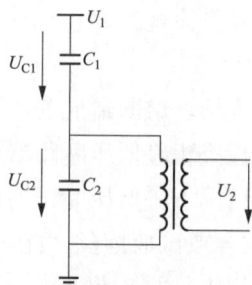

图 5-4　电容式电压互感器等效电路

4. 电容式电压互感器（CVT）的运行与监视要点

（1）CVT 二次电压异常升降或波动。由 CVT 的工作原理可知，其等效电路是一个由电容 C_1 和 C_2 组成的电容式分压器（见图 5-4）。

由 $\dfrac{U_{C2}}{U_{C1}} = \dfrac{C_1}{C_2} = \dfrac{X_{C2}}{X_{C1}}$

得 $U_{C2} = \dfrac{C_1}{C_2} U_{C1} = \dfrac{X_{C2}}{X_{C1}} U_{C1}$

式中：C_1 是由多个电容串联而成的等值电容。显然，无论是 C_1 中某些串联电容击穿使 C_1 电容值增大，还是 C_2 漏油使介质常数变小，容抗增大，甚至中间变压器一次绕组匝间短路，都有可能使 U_2 异常升高；反之，如果 C_1 部分电容漏油使容抗增大，则有可能引起 U_2 异常降低。因此，我们可把 CVT 二次电压异常升降作为 CVT 故障或异常的一个最主要特征加以监视（与其他 CVT 的二次电压互为参照）。一旦发现 CVT 二次电压异常升降时，应立即用专用电压表测量 CVT 二次电压，以排除表计或自动化系统误指示的可能，并迅速向调度和有关领导报告，同时继续密切监视其二次电压的变化和对 CVT 进行外观检查，获得其变化速率、趋势等数据以及外观现象的变化情况并作出判断和评估，及时提供给有关调度及相关人员，以便电网值班调度员根据电网情况作出迅速有效的处理。

同理，如果在巡视检查中发现 CVT 有其他异常情况时，也可通过检查其二次电压的变化情况来为异常判断提供佐证。

另外，利用上述 CVT 二次电压的异常变化反映其一次部分故障的特性，我们还可通过自动化系统的实时曲线功能实现对 CVT 工况的在线监视，即将两个或多个互为参照的 CVT 二次电压量曲线置于一个坐标系中，通过监视该曲线的变化或波动情况来对 CVT 的运行工况进行分析和判断不失为是一个简单易行的好办法。

（2）CVT 绝缘子表面有油渍或法兰处有液体渗出。在 CVT 的运行中，保持其电容器部分的密封完好是至关重要的，密封的破坏往往是 CVT 各类故障的最初原因。目前在变电站现场尚无对 CVT 的密封情况进行检测的手段和要求。但我们可根据 CVT 电容器部分的密封破坏后大多情况下会有绝缘油渗出这一外部特征，通过检查其绝缘子表面有无油渍或液体渗出间接对其密封情况进行监视。因此，在各变电站对 CVT 进行巡视检查的多个项目中，多把检查其绝缘子表面有无油渍或液体渗出作为一项重要巡视内容。而一旦发现绝缘子表面有油渍时，必须将其视为严重情况予以高度重视，这是因为CVT 内部的绝缘油是作为其重要的绝缘介质和电容器的工作介质而存在的，一旦发现绝缘子表面有油渍时，说明其顶部或法兰处的密封已遭破坏，有可能有水或水汽渗入，造成内部受潮、介质劣化、绝缘降低和介电常数改变等严重情况。而且，CVT 内部储油容积很小且无油面指示，稍有泄漏就可能使其内部油面下降，电容器极板暴露于空气中，极易发展成故障甚至发生爆炸。因此发现上述情况时应立即报告有关调度和相关部门，并加强对 CVT 的监视；情况严重或同时伴有二次电压异常升降时，应立即要求调度将该 CVT 所在线路/元件停役。

在一些空气污染比较严重的地区，CVT 渗油形成的污渍往往与由空气中污染物形成的污秽难以区别，因此要求变电站运行人员在巡视中必须认真检查，仔细观察，并与相邻设备进行比照，以免错失 CVT 故障早期发现的机会。

另外，220kV 线路 CVT 大多远离巡视通道，极易成为巡视死角，必须特别注意。

(3) CVT 底部油箱内有异声。CVT 底部油箱内装有中压侧绕组、补偿装置及其他附属回路，是 CVT 的重要组成部分。当发现 CVT 底部油箱有明显的异响时，仔细辨明发声部位及声音性质（电磁振动、放电、机械爆裂、汽化沸腾）是十分重要的。此时现场运行人员应立即向调度及有关部门报告，同时加强对 CVT 的监视，密切注意异响有无明显增强，检查 CVT 二次电压有无异常波动，相关保护有无异常信号。必要时请有关专业人员到现场进行检查确认，然后根据不同情况作出进一步加强监视观察，要求调度安排 CVT 停役直至要求将 CVT 立即停役的不同处置。

🔧 第二节　电压互感器典型事故及异常实例

一、某变电站 220kV 副母线电压异常分析

1. 异常经过

某年 2 月 13 日 4：24，2598 线 "931 保护 TV 断线" "602 保护装置异常"；2532 线 "931 保护 TV 断线" "602 保护装置异常" "220kV 母差保护装置异常" 发信，经现场检查 2598、2532 线线路保护 C 相电压为零，220kV 母差保护副母 C 相电压为零，但是同接副母运行的 2 号主变压器保护无异常，后台机及故障录波中 220kV 副母电压遥测值均正常。

2. 原因分析

副母电压回路图如图 5-5 所示。由于同接副母运行的 2 号主变压器保护无异常，则可以判断电压互感器本体、二次低压断路器、一次隔离开关辅助触点应正常，而且发生异常的保护屏屏位都在同一排，因此可以判断异常应在电压切换屏到线路、母差保护屏上小母线间，其中可能性最大的就是连接电压切换屏与母排的电缆及两端连接处。

3. 处理结果

06：40 紧固电压切换屏上连接 220kV 保护电缆桩头后，故障消失。

注意要点如下：

（1）异常发生时，应详细检查现场情况，全面掌握异常范围后再着手处理。

（2）在异常处理中，严禁将异常电压互感器回路与正常电压互感器回路并列。

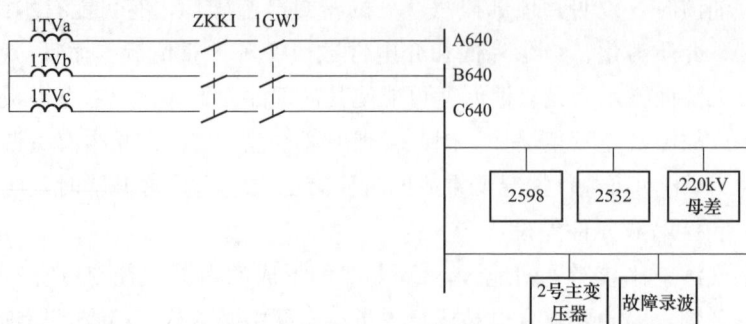

图 5-5　副母电压回路图

二、一起"220kV Ⅱ母电压越上限"异常

1. 异常经过

某年 6 月 17 日 16：48，某变电站后台监控系统发出"220kV Ⅱ号母线 U_{ab} 越上限"信号，运行人员翻阅后台数据，发现Ⅰ母电压为 229kV，Ⅱ母电压为 236kV，后台有电压越限告警信息，无异常光字牌信号。220kV Ⅱ母母线电压后台监控图如图 5-6 所示。

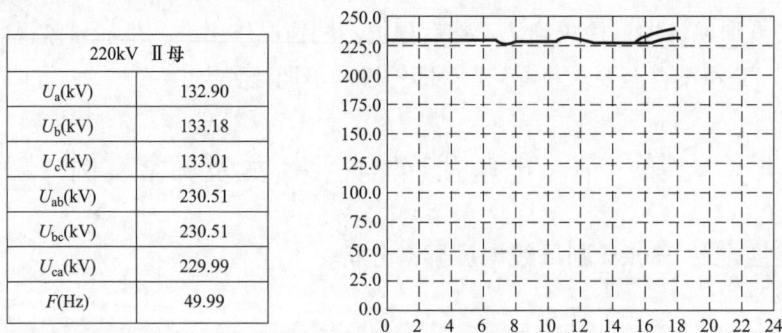

图 5-6　220kV Ⅱ母母线电压后台监控图

运行人员再仔细翻查，发现Ⅱ母 $U_{ab}=236$kV，$U_{bc}=229$kV，$U_{ca}=236$kV，U_{ab}、U_{ca} 的异常引起运行人员重视。到电压互感器处检查，没有异声，也没有发现渗漏油，到 220kV 继保室测控屏上翻查，U_{ab} 也为 236kV，再到Ⅱ母电压互感器二次侧用万用表测量电压，$U_a=64$V，$U_b=60$V，$U_c=60$V，Ⅰ母电压互感器二次 U_a、U_b、U_c 均为 60V 左右，经询问调度，系统内电压无异常。根据各方面情况，运行人员分析，可能Ⅱ母电压互感器存在问题，立即将异常情况汇报调度并加强监视。

随着时间的推移，Ⅱ母 U_{ab} 缓慢增加到接近 239kV，急需处理，运行人员再次向调度汇报，要求将电压互感器停役，经过上级领导同意，将Ⅱ母电压互感器隔离，停用该电压互感器，经检查试验 A、C 相电容增大，电压互感器损坏，并进行调换处理。

2. 原因分析

通过调阅某变电站后台数据库，图 5-7 是Ⅱ母 A 相与Ⅰ母 A 相后台母线电压曲线对比。

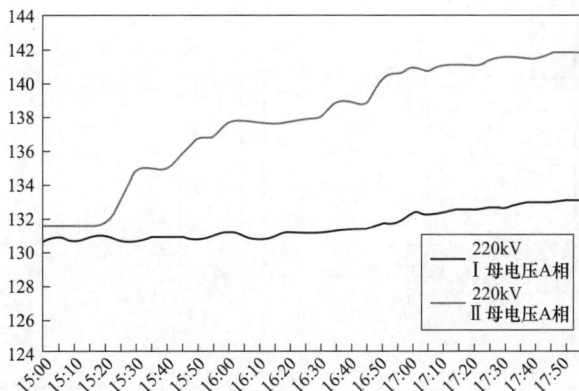

图 5-7　Ⅱ母 A 相与Ⅰ母 A 相后台母线电压曲线对比

　　从图 5-7 我们可以对比，在 15：20～16：00 这个阶段属于两条曲线差距上升明显的阶段，而正是在这期间，运行人员在监盘时敏锐地发现了电压的异常，并进行了全面的检查和分析，最终将故障扼杀在萌芽状态。如果是传统变电站，则需要在巡视时将指针式电压表切换至对应的相别，才能发现这起故障；而且母线电压互感器没有单独的保护，当它故障发展到一定程度时，就会一连串地击穿内部电容，造成雪崩效应，最终导致母差动作，跳开母线上所有的断路器，才能隔离这起故障。

三、某变电站 2 号主变压器 220kV 正母隔离开关冲击过程中发生的异常分析

　　1. 事故经过

　　由于 2 号主变压器 220kV 正母隔离开关更换工作，220kV 正母停役，220kV 正母电压互感器检修，220kV 旁路断路器改为代 2 号主变压器 220kV 断路器副母运行，2 号主变压器 220kV 断路器改为检修。

　　11 月 26 日，在 2 号主变压器 220kV 正母隔离开关更换工作结束后，需要对隔离开关进行冲击，地调下令将 2 号主变压器 220kV 断路器改冷备用，省调下令将 220kV 正母线改为冷备用（包括 220kV 正母电压互感器改运行）；之后地调下令合上 2 号主变压器 220kV 正母隔离开关（无电）。合上 2 号主变压器 220kV 正母隔离开关后，发现 220kV 副母电压互感器低压断路器跳开，220kV 副母二次无电压，合上该低压断路器后，再次跳开，只有将 220kV 正母电压互感器低压断路器拉开后，才能合上 220kV 副母电压互感器低压断路器。

　　2. 原因分析

　　要分析该现象的发生，首先要先了解 220kV 旁路断路器代主变压器 220kV 断路器运行时的电压切换回路。旁路代供电压回路示意图如图 5-8 所示。

　　以上回路位于 2 号主变压器 C 柜 220kV 侧 PST-1212 型操作箱内。

　　220kV 母线电压互感器倒送电示意如图 5-9 所示。从图 5-8 可以看出，当 220kV 旁路断路器代 2 号主变压器 220kV 开关副母运行时，通过 2 号主变压器 220kV 旁路隔离开关切换，将 220kV 旁路开关副母电压引至 2 号主变压器保护。当合上 2 号主变压器 220kV 正母隔离开关，准备冲击时，1KV 励磁。

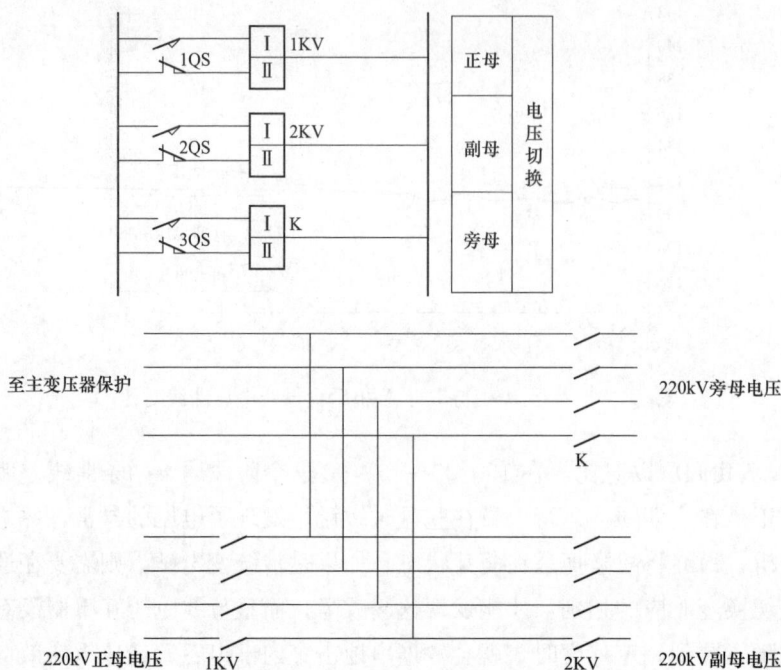

图 5-8 旁路代供电压回路示意图

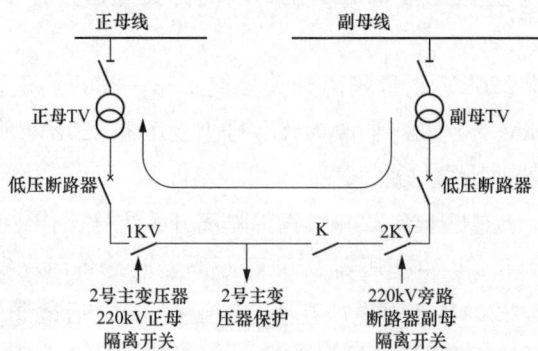

图 5-9 220kV 母线电压互感器倒送电示意

由图 5-9 可以看出，当合上 2 号主变压器 220kV 正母隔离开关后，二次电压走向为：副母电压→副母电压互感器→2 号主变压器 220kV 侧的电压切换回路→正母电压互感器→正母线。二次电压从这一回路向正母一次侧倒送，由于此时 220kV 侧一次没有并列，因此导致跳开 220kV 副母电压互感器低压断路器。

四、某变电站母线 CVT 缺陷分析

1. 异常现象

某年 3 月 15 日，运行人员发现 110kV 某变电站 110kV 母线电压互感器内部有异常声响。查电压波形图后，发现在 5：00～11：00，四次出现电压瞬间波动，电压下降幅度达 25％。某 110kV 母线电压波形如图 5-10 所示。

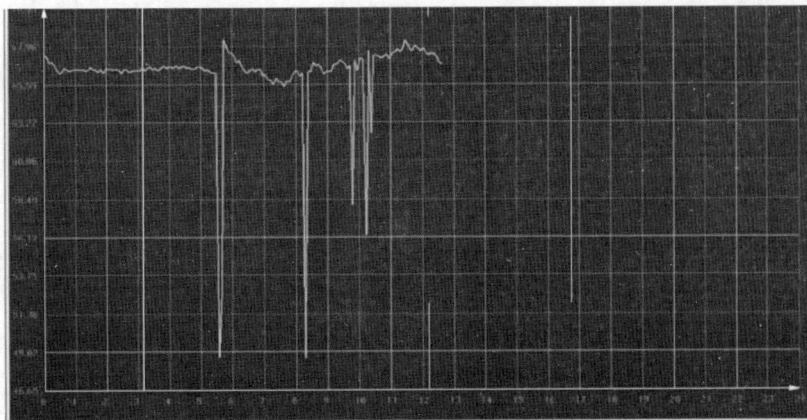

图 5-10 某 110kV 母线电压波形

3月16日凌晨3时许再次出现电压下降现象。经现场检查，测试电容单元电气参数正常，取电磁单元油样色谱分析异常。油介质损耗值达 0.738％，各种气体成分严重超标，乙炔 20622μL/L、总烃 21234μL/L、氢气 5203μL/L。同时发现该台 CVT 油箱蝶阀打开后，油自动冲出，呈正压；而另两台油取不出，呈负压。

2. 解体情况

4月19日对该电压互感器进行解体检查，在吊出电容单元时发现，分压器 C1、C2 间抽头引出套管与套管两只固定螺栓之间有严重放电现象（见图 5-11），并形成明显的放电烧蚀通道。电容单元电容量测试正常，电磁单元内中间变压器和阻尼电阻等元件测试数据正常。

图 5-11 电压互感器内部放电

3. 结论

根据现场解体情况，认为故障原因是环氧浇铸的分压器抽头引出套管产品质量问题，故障套管在制造过程中可能存在气泡或杂质等，长时间运行引起套管内部放电，烧蚀环氧浇铸绝缘并逐步与套管固定螺栓形成贯穿性放电，造成 C_2 间歇性接地，使电压下降 25％。电压互感器原理图如图 5-12 所示。

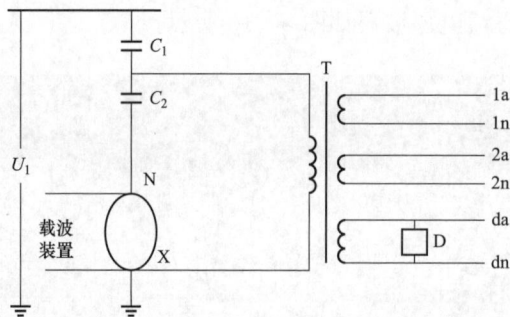

图 5-12　电压互感器原理图

4. 防范措施及对策

（1）加强对电容式电压互感器的运行巡检，检查电磁单元的油位是否正常，听到异常响声及时汇报。

（2）运行人员对所有电容式电压互感器注意检查其电压波形，有异常下降现象应及时分析汇报。

（3）排查同类产品，在近期内安排一次电磁单元油色谱试验，如有异常，安排退出运行。

五、某变电站 220kV 正母线 B 相压变内部异响异常实例

1. 异常现象

2023 年 11 月 25 日 14 时 55 分，监控告知某变电站 220kV 正母线 B 相电压遥测值偏低，220kV 母差及相应出线间隔发 TV 断线。

2. 处理过程

15：37，运维人员到达现场后，检查后台电压遥测值，发现 220kV 正母线 B 相电压遥测值为 110kV，A、B 相电压遥测值分别为 133、134kV（见图 5-13），测控装置中遥测采样与保护装置中电压采样数据一致且运行在 220kV 正母线上的线路保护、主变压器保护及 220kV 母差保护均发 TV 断线告警。随后，至现场进行远处检查一次设备，发现 220kV 正母线 B 相电压互感器内部存在异响，声音较为明显。运维人员将一、二次设备检查情况立即汇报专职与调度。

	220kV母线		110kV母线	
	正母	副母	正母	副母
Ua	133.2	133.2	66.3	65.8
Ub	110.0	133.7	66.4	66.0
Uc	134.0	134.1	66.5	66.2
Uab	167.8	231.0		114.0
Ubc	237.4	232.3	115.3	114.7
Uca	231.3	231.5	115.0	114.3

图 5-13　15：37 220kV 正母线电压遥测值

	220kV母线		110kV母线	
	正母	副母	正母	副母
Ua	133.2	133.4	67.0	66.2
Ub	4.7	133.3	66.8	66.1
Uc	133.9	133.9	67.1	66.4
Uab	129.1	230.7	115.7	114.3
Ubc		231.5	116.1	114.8
Uca	231.6	231.6	116.2	114.9

图 5-14　16：18 220kV 正母线电压遥测值

16：18，再次检查 220kV 正母线 B 相电压遥测值为 4.7kV（见图 5-14）。为消除二次电压的影响，运维人员分开 220kV 正母线电流互感器二次低压断路器后，将 220kV 电压小母线进行并列，220kV 正母线小母线三相电压恢复正常，保护装置 TV 断线信号复归。

16：57，调度与现场确认 220kV 正母线电流互感器闸刀具备远方操作条件，遂发令远方拉开 220kV 正母线电流互感器闸刀，220kV 正母线电流互感器停役。

当日，经检修采油样分析后发现 220kV 正母线 B 压变油色谱异常，判断电磁单元有放电现象，需要 220kV 正母线陪停调换压变。

11 月 29 日，运维人员发现 220kV 正母线在停役的情况下，后台遥测仍有电压显示（见图 5 - 15）。

经检修人员检查，发现并列装置并列板烧坏，对并列板进行了更换。同时，220kV 正母线压变调换完成后，在送电倒排过程中，对 220kV 电压小母线进行并列后，发现开口

	220kV母线		110kV母线	
	正母	副母	正母	副母
Ua	14.5	133.2	65.4	66.0
Ub	31.3	133.4	65.5	66.0
Uc	134.0	134.1	65.7	66.3
Uab	35.6	230.5	113.2	114.1
Ubc	113.5	231.9	113.8	114.7
Uca	143.8	231.6	113.6	114.6

图 5 - 15　220kV 正母线停役后电压遥测值

三角回路电缆仍有轻微发热现象，检修检查未发现回路中存在接地等现象，后续结合综自改造对回路电缆进行更换。

3. 异常分析

交流电压回路如图 5 - 16 所示。电压回路中相电压绕组经过端子箱中电压互感器二次低压断路器后，经过电压并列装置中电流互感器闸刀重动接点，形成相电压小母线，其中，电流互感器二次低压断路器可用于电压回路中短路等故障的保护。对于开口三角 $3U_0$ 回路，由于正常运行时 $3U_0$ 电压为 0，在电压回路中发生短路时，不会形成故障电流，故若在 $3U_0$ 回路中串接低压断路器也不会跳闸，起不到保护作用；同时，若在 $3U_0$ 回路中串接低压断路器或熔丝，当低压断路器跳闸或熔丝熔断后，将无法被及时发现，从而导致 $3U_0$ 回路长期被断开。因此，低压断路器开口三角 $3U_0$ 绕组直接经电压并列装置中电流互感器闸刀重动接点后形成零序电压小母线 YML。

首先 220kV 正母线 B 相电流互感器本体内部异常，造成正母 B 相二次绕组电压偏低，接近为 0，与 220kV 副母线 B 相二次绕组电压 60V 相差较大，不能直接进行并列，直接并列将造成两电流互感器 B 相二次绕组及 B 相回路中形成较大环流，导致两电流互感器二次低压断路器 Ⅰ - ZKK、Ⅱ - ZKK 跳闸。在断开二次低压断路器 Ⅰ - ZKK 后，相电压回路可进行并列。

其次，对于开口三角电压回路，220kV 正母线 B 相二次绕组电压接近为 0，此时 220kV 正母线 $3U_0$ 二次电压 Ⅰ - $3U_0$ 将接近于 100V（大电流接地系统，开口三角各相二次绕组额定电压为 100V），而 220kV 副母线 $3U_0$ 二次电压 Ⅱ - $3U_0$ 接近为 0。因此，若直接进行二次电压并列，将造成电压源 Ⅰ - $3U_0$（100V）与电压源 Ⅱ - $3U_0$（0V）进行并列，造成开口三角回路中形成较大的环流（回路中电阻小，电压为 100V），而由于开口三角回路中无二次低压断路器，最终易造成回路中 YQJ 并列接点等元件烧毁。开口三角回路如图 5 - 17 所示。

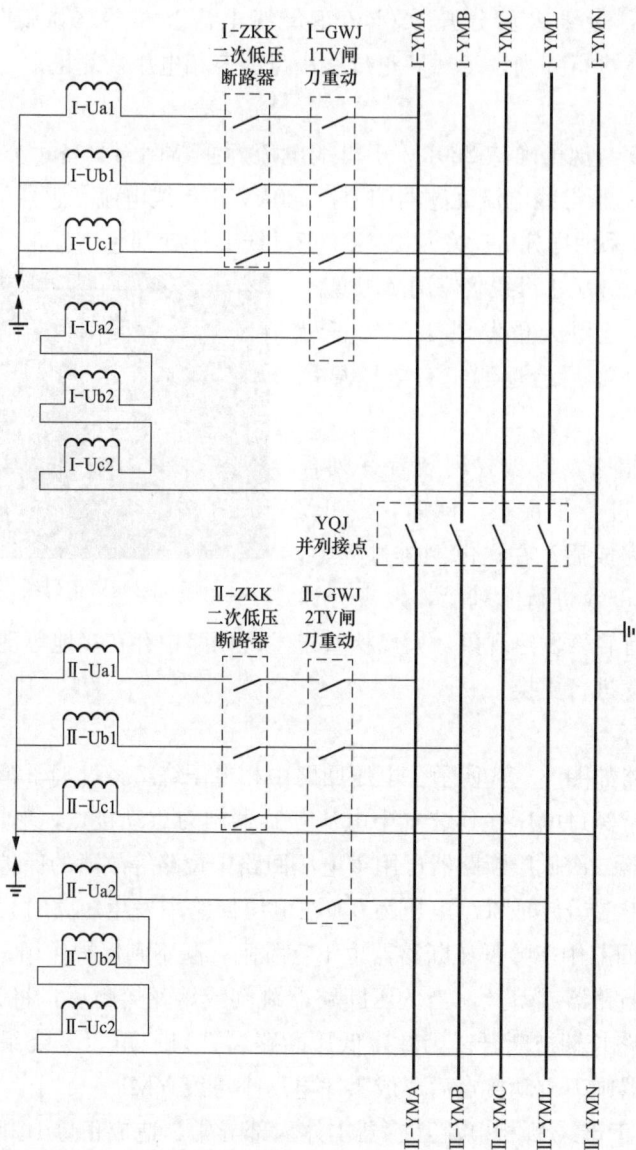

图 5-16 交流电压回路

4. 注意事项

（1）电流互感器发生异常可能发展成故障时，处理原则如下：

1）不得用近控方法拉开电流互感器一次隔离开关。

2）不得将电压互感器二次与正常运行电压互感器二次并列。

3）不得将该电压互感器所在母线的母差保护停用或改为单母方式。

4）可远控操作电压互感器一次隔离开关将电压互感器停用，如无法用一次隔离开关进行隔离，可用断路器切断所在母线的电源，再将电压互感器隔离。

（2）电压互感器发生异常可能发展成故障时，若电压互感器一次隔离开关具备遥控功能，正常处理流程是：

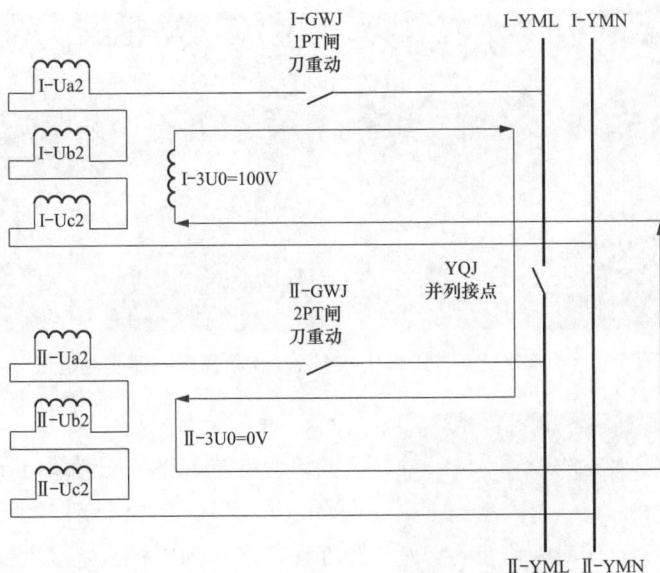

图 5-17　开口三角电压回路

1）具备断开电压互感器二次回路的条件：①断开故障电压互感器二次回路（应考虑对保护的影响）；②遥控拉开故障电压互感器隔离开关；③将电压互感器二次回路并列。

2）不具备断开电压互感器二次回路的条件：①断开保护屏电压低压断路器或停用相关保护（包含电压取自高压侧母线电压互感器的低周装置）；②控拉开故障电压互感器闸刀；③断开故障电压互感器二次低压断路器，将电压互感器二次回路并列；④合上保护屏电压低压断路器或启用相关保护（包含电压取自高压侧母线电压互感器的低周装置）。

六、某变电站 110kV 正母电压互感器二次电压异常实例

1. 异常现象

2024 年 1 月 24 日 14 时 51 分，监控告某变电站 110kV 正母 B 相电压偏低，110kV 正母运行设备保护装置异常告警。

2. 处理过程

值班员到现场检查 110kV 正母电压互感器外观正常，对电压互感器二次低压断路器上桩头电压 B 相 3.5V，AC 相 60V 左右（见图 5-18）。立即汇报班长、专职，联系检修处理，并将检查结果汇报调度。

根据继保专业意见，电压互感器二次具备并列条件，经设备部同意，调度安排 110kV 方式调整（合上 110kV 母联 710 断路器，拉开 1 号主变压器 110kV 侧 701 断路器）一次并列后，将 110kV 正母线电压互感器改为冷备用后，电压二次回路并列运行，相关异常信号复归。110kV 正母电压互感器停役后，检修对电压互感器进行试验，B 相试验不合格。26 日，更换 110kV 正母三相压变，试验合格，送电复常（见图 5-19）。

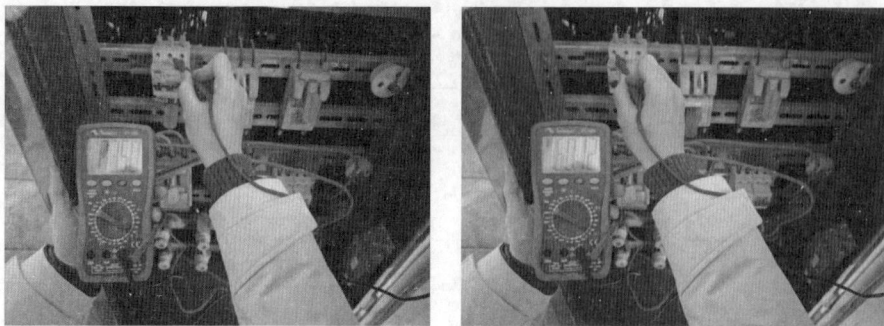

图 5-18   110kV 正母线电压互感器二次低压断路器实测电压

图 5-19   110kV 正母线电压互感器外观

3. 异常分析

该变电站 110kV 正母线电压互感器型号为 WVB110-20H，投运日期 1998 年 12 月 17 日。经查省内该系列电压互感器曾多次出现异响、放电。

分析原因为 2004 年及早期该系列电压互感器电磁单元密封槽基本无防锈防腐处理，容易在密封槽外沿开始产生锈蚀；随着运行年限的增加，锈蚀逐步扩展，一旦蔓延至密封槽内沿，密封即会失效，水分不断进入电磁单元，降低绝缘性能最终引发内部故障。

4. 注意事项

根据变电运行规程，电压互感器发生异常可能发展成故障时，处理原则如下：

（1）不得用近控方法拉开电压互感器一次隔离开关。

（2）不得将电压互感器二次与正常运行电压互感器二次并列。

（3）不得将该电压互感器所在母线的母差保护停用或改为单母方式。

（4）可远控操作压变一次隔离开关将电压互感器停用，如无法用一次隔离开关进行隔离，可用断路器切断所在母线的电源，再将电压互感器隔离。

变电站电压互感器闸刀经遥控验证的，机构箱、端子箱内远近控正常应放远方状态，测控屏闸刀遥控出口常投，异常处理时采用远控操作。无法远方操作且压变外观无明显异常的，应汇报专职，经设备部同意后方可就地操作停役设备。电压互感器异常的，二次回路并列应在电压互感器改为冷备用后，方可进行二次回路并列，严禁将电压互感器二次与正常运行电压互感器二次并列。运维人员应加强对此类型母线电压互感器的巡视测温工作。

第三节　电压互感器事故及异常处理训练

一、"切换继电器同时动作"异常训练

1. 现象

在 220V 母线热倒过程中发出"切换继电器同时动作"报文或光字牌。

2. 处理参考答案

电压切换继电器同时动作简图如图5-20所示。经图5-20分析可知，造成光字牌发出"切换继电器同时动作"的原因有：

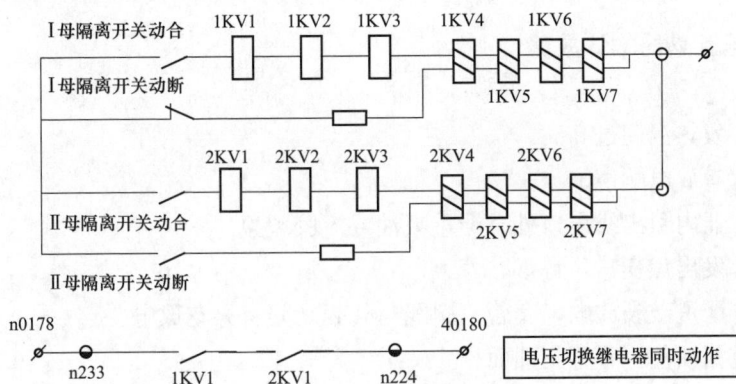

图5-20 电压切换继电器同时动作简图

（1）Ⅰ、Ⅱ母隔离开关同时合上时，此光字牌会亮。

（2）在倒排过程中，譬如隔离开关已拉开，隔离开关辅助触点未断开（粘连），此光字牌会亮。所以在热倒操作后，应及时检查此光字牌或母差保护的隔离开关位置指示灯，防止隔离开关的辅助触点未断开。

如果发出"切换继电器同时动作"光字牌或报文，首先要清楚是否是热倒操作过程中发生的正常现象。如为正常则不用处理，操作过后自动恢复；如和操作后不对应，则应及时查找母线侧隔离开关辅助触点是否到位，现场可稍微摇动手柄试一试，如确实处理不了，上报处理，不过要对相应保护采取措施后执行。

二、220kV母线电压互感器保护用二次侧低压断路器脱扣（继保有人工作时误碰所致）

1. 现象

（1）220kV母线电压为零。

（2）相应母线上电源及出线有功、无功为零。

（3）主变压器220kV距离保护闭锁。

（4）相应保护"装置异常""装置呼唤""装置闭锁"、发信（距离保护及零序方向保护）。

（5）相应母线"TV脱扣""低电压动作"发信。

2. 处理参考答案

（1）汇报调度及主管领导，申请调度停用相应母线上有关保护及自动装置（距离保护及零序方向保护）。

（2）检查继电保护室是否有人工作（当天某某线路保护工作），以及保护屏、端子箱是否有明显故障，询问工作人员是否在二次回路上工作，停止线路保护工作，经调度许可后，停用相应母线上有关保护及自动装置（距离保护及零序方向保护）。

（3）经检查未发现故障点试送一次，220kV 母线电压互感器保护二次侧低压断路器试送成功，汇报调度及主管领导。

（4）经调度许可后，投入相应母线上有关保护及自动装置（距离保护及零序方向保护）。

三、电压互感器本体故障

1. 现象

（1）内部发热温度过高。

（2）内部有放电响声。

（3）互感器内引出线出口处有严重喷油或流胶现象。

（4）内部发出焦臭味，冒烟、着火。

（5）套管严重破裂放电，套管、引线与外壳之间有火花放电。

（6）严重漏油甚至看不到油面。

（7）油面过高（排除投运时过高）。

2. 处理参考答案

电压互感器内部故障，电路导线受潮、腐蚀及损伤使二次绕组接线短路，发生一相接地短路及相间短路等。由于短路点在二次熔断器前面，故障点在高压熔断器熔断之前不会自动隔离，所以当电压互感器有上列故障现象之一应立即停用。在电压互感器出现异常的情况下，不得用近控操作方式拉开电压互感器高压隔离开关将电压互感器切除，不得将异常电压互感器的二次与正常电压互感器二次并列。电压互感器出现异常并有可能发展为故障时，如冒烟、着火、内部有放电响声、内部发出焦臭味套管严重破裂放电、套管和引线与外壳之间有火花放电，允许值班人员，用隔离开关以远控操作方式将异常电压互感器隔离。

四、线路及主变压器、母差微机保护发出"电压回路断线"异常训练

1. 现象

不同厂家生产的微机保护发出"电压回路断线"，母线来的电压消失且发出此信号后能自动退出和电压有关的保护，投入一些和电压无关的保护，防止保护误动。

2. 原因分析

（1）以 901 微机保护为例，发出电压回路断线的判据如图 5-21 所示。

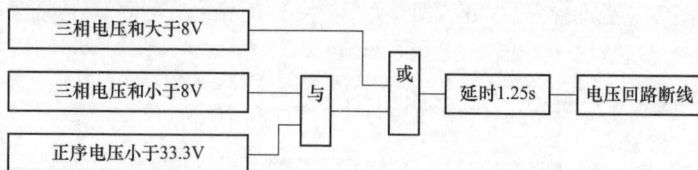

图 5-21　901 微机保护电压回路断线判据

（2）以 RCS-978 主变压器微机保护为例，发出电压回路断线的判据如图 5-22 所示。

3. 处理方法

（1）如果一条母线上所有连接元件保护均发出"电压回路断线"时，应结合是否母

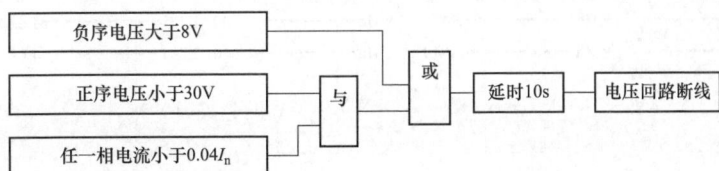

图 5-22　RCS-978 微机保护电压回路断线判据

线发生故障、进线电源失电来判断。如不是母线故障等原因引起时，则应及时汇报调度，并按上述分析原因进行查找处理。

（2）如果是单一回路保护发出"电压回路断线"光字牌时，则有可能是本屏上的电压低压断路器跳开，可在调度许可下试送一次，如再不成功，则应申请检修处理。

（3）现在的微机保护都具备了防止保护突然失压误动的措施，该保护在判断电压回路断线时能自动退出与电压相关的保护，投入一些备用的保护。所以在出现信号时，不用紧张，应仔细查找电压回路造成失压的原因，冷静处理即可。

五、旁代主变压器断路器电压切换训练

1. 切换分析

主变压器总断路器交流电压从母线电压小母线，通过母线隔离开关辅助触点起动的电压切换继电器 1KV、2KV 进入保护装置。当旁路断路器代主变压器断路器运行时，主变压器断路器需要停役，其母线隔离开关要拉开，故交流电压要切换至旁路断路器的交流电压。

2. 切换办法

操作中将 1SA 由本线位置切换至旁路位置即可，交流电压切换回路如图 5-23 所示。但在电压切换过程中，可能会出现电压回路异常的报警，这时相当于复压闭锁开放。由于这个过程时间非常短，不会对保护的正常运行带来不良后果。

六、"TV 断线"异常处理训练

1. 现象

某变电站 110kV 部分接线如图 5-24 所示。某日，运行于 110kV 甲母线的主变压器和出线保护"呼唤"或"TV 断线"信号发出，110kV 母差保护"TV 断线"信号发出，运行于 110kV 甲母线上的主变压器和出线断路器有功、无功遥测指示为零，电压互感器测控装置甲母线电压消失信号发出。

2. 处理参考答案

（1）立即汇报调度异常情况。

（2）填写、上报危急缺陷，汇报上级。

（3）按调度的指令，停役相关设备，隔离故障点。

1）停用 711、713、715、718 断路器失压可能误动的保护（微机保护可不退）。

2）停用 110kV 备自投。

3）拉开 711、713、715、718、720 断路器。

4）将 711、713、715、718、720 断路器冷倒到 110kV 乙母线。

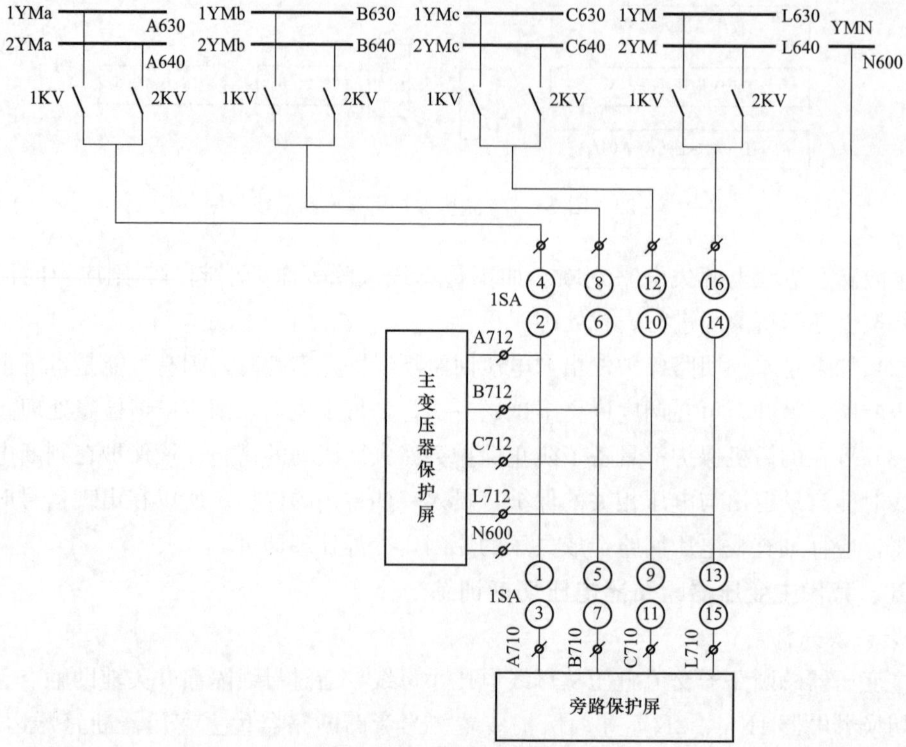

图 5-23　交流电压切换回路

注：1KV、2KV 为由主变压器断路器母线隔离开关辅助触点起动的电压切换继电器触点。

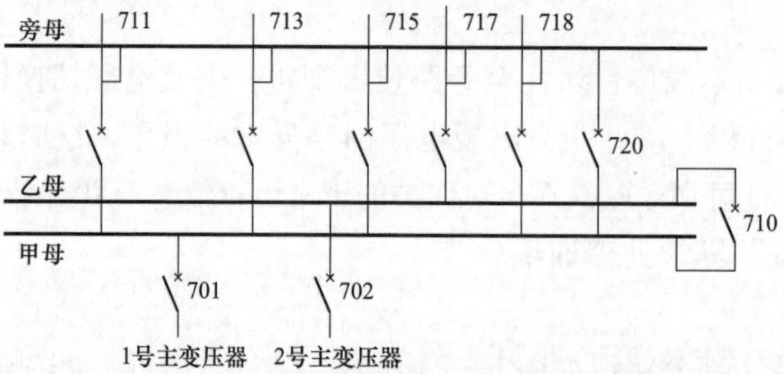

图 5-24　某变电站 110kV 部分接线

5）投入 711、713、715、718 断路器开始时退出的保护。

6）合上 711、713、715、718、720 断路器。

7）拉开 1 号主变压器 701 断路器，然后冷倒到 110kV 乙母线热备用。

8）合上 701 断路器。

9）110kV 母联 710 断路器由热备用改为冷备用。

10）110kV 甲母线电压互感器由运行改为冷备用。

11）待检修人员到达现场后，根据调度的开工令，将 110kV 甲母线电压互感器改检修并做好相关安全措施。

（4）相关处理原则。

1）电压互感器高压侧隔离开关可以远控操作时，应用高压侧隔离开关远控隔离。

2）无法采用高压侧隔离开关远控隔离时，应用断路器切断该电压互感器所在母线的电源，然后再隔离故障的电压互感器。

3）禁止用近控的方法操作该电压互感器高压侧隔离开关。

4）禁止将该电压互感器的二次与正常运行的电压互感器二次进行并列。

5）禁止将该电压互感器所在母线保护停用或将母差保护改为非固定连接方式（单母方式）。

6）在操作过程中发生电压互感器谐振时，应立即破坏谐振条件。

第六章

断路器事故及异常

第一节 断路器事故及异常处理概述

一、断路器事故处理概述

1. 断路器事故处理总则

(1) 220kV断路器在正常送电或强送合闸过程中，发现拒合现象时，应立即拉开三相断路器，瞬间断开直流操作电源，汇报调度。通信失灵时，按上述原则处理，并将断路器改为冷备用，进行寻找拒合原因，并消除之，如无法消除，汇报领导派员检查处理。

(2) 在单相重合闸动作过程中，发生非全相运行时，迅速汇报调度，并按令执行。通信失灵时，一般不得自行处理，应设法联系，等候处理（除调度明确的线路可以试合一次）。

(3) 在操作合闸或重合闸动作后断路器拒合时，应瞬间断开直流操作电源，解除合闸自保回路自保持。寻找断路器拒合原因时，均应将断路器改冷备用，以防在寻找过程中，由于处理不当，引起断路器误合闸。断路器拒绝分闸故障未消除前，禁止投运。

(4) 220kV断路器在发生拒分现象时均先汇报调度，听候调度处理，通信失灵时，设法与调度联系（调度明确处理原则的变电站，按原则处理）。220kV断路器在操作分闸断路器拒分时，应迅速瞬间切断操作电源，以免烧毁拒分相的分闸绕组。

(5) 用220kV断路器进行并列或解列操作中，若因机构失灵造成一相断路器合上，其他两相断路器在断开状态时，应立即拉开合上的一相断路器，而不准合上断开的两相断路器。如造成一相断开，其他两相断路器合上状态时，应将断开状态一相断路器再合一次，若不成即拉开合上状态二相断路器。

(6) 断路器故障跳闸后，不论重合闸与否，均应检查继电保护及自动装置动作情况，并对断路器外部及有关回路进行检查后汇报调度。重合成功者，检查该断路器切断故障次数是否已达到停用重合闸的次数，做好记录汇报调度。

(7) 当断路器由于SF$_6$失压或操作机构失灵而被闭锁且无法排除时，应按下述原则进行处理。断路器在分闸位置，应将其改为冷备用；断路器在合闸位置，可按以下操作方案将其从系统中切除。用旁路断路器与故障断路器并运行后，解除故障断路器防误闭锁回路，将断路器改冷备用；或将故障断路器所在母线其他元件倒至另一母线后，用相关的母联或分段断路器将故障断路器负荷电流切断后，解除防误闭锁回路将断路器改冷备用。

(8) 上述操作方案的执行由调度根据系统及天气情况决定并发令操作。

2. 断路器拒分拒合

下列原因可能导致断路器拒分拒合：

（1）同期小开关未切至"1"。

（2）断路器机构箱内远方/就地选择开关未在"远方"位置。

（3）控制回路断线或接触不良。

（4）控制电源失却。

（5）跳闸绕组断线。

（6）压缩空气低气压或低油压闭锁。

（7）SF_6低气压闭锁。

（8）同期装置闭锁。

（9）位置继电器或辅助接点切换不良。

值班人员可根据上述原因，结合伴随出现的其他信号和回路检查情况综合进行分析和判别。如不能排除且系统急需送电时可提请调度用旁路断路器代供（一又二分之一接线可合另一台断路器先行送电）。

3. 断路器慢分慢合或分合闸不同步

断路器由操作动力不足、机构卡涩等原因造成的慢分慢合，在故障跳闸或合闸于故障线路时将会造成断路器灭弧室燃弧时间过长而导致爆炸。

液压或气动机构的断路器由于失压原因造成的慢分，将会由于灭弧室长期燃弧造成断路器故障甚至导致爆炸。

断路器分合闸不同步会导致系统非全相运行或出现较大的零序和负序分量，对系统造成扰动。故障情况下，如果三相联动机构的断路器同一相的各个断口间出现不同步时，先断开的断口将承受全电压下的故障电流，使其不能灭弧而导致爆炸。

因此当正常运行中发现断路器有慢分慢合或分合闸不同步情况时，应立即对断路器及其操作机构进行检查，并向有关部门及领导报告，以便采取必要的措施。

4. 断路器发热和着火处理

（1）断路器的发热原因和处理方法。

1）断路器发热，主要原因为过负荷。断路器触头表面烧伤及氧化会造成接触不良，即接触电阻增大。接触行程不够使接触面积减小，接触压紧弹簧变形，弹簧失效等，都会导致断路器接触电阻增大而发热。

2）断路器内部发热，油温过高，油质会氧化，产生沉淀物使酸价升高，绝缘强度降低，灭弧能力变差；同时绝缘老化，弹簧退火失效，触头氧化加剧，会使发热更严重。发热严重时，灭弧室内压力还会增大，容易引起冒油。

3）在运行中如发现油箱外部变色，油面异常升高，焦烟气味，油色和声音异常等现象，可判断为温度过高。对于多油断路器，可从油箱表面温度直接检查出发热的现象。发现断路器温度过高，应汇报调度，设法减少负荷，使温度下降。若温度不下降，发热现象继续恶化或发现内部有响声、油面异常升高以致冒油、油色变暗，则应立即转移负荷，将故障断路器停电，做内部检查。

（2）断路器着火原因和处理方法。

1）断路器着火可能存在的原因有：①断路器进水受潮或绝缘污秽引起断路器对地或相间闪络；②油质劣化，失去灭弧能力；③断路器内部接触不良，引起过热；④分合速度过慢。

2）断路器着火处理包括几种情况（见表6-1），其处理过程及注意事项为：①切断断路器各侧电源，将着火断路器与带电部分隔离起来，防止事故扩大；②用灭火器进行灭火；③在高压室中灭火，应注意打开所有房门排气散烟；④在灭火时，如发现火势危及二次线路时，应切断二次回路的电源。

表6-1　　　　　　　　　　高压断路器着火在不同情况下的处理

故障现象	母线已失压	母线未失压
高压断路器着火	若着火断路器在失压母线范围，则立即检查故障断路器是否已在断开位置；同时应根据保护是否动作，来进一步判断故障性质及范围，以便有效的隔离故障点及着火断路器。灭火的同时，尽快恢复正常设备的运行	只将故障断路器与电源隔离，而不需将母线停电，待停电以后再进行灭火

5. SF_6断路器不正常运行的处理

（1）SF_6断路器的不正常运行故障见表6-2。

表6-2　　　　　　　　　　SF_6断路器的不正常运行故障

运行中的不正常现象		
机构	气体压力	本体
机构建不起压力 断路器拒动 断路器合后即分 油泵打压时间过长 油泵起动频繁	油（气）压力异常升高 油（气）压力异常降低	断路器本体漏气

（2）SF_6断路器的不正常运行主要分以下几种情况：

1）压力降至零。当运行中的SF_6断路器处于合闸位置而机构压力降到零时，在采取防慢分措施前严禁打压，可先检查油泵电源是否正常，对断路器进行尝试性打压，排除断路器压力降为零是断路器油泵电源异常或不打压造成的，无法排除时立即向领导汇报以便组织专业人员进行处理。

2）气压降到第一报警值和第二报警值。当运行中的SF_6断路器，本体SF_6气体的气压下降到第一报警值和第二报警值时，应紧急充补SF_6气体至额定值。

3）当SF_6气体含水量超标，应申请进行干燥、净化处理。

二、断路器异常处理概述

1. 空气/液压系统泄漏

在日常运行中，断路器气动/液压操作机构不同程度的介质泄漏总是客观存在的。在空压机/油泵能自起动补压，操作机构压力能维持时被认为是可以容忍的。实际上，轻微的泄漏通过感官检查是难以发现的，但泄漏发展的一定程度，会反映为空压机起动次数和累计时间的明显增多或延长，因此，为防止操作机构超时工作降低其使用寿命和技术性能，值班人员应对达到一定程度的泄漏情况作出反应。衡量这个程度的阈值（每天允许的打压次数或时间）一般由制造厂家给出。值班人员一般通过抄录压缩机/油泵动作计数器在一定时间间隔内的动作数值来间接判断泄漏情况是否越限，发现越限后，应了解当前周期内有无断路器操作，如有则不作处理；如无应引起注意，必要时应缩短记录周期，以正确判断泄漏的严重程度及发展速度，据此填报缺陷或要求检修部门立即处理。

2. 操作机构低气/油压

大多气动或液压机构的检测回路都设有"重合闸压力异常"信号作为压力降低的告警信号，同时闭锁重合闸以防止因操作压力过低而慢合闸。

当出现"重合闸压力异常"信号且不能复归，现场气/油压表在额定压力以下时，即可判为操作机构低气/油压。造成操作机构低气/油压的原因主要有：

(1) 操作机构严重泄漏，气/油泵的起动不足以维持系统压力。

(2) 气/油泵控制回路故障，造成系统压力下降后不能正常起动。

(3) 交流电源失却或故障。这时应参照以下方法进行检查处理。

1) 如气/油泵能起动则应对油气管路进行检查，仔细倾听有无漏气声或检查有无油渍，尽可能确定泄漏部位。根据以往经验，这一情况以分合闸控制阀和空压机/油泵一、二级阀及密封件泄漏较为多见。前者可征得调度同意后将断路器分合一次，如不能消除或属后一种情况，则应提请调度将该断路器停运并迅速请检修人员前来处理。

2) 如气/油泵不能起动，则应首先检查其电源是否完好，熔丝是否熔断，电动机保护低压断路器是否跳闸，控制回路是否有断线、接触不良等情况，查明原因后迅速加以消除。不能消除时，如确认气/油泵完好可将其强行起动以维持压力，然后报告调度并急召检修人员前来处理；如属气/油泵或电动机故障则应密切监视压力下降情况，力争在断路器操作回路闭锁前将断路器改冷备用。

3. SF_6 低气压

当出现"SF_6 压力低报警"或其他补气信号时，装有 SF_6 压力表的，应到设备现场核对表计指示（应根据环境气温对照 SF_6 温度—压力曲线对指示值进行修正），并立即报告调度和有关领导，通知专业人员对 SF_6 压力进行校核。如确系压力降低，应立即进行补气，有条件应及时对断路器进行 SF_6 检漏，查明低气压原因并消除之。

4. 断路器操作回路闭锁

当压缩空气压力、油压低于分合闸闭锁压力或 SF_6 低于闭锁压力时，断路器操作回路将被闭锁，同时发出"SF_6 压力低闭锁分合闸"或"分合闸闭锁""失压闭锁"等信号。此时，断路器已不能操作，在断路器合闸的情况下，由于防误闭锁回路的作用，两侧隔离开关的操作回路也被解除而不能操作。一旦出现这种情况时可按以下原则进行处理。

(1) 如断路器在分闸位置，则立即向调度提出申请将该断路器改为冷备用。

（2）如断路器在合闸位置，500kV系统允许在天气正常情况下（即无雷电、无雾）可解除故障断路器两侧隔离开关的防误闭锁回路，用隔离开关切开母线环流，将故障断路器从系统中切出。这时应确保站内运行串数在三串及以上，确保至少有一条环路，但不改非自动，隔离开关的操作必须按遥控方式进行。

（3）断路器在合闸情况下，220kV断路器可选择以下操作方案：

1）用旁路断路器与故障断路器并联后解除故障断路器的防误闭锁回路，用隔离开关将故障断路器切出。隔离开关操作时应尽可能采用远控操作方式，同时将旁路断路器改非自动。

2）将故障断路器所在母线的其他元件倒至另一母线后，用两台相关的母联或分段断路器将故障断路器负荷电流切断，然后解除防误闭锁回路或就地手动操作隔离开关，将故障断路器切出。上述操作方案的执行由调度根据系统及天气情况作出决定并发令操作。

5. 断路器跳闸绕组断线

当出现"跳闸绕组Ⅰ或Ⅱ断线"信号，同时相应跳闸绕组监视灯熄灭时，应立即检查该组控制电源是否失电；如两组跳闸绕组同时发出断线信号时，应检查断路器机构箱内"远方/就地"选择开关是否在"远方"位置，如不能找到原因并加以消除时，应立即申请将该断路器停役处理。

6. 断路器三相不一致

在操作断路器时或正常运行中发现"断路器三相不一致"信号，同时红绿灯熄灭，则可判定断路器"三相不一致"。此时，若是500kV断路器且未造成线路非全相运行时，值班人员应立即报告值班调度员听候处理。若无法联系时，可立即自行拉开三相不一致的断路器，事后汇报调度。若是220kV或500kV断路器造成线路非全相运行的，按系统非全相运行的有关要求进行处理。

7. 控制回路失电

当同时出现"控制回路断线""断路器分合闸闭锁""SF_6空气低气压"信号时，可判定为控制电源失电，此时应迅速检查跳闸绕组电源熔丝是否熔断，桩头是否松脱，并迅速加以排除。

8. 空压机或油泵电动机故障

空压机或油泵电动机故障时通常有"电动机保护开关跳闸""电动机打压回路故障"等信号发出，并可能伴有低气压、低油压、电动机起动超时等相关信号出现。此时应对电动机回路进行检查，如未发现明显的故障现象或故障点时可将电动机保护开关试合一次，试合不成时应及时通知检修人员进行处理，同时监视操作机构压力下降情况并作相应处理。

9. 空压机或油泵电动机控制回路故障

空压机或油泵电动机控制回路通常由压力接点、继电器接触器辅助接点及继电器等元件组成。故障时一般有"辅助开关或控制小开关跳闸"信号发出，并可能伴有低气压、低油压、电动机起动超时等相关信号出现。此时应对电动机控制回路进行检查，如未发现明显的故障现象或故障点时可将辅助开关或控制小开关试合一次，试合不成时应及时通知检修人员进行处理。当操作机构压力下降较多时，有空压机/油泵强行起动功能的断路器可使其强行起动以维持机构压力。

10. 油泵电动机起动超时

液压操作机构在其电动机起动一定时间后仍未达到预定压力或未完成储能时将发出"油泵电动机起动超时"信号，下列原因有可能导致此类信号动作。

(1) 油系统泄漏。

(2) 油泵电动机或控制回路故障。

(3) 油泵电动机失却电源或电源故障。

(4) 油泵电动机过负荷，热继电器动作。

(5) 油系统过电压或失压闭锁动作。

值班人员可根据以上原因分别对油系统、交直流电源及熔丝、热继电器进行检查，故障排除后应拉合油泵电动机电源低压断路器一次，使打压超时闭锁解除。

11. 断路器运行监视的要点

(1) 断路器 SF_6 气体的监视。SF_6 气体是目前应用最普遍的断路器灭弧介质，担负着灭弧和绝缘的关键作用，正常工作条件下其压力必须保持或略超过额定压力。当压力降低时，SF_6 的灭弧能力将降低，也即开断故障电流的能力降低，此时切断故障有可能造成断路器损坏，甚至爆炸。因此，值班人员应通过对压力表或密度继电器的指示和动作情况对断路器的 SF_6 气体压力进行密切监视。当发现压力降低或发出 SF_6 低气压信号时，应立即联系检修人员进行补气并检漏。如果 SF_6 压力降低至闭锁压力以下时，断路器操作机构闭锁，此时若发生故障，将不能动作跳闸，导致事故扩大。此时应立即提请有关调度将该断路器退出运行。

另外，含水率是 SF_6 气体的重要品质指标，对其灭弧能力的影响很大，有关检修部门应按规定进行定期检测，一旦发现超标应立即加以处理。

(2) 断路器操作机构的监视。气动/液压操作机构是目前 110kV 及以上断路器应用最为普遍的类型，对其工作特性、工作状况的监视可从以下几个方面进行。

1) 工作压力监视。气动/液压操作机构的额定压力是保证断路器具有正常工作特性的重要条件，正常时必须保证达到或略超过额定工作压力。当其压力稍有降低时，操作机构的控制系统应能自动起动空压机/油泵进行补压。如空压机/油泵不能自动起动或虽起动但仍不能保持或恢复正常压力时，会严重影响断路器的工作特性和效率。此时操作断路器有可能造成慢分、慢合，对断路器造成很大危害，严重时，将造成断路器爆炸。因此，当发现操作机构低于额定压力而压缩机或油泵不起动时，应迅速查明原因加以排除；如压缩机或油泵较长时间起动仍不能恢复或保持额定压力时，应提请调度将其停运并进行抢修。

2) 工作介质泄漏监视。运行经验表明，操作机构工作介质的泄漏是造成操作机构异常的主要原因之一。通常表现为外漏和内漏两种形态。外漏是指工作介质在工作压力与外部大气压压差作用下从管路、阀门、接头等处产生的缝隙或破裂处逸出；内漏一般是指发生在油/气系统内部高低压管路或腔体之间的泄漏，通常是由工作介质中残留的微小固体颗粒卡、嵌于针阀、球阀一类的阀体中，造成阀体关闭不严形成的。

严重的介质泄漏会造成压力降低，气/油泵长时间运转。一般，较轻微的泄漏大多反映为气/油泵起动次数增加，时间加长，但气/油泵起动的频率和持续时间还受到环境温度、断路器操作等因素的影响，因此，必须通过对操作机构的检查，与历史数据对比分析等方法来对泄漏情况进行判断和评估。

判定泄漏后，寻找和确定泄漏点也是变电站值班人员必须履行的工作。一般而言，油系统的外漏泄漏点相对容易查找，而空气系统的泄漏点则可以通过听、辨、试等方法进行探查。听：是指仔细倾听漏气发出的"嘶嘶"声；辨：是认真辨别声音发出的方向和部位；试：是用轻质物体比如羽毛在可疑部位缓慢移动，观察其被吹动的情况或者在可疑部位涂抹肥皂沫，观察其起泡现象。至于内漏，除在某些情况下可以通过听的方法来检查判别外，几乎没有其他感官检查手段，但这种情况往往能自行消除，有条件时，可以要求调度同意将断路器操作一次，通过油/气流的运动消除内漏情况。

3）操作机构工况监视。在断路器操作机构中，电动机、空气压缩机、油泵是运动机械且工作负担较重，是故障概率较高的部分。对其工况进行监视，及时发现其不正常情况并加以排除，对于确保操作机构的正常工作状态是十分必要的。这些部件可能发生的异常情况主要有发热、异常振动、异声、异味、活塞环磨损、逆止阀失灵等，可通过检查加以确认。

（3）断路器控制回路的监视。在断路器的控制回路中，与开断故障关系最密切、最重要的就是跳闸回路及跳闸绕组，因此，对这部分回路和元件的监视是控制回路监视的重点。其要点为：

1）具有就地近控操作功能的断路器，其"远方"/"就地"切换开关必须在"远方"位置。

当断路器控制箱内的远方/就地切换开关放置"就地"时，该断路器的远方操作回路包括保护跳闸回路被切断，断路器处于非自动状态，遇事故时，断路器不能跳闸，将导致扩大事故。所以，该切换开关必须经常放在"远方"位置。但断路器检修时，检修人员对断路器进行试分试合往往都使用就地操作功能，结束后恢复切换开关"远方"位置被遗忘的可能性很大。因此，值班人员在断路器检修后的验收中应注意检查控制箱内的远方/就地切换开关位置是否正确，并将此列入验收内容中。

2）出现断路器"控制回路断线"信号时，应立即查明原因加以消除，以保证断路器控制回路的完整。跳闸绕组是断路器跳闸的重要执行元件之一，事关故障时保护动作、断路器跳闸的成败，出现断路器"跳闸绕组断线"信号时，必须立即查明原因加以消除。如不能找到原因并加以消除时，应立即申请将该断路器停役处理。

12. 调度关于断路器异常处理规定

（1）断路器异常是指由于断路器本体机构或其控制回路缺陷而造成的断路器不能按调度或继电保护及安全自动装置指令正常分合闸的情况，主要考虑断路器远控失灵、闭锁分合闸、非全相运行等情况。

（2）断路器远控操作失灵。允许断路器可以近控分相和三相操作时，应满足下列条件。

1）确认即将带电的设备（线路，变压器，母线等）应属于无故障状态。

2）限于对设备（线路、变压器、母线等）进行空载状态下的操作。

3）现场规程允许。

（3）线路断路器正常运行发生闭锁分合闸的情况，应采取以下措施。

1）有条件时将闭锁合闸的断路器停用，否则将该断路器的综合重合闸停用。

2）将闭锁分闸的断路器改为非自动状态，但不得影响其失灵保护的启用。

3）采取旁路断路器代供或母联断路器串供等方式隔离该断路器，在旁路断路器代供隔离时，环路中断路器应改非自动状态。

4）特殊情况下，可采取该断路器改为馈供受端断路器的方式运行。

（4）母联及分段断路器正常运行发生闭锁分合闸的情况，应采取以下措施。

1）将闭锁分合闸的断路器改为非自动状态，母差保护做相应调整。

2）双母线母联断路器。优先采取合上出线（或旁路）断路器两把母线隔离开关的方式隔离，否则采用倒母线方式隔离。

3）三段式母线分段断路器。允许采用远控方式直接拉开该断路器隔离开关进行隔离，此时环路中断路器应改为非自动状态，否则采用倒母线方式隔离。

4）三段式母线母联断路器及四段式母线母联、分段断路器，采用倒母线方式隔离。

（5）断路器发生非全相运行，应立即降低通过非全相运行断路器的潮流，并同时采取以下措施。

1）一相断路器合上其他两相断路器在断开状态时，应立即拉开合上的一相断路器，而不准合上在断开状态的两相断路器。

2）一相断路器断开其他两相断路器在合上状态时，应将断开状态的一相断路器再合一次，若不成即拉开合上状态的两相断路。

（6）断路器非全相运行且闭锁分合闸，应立即降低通过非全相运行断路器的潮流，同时按以下原则处理。

1）系统联络线断路器，应拉开线路对侧断路器，使线路处于空载状态下，采取旁路代、母联串供或母线调度停电等方式将该非全相断路器隔离。

2）馈供线路断路器，如两相运行，在不影响系统及主设备安全的情况下，允许采取转移负荷、旁路代供及母联串供等方式隔离该断路器；如单相运行，应立即断开对侧断路器后再隔离该断路器。

3）双母线母联断路器。应采用一条母线调度停电的方式隔离该断路器。

4）三段式母线分段断路器。允许采用远控方式直接拉开该断路器隔离开关进行隔离，此时环路中断路器应改为非自动状态，否则采用调度停电的方式隔离该断路器。

5）三段式母线母联断路器及四段式母线母联、分段断路器。采用调度停电的方式隔离该断路器。

6）3/2 断路器接线 3 串及以上运行时，可拉开该断路器两侧隔离开关，否则采用调度停电的方式隔离该断路器。

（7）运行中的母联断路器发生异常（非全相除外）需短时停用时，为加速事故处理，允许采取合出线（或旁路）断路器两把母线隔离开关的办法对母联断路器进行隔离，此时应调整好母线差动保护的方式。

第二节　断路器典型事故及异常实例

一、某变电站 35kV 363 断路器着火事故

1. 异常经过

某变电站 35kV 正母线上接 363、329、327、322、301、330 断路器运行（见图 6-1），35kV 363 断路器发生了断路器着火异常，监控中心、操作班运行人员及时发现并进行了妥善的应急处理，有效地防止了异常的恶化。

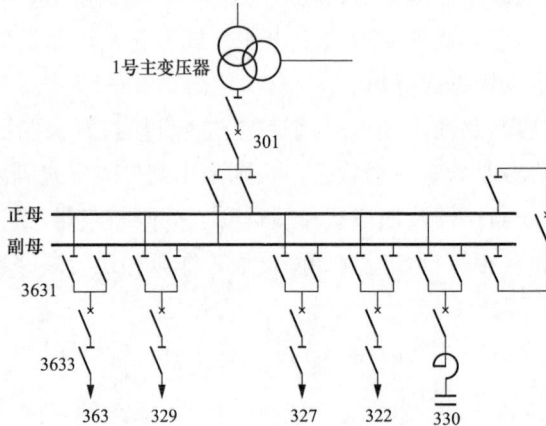

图 6-1　某变电站 35kV 主接线图

14：31，35kV 363 断路器过电流 I 段动作，重合闸动作，重合成功。同时有"断路器 SF_6 气体压力低告警"及"35kV 正母线 C 相单相接地"信号（35kV 正母线 A、B 相电压升高至线电压，C 相电压为零。1 号消弧绕组补偿电流 19.2A，电容电流 18.7A）。35kV 高压室有较浓的烟味，35kV 363 断路器 C 相底部着火。

14：37 值班员自行拉开 35kV 363 断路器，35kV 正母线单相接地信号复归。35kV 正母线 A、B、C 相电压恢复正常。

14：39 值班员穿绝缘靴对 363 断路器 C 相底部着火处进行灭火，灭火成功。14：44 市调发令拉开 35kV 3633 出线隔离开关，至 14：55，操作结束。

14：47，35kV 329 断路器跳闸，过电流 I 段动作，重合闸动作，重合成功，外观检查情况正常。

14：56，"35kV 正母线 C 相发单相接地"信号发信（35kV 正母线 A、B 相电压升高至线电压，C 相电压为零。1 号消弧绕组补偿电流 11.4A，电容电流 9.1A，选线为 35kV 327）。

14：57，35kV 322 过电流 I 段动作，重合闸动作，重合成功，外观检查情况正常。15：02 监控试拉 322 断路器。

15：06～15：11 监控试拉 327 断路器。

15：13～15：17 市调发令拉开 1 号主变压器 35kV 侧 301 断路器。15：17，35kV 正母线单相接地信号复归。

15：16，35kV 甲组电容器 330 断路器低电压保护动作跳闸，外观检查情况正常。

15：18 市调发令拉开 35kV 3631 正母隔离开关。

15：29 值班员检查 35kV 正母线及 1 号主变压器 35kV 侧电缆外观情况，检查结果正常。

2. 原因分析

（1）现场检查情况。

（2）故障发展过程。363 断路器第一次分闸成功开断，但在分闸过程中或结束时，出现异常状况，造成内部气体压力较大把防爆膜冲破，从而在断路器重合后发出低气压报警信号。防爆膜被冲破后，绝缘降低，造成 C 相的绝缘拉杆对地短路（见图 6-2、图 6-3）并长时间放电（约 7～8min），导致环氧外壳起火。运行人员发现起火后第二次分闸，分闸成功（灭弧室内尚有少量 SF$_6$ 气体未漏完）。后 363 出线间隔只拉开了出线隔离开关，母线隔离开关未拉开，断路器上桩头仍带额定电压，经过 19min 后，C 相绝缘再次击穿，发出单相接地信号，直至拉开 301 断路器后接地消失。

图 6-2　断路器 B、C 相防爆膜冲破

图 6-3　C 相复合瓷套下部严重烧损

3. 经验教训

363 断路器只有 SF$_6$ 气体压力低告警信号，如断路器 SF$_6$ 气体压力继续降低到闭锁值，则没有闭锁信号，也不会闭锁断路器分合闸，因此在断路器着火及 SF$_6$ 气体压力低告警发信的情况下，拉开该断路器是不大适宜的。

安规规定变电站遇有电气设备着火时，应立即将有关设备的电源切断，然后进行救火。此次异常中，断路器拉开后即进行灭火，断路器母线侧仍有电，因此灭火时间不大适宜。

要对异常情况下的运行规定进行梳理、培训，做到人人掌握，如单相接地的检查及高压室起火有浓烟情况下的应对。

二、一起并联电容器过电压引起的断路器放电

1. 经过

某年 2 月 5 日上午 11：10，某 220kV 变电站值班员发现 35kV 正母电压达 37.5kV，

图 6-4 支持绝缘子、断路器
框架顶部有严重放电痕迹

即汇报调度拉开 530 电容器断路器，然而却引起 1 号站用变压器运行于 35kV 正母线失电，控制室等照明失却。高压室浓烟滚滚，530 断路器已烧坏。经全面检查发现，35kV 1 号电容器 530 断路器上部（母线侧）三相桩头及上支持绝缘子、断路器框架顶部有严重放电痕迹，如图 6-4 所示。断路器本体真空泡支撑绝缘杆有严重放电痕迹，如图 6-5 所示。

2. 原因分析

（1）综合故障现场及试验结果推断。故障为断路器分闸时因 A 相动、静触头抖动而引起电容器操作过电压，使断路器本体上部对地绝缘击穿，引发断路器母线侧 AB 相间接地短路，继而发展成三相短路。1.3s 后 1 号主变压器 35kV 侧定时过电流动作跳开 35kV 总断路器 501，从主变压器 2501 断路器录波图（见图 6-6）中电压和电流的变化也对上述分析进行了印证。

（2）由于断路器分闸时因传动支点及 A 相真空泡失去稳定而造成 A 相动、静触头抖动，引起 A 相产生重燃电弧过电压。从现在情况看，重燃有两种，一种是真空泡自身问题产生的，另一种是由操作机构产生的，主要是弹跳引起。分闸弹跳主要是机构调整不当，拐臂在使用中磨损使间隙过大造成。这部分引起的重燃常常会很频繁，危害较大。由于分闸时均在电容器组处于峰值电压时完成熄弧，一旦弹跳时间为 10ms 左右时，断路器断口的恢复电压将处于 $2U_m$，若这时发生重燃则电容器组上的电压为

$$U_C = U_稳 + [U_稳 - U_{C(0+)}] = -U_m + (-U_m - U_m) = -3U_m$$

由于分闸弹跳是一种间隙击穿形成的重燃，多在电压峰值发生。因此这种重燃引起的结果正是过

图 6-5 断路器本体真空泡
支撑绝缘杆有严重放电痕迹

电压最严重的状态，对电容器组的破坏很大，应给予足够的认识和防范。

3. 改进措施

（1）断路器选型。真空断路器具有灭弧室绝缘强度恢复速度快、不易重燃、触头耐磨损等优异的频繁操作特性，过去大量用作并联电容器组的操作断路器。对真空断路器而言，其真空度的保护对其绝缘、灭弧性能是至关重要的，由真空泡自身问题产生的非正常重燃率发生概率较高。而 SF_6 断路器具有更优良的灭弧性能，现在已经在新的并联电容器断路器中大量运用，使用效果良好。我们推荐使用 SF_6 断路器，建议在断路器试验不仅要测合闸弹跳，而且要测分闸弹跳，防止弹跳引起重燃。

（2）开展变电站谐波测试，对谐波超标的变电站装设滤波装置，注意合理选择滤波

装置参数，使它保证用户谐波源产生的谐波限制在允许值范围内。

```
| +5周      --      --      --      --      --      --
| +6周      --      --      --      --      --      --
| +7周      --      --      --      --      --      --
| +8周      --      --      --      --      --      --
|
| 事件序列表:
| 相对时间    绝对时间     状态    路名
| +0.011   11:10:22.756  动作    220kV 4562″11″SHOU XIN
| +4.577   11:10:27.322  返回
|
| 事件打印位序表:
|  41,
|
| 打印比例表:
|  1    0.071 kV/cm      3    0.071 kV/cm     50    0.019 kA/cm
|  2    0.071 kV/cm     49    0.019 kA/cm     51    0.019 kA/cm
```

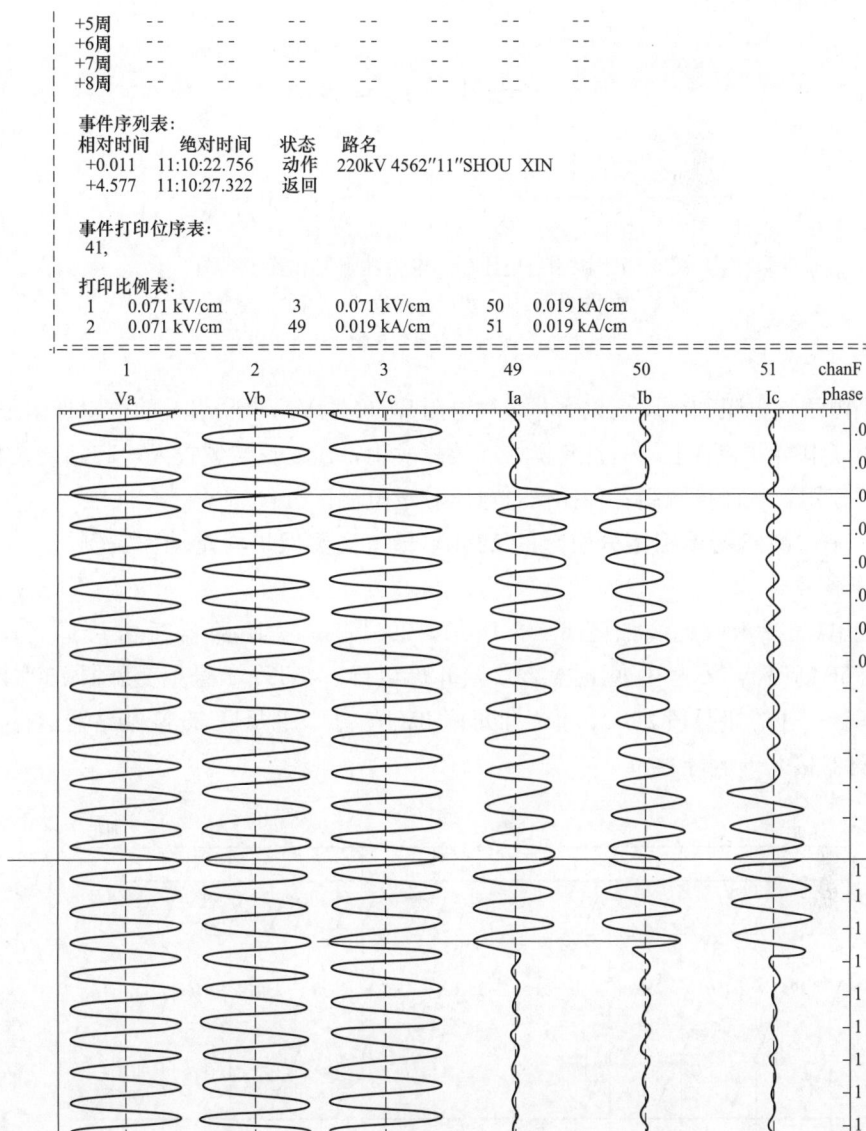

图 6-6　1 号主变压器 2501 断路器故障波形图

（3）操作时间间隔。电容器总断路器若带电容器组拉开后，一般应间隔 15min 后才允许再次重合，分断路器拉开后则应间隔 5min 后才能再次重合操作，以防止合闸瞬间电源电压极性正好和电容器上残留电荷的极性相反，损坏电容器。所以在合闸操作时，若发生断路器机构打滑、合不上等情况，不可连续进行合闸操作。对自动投切的电容器组必须在控制回路中增加延时闭锁，避免再投时发生电容器击穿。对装有并联电阻的投切断路器，连续多次操作还要考虑并联电阻的热容量，次数按制造厂规定，一般每次操作应间隔 15min。

（4）加装过电压限制装置。推荐一种电容器组过电压限制装置，可有效地限制单相重、多相击穿时相对地过电压和断路器合闸弹跳时电容器组的极间过电压，其原理接线如图 6-7 所示。

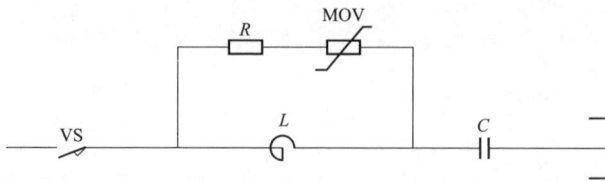

图 6-7　限制过电压用的电阻性阻尼装置接线图
VS—真空断路器；L—串联电抗器；C—并联电容器；
R—线性电阻；MOV—金属氧化物非线性电阻片

它是由线性电阻和金属氧化物非线性电阻片（MOV）串联组成的电阻性阻尼装置，并联于串联电抗器装置上。一旦有操作或故障发生，该阻尼装置投入，起到衰减各种暂态过程的作用，从而可限制各种操作过电压和过电流。

三、一起断路器单相拒分引起的 220kV 母差失灵保护异常动作实例

1. 事件经过

某变电站 220kV 接线如图 6-8 所示，2951、4567 断路器接 I 母运行；2952、2535、4566 断路器、2 号主变压器 2502 接 II 母运行；4565、1 号主变压器 2501 断路器接 III 母运行；I、III 分段 2500、II、III 母联 2550、I、II 母联 2530 断路器运行，旁路 2520 断路器接 II 母运行。

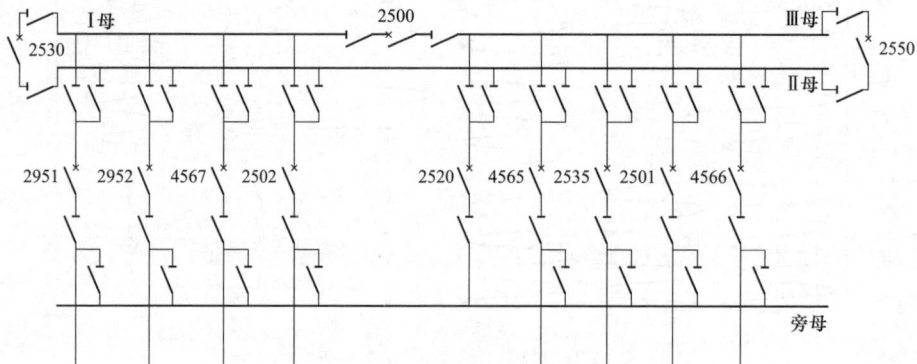

图 6-8　某变电站 220kV 接线图

07：48，地调值班员发令：220kV××线 2951 断路器从运行改为热备用（解环）。07：52，运行人员根据调度指令，在控制屏操作 2951 断路器。在分闸过程中，I、II 母联 2530，I-III 分段 2500 断路器事故跳闸；2951 断路器红绿灯全部熄灭，电流表计有指示（520A），故障前 2951 线负荷为 250MW。运行人员立即汇报省调度，并到现场检查断路器实际情况，发现：2951 断路器 A 相在合闸位置，B、C 相在分闸位置；I II 母联 2530、I-III 分段 2500 断路器跳闸。07：58，运行人员根据省调口令再次拉开 2951 断路器，此时断路器 A 相分闸。08：24，省调调度员发令：合上 220kV I II 段母

联 2530 断路器（合环），合上 220kV Ⅰ-Ⅲ段分段 2500 断路器（合环）。

2. 原因分析

2951 断路器 A 相拒分后，A 相电流表指示有 500 多安培电流。由于断路器处于非全相运行状态，保护中反映有较大的零序电流，LFP-901A 保护中的后备三跳元件 HB2 动作（该保护逻辑为判断断路器处于两相分闸、一相合闸状态且零序电流大于 10%额定电流，即延时 100ms 三跳），发出三跳后 A 相断路器仍然拒分。由于此断路器失灵电流的整定值为 500A，此时满足失灵起动条件，造成失灵起动母差出口跳开 2500 和 2530 断路器。母线上其余线路没有跳开的原因经分析是由于母差保护跳线路断路器要经复合电压闭锁，跳母联及分段断路器不经复合电压闭锁，当时系统并没有故障，母线电压正常，复合电压闭锁元件不会开放，因此只将 2500 和 2530 断路器跳开。

2951 断路器 A 相拒分的原因：远控分闸时分闸阀 TC1、TC2 同时受电，但是两个分闸阀都没有打开，这样的概率纯粹从机械卡涩的可能性来考虑也是极小的。从一级阀分解后情况看，两个分闸一级阀内部都有水渍，因此判断可能是有红宝石密封（一级阀密封面）面上覆冰把密封部位冻住后打不开，或者分闸一级阀阀芯运动的腔体内有小的冰碴阻碍阀芯的动作，导致红宝石密封（一级阀密封面）打不开。

3. 应对措施

(1) 缩短压缩空气储气罐排水周期。为尽量减少罐内积水，建议将排水周期由原来的每 10 天一次缩短为 7 天一次。

(2) 加装一个 30W 左右的电加热器，低于 5℃常投，高于 5℃加热器退出。

(3) 2951 线使用的是服役多年的 ELFSL4-2 型断路器，尽快更换。

四、某变电站 1 号主变压器 2501 断路器 SF₆ 压力低闭锁分合闸异常实例

1. 异常现象

2023 年 11 月 07 日，监控告某变电站 1 号主变压器 2501 断路器 SF_6 气体压力低闭锁信号。值班员至现场检查，后台报文显示"SF_6 压力低闭锁分合闸Ⅰ""1 号主变压器 2501 断路器控制回路Ⅰ断线"。现场观察 1 号主变压器 2501 断路器 SF_6 压力表，显示 SF_6 压力值为 5.9bar，如图 6-9 所示。

2. 处理过程

值班员通过查找设备铭牌以及图纸资料，并至现场进行核对检查，发现 1 号主变压器 2501 断路器 SF_6 气体额定压力为 6.0bar，SF_6 气压低告警压力值为 5.2bar，SF_6 分合闸总闭锁值为 5.0bar，如

图 6-9 2501 断路器 SF_6 压力值表

图 6-10、图 6-11 所示。因此，实际压力并未达到告警、闭锁值，初步判断回路元器件异常导致开关第一组控制回路闭锁，而开关第二组控制回路正常，暂不影响开关跳闸。

值班员立即将以上检查情况向班长和专职汇报，联系检修处理。经检修人员检查后发现，SF_6 压力总闭锁回路中的 K66 中间继电器损坏，导致第一组控制回路被闭锁，更

换后信号复归。

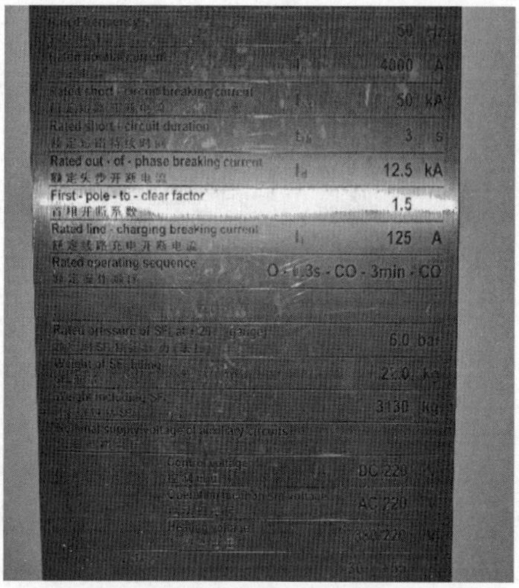

图 6-10 2501 断路器铭牌

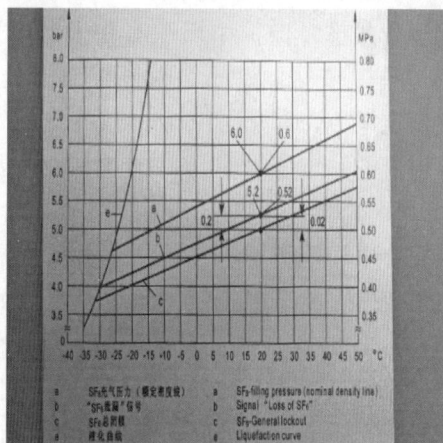

图 6-11 2501 断路器 SF₆ 压力—温度曲线

3. 异常分析

经查阅图纸，2501 断路器为西门子公司的 3AP1FG，断路器控制回路Ⅰ发 SF₆ 低压力闭锁和开关控制回路断线信号，控制回路Ⅱ不发信且结合现场 SF₆ 压力表计检查结果，可判断异常存在于断路器控制回路Ⅰ中。

经检修检查断路器第一组控制回路，发现其闭锁回路中 K66 中间继电器损坏误动作，其动断节点 15-16 断开，进而导致 K10 闭锁继电器失电，K10 继电器 61-62 动断接点闭合，第一组 SF₆ 闭锁分合闸发信；同时，断路器第一组控制回路中，K10 继电器动合接点断开（合闸回路为 13-14 接点），从而导致断路器第一组控制回路断线，影响断路器第一组分合闸回路。断路器 SF₆ 压力低闭锁图、断路器第一组分合闸控制回路图如图 6-12、图 6-13 所示。

4. 注意事项

（1）当断路器发出"压力低告警""压力低闭锁"等信号时，首先应检查 SF₆ 气体的压力表，并与断路器压力—温度曲线进行对比，判断是否存在压力偏低的情况。若压力表确实压力偏低导致断路器闭锁，此时会导致断路器两组控制回路均断线，应及时向调度申请断路器改非自动。

（2）若表计实际压力正常，此时应判断为误发信或闭锁回路元件异常导致断路器被误闭锁，双跳圈开关应注意区分一组控制回路被闭锁还是两组控制回路均被闭锁，从而准确地向调度进行汇报，若一组控制回路被闭锁，此时另一组控制回路仍可跳闸，若两组控制回路被闭锁，此时该断路器将不能跳闸。

五、某 500kV 变电站 220kV Ⅲ、Ⅳ段母联 2550 断路器三相不一致功能校验异常实例

1. 情况简述

2020 年 11 月 16 日，检修班组按计划进行某 500kV 变电站 220kV Ⅲ、Ⅳ段母联

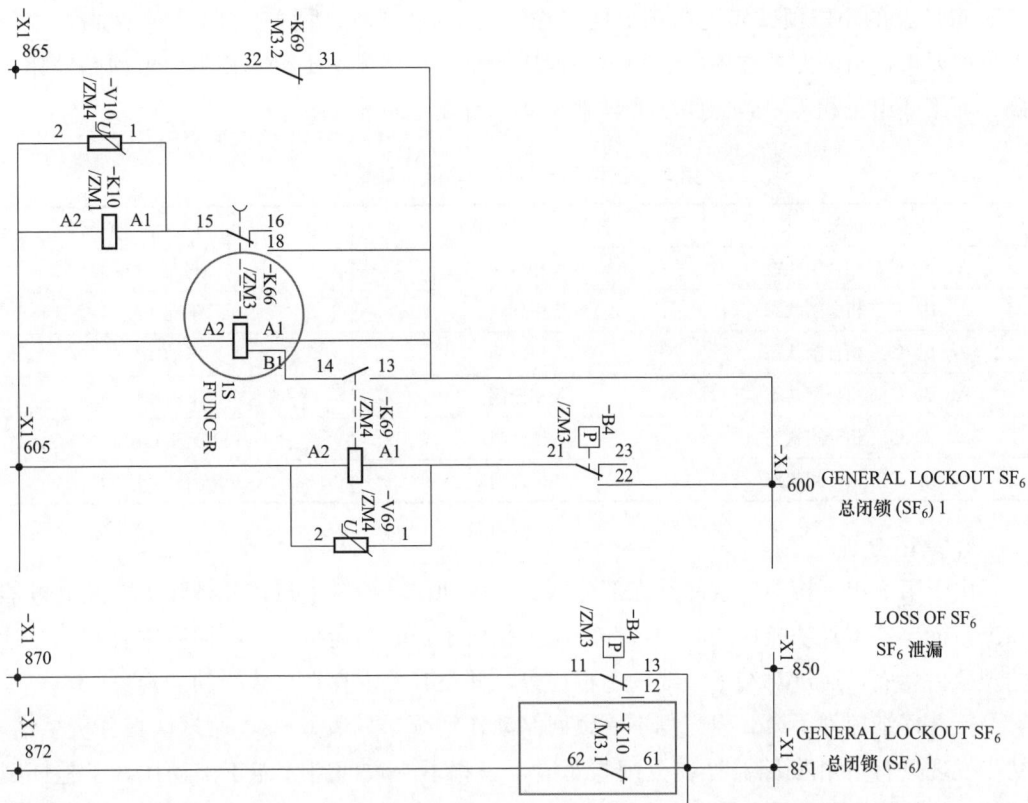

图 6-12　2501 断路器 SF₆ 压力低闭锁回路及发信图

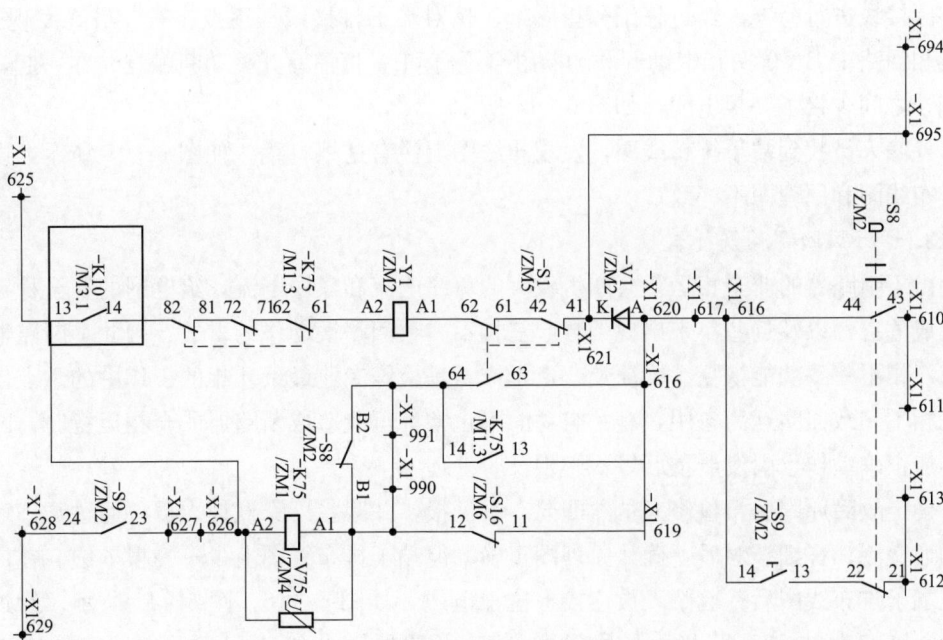

图 6-13　2501 断路器第一组合闸控制回路图

2550 断路器的小修预试和机构箱更换工作。由于此间隔未进行三相不一致改造，检修人员按要求进行断路器本体的三相不一致功能验证，结果第 1 组三相不一致回路动作正确，而第 2 组三相不一致回路功能异常，动作情况见表 6-3。

表 6-3 　　　　　　　　　　第 2 组三相不一致回路功能验证情况

初始状态	断路器非全相状态	三相不一致动作情况
A、B、C 三相合闸状态	A 相分闸	B、C 相分闸（正常）
A、B、C 三相合闸状态	B 相分闸	不动作
A、B、C 三相合闸状态	C 相分闸	不动作
A、B、C 三相分闸状态	A 相合闸	不动作
A、B、C 三相分闸状态	B 相合闸	B 相分闸（正常）
A、B、C 三相分闸状态	C 相合闸	C 相分闸（正常）

2. 缺陷分析

由于第 2 组三相不一致回路在部分情况下可动作，检修人员首先排除了时间继电器和出口继电器本身功能性的问题，怀疑是否是由于长时间运行，导致回路中有端子松动的现象。然而，通过对端子接线的逐根检查，并没有发现存在接线松动的现象。

接着仔细梳理了第 2 组三相不一致回路动作情况，见表 6-3，通过认真分析总结，初步发现只有 A 相断路器处在分闸状态时，三相不一致回路才能正确动作，于是怀疑可能是接线错误。

检修人员找到该变电站 220kV Ⅲ、Ⅳ 段母联 2550 断路器的图纸，进行仔细核对，确认如果按原理图，三相不一致回路动作应该没有问题。确认原理图没有问题后，开始对实际接线进行检查。经过仔细分析图纸、核对端子排接线、逐点排查，最终发现第 2 组三相回路中 B、C 两相辅助开关动断触点没有和 A 相辅助开关动断触点并在一起，两个端子之间少接了一根电缆，如图 6-14 所示。

检修人员找到端子排布线图，发现布线图上没有这根电缆，如图 6-15 所示，即端子排布线图和原理图不一致。

3. 运行风险评估及处置情况

由于断路器的非全相运行会产生较大的负序电流和零序电流，给电网的安全稳定运行造成危害，以及近些年来出现了数起三相不一致回路误动作的事故，因此，断路器本体的三相不一致功能恢复、验证及改造工作，是检修专业最近几年的工作中的重点。两组三相不一致回路互为备用，有一组功能不正常都可能造成断路器非全相运行时，断路器不能正确动作，引发严重后果，必须及时处理。

确定故障原因后，检修人员立即向专责汇报，并联系厂家设计人员，通过与厂家人员沟通交流、仔细核对后，确认原理图正确，但端子排布线图上少了一根电缆。在厂家修正端子排布线图后，检修人员连接上这根电缆，如图 6-16、图 6-17 所示。经过处理后，该变电站 220kV Ⅲ、Ⅳ 段母联 2550 断路器第 2 组三相不一致回路功能恢复正常。

图 6-14　三相不一致回路原理图

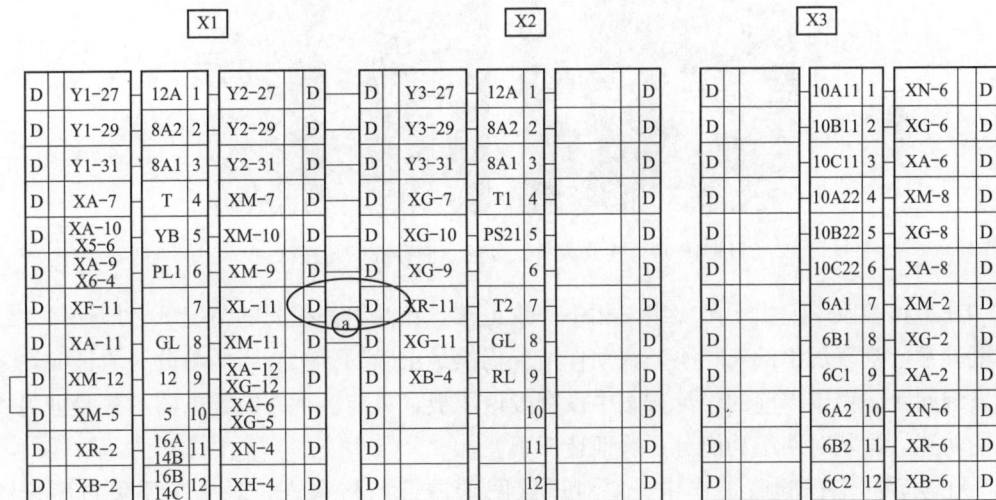

图 6-15　机构箱端子排布线图（修改前）

4. 整改措施及预防建议

厂家设计的端子排布线图漏了一根电缆线，是导致此次异常现象的主要原因，如图 6-14、图 6-15 所示，由于少了图中画圈中所示的短接线，A 相断路器辅助开关的动断触点变成了唯一的通路，在三相断路器位置不一致的情况下，只有当 A 相辅助开关动断触点闭合，及 A 相断路器处在分闸状态时，三相不一致回路才可能接通，这就造成了第 2 组三相不一致回路的异常动作现象。

X1												X2						X3				
D	Y1-27	12A	1	Y2-27	D		D	Y3-27	12A	1		D	D					D		10A11	1	XM-6	D
D	Y1-29	8A2	2	Y2-29	D		D	Y3-29	8A2	2		D	D					D		10B11	2	XG-6	D
D	Y1-31	8A1	3	Y2-31	D		D	Y3-31	8A1	3		D	D					D		10C11	3	XA-6	D
D	XA-7	T	4	XM-7	D		D	XG-7	T1	4		D	D					D		10A22	4	XM-8	D
D	XA-10 X5-6	YB	5	XM-10	D		D	XG-10	PS21	5		D	D					D		10B22	5	XG-8	D
D	XA-9 XG-4	PL1	6	XM-9	D		D	XG-9		6		D	D					D		10C22	6	XA-8	D
D	XF-11		7	XL-11	D (a) D	XR-11	T2	7		D	D					D		6A1	7	XM-2	D
D	XA-11	GL	8	XM-11	D		D	XG-11	GL	8		D	D					D		6B1	8	XG-2	D
D	XM-12	12	9	XA-12 XG-12	D		D	XB-4	RL	9		D	D					D		6C1	9	XA-2	D
D	XM-5	5	10	XA-6 XG-5	D		D			10			D					D		6A2	10	XN-6	D
D	XH-2	16A 14B	11	XN-4	D		D			11			D					D		6B2	11	XH-6	D
D	XB-2	16B 14C	12	XH-4	D		D			12		D	D					D		6C2	12	XB-6	D

图 6-16 厂家更改后的端子排布线图

图 6-17 检修人员恢复的本应存在的短接线

在工程验收中，由于第 1 组三相不一致正常，在两组都投入的情况下，即使第 2 组功能异常，其表现出的三相不一致动作情况仍然是正确的。只有当两组分开验证时，才能发现问题。由于以前的设计方案中没有投退压板，只能拆下一组继电器，来验证另一组的功能，这就对两组功能分开验证造成不便。

在今后的工程验收工作中，要对厂家图纸进行严格审查，对施工质量进行严格把控。

第三节　断路器事故及异常处理训练

一、断路器 SF_6 压力突然降为 0 处理

1. 现象

某年 7 月 17 日 16：00 值班员发现 C 相 SF_6 压力低告警报文信息，立即翻看光字牌

发现 C 相 SF_6 低报警、SF_6 压力低闭锁分合闸、控制回路 I 断线和控制回路 II 断线光字牌闪亮，现场检查发现 2K92 断路器 A、B 相 SF_6 压力表指示正常，C 相 SF_6 压力表指示为 0。检修人员换掉 C 相断路器全部 SF_6 结构后恢复正常，事后根据告警信息窗信息，7 月 17 日 16：00，2K92 断路器 C 相 SF_6 气体是突然泄漏至 0。

2. 处理参考答案

汇报调度后，先倒母线，然后调度一般会发令对侧拉开断路器，本站侧拉开母联 2510 断路器，再解锁拉开 2K926 及 2K922 隔离开关，将 2K92 断路器隔离（见图 6-18），改为断路器检修。

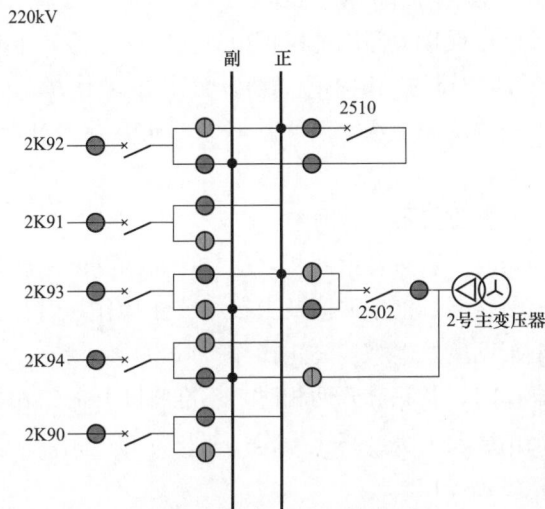

图 6-18　2K92 一次系统图

二、断路器导流部分发热异常处理训练

1. 现象

断路器接头发热或触头发热，发热主要通过接头金属变色或点温仪、红外成像仪发现。

2. 处理参考答案

导流部分发热，一个是断路器接头接触不良，包括接触面处理不好、接触面积小、接触面压力不够等；另一个是断路器触头表面烧伤及氧化造成接触不良，接触行程不够使接触位置不到，接触压紧弹簧变形，弹簧失效等，都会导致接触电阻增大而发热。断路器接头接触不良，主要通过控制负荷电流来控制接头温度，寻找合适机会停电处理。断路器触头发热，同断路器接头发热处理，但如果温度过高时，应考虑有可能使得触头烧牢，使断路器操作时损坏断路器，可立即降低负荷电流（拉开对侧断路器），通过等电位操作隔离断路器。

三、断路器拒动事故处理训练

1. 现象

断路器拒合、拒分，分相断路器拒合一相、拒合二相，分相断路器拒分一相、拒分两相。

2. 处理参考答案

断路器发生拒动时，值班员应对断路器的控制回路、控制电源，操动动力，闭锁开放情况进行分别检查，判断控制回路是否断线，检查控制回路断线信号是否告警、跳位（分闸时 TWJ）、合位（合闸时 HWJ）继电器是否动作，判断操动动力是否正常，检查液压机构压力正常，判断断路器是否闭锁，检查合闸闭锁、总闭锁是否动作，遥控控制是否正常，检查遥（近）控切换开关是否在遥控位置，遥控出口是否动作（重发命令）。断路器分位时，检查出问题及时处理后，继续操作，问题未发现和未处理时，禁止合闸；断路器合位时，检查基本同断路器分位时，断路器带电时禁止进行近控操作。当断路器拒分时，可采用等电位或扩大停电范围停电处理。正常方式下断路器发生非全相运行时，500kV 及 220kV 断路器的三相不一致保护正常应动作跳闸。若三相不一致保护未正确动作，应立即汇报调度和上级，若无法联系时可自行拉开非全相运行的断路器，事后迅速汇报。

断路器操作过程中三相位置不一致时：

（1）断路器合闸操作时，若只合上两相，应立即将断开的一相再合一次，如仍只合上两相，应立即拉开该断路器，汇报调度及上级，终止操作；若只合上一相时，应立即拉开，不允许再合，汇报调度及上级，终止操作。

（2）断路器分闸操作时，若只分开两相时，不准将断开的二相再合上，而应迅速将合上的一相拉开，汇报调度及上级，终止操作；如只分开一相，应迅速将断开的一相合上，汇报调度及上级，终止操作。

四、断路器"控制回路断线"（见图 6-19）分析和处理训练

1. 原因分析（见图 6-20）

（1）断路器在非自动状态，相应的断路器发此信号。

（2）断路器 SF$_6$ 气体降至闭锁值时。

（3）断路器运行时，第一组跳闸回路断线，发"控制回路Ⅰ断线"。

（4）断路器运行时，第二组跳闸回路断线，发"控制回路Ⅱ断线"。

（5）断路器在分位时，如果合闸回路断线，将同时发"控制回路Ⅰ断线""控制回路Ⅱ断线"。

（6）断路器的辅助接点接触不良。

（7）二次回路接线出现接触不良或是绕组断线。

2. 处理参考方法

（1）电气方面原因。能根据图纸自行查找处理的自行处理，不能查找处理的上报，等候检修班处理。

（2）因为压力降低、机构原因出现控制回路断线时，应首先汇报调度，申请转移负荷，采用旁路代供线路或用上一级断路器隔离的方法停电处理。

五、3/2 接线断路器闭锁分合闸后隔离训练

某 500kV 变电站 3/2 断路器接线图如图 6-21 所示。

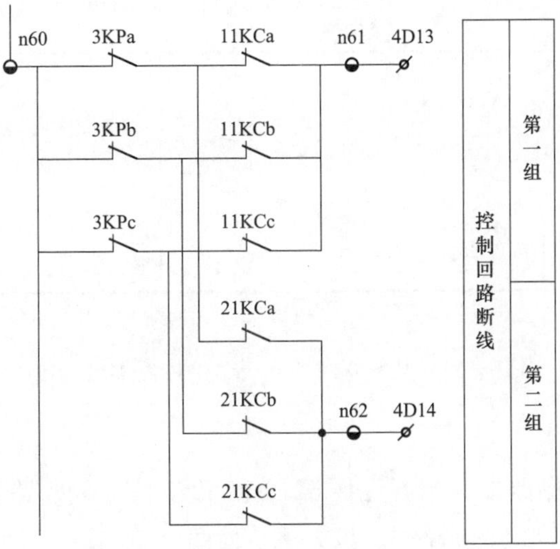

图 6-19 控制回路断线原理图

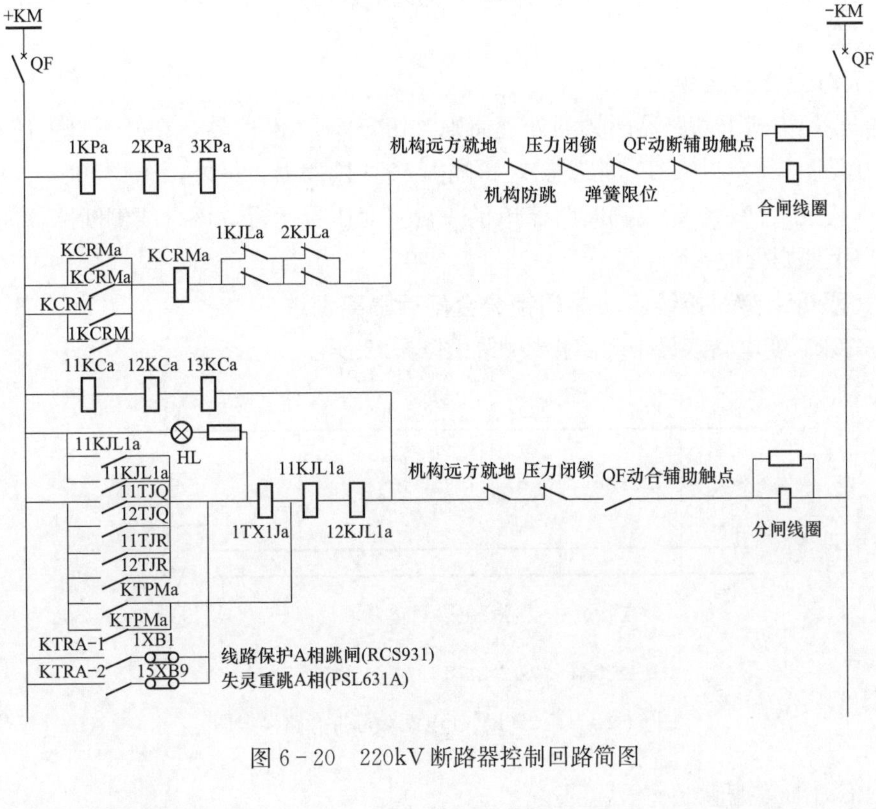

图 6-20 220kV 断路器控制回路简图

1. 5011 断路器闭锁

断开 5012 断路器和Ⅰ母上的所有其他断路器（见图 6-21 中 5021 断路器），再拉开 5011 断路器两侧隔离开关，隔离 5011 断路器。该方法将使 5011、5012 断路器所供的 500kV 元件 5219 停电，因此隔离 5011 断路器前需调整潮流，隔离后及时对 5012 断路器和Ⅰ母送电，使元件 5219 复电，恢复系统运行方式。

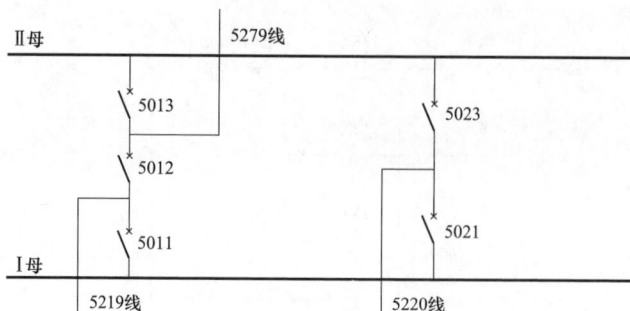

图 6-21　某 500kV 变电站 3/2 断路器接线图

2. 5012 断路器闭锁

断开 5011、5013 断路器，断开元件 5219 和 5279 的对侧断路器，再拉开 5012 断路器两侧隔离开关，隔离 5012 断路器。该方法将使两个 500kV 元件 5279 和 5219 均停电，对系统方式影响较大，系统网络变得薄弱。因此隔离 5012 断路器前，需调整潮流，控制好系统出力及负荷，防止系统稳定破坏，隔离后及时对元件 5279 和 5219 送电，恢复系统运行方式。

3. 5021 断路器闭锁

按完整串方式下断路器闭锁的处理原则，切开 5023 断路器，切开 I 母上所有其他断路器（见图 6-21 中 5011 断路器），再隔离 5021 断路器。另外，有些 500kV 变电站，其个别串甚至只有一个母线侧断路器单供一台主变压器运行，该母线侧断路器闭锁后，也需按以上原则处理。

六、双母带旁路接线断路器闭锁分合闸后隔离训练

某 220kV 变电站双母带旁路接线图如图 6-22 所示。

图 6-22　某 220kV 变电站双母带旁路接线图

1. 2K91 断路器闭锁

（1）首先考虑通过旁路 2520 断路器代供闭锁断路器，再隔离闭锁断路器。

（2）如果旁路 2520 断路器发生故障，不能旁代。如图 6-22 所示，闭锁的线路 2K91 断路器挂 II 母，可将除线路 2K91 断路器外的所有设备倒至 I 母运行，再断开母联 2510 断路器和线路 2K91 的对侧断路器，使线路 2K91 停电，然后再拉开线路 2K91 断路器两侧隔离开关。

（3）如果旁路 2520 断路器故障且所有设备运行于Ⅱ母，Ⅰ母在检修时，线路 2K91 断路器闭锁，可用以下操作方法。

1）合上线路 2K90 断路器的旁路隔离开关，合上线路 2K91 断路器的旁路隔离开关，使线路 2K90 及线路 2K91 断路器通过Ⅲ母并联运行。

2）退出线路 2K90 断路器的操作电源（线路 2K91 断路器的操作电源已退出）。退出操作电源是防止在拉开 2K91 断路器两侧隔离开关期间 2K90 断路器或 2K91 断路器跳闸，造成带负荷拉隔离开关。

3）拉开线路 2K91 断路器的两侧隔离开关，隔离闭锁的线路 2K91 断路器。

4）投入线路 2K90 断路器的操作电源。

5）断开线路 2K90 的两侧断路器，断开线路 2K91 的对侧断路器，使线路 2K90 和 2K91 停电，再拉开线路 2K90 和 2K91 断路器的旁路隔离开关。

6）合上线路 2K90 的两侧断路器，恢复线路 2K90 的运行。使用该方法隔离闭锁断路器，将使两条线路停电，系统方式变化较大，之前需调整潮流。闭锁断路器隔离后，它所供的线路不能恢复。如果该线路很重要，可考虑该线路通过旁母与其他线路跳通，需注意配合更改系统继电保护。

2. 2510 断路器闭锁

（1）优先采取合上出线（或旁路）断路器两把母线隔离开关的方式隔离。

（2）将所有设备倒至任一条母线运行，再拉开母联 2510 断路器两侧隔离开关，通过用隔离开关拉空载母线充电电流，隔离母联 2510 断路器。

第七章

隔离开关事故及异常

第一节　隔离开关事故及异常处理概述

一、隔离开关事故处理概述

1. 隔离开关拒动

发现隔离开关电动拒动时，应首先认真检查隔离开关的操作条件是否满足，排除因防误操作闭锁装置作用而将隔离开关操作回路解除的可能，在此基础上对以下内容进行检查。

（1）控制电源是否正常（可根据有关信号判定），机构箱内的远方/就地切换开关是否在"远方"位置。

（2）断路器端子箱内操作电源熔丝是否熔断。

（3）断路器端子箱内有无交流电源，电动机保护低压断路器是否跳闸。

（4）隔离开关机构箱内电源断路器是否跳闸，接触器是否卡死。

（5）驱动电动机热继电器是否动作，缺相保护继电器是否跳闸。

（6）电磁锁锁栓是否复位（如有的话）。根据检查情况加以消除，不能消除时，在操作条件满足的情况下采用手动操作方式进行操作。

（7）运行中发现隔离开关接触不良或接线桩头松动引起发热时，应立即汇报当值调度员，要求减负荷或转移负荷。在情况允许时进行停电检修，在未处理前应加强对发热点的监视。

2. 隔离开关操作失灵处理

隔离开关操作失灵故障及处理措施见表7-1。

表7-1　　　　　　　　　　隔离开关操作失灵故障及处理措施

隔离开关操作失灵			
拒合	合闸不到位三相不同期故障处理	拒分	隔离开关电动分、合闸操作时中途自动停止
若接触器不动作，属回路不通 若接触器已动作，检查电动机转动是否因机械卡滞	出现隔离开关不到位，三相不同期时，拉开重合反复几次，操作动作符合要领，用力要适当	检查电动操作机构检查手动操作机构	隔离开关在操作中，出现中途自动停止故障或接触不良分合闸自保持回路出现异常

（1）拒合。电动机构的隔离开关拒合闸时，应观察接触器动作与否、电动机转动与否以及传动机构动作情况等，区分故障范围，并向调度汇报。电动机构故障的分析处理如下。

1）若接触器不动作，属回路不通，应做如下检查处理。

首先应核对设备编号、操作程序是否有误，操作回路被防误闭锁，回路闭锁，回路就不能接通，纠正错误操作。

若不属于误操作，应检查操作电源是否正常，熔丝是否熔断或接触不良。

若无以上问题可能是接触器卡滞合不上，应暂停操作，处理正常后继续操作。

2）若接触器已动作，应做如下检查处理：①问题可能是接触器卡滞或接触不良，也可能是电动机问题；②如果测量电动机接线端子上电压不正常，则证明接触器问题，反之属电动机问题；③若不能自行处理，可用手动操作合闸，汇报上级，安排停电检修。

3）若检查电动机转动机构，如因机械卡滞合不上，应暂停操作，并做如下检查处理：①检查接地闸刀看是否完全拉到位，将接地闸刀拉开到位后，可继续操作；②检查电动机是否缺相，三相电源恢复正常后，可又继续操作；③如果不是缺相故障，则可用手动操作，检查机械卡滞的部位，若排除可继续操作。若无法操作，应利用倒运行方式的方法先恢复供电，再汇报调度。

4）合闸不到位、三相不同期的故障处理。隔离开关如果在操作时，不能完全到位，接触不良，运行中会发热。出现隔离开关不到位、三相不同期时，应拉开重合、反复合几次，操作动作符合要领，用力要适当。如果无法完全合到位，不能达到三相完全同期，应戴绝缘手套，使用绝缘棒，将隔离开关的三相触头顶到位，汇报上级，安排计划停电检修。

（2）拒分。

1）电动操作机构的检查及处理措施。若接触器不动作，属回路不通，首先应核对设备编号、操作程序是否有误，操作回路被防误闭锁，回路闭锁，回路就不能接通，纠正错误操作；若不属于误操作，应检查操作电源是否正常，熔丝是否熔断或接触不良；若无以上问题，可能是接触器卡滞合不上，应暂停操作，处理正常后继续操作。

若接触器已动作的情况下，其问题可能是接触器卡滞或接触不良，也可能是电动机问题。如果测量电动机接线端子上电压不正常，则证明接触器问题；反之，属电动机问题。若不能自行处理，可用手动操作分闸，汇报上级，安排停电检修。

检查电动转动机构，如因机械卡滞合不上，应暂停操作。检查电动机是否缺相，三相电源恢复正常后，可继续操作。如果不是缺相故障，则可用手动操作，检查机械卡滞、抗劲的部位，若难排除无法操作，汇报调度及工区。

2）手动操作机构的检查及处理措施。首先核对设备编号，看操作程序是否有误，检查断路器是否在断开位置；无上述问题时，可反复晃动操作手把，检查机械卡滞的部位；如属于机构不灵活、缺少润滑，可加注机油，多转动几次，拉开隔离开关；如果抵抗力在隔离开关的接触部位、主导流部位，不许强行拉开，应倒运行方式，将故障隔离开关停电检修。

（3）隔离开关电动分、合闸操作时中途自动停止时的故障处理。隔离开关在电动操作中，出现中途自动停止故障，如触头之间距离较小，会长时间拉弧放电。原因多是操作回路过早打开，回路中有接触不良而引起。拉闸时，出现中途停止，应迅速手动将隔离开关拉开，汇报上级，安排停电检修；若时间允许，应迅速将隔离开关拉开，待故障排除后再操作。

二、隔离开关异常处理概述

1. 操作机构卡涩

单就一把隔离开关而言，其操作频率是相当低的。在户外环境下，长时间的静止态会使操作机构发生锈蚀、润滑脂干涸、缝隙积灰粘连等情况造成操作时的卡涩现象。电动操作时就有可能因电动机过负荷发生熔丝熔断、热继电器动作等情况；或手动操作时，还会因用力过猛造成传动部件变形断裂。因此，当发现隔离开关有卡涩现象时，应暂停操作，对操作机构和各传动部件进行检查，防止在机械闭锁的情况下强行操作，损坏设备。如果隔离开关在电动操作过程中突然因熔丝熔断、热继电器跳闸而停止时，为避免触头间持续拉弧和隔离开关辅助接点在不确定状态对保护构成不利影响，应立即将其改为手动操作方式继续完成操作或返回起始状态，然后再对隔离开关操作机构进行检查处理。

2. 合闸不到位

当出现隔离开关操作机构因完成操作而停止但主触头并未完全到位的情况时，为避免延误送电，可采用手动操作方式将其小幅度回复后再行合闸，必要时辅以绝缘棒顶推，使隔离开关合闸到位，操作结束后填报缺陷，报告有关领导，日后安排处理。

3. 辅助开关切换不良

双母线接线方式下，线路或元件的二次电压甚至母差保护的电流回路都是通过母线隔离开关的辅助开关切换的，如隔离开关操作时辅助开关切换不良将会导致"电压回路断线""隔离开关辅助接点监视""母差电流回路断线"等信号掉牌异常情况，此时可以征得调度同意后将隔离开关重复操作一次，若不能排除时应迅速汇报有关调度停用有关保护并通知检修人员进行紧急处理。

4. 隔离开关在运行中发热处理

隔离开关在运行中发热，主要是负荷过重、触头接触不良、操作时没有完全合好所致。接触部位过热，使接触电阻增大，氧化加剧，可能会造成严重事故。

（1）隔离开关发热的检查。在正常运行中，运行人员应按规定巡视检查设备，检查隔离开关主导流部位的温度不应超过规定值。可采用以下方法，检查主导流部位有无发热。

1）定期用测温仪器测量主导流部位、接触部位的温度。

2）怀疑某一部位有发热情况，无专用仪器时，可在绝缘棒上绑蜡烛测试。

3）根据主导流部位所涂的变色漆颜色变化判定。

4）利用雨雪天气检查。如果主导流部位、接触部位有发热情况，则发热的部位会有水蒸气、积雪融化、干燥现象。

5）利用夜间熄灯巡视检查。夜间熄灯时可发现接触部位，有白天不易看清的发红、冒火现象。

检查各种接触部位的金属颜色、气味，导流接触部位有无热气上升，可发现发热现象；但应注意是否有过去发热时遗留下的情况，应加以区分。接头过热后，金属会因过热而变色，铝会变白，铜会变紫红。如果接头外部表面上涂有相序漆，过热后漆色变深，漆皮开裂或脱落，能闻到烤煳的漆味。

（2）隔离开关发热的处理方法。发现隔离开关发热的主导流接触部位有发热现象，应汇报调度，立即设法减小或转移负荷，加强巡视。处理时，应根据不同的接线方式，分别采取如下相应的措施。

1）双母接线。如果某一母线侧隔离开关发热，可将该线路经倒闸操作，倒至另一段母线上运行。汇报调度和上级，母线能停电时，将负荷转移以后，发热隔离开关停电检修。若有旁母时，可把负荷倒至旁母代供。

2）单母线接线。如果某一母线侧隔离开关发热，母线短时间内无法停电，必须降低负荷，并加强监视，尽量把负荷倒备用电源带，如果有旁母，也可以把负荷倒旁母代路方式，可带一条重要负荷。母线可以停电时，再停电检修发热的隔离开关。

如果是负荷（线路侧）隔离开关运行中发热，其处理方法与单母接线时基本相同，应尽快安排停电检修，维持运行期间，应减小负荷并加强监视。

对于高压室内的发热隔离开关，在维持期间，除了减小负荷并加强监视外还要采取通风降温的措施。

5. 调度关于隔离开关异常处理规定

（1）隔离开关在操作过程中发生分合不到位的情况，现场值班人员应首先判断隔离开关断口的安全距离。当隔离开关断口安全距离不足或无法判断时，则应在确保安全情况下对其隔离。

（2）隔离开关在运行时发生烧红、异响等情况，应采取措施降低通过该隔离开关的潮流（禁止采用合另一把母线隔离开关的方式），必要时停用隔离开关处理。

6. 隔离开关运行与操作要点

（1）隔离开关操作前，应检查并确认其操作条件全部满足。隔离开关拒动、电动操作失灵或电磁锁打不开时应首先检查其操作条件是否满足。

隔离开关的主要作用之一是在检修设备与运行设备之间形成明显的断开点，原则上隔离开关不能开断负荷电流。因此在隔离开关操作前，必须检查其相应的断路器、接地闸刀的位置等操作条件是否满足。为了防止电气误操作，一般隔离开关的操作机构都加有电气闭锁、电磁锁回路或机械闭锁装置。当隔离开关拒动、电动操作失灵或电磁锁打不开时，应首先检查相应的断路器、接地闸刀的位置是否符合操作条件，排除防误闭锁装置作用的可能，再检查其相应的交流和直流控制回路。只有在确认操作条件满足的情况下，按解锁规定汇报有关领导并获同意后，方可解除闭锁进行手动操作。

（2）装有电气闭锁回路的隔离开关进行手动机械操作时，其防误闭锁功能失效，此时更应认真检查其回路和操作条件。隔离开关在不同接线方式下的操作条件是不一样的，其中尤以双母线带旁路接线中的母线隔离开关操作最为复杂。

以 25311 隔离开关为例，其操作条件逻辑图如图 7-1 所示。该隔离开关的操作条件如下。

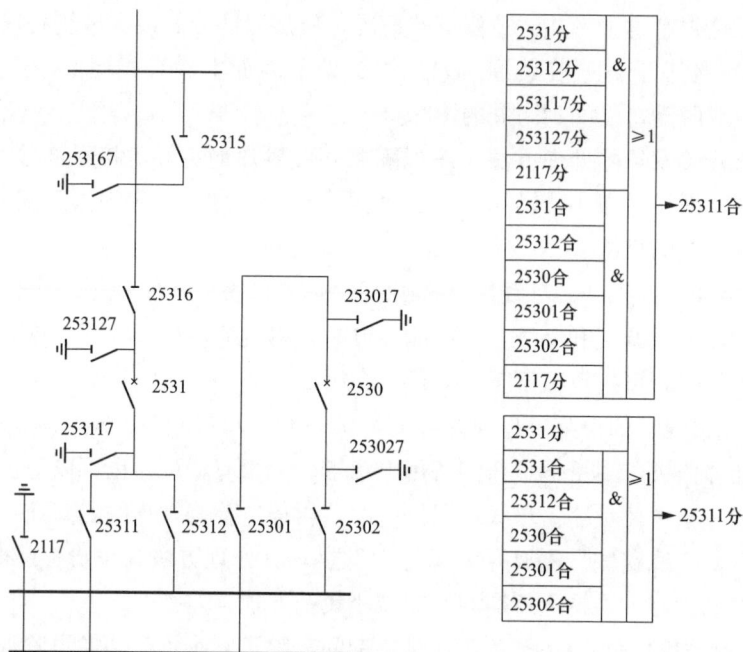

图 7-1 25311 隔离开关操作条件逻辑图

25311 隔离开关合闸的操作条件可分为两种情况，一种是设备停复役操作，其条件为：2531 分、25312 分、253117 分、253127 分、2117 分；另一种是倒排操作，其条件为：2531 合、25312 合、2530 合、25301 合、25302 合、2117 分。

为了保证操作人员的人身安全，对装有电动操作机构的隔离开关进行手动机械操作时，其电气操作回路将自动解除，此时电气闭锁回路可能失去作用。因此，这种情况下的操作必须遵守解锁操作的有关规定，汇报有关领导并获同意。操作前更应认真检查有关断路器、隔离开关（接地闸刀）位置与操作条件是否满足，严格执行操作前的"四对照"规定，在确认无误后，方可实施手动操作（500kV 的隔离开关一般不得带电手动操作）。

（3）合 500kV 接地闸刀，特别是合线路接地闸刀前应确认相应避雷器泄漏电流表和有关指示仪表无指示。

500kV 验电器在实际使用中存在可靠性差和使用不便等问题，因此许多 500kV 变电站通常通过间接方法进行验电的。由于 500kV 线路 CVT 和避雷器均安装在出线隔离开关线路侧，线路有无电压一般可通过避雷器泄漏电流表和线路电压表来监视。如果避雷器泄漏电流表和线路电压表均无指示时（必须确认线路停电前表计指示是正常的），可以认为该线路已无电压。

为此 500kV 验电可以按以下方法进行间接验电。合断路器两侧接地闸刀前应检查相应的隔离开关（明显的隔离点）确在分开位置。合线路接地闸刀前，除检查本侧有明显的隔离点以外，还要检查其避雷器泄漏电流表指示为零，同时其线路电压表指示为零后，方可执行操作。

（4）220kV 母线隔离开关操作后应检查并确认其母差互联回路切换良好。近年来，一种带有内联、互联回路的母差保护装置（如 BP-2B）在双母线接线的 220kV 及以上变电站推广应用。这种母差保护的最大特点是不论何种方式的一次操作都无需对母差的电流回路和出口回路进行任何形式的配合操作，而是通过有关隔离开关的辅助接点构成相应的逻辑回路进行自动切换。也就是说，在对 220kV 母线隔离开关进行一次操作的同时，其二次部分自动进行一系列重要和复杂的切换操作。其内容包括：

1）断路器连接回路的切换。

2）倒排操作时互联回路的切换。

3）母联或分段断路器电流回路的切换。

因此，220kV 母线隔离开关辅助接点的动作质量对于上述切换操作的成败是至关重要的。如果切换不成功将闭锁某一段或全部母差保护，并发出 TA 断线或手动闭锁信号。为此，装置设有专门的隔离开关监视继电器和隔离开关切换继电器用以对隔离开关辅助接点的动作情况和切换回路的动作情况进行监视。凡 220kV 母线隔离开关操作后均应对相应的监视和切换继电器进行检查，特别是中央信号屏发出相关信号后应及时检查分析、查明原因并加以排除后再进行其他操作。

第二节 隔离开关典型事故及异常实例

一、一起隔离开关放电事故

某变电站 220kV 正母线停役的倒排操作中（一次系统简图见图 7-2），合上 2532 副母隔离开关后再拉正母隔离开关时，发生正母隔离开关卡死，电动、手动合分闸机构均失灵，此时该隔离开关动静触头之间距离只有 3cm 左右，调度准备将 2532 断路器及正母改检修处理，调度发令拉开 2532 断路器，再拉开 2510 断路器时，由于正母线失电、25321 正母隔离开关两侧有较大的电位差，动、静触头之间发生放电起弧（见图 7-3），现场值班员当机立断将 2510 断路器合上使故障隔离开关两侧等电位消除放电。

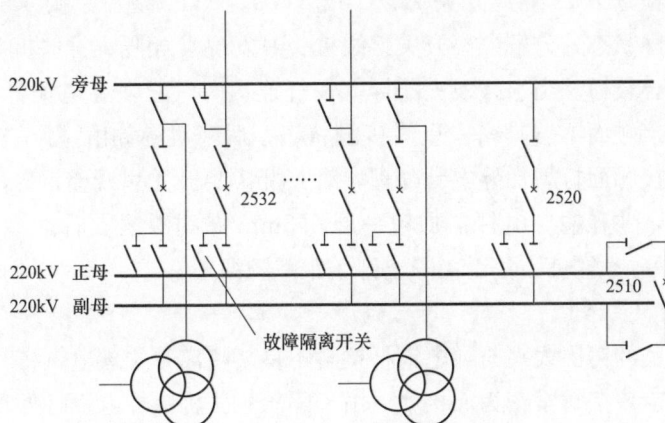

图 7-2 220kV 一次系统简图

图 7-3 隔离开关放电实景图

采用如下安全方法避免了放电及其他严重情况，先用旁路 2520 断路器正旁母代 2532 断路器运行，拉开 2532 的副母隔离开关（应将运行的 2520、2532 断路器、母联 2510 断路器改非自动后），发令对侧变电站拉开 2532 断路器，再将母联 2510 断路器改自动后拉开本站母联 2510 断路器，使故障隔离开关两侧同时失电，防止了闪络放电及事故发生。

二、一起 110kV 隔离开关接线桩头发热异常

1. 事件经过

某日 15 时，运行人员在测温时发现某变电站 1 号主变压器 110kV 侧 7011 隔离开关 C 相母线侧引线桩头为 115℃，A 相主变压器侧引线桩头为 86℃（见图 7-4）。

图 7-4 红外成像仪测温照片

7 月 26 日凌晨 2 时变电检修工区抢修人员对 7011 隔离开关 A、C 两相导电回路进行检查处理。

处理过程中检查 7011 隔离开关 A、C 相（GW5-110 型）原接线桩头（铸铝夹紧式）的螺栓为紧固状态，分解隔离开关接线桩头时发现 C 相隔离开关桩头导电铜杆外径与线夹内径的配合较松。当引线线夹与导电铜杆连接时（套在导电铜杆上），虽然夹紧螺栓已紧固，但接触面不够紧密，呈线接触状态。后来对 A 相隔离开关引线座铜导电杆和铝接线桩头接触面打磨加导电膏处理，对 C 相隔离开关引线座铜导电杆和铝接线桩头接触面处理后，并在铜导电杆上加包一层 0.5mm 厚的磷铜皮后紧固引线线夹螺栓，检查接触情况良好。送电后对 7011 隔离开关跟踪测温正常。

2. 原因分析

（1）隔离开关的铸铝线夹与导电铜杆接触不良。隔离开关导电铜杆与引线线夹连接时，正常情况下应该接触紧密为面接触。由于隔离开关桩头导电铜杆外径与铝接线桩头内的加工尺寸偏差较大，导致隔离开关导电铜杆与铝接线桩头连接时接触面不够紧密，呈线接触状态，导致了发热。

（2）设备结构不合理。线夹材质为铸铝，导电杆材质是铜，不同材质接触时接触面无任何处理措施。

（3）材质不合理。铸铝线夹材质比较脆，夹紧螺栓紧固时不能用力太大（螺栓太紧线夹很容易断裂），这样对接触面也有一定影响。

（4）检修质量管理不到位。检修人员对检修的隔离开关结构不熟悉，不能及时、正确判断设备存在的隐患，检修过程中对接触面处理不到位。

3. 防范措施

（1）对所有GW5-110型隔离开关进行检查，还在使用铸铝线夹的全部调换为铜质线夹。

（2）今后检修中对部分主变压器回路及大电流导电回路增加接触电阻试验。

（3）加强检修专业知识培训，提高检修人员对设备缺陷的技术分析和判断能力。

（4）加强红外测温工作，尤其在迎峰度夏期间，尤其对重负荷线路。

（5）对发热缺陷不处理不放过，不分析清楚原因不放过，没有采取改进措施不放过。

三、一起母线隔离开关瞬间断流异常分析

1. 异常发现经过

某日，监控中心运行人员在对某500kV变电站监盘期间，敏锐地发现两条220kV同向双回路线路（这两条线路为图7-5中合环运行的2K90、2K99线）的三相电流负荷不平衡。

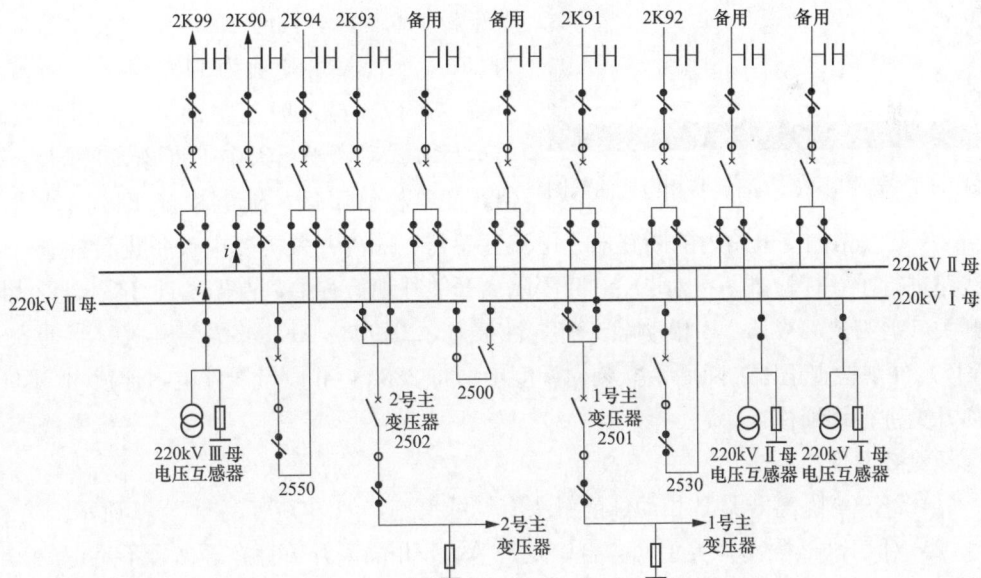

图7-5　某500kV变电站220kV系统一次接线图

通过分析电压曲线，发现2K90与2K99的A、C相电流基本平衡，2K90线B相电流在某一时段内瞬间突降为0A。与此同时，2K99线的B相瞬时电流突升至原来的1倍，持续约数分钟后又自行恢复。监控中心马上通知操作班运行人员对这两条线路回路进行了特殊巡视，未发现明显异常，红外测温正常。针对这一情况，监控中心和操作班

的运行人员加强了对该两条线路的监视。随后几天内，多次出现 2K90 线 B 相电流突降为 0A，2K99 线 B 相电流相应增大的现象（见表 7-2、图 7-6），但均能自行恢复。运行和检修人员对二次电流进行测量，确认该现象非测控装置误发信，对全回路进行红外测温，均未发现有异常发热点。

表 7-2　　　　　　　　　　　2K90、2K99 线相电流不平衡数值表

时间		2K90 电流/A			2K99 电流/A		
		A 相	B 相	C 相	A 相	B 相	C 相
8 月 16 日	12：15	117.19	0	115.74	126.72	215.30	119.40
	14：35	152.36	152.36	162.58	155.26	154.57	150.15
8 月 17 日	8：00	62.25	0	61.49	66.69	113.52	63.70
	10：20	132.60	138.4	145.70	144.27	142.06	135.50
8 月 18 日	10：05	167.00	0	175.78	173.57	320.00	179.45
	10：15	172.12	176.5	186.77	183.87	180.9	172.88
8 月 20 日	11：10	158.23	0	158.24	171.36	290.76	164.80
	11：20	150.15	153.8	164.00	160.37	158.2	150.90
8 月 21 日	8：45	147.25	0	146.49	145.25	275.00	144.75

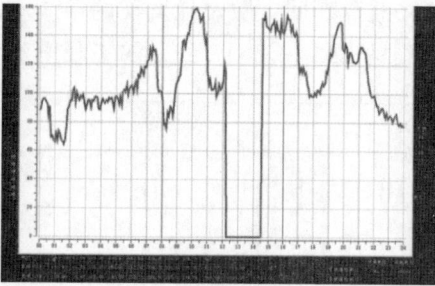

图 7-6　异常时 2K90 间隔 B 相电流曲线图

2. 异常的检查和处理

8 月 21 日 8：45，2K90 线 B 相电流再次突变为 0A，当时 A 相电流为 147.25A，C 相电流为 146.49A，同时 2K99 线 B 相电流上升为 275A，A、C 相电流为 145A 左右。异常发生后，运行人员及时汇报调度，经过调度调整运行方式后，于当天中午将 2K90 线改为检修，变电检修工区、输电检修工区的技术人员对 2K90 线两侧变电站内的断路器、电流互感器、隔离开关等变电设备进行检查，并对线路进行了登杆检查。在对 2K90 间隔隔离开关外观检查中，首先发现 2K902 母线隔离开关（剪刀式 GW16）B 相动触头有烧蚀痕迹，2K903、2K906 隔离开关（半插入式 GW17）外观检查正常。随后，立刻向调度申请将 220kV Ⅱ 段母线停电，连夜对 2K902 隔离开关进行详细检查。

经检查发现：

（1）2K902 隔离开关 B 相动、静触头有烧蚀痕迹，如图 7-7、图 7-8 所示。

（2）对 2K902 隔离开关手动分合，发现 A、B 相隔离开关存在轻微合不足现象。

（3）接触电阻。A 相为 $102\mu\Omega$、B 相为 $125\mu\Omega$，C 相为 $72\mu\Omega$（标准不大于 $125\mu\Omega$）。

确认 2K902 隔离开关 B 相因未能完全闭合引起烧蚀，接触电阻不合格。变电检修人员立刻调换 2K902 隔离开关 B 相操作拐臂和动、静触头。调换后，测得 B 相接触电阻为 $101\mu\Omega$，符合标准（标准是不大于 $125\mu\Omega$）。

3. 原因分析

（1）合闸不到位原因分析。在正常运行方式下，2K90、2K99 线为到同一 220kV 变

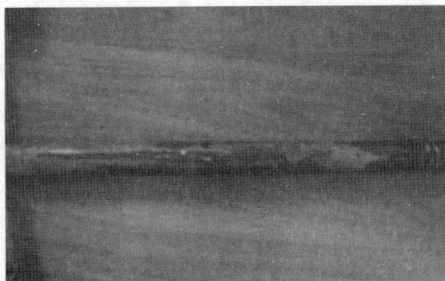

图 7-7　2K902 隔离开关静触头烧蚀痕迹

图 7-8　2K902 隔离开关动触头烧蚀痕迹

电站的同向双回路线路，负荷较小，电流不超过 150A。2K902 隔离开关 B 相由于产品或安装调试质量问题，未全部合足（剪刀动触头夹头在合闸状态下未夹紧，留有空隙），在风力、温度变化等外界因素的影响下，动触头夹头与静触头之间发生瞬间断流的现象（见图 7-9、图 7-10）。

图 7-9　未合足的隔离开关拐臂与限位

2K902 隔离开关合闸位置检查有两个判据为：

1）常规检查隔离开关动触头拐臂应达到水平或垂直位置。

2）隔离开关在合闸位置时，拐臂与限位的距离应为 2～5mm（下面看应基本接触），具体位置如图 7-9、图 7-10 所示。

（2）保护未发信原因分析。当 2K902 隔离开关发生瞬间断流时，保护装置并未发信，也未造成严重后果，具体分析如下。

1）2K90、2K99 线双回线路为合环运行，当发生瞬间断流时，2K90 线路 B 相电流突降为 0A，B 相电流流转至 2K99 线 B 相，使其电流增加 1 倍左右，但电流值小于 2K99 间隔设备的额定电流与线路的稳定限额。

2）异常发生期间，2K90、2K99 线一直为双回线路合环运行，未出现单回线运行的方式，所以该隔离开关 B 相多次发生等电位瞬间断流，未有严重后果；否则会发生隔离开关带负荷分闸的后果，烧毁隔离开关。

3）2K90 负荷较小，B 相断流后，最大零序电流只有 0.06A，未达到零序保护Ⅳ段的最小启动定值（0.1A），零序保护不会启动，故障录波器也不会启动。但此时，如果有相应的区外故障，保护有可能会误动。

4）2K90 线负荷较小，2K902 隔离开关在运行中，虽然接触电阻较大，但其发热不明显，有时电流会通过另外一条线路进行分流，导致了红外线成像测温不能及时发现其由于接触电阻大而造成的接点发热现象。

图 7-10　合足的隔离开关拐臂与限位

4. 解决措施和方法

首次发生异常之后，运行人员立即加强对电流曲线的监视，为避免故障恶化赢得了宝贵的时间。在找到异常发生的原因之后，全面组织对运行中的该类隔离开关（GW16或GW17型）开展专项检查工作，重点对是否满足第二个判据进行排查，检查隔离开关合闸是否到位，存在疑问的拍照后汇报核实。

这次异常的发现和解决，得益于变电运行人员在日常监盘中能够熟练运用电流、电压曲线图，监视是否存在设备运行过程中出现电流、电压变化现象。但是，当前的监控系统对于这类异常无告警信号，可考虑在后台中设置增加电流、电压三相严重不平衡门槛的告警信号。

四、某变电站 220kV 2K822 隔离开关 A 相拒分异常

1. 事件经过

某年 12 月 12 日凌晨，某变电站 220kV 倒母线操作，当操作到"拉开 2K822 隔离开关"时，发现 A 相隔离开关未分开，B、C 两相已经分开。值班员立即合上 2K822 隔离开关，同时汇报专职，申请解锁进行手动操作。手动分闸 A 相仍未拉开，B、C 两相在分位，然后再手动合上隔离开关，汇报专职、省调，省调要求恢复到操作前初始状态，值班员再根据操作票反步操作至初始状态，并填报了一类缺陷。因之前分闸时，A 相隔离开关稍微动了一点，但动、静触头未分开，恢复到初始状态后，仔细检查，2K822 隔离开关 A、B、C 三相均合闸到位，考虑到该隔离开关（特别是 A 相）由于动过后，可能出现合闸不足现象，值班人员每天 4 次特巡及跟踪测温，一直做到 12 月 16 日停电处理，均未发现异常。

2. 原因分析

12 月 16 日，停电检查，发现 220kV 2K822 隔离开关 A 相动触指因内部锈蚀导致触指无法打开而引起 A 相无法分闸，锈蚀原因为 A 相触头 3 个泄水孔中有两个堵塞，导致雨水无法及时排出，长久积累，导致内部锈蚀。现已调换同类型 A 相动触指，测量接触电阻正常，现隔离开关电手动分合正常，设备可以投运（见图 7 - 11～图 7 - 13）。

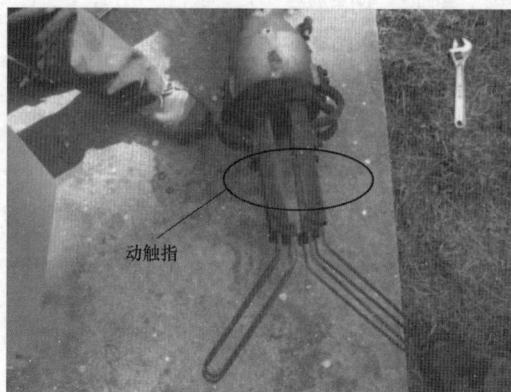

图 7 - 11 2K822 隔离开关 A 相动触指

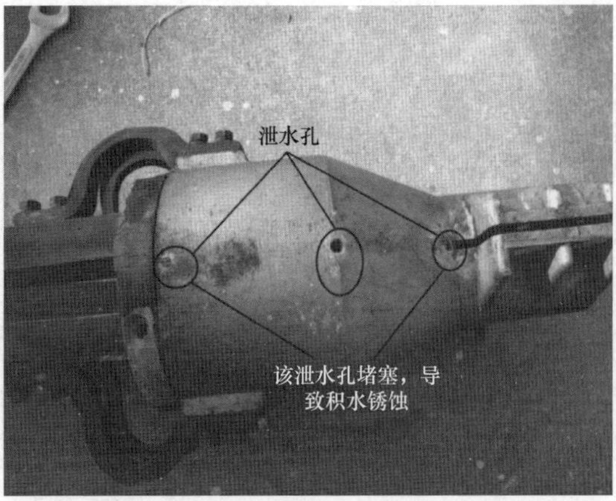

图 7-12　2K822 隔离开关 A 相泄水孔

图 7-13　2K822 隔离开关 A 相锈蚀图

3. 防范措施/经验教训

（1）该类型隔离开关新装时，提醒安装人员要将隔离开关触头出厂时进行的堵孔措施清除干净。

（2）值班员在发现隔离开关拒分时，要全面考虑到系统的运行方式，特别是母差为单母运行方式时，尽量缩短处理时间，及时汇报调度，恢复初始状态。

（3）值班员在恢复到初始状态后，一定要仔细检查故障隔离开关触头到位情况，并待有负荷后进行测温，确保隔离开关接触良好。

五、某变电站 220kV 洪明 4K122 隔离开关合闸不到位缺陷实例

1. 情况简述

2023 年 5 月 15 日 21 时 50 分，某变电站 220kV 洪明 4K122 闸刀在停电复役操作过程中 B、C 相合闸不到位。通过不停电调整连杆的方式无法使之合闸到位，进一步处理需将母线及开关停电。

2. 缺陷分析

检查发现 4K122 闸刀三相上导电臂动触头刀片开距均小于正常值，如图 7-14（正常值为 14cm，4K122 闸刀 A、B、C 相分别为 11.5、11.9、13.7cm)。

图 7-14 洪明 4K122 闸刀动触头开距比对

(a) 全新上导电臂触头正常开距；(b) 原 A 相上导电臂触头；(c) 原 B 相上导电臂触头；(d) 原 C 相上导电臂触头

将洪明 4K122 闸刀上导电臂进行拆解，内部未见锈蚀、密封良好如图 7-15 所示。动触头钳夹无法正常张合，刀片复位过程的中后段无力，如图 7-16 所示。

(1) 合闸不到位缺陷原因分析。5 月 15 日，通过不停电调整各拐臂、连杆仍旧无法合闸到位，7 月 2 日 4K122 闸刀检修过程中更换三相上导电臂，经调整后恢复正常。新旧上导电臂尺寸一致、施工人员同一批，故可以排除：①4K122 闸刀下导电臂及机构故

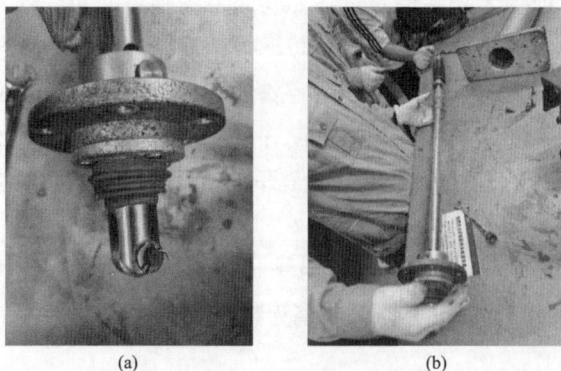

图 7-15 洪明 4K122 闸刀内检结果（一）

(a) 传动杆橡胶密封良好；(b) 内部未见锈蚀

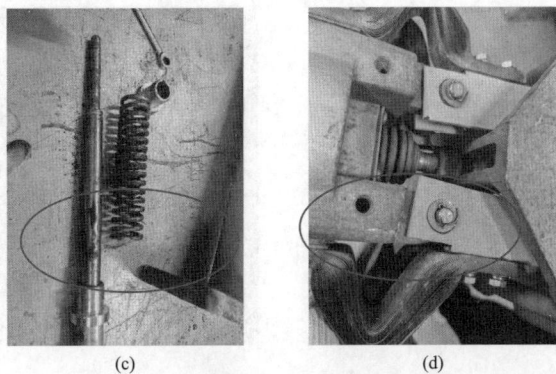

图 7-15　洪明 4K122 闸刀内检结果（二）

（c）复位弹簧油封良好；（d）传动杆橡胶密封良好

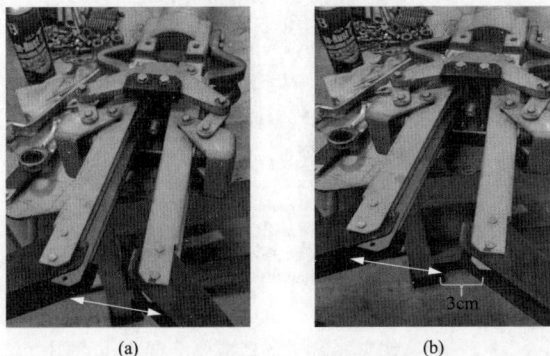

图 7-16　钳夹系统无法正常张合

（a）自然释放的刀口开距；（b）手动操作有 3cm 空程

障；②人员施工水平问题。而新旧上导电臂唯一区别表征是钳夹系统无法正常张合，故推断闸刀合闸不到位原因为动触头刀片张合异常，钳夹系统内部抱死，阻碍上导电臂向上伸展，导致导电臂无法运动过死点。

（2）动触头刀片张合异常原因分析。结合解体检查结果，推断动触头刀片张合异常原因包括：①钳夹系统转动部件卡涩，夹紧弹簧无法受力推动刀片夹紧；②复位弹簧疲软退化，推杆无法可靠复位；③钳夹系统转动部件卡涩。检查发现动触头钳夹系统卡涩严重，夹紧弹簧力拆除后，难以扳动钳夹压槽（新闸刀可轻松扳动），轴销与穿孔紧配合，轴销无法转动，也无法使用工具拆除，如图 7-17 所示。

该型钳夹系统在设计上将推杆垂直向上的力 F_1 通过钳夹压槽分解为向内的压力 F_2，$F_2=\alpha F_1$，系数 α 估取 $0.1\sim 0.3$，而阻力方向恰与压力方向相反。因此轴销处阻力将至少增加 2 倍反馈至举升动力系统，造成合闸不到位。

复位弹簧疲软退化：已将三相复位弹簧交由电科院进行特性分析，检测数据符合设计要求（注：复位弹簧对闸刀合闸功能无直接作用，只影响分闸时动触头能否正常开口脱离静触头杆）。

综上分析，因闸刀上导电臂钳夹系统轴销卡涩，导致动触头刀片张合异常，钳夹系统内部抱死，阻碍上导电臂向上伸展，导致导电臂无法运动过死点，进一步轴销解体成分检测。

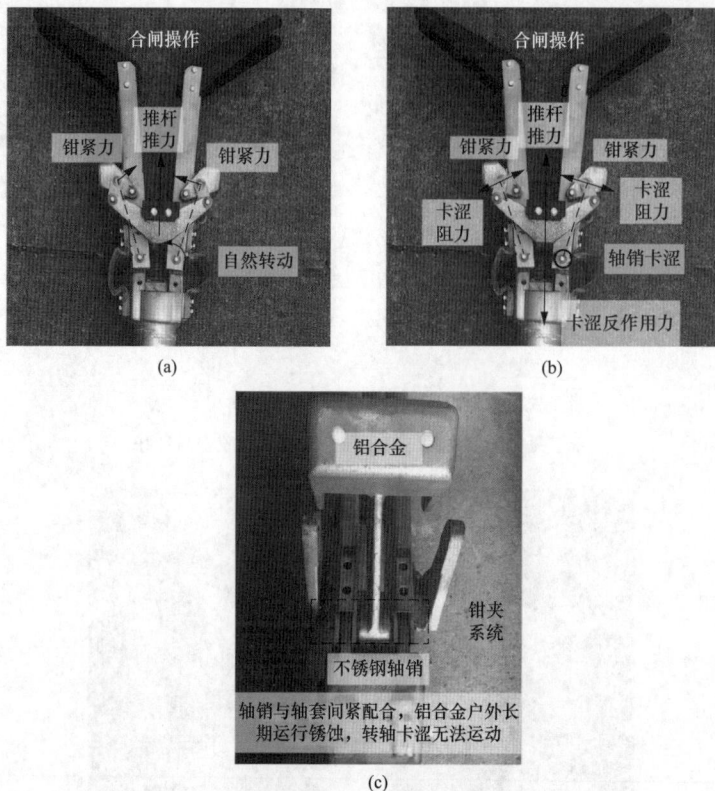

图 7-17 钳夹系统卡涩造成张合异常示意图

(a) 新触头自然转动；(b) 原触头转动卡涩；(c) 钳夹系统侧面

3. 运行风险评估

闸刀合闸不到位，则在线路送电时会在闸刀动、静触头之间发生长时间持续击穿，严重烧蚀触头，造成设备损坏。

4. 整改措施及预防建议

（1）组织开展该型号闸刀的排查工作，重点排查 2018 年后反措改造过的，采用新结构"外压式"的闸刀有条件的尽快结合停电计划完成反措处理，其余的均列入年度停电计划。

（2）做好针对该变电站 220kV 闸刀倒闸操作等工作，检修人员与运维人员应充分认识到操作保障的必要性，构建操作保障机制。

六、某变电站 110kV 鸿安 7E72 闸刀故障实例

1. 情况简述

2023 年 10 月 29 日 15 时 16 分，某变电站 110kV Ⅰ、Ⅱ母差保护动作，两条母线停电。经过初步排查，110kV 鸿安线 7E72 闸刀气室内 SF$_6$ 气体成分异常，疑似放电，成分检测数据如图 7-18 所示。

注：SF$_6$ 气体分解产物注意值 SO$_2$（μL/L）≤1μL/L，H$_2$S（μL/L）≤1μL/L。

组合电器型号：GSPK-145FHW，投运日期：2021 年 4 月。最近一次局放检测日期为 2023 年 6 月 7 日，检测数据正常。

2. 缺陷分析

（1）110kV 母差保护装置信息。

1）启动动作时间：2023/10/29 15：16：29.237。

2）动作报文：

0ms　保护启动

10ms　Ⅰ母差动动作

10ms　Ⅱ母差动动作

故障相：CA。

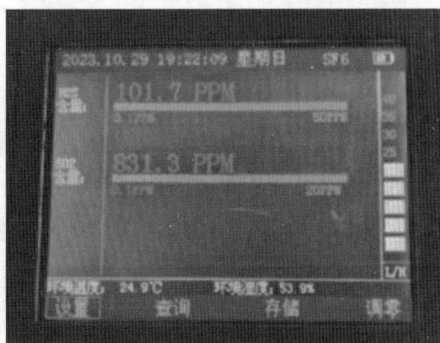

图 7-18　成分检测数据图

大差差流：33.5A；Ⅰ母小差差流：15.5A；Ⅱ母小差差流：17.7A（二次电流）。

3）母差保护波形如图 7-19、图 7-20 所示。

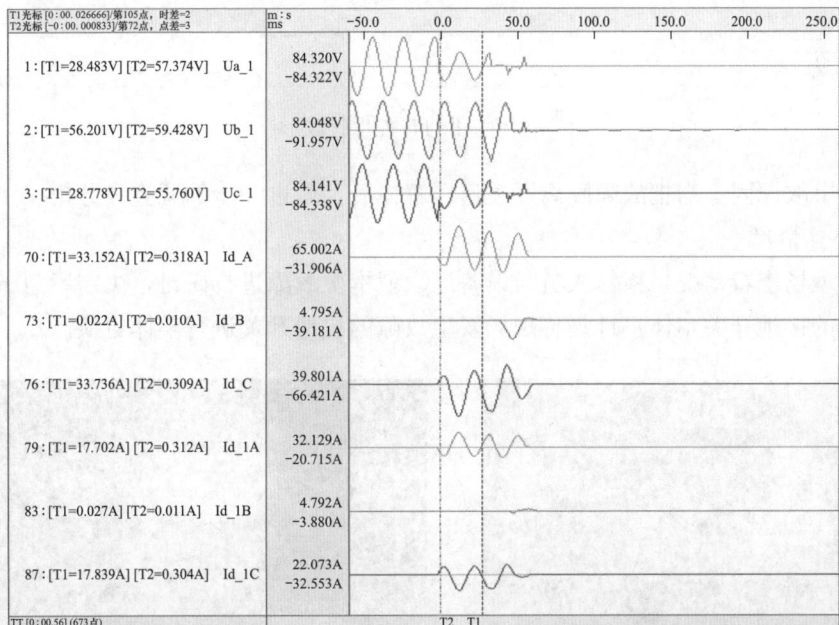

图 7-19　Ⅰ母母差保护波形

波形分析：保护启动时Ⅰ母 AC 相电压跌落，AC 相电流同时增大，幅值相等、相位相反；4ms 左右Ⅱ母 AC 相电压跌落，AC 相电流同时增大，幅值相等、相位相反，40ms 后发展为三相短路。基准变比为 2000/5，折合成一次为大差电流 13400A，Ⅰ母小差电流为 6200A，Ⅱ母小差电流为 7080A，满足差动启动电流定值 1800/4.5A，10ms 保护动作，所有运行开关跳开。

（2）一次设备检查情况。10 月 30 日，检修人员与厂家人员对故障隔离开关气室进行开罐检查。经查看，确定为 A、C 相间绝缘子发生放电碎裂现象（见图 7-21～图 7-24）。导体表面有放电烧蚀痕迹，吸附剂罩有烧蚀情况，绝缘盆等其他部位未见异常。

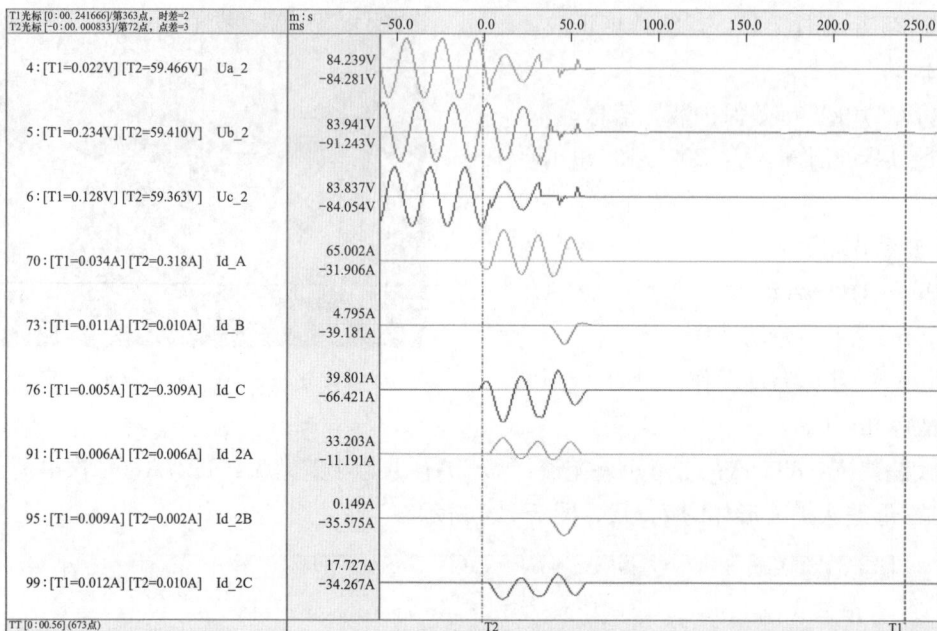

| T1光标 [0 : 00.241666)/第363点，时差=2 | m : s | | −50.0 | 0.0 | 50.0 | 100.0 | 150.0 | 200.0 | 250.0 |
| T2光标 [−0 : 00. 000833]/第72点，点差=3 | ms |

4 : [T1=0.022V] [T2=59.466V] Ua_2 — 84.239V / −84.281V

5 : [T1=0.234V] [T2=59.410V] Ub_2 — 83.941V / −91.243V

6 : [T1=0.128V] [T2=59.363V] Uc_2 — 83.837V / −84.054V

70 : [T1=0.034A] [T2=0.318A] Id_A — 65.002A / −31.906A

73 : [T1=0.011A] [T2=0.010A] Id_B — 4.795A / −39.181A

76 : [T1=0.005A] [T2=0.309A] Id_C — 39.801A / −66.421A

91 : [T1=0.006A] [T2=0.006A] Id_2A — 33.203A / −11.191A

95 : [T1=0.009A] [T2=0.002A] Id_2B — 0.149A / −35.575A

99 : [T1=0.012A] [T2=0.010A] Id_2C — 17.727A / −34.267A

TT [0 : 00.56) (673点)   T2   T1

图 7-20 Ⅱ母母差保护波形

具体事故原因，需把故障隔离开关返厂解体后，做进一步的调查和分析。

3. 处置情况

结合现场查看情况，检修人员与设备厂家就本次故障进行研讨，决定紧急调拨一组相同型号的接地开关本体，计划将现场发生故障的接地开关进行整体更换。

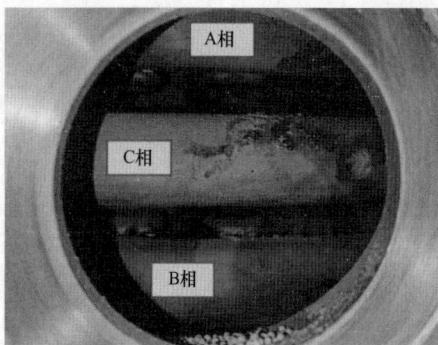

图 7-21 隔离开关内部结构

图 7-22 吸附剂罩烧穿

4. 整改措施及预防建议

（1）加强组合电器安装过程中的中间验收，尤其要加强现场进行吊装插接部件的检查确认，并要求安装单位在验收中提供影像资料。

（2）加强组合电器安装完成后试验方案的审核和现场试验旁站见证，确保试验不缺项、不漏项。

（3）加强组合电器带电检测质量管控，严格技术规范执行，严审局部放电报告，尽早发现组合电器存在的异常情况。

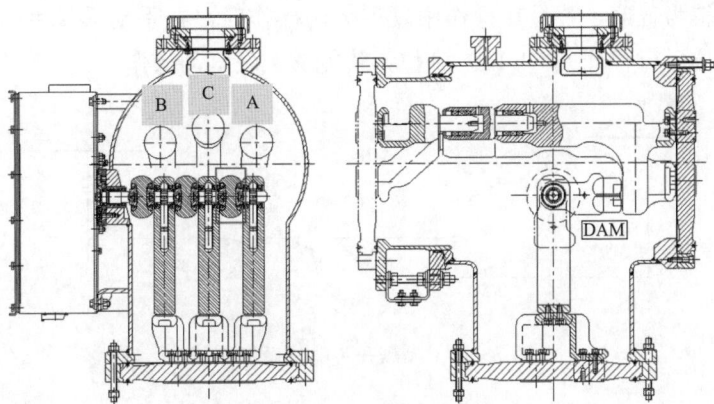

图 7-23　内部结构图

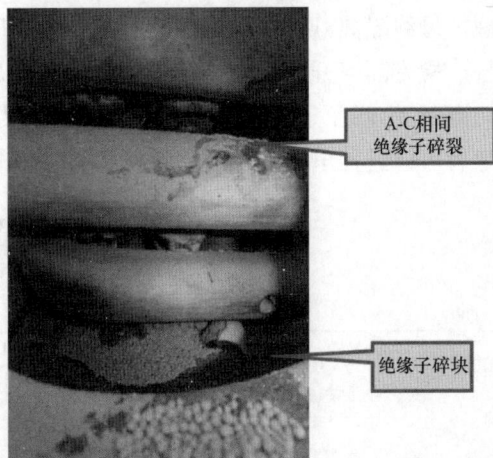

图 7-24　内部故障情况

🔧 第三节　隔离开关事故及异常处理训练

一、500kV 隔离开关 B 相电动无法操作异常训练

1. 异常经过

某年 9 月 16 日，值班人员在对 500kV 50432 隔离开关进行分闸过程中，发现 500kV 50432 隔离开关 B 相无法电动分闸，而另外两相能够实现电动分闸。

2. 处理参考

9 月 21 日，对 500kV 50432 B 相隔离开关电动不能操作故障进行检修，在对 50432 隔离开关机构箱内部检查中发现，B 相隔离开关机构电气控制回路间串联一行程开关（ST1），此行程开关在正常情况下为动断接点，只有隔离开关在手动操作时，电磁铁动作顶住行程开关使动断接点断开，切断电气回路。出现这样的情况正是由于此行程开关卡在半分半合状态，使隔离开关电气控制回路不通导致隔离开关电动失灵（见图 7-25）。后对电磁铁及行程开关进行调整后，电动分合正常，故障消除。此行程开关在该类型隔离开

163

关类似的情况较为普遍，若是在操作中发现无法操作时，在手动操作手柄上晃动几下，使得电磁铁落位后行程开关（ST1）到位，就能够实现电动操作。

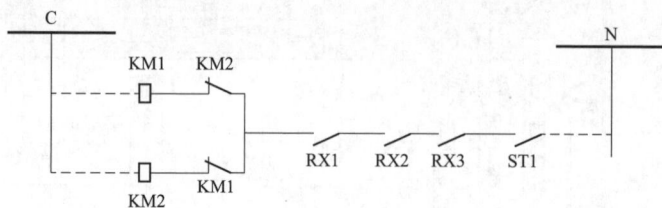

图 7-25　隔离开关电气操作简图

二、电动操作隔离开关无反应

（1）现象。后台计算机上发出操作隔离开关命令后无反应。

（2）原因分析及处理。母线隔离开关操作回路图如图 7-26 所示，值班员首先再次核对隔离开关名称和编号，检查隔离开关操作的连锁条件是否满足，检查隔离开关操作电源是否正常，近远控切换开关 1SA 是否正确，隔离开关箱门是否关好。检查均无问题，取得调度及领导同意后可以近控电动操作或者手动操作。

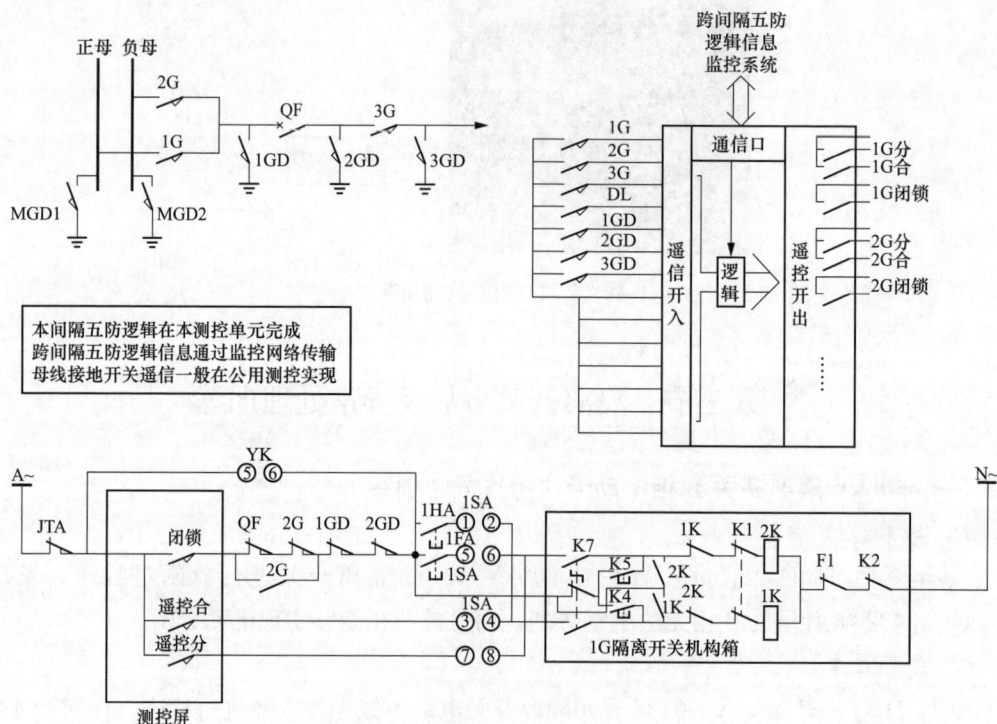

图 7-26　母线隔离开关操作回路图

三、隔离开关支柱绝缘子和传动绝缘子破损、闪络

1. 现象

绝缘子外观破损，绝缘子闪络放电。

2. 原因分析及处理

当隔离开关支柱绝缘子和传动绝缘子破损时，如发生在裙边上，单个可以继续运行，伺机处理，多个则停电处理；如发生在柱体上，禁止操作，停电处理。

四、隔离开关触头、接头发热

1. 现象

触头、接头温度过高。

2. 原因分析及处理

隔离开关在运行中发热，主要是负荷过重、触头接触不良、操作时没有完全合好所引起，接触部位过热，使接触电阻增大，氧化加剧，可能会造成严重事故。处理方法主要是：加强监视，观察发热点温度和温度发展趋势，温度过高（按运行经验超过95℃时温度发展较快，作为温度过高），温度有升高发展趋势，立即降低负荷电流，停电处理。当发现隔离开关触头烧红，甚至熔化时，应立即拉开该回路断路器，切断该隔离开关电流，降低隔离开关触头温度，不得操作该隔离开关，防止触头烧牢，操作时发生故障，扩大事故，应扩大停电范围，隔离该隔离开关进行处理。

五、隔离开关卡死放电处理训练

1. 现象

某变电站220kV部分一次系统图如图7-27所示，正母线需停电检修，倒排操作到拉4577正母线隔离开关时，发生4577正母隔离开关卡死，此时4577正母隔离开关动、静触头之间距离只有10cm左右，一旦其间有较大的电位差就极可能发生放电，问：该缺陷如何处理（不能带电处理，不允许变电站全停）？

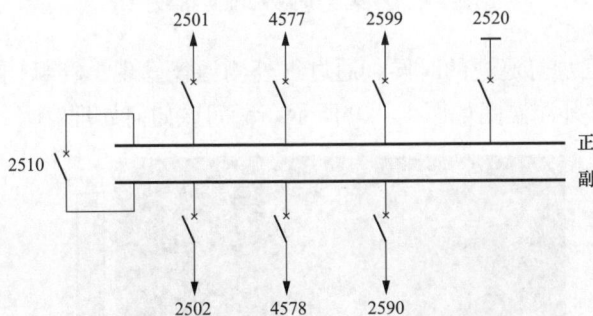

图7-27　某变电站220kV部分一次系统图

2. 处理参考答案

总的原则为：隔离开关在操作过程中如发生分合不到位且无法拉开或合上的情况，现场值班员应首先判断隔离开关断口的安全距离。当隔离开关断口安全距离不足或无法判断时，则应当在确保安全情况下设法对其隔离，防止弧光闪络短路。

该变电站4577正母隔离开关缺陷处理为：

1）将正母线其余设备（除旁路2520断路器外）倒至副母线运行。

2）拉开对侧变电站4577断路器。

3）用旁路2520断路器代4577断路器并列运行于220kV正母线。

4）将旁路 2520、4577、母联 2510 断路器改非自动。

5）拉开 4577 副母线隔离开关。

6）将母联 2510 断路器改自动。

7）拉开母联 2510 断路器。

8）隔离缺陷后，2520 断路器代 4577 断路器副母线运行。

六、某隔离开关严重发热缺陷处理训练

1. 现象

某变电站 220kV 接线方式如图 7 - 28 所示，为双母线带旁路接线，运行方式为：2W15、2641、1 号主变压器 2501 断路器接正母运行，2W16、2642、2 号主变压器 2502 断路器接副母运行，母联 2510 断路器运行，旁路 2520 断路器副母运行。

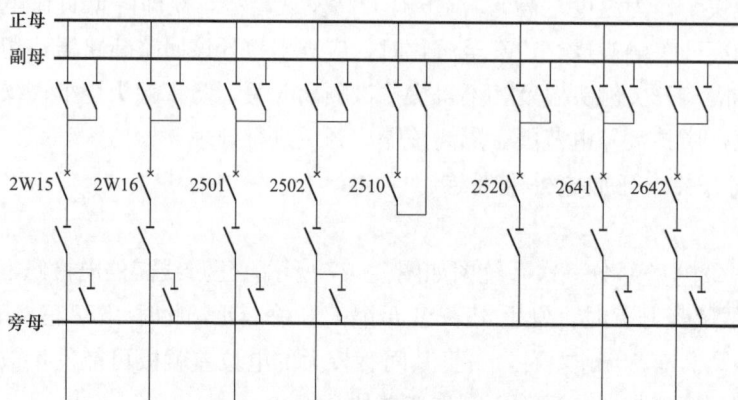

图 7 - 28 某变电站 220kV 接线图

运行人员在夜间熄灯巡视的时候，通过红外测温仪发现：26411 隔离开关动触头的温度高达 110℃，红外测温图如图 7 - 29 所示，请问该如何处理？

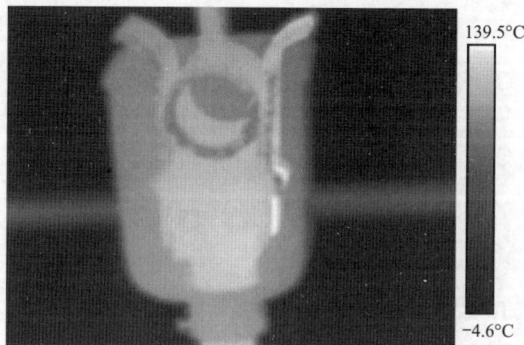

图 7 - 29 26411 隔离开关红外测温图

2. 处理参考答案

（1）运行人员立即向调度汇报异常情况。

（2）填写、上报危急缺陷，汇报上级。

（3）对发热设备加强监视，跟踪测温，注意 26411 隔离开关温度上升的趋势以及

2641 断路器负荷情况。

(4) 根据调度指令开始停役相关设备。

1) 用旁路 2520 代 2641 断路器运行。

2) 将 2W15、2501、2520 断路器热倒到 220kV 副母线。

3) 停役 220kV 正母线。

(5) 做好安全措施，待检修人员到达现场后处理缺陷。

第八章

补偿设备事故及异常

第一节 补偿设备事故及异常处理概述

一、补偿设备事故处理概述

1. 补偿设备概述

电力系统中采用的补偿设备主要用来补偿感性无功和容性无功，可分为电容器和电抗器两大类。电容器种类繁多，并联电容器主要作无功补偿或移相使用，大量装设在各级变、配电站里，它的主要作用是向电力系统提供无功功率，提高功率因数。采用就地无功补偿，可以减少输电线路输送电流，起到减少线路能量损耗和压降，改善电能质量和提高系统供电能力的重要作用。电抗器可分为串联补偿电抗器和并联电抗器，并联电抗器根据其所并接的电压等级分为高抗和低抗。

随着电网规模不断扩大，补偿设备在补偿系统无功和保证电压质量方面的作用越来越重要，因此对其运行的可靠性要求也越来越高。由于系统无功负荷经常波动变化，为将功率因数控制在较高水平，补偿设备的投切往往是比较频繁的。从实际情况看，补偿设备发生故障还是相当多的，日常抢修工作的很大一部分都是针对补偿设备的抢修，因此，有必要结合平时遇到的一些问题，对补偿设备的常见故障进行分析，以提高对补偿设备的检修、维护质量，保证设备健康水平，提高运行的可靠性。

2. 电容器爆炸

运行中电容器爆炸是一种恶性事故，当电容器内部发生极间或极对外壳击穿时，与之并联运行的电容器组将对它放电。由于放电能量很大，脉冲功率很高，使电容器油迅速汽化，引起爆炸，甚至起火，严重时可能使建筑物也遭到破坏。由于低压电容器内部一般均装有保护熔丝，因此这种事故多发生在没有安装内部元件保护的高压电容器组。为防止这种事故，除要求加强运行中的巡视检查外，可在每台电容器上串联适当的电抗器或熔丝，然后并联使用。另外，电力系统中并联补偿的电容器采用三角形接线虽有较多优点，但电容器采用三角形接线时，任一电容器击穿短路时，将造成三相线路的两相短路，短路电流很大，有可能引起电容器爆炸，这对高压电容器特别危险。因此，高压电容器组宜接成中性点不接地星形，容量较小时（450kvar 及以下）宜接成三角形。低压电容器组应接成三角形。

3. 电容器断路器自动跳闸

电容器断路器跳闸故障一般为速断、过电流、过电压、失电压、不平衡电压（电流）保护动作。断路器跳闸后不得强送，此时首先应检查保护动作情况及有关一次回路，检查电容器有无爆炸、鼓肚、喷油，并对电容器的断路器、电压互感器、电力电缆等进行检查，判断故障性质。如果经过检查没有发现电容器故障，则可能是由于外部故障造成母线电压波动或受谐波分量的影响而使保护动作断路器跳闸，经各项电气试验和保护校验均正常后允许进行试合闸。

4. 变电站全站停电时电容器的处理

变电站发生全站停电的事故时，或接有电容器的母线失压时，应先拉开该母线上的电容器断路器，再拉开线路断路器，否则电容器接在母线上，当变电站恢复供电后，母线成为空载运行，含有较高的电压向电容器充电，电容器充电后，向电网输出大量的无功功率，致使母线电压更高。此时即使将各线路断路器合闸送电，母线电压仍会持续一段时间很高。另外当空载变压器投入运行时，其充电电流的三次谐波电流可能达到电容器额定电流 2～5 倍，持续时间约 1～30s，可能引起过电流保护动作。因此，当变电站停电或停用主变压器前应拉开电容器断路器，以防损坏电容器事故。

当变电站或空载母线恢复送电时，应先合上各线路断路器，再根据母线电压的高低，然后决定是否投入电容器。

5. 遇有下列故障之一者，应停用电容器组

(1) 电容器发生爆炸。

(2) 接头严重过热或电容器外壳示温片熔化。

(3) 电容器套管发生破裂并有闪络放电。

(4) 电容器严重喷油或起火。

(5) 电容器外壳有明显膨胀，有油质流出或三相电流不平衡超过 5% 以上以及电容器或电抗器内部有异常声响。

(6) 当电容器外壳温度超过 55℃ 或室温超过 40℃ 时。

6. 密集型电力电容器的故障类型及原因分析

密集型电力电容器的故障类型及原因见表 8-1。

表 8-1　　　　　　　　　密集型电力电容器故障类型及原因

故障情况	故障原因	分析
端子过热变色	端子安装接触不牢	密集型电力电容器的运行工况较其他负载重得多。故与电容器串接的导线和元件的截面载流量应比一般的大两个规格。连接部位应有足够的接触面和工作
漏油或喷油	(1) 内部故障 (2) 外部短路或接地 (3) 密封不严或自然老化、外力等	如是套管端部喷油，应着重检查端子是否有烧伤或发热、变色痕迹
套管损伤或爆炸	(1) 内部故障或外部沿面闪络 (2) 外力	在预防性试验中应注意检查套管是否有裂纹等。套管裂纹会在运行中导致绝缘下降而发生击穿事故
油箱变形或损伤	(1) 内部故障 (2) 环境温度过高或外力	
异常声音	(1) 内部故障 (2) 高次谐波侵入或投入电流过大 (3) 外部短路接地	因高次谐波侵入与电容器串联之电抗器也可能引起声音异常

续表

故障情况	故障原因	分析
异臭	内部故障或绝缘油劣化	
温度异常	(1) 内部故障 (2) 环境温度过高或测量表计不准 (3) 过电压或高次谐波	为防止系统操作过电压损坏电容器，应配置相应电压等级的电容器专用避雷器且其保护距离不能超过 150m

上述这些情况，基本涵盖了电容器组在运行过程中可能出现的各类故障，而在对故障电容器进行处理过程中，除了必要的安全措施之外，对于故障电容器本身还应特别注意，即其两极间可能会有残余电荷。这是因为故障电容器可能是内部断线或熔断器熔断，也可能是引线接触不良，这样在自动放电或人工放电时，它的残余电荷是不会放尽的。所以，检修人员在接触故障电容器前，还应戴好绝缘手套，用短路线接故障电容器的两极，使其放电，然后方可开始拆卸。总之，因为电容器的两极具有残余电荷的特点，所以必须从各方面考虑将其电荷放尽，否则容易发生触电事故。

7. 电抗器断路器跳闸的处理

电抗器故障跳闸后，应首先检查是否有保护动作，自动投切装置是否动作，并对电抗器水泥支柱、支持绝缘子、绕组等进行外观检查。套管的瓷件表面有无污垢、破损、裂纹及闪络、放电痕迹；检查电抗器绕组有无凸出、接地现象；水泥支柱、引线支柱绝缘子是否断裂以及电抗器部分绕组是否烧坏等现象。电抗器故障后，运行人员应立即隔离故障点，使母线恢复正常运行，并加强监视，注意安全。由于接在母线上各断路器的额定切断容量不够，在短路故障时，可能使断路器爆炸，造成母线停电事故。电抗器断路器跳闸后若未查明原因，禁止送电，应报告工区由检修人员处理合格后，才可投入运行。

8. 电抗器运行中遇有下列情况之一时，立即将其停电并汇报调度

(1) 高压电抗器内部有强烈的爆炸声和严重放电声。

(2) 压力释放装置向外喷油或冒烟。

(3) 严重漏油使油位迅速下降且无法堵住。

(4) 套管有严重的破损和放电现象。

(5) 电抗器着火。

(6) 在正常电压、电流条件下，电抗器温度显著变化并迅速上升。

二、补偿设备异常处理概述

1. 电容器瓷绝缘表面闪络

由于电容器在运行中缺乏清扫和维护，其瓷绝缘表面因污秽可能引起放电。在污秽严重地区，尤其是在天气条件恶劣（如雨夹雪等）或遇有各种内、外过电压和系统谐振的情况下，均可造成瓷绝缘表面污秽闪络事故，造成电容器损坏和保护动作跳闸。因此，对运行中的电容器组应定期进行清扫检查，对污秽严重地区应采取其他适当措施，如采用室内设计等。

2. 电容器外壳膨胀

电容器油箱随温度变化膨胀和收缩是正常现象，当电容器组运行电压过高或断路器

重燃引起的操作过电压以及电容器本身绝缘问题将会引起内部发生局部放电，绝缘油将析出大量气体。这些气体在密封的外壳中将引起压力增加，并引起外壳膨胀。所以，电容器外壳膨胀是电容器发生故障或故障前的征兆，在运行过程中若发现电容器外壳膨胀，应及时采取措施进行处理，膨胀严重者应立即停止使用，以免事故扩大。另外，当环境温度超过 40℃，特别是在夏季或负载重时，应采用强力通风以降低电容器温度，如果电容器发生群体变形应及时停用检查。

3. 电容器渗漏油

电容器是全密封装置，密封不严，则空气、水分和杂质都可能侵入油箱内部，其危害极大。因此，电容器是不允许渗漏油的。

电容器渗漏油的主要原因有：①在电容器的运输、安装过程中搬运方法不当，比如提拿瓷套管，致使其法兰焊接处产生裂缝；②施工过程中接线时拧螺钉用力过大，造成瓷套焊接处损伤以及产品制造过程中存在的一些缺陷；③电容器投入运行后温度变化剧烈，内部压力增加；④长时间运行后，可能造成电容器外壳漆层剥落，铁皮锈蚀。

当电容器发生渗漏油时，则应减轻负载或降低周围环境温度，但不宜长期运行。电容器在运行中出现渗漏油现象是比较严重的缺陷情况，若运行时间过长，浸渍剂减少，外界空气和潮气将渗入元件上部，使电容器内部绝缘降低，甚至将电容器绝缘击穿。值班人员发现电容器严重漏油时，应汇报工区并停用、检查处理。

4. 电容器温升过高

电容器周围环境的温度不可太高，也不可太低，一般以 40℃ 为上限，而根据不同的电容器介质和性质，其环境温度下限一般在 -45～-20℃ 之间。但由于电容器室设计、安装不合理造成通风条件差，电容器组长时间过电压运行以及由于附近的整流器件造成的高次谐波电流影响，致使电容器过电流等，均可使电容器超过允许的温升。另外，由于电容器长期运行后介质老化，介质损耗不断增加，也可能使电容器温升过高。电容器长期在超过规定温度的情况下运行，将严重影响其使用寿命，并会导致绝缘击穿等事故，使电容器损坏，因此，在运行中应严格监视和控制其环境温度，并采取加强通风等措施使之不超过允许温度。如采取措施后，温度仍然异常升高的，应将电容器组停止运行，进行必要的检修。

5. 电容器异常响声

电容器在正常运行情况下无任何声响，因为电容器是一种静止电器，又无励磁部分，不应该有声音。如果在运行中发现电容器有"吱吱"声或"咕咕"声，则说明其外部或内部有局部放电的现象。"咕咕"声是电容器内部绝缘崩溃的先兆，因此，发现此类现象应立即停止运行，查找故障电容器。

6. 电容器的电压过高

电容器在正常运行中，由于电网负载的变化会受到电压过低或过高的作用。当负载大时，则电网电压会降低，此时应投入电容器，以补偿无功的不足；当电网负载小时，则电网的电压升高，如电压超过电容器额定电压 1.1 倍时应将电容器退出运行。另外电容器操作也可能会引起操作过电压，此时如发现过电压信号报警，应将电容器拉开，查明原因。

7. 电容器过电流

电容器运行中，应维持在额定电流下工作，但由于运行电压升高和电流电压波形畸变，会引起电容器的电流过大。当电流增大到额定电流的 1.3 倍时，应将电容器退出运行，因为电流过大，将造成电容器的烧坏事故。

8. 电抗器局部过热

电抗器为电感元件，正常运行时会产生热量，干式低压电抗器表面涂层应无变色、龟裂、脱落或爬电痕迹。当发现电抗器有局部过热现象，则应减少电抗器的负荷，并加强通风，必要时可采取临时措施，如加装风扇吹风冷却，并应用红外测温仪或红外成像仪进行检测和观测，查找发热点，由于干式电抗器工作电流大，频繁投切造成其冷热变化剧烈，在其内部及连接点上反应为应力变化大，加之低抗工作时震动力的作用，极易造成表面涂层龟裂和接点松动发热。若无法消除严重过热，则应停电处理。各连线接头应无松动、无发红、冒水汽、冰雪融化等过热现象，外壳及铁心接地良好。

9. 电抗器油位异常

运行中若发现电抗器油位过高或过低信号，应立即到现场，检查是否有呼吸器呼吸不畅或大量喷油、漏油，是否因信号回路误发信号，油位计中有无潮气。电抗器的压力释放装置应无渗漏油，无喷油痕迹，动作标杆不突出。如确系油位过高或过低，应立即汇报调度和工区。

10. 电抗器温度过高

当电抗器发出超温告警，应检查电压、电流及环境温度变化情况，油浸低压电抗器的温度计指示应正常，可进行相互比较或用手触摸外壳的温度与同等环境下相鉴别，温度计中有无潮气。当确系电抗器温度异常升高而不是测温装置故障，立即汇报调度及工区，按调度指令进行处理，在电抗器未停役前，应进行特巡。干式低压电抗器无局部过热现象，散热气道通畅，辐射形中心点温度一般不超过 150℃。

11. 电抗器渗漏油

当电抗器发生渗漏油时，则应减轻负载或降低周围环境温度，但不宜长期运行。电抗器在运行中出现渗漏油现象是比较严重的缺陷情况，若运行时间过长，浸渍剂减少，外界空气和潮气将渗入元件上部，使绝缘降低，绕组绝缘容易被击穿，并引起发热。值班人员发现电抗器严重漏油时，应汇报工区并停用、检查处理。

12. 电抗器异常响声

电抗器正常运行时声音正常，无异常的振动及放电声，必要时测量噪声应在 77dB 左右（离油箱 0.3m 处）。

13. 电抗器过电流

过电压运行时要特别注意电流的变化情况、温度和接头的过热情况以及有无异常声音及油位变化等情况。

14. 电抗器气体保护动作

电抗器轻瓦斯动作告警，应查明是否因电抗器检修，油处理过程中残留空气所引起，并通过气体继电器排气阀收集少量气体进行初步检查。如气体无色、无味、不可燃，可能是漏入空气；如气体黄色不易燃，可能是木质闪络故障；如气体灰白有臭味且可燃，可能是油中发生放电使油分解。对于其他气体继电器内气体，除确实证明是空气外，对于其他气体大部分应保存不放出，等候专业部门进行取样分析化验。

第二节 补偿设备典型事故及异常实例

一、并联电容器干式放电线圈爆炸实例分析

1. 事故经过

某日 8∶19，某变电站合上乙组电容器 340 断路器；8∶21，乙组电容器不平衡电流动作，跳开 340 断路器，经检查，乙组电容器放电线圈外壳炸裂（见图 8-1）。

2. 故障分析

图中放电线圈是某互感器厂生产的 FDG-ZEX8/12 型干式放电电压互感器，2003 年 9 月 16 日投运。由故障录波动作报告（见图 8-2）分析原因为：投电容器时瞬间产生操作过电压，峰值电压超过放电线圈的耐压，造成放电线圈绝缘损坏，产生短路电流，发热以后，使环氧树脂外壳炸裂。

图 8-1 爆炸的放电线圈

3. 防范措施

对于接在母线上的电容器组设备，在母线失电或停电时，应先停用。送电时，在其他设备送电后，根据母线电压情况，决定电容器投退。

放电线圈的放电电流通常是衰减的振荡波，其放电时间为

$$t = 4.6 \frac{L}{R} \lg \frac{U_{\text{cnmax}}}{U_{\text{ca}}}$$

式中：U_{cnmax} 为放电开始时电容器上的电压，V（一般取 $U_{\text{cnmax}} = 1.4 U_{\text{cn}}$，$U_{\text{cn}}$ 为电容器组额定电压）；U_{ca} 为安全电压（即放电的残压），一般取 50V；t 为放电到 U_{ca} 时所需的时间，s；R 为放电线圈的电阻，Ω；L 为放电线圈的电感，H。

由上式可看到放电线圈放电需要有一定的时间，电容器组在断开后，应经充分放电后才能再行合闸。投退电容器组时要间隔 3～5min，待电容器组充分放电后再进行送电合闸操作，防止合闸瞬间电源电压极性正好和电容器上残留电荷的极性相反，损坏电容器；也可以防止放电线圈承受的电压叠加，峰值电压超过放电线圈的耐压，最后导致放电线圈爆炸的可能。

在电容器组实际运行过程中，其不平衡电压保护的开口三角由于零序分量的存在具有一定的电压值。当各谐波源分别注入电容器的谐波电流为一定时，由于实际上谐波分量相位、幅值的不确定性等因素，在 3 次谐波幅值经叠加后差异较大，并经电容器放大

低压保护设备　172.20.35.78
故障录波:
保护类型: PSC642电容器保护
模拟量通道:
Ia=4.00A/格
Ua=60.00V/格　　Ib=6.00A/格　　Ic=4.00A/格
CI0=1.00A/格　　Ub=63.00V/格　　Uc=63.00V/格　　3I0=1.00A/格
开关量通道:　　　BPA=22.00A/格　　BPB=1.00A/格　　BPC=1.00A/格
1=跳位
5=合闸　　　　　2=合位　　　　3=启动　　　　4=跳闸

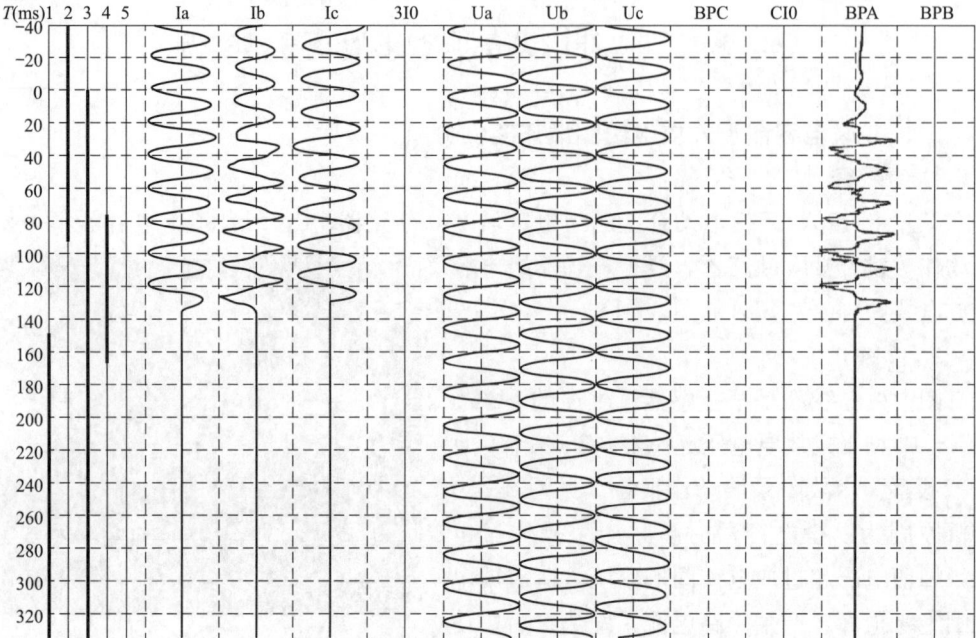

图 8-2　故障录波动作报告图

后,从开口三角反映出的零序电压幅值也随着变大,超过门坎值时,会造成保护动作,导致电容器组不能正常投入运行。针对这种情况的处理,需要加强对系统中用户的管理,另外,在电容器装置电抗率的选择上应根据电力系统谐波的实际情况进行合理选择,以尽量避免可能发生的谐波放大问题;此外,对保护定值也应进行仔细的整定计算,使其既能避开正常运行中的偶然极端情况,又不影响当电容器确实出现故障时的正确动作。

选用性能良好的断路器及防止谐波。在合闸操作时,若发生断路器机构打滑、合不上等情况,值班员切不可连续进行合闸操作。对自动投切的电容器组必须在控制回路中增加延时闭锁,避免再投时发生类似情况;对装有并联电阻的投切断路器,连续多次操作还要考虑并联电阻的热容量,次数按制造厂规定,一般每次操作应间隔15min。

二、并联电容器油浸放电线圈爆炸实例分析

1. 事故经过

某年12月18日,某110kV变电站连接于10kV电容器组AC相的1台放电线圈炸毁,电容器室、断路器室多处铁门被气浪冲坏,运行方式如图8-3所示。

事故后经查,放电线圈的二次出线在器身安装层部位的大部分外皮烧化,二次线的

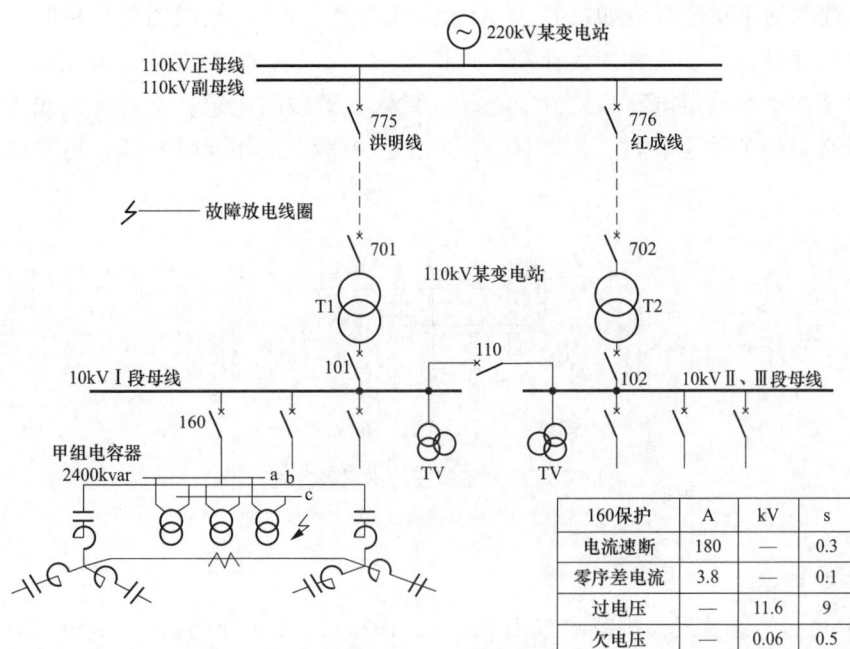

图 8-3　某变电站故障时的运行方式

连接与设计图纸不符。爆炸的放电线圈器身内部绝缘油烧去大半，仅剩小半，露出油外的线圈烧毁，铁心变形，器身外部箱体变形，高压套管炸飞，AB、BC 相放电线圈套管打坏。事故的最终检查来看，可确认是放电线圈接线错误。

2. 故障分析

从图 8-4 中可见，放电线圈一、二次都接成三角形，一次相序为 AXBYZC，二次相序为 aybzcx。一次 AC 相间放电线圈相序接反，三相电压向量和不等于零，在 AC 相放电线圈上产生 $2U_\phi$；二次线圈接成闭合三角形，导致放电线圈组二次△接线内有 2 倍相电势下的环流。该电流导致放电线圈持续发热，绝缘烧坏发展成放电线圈器身内相间直接短路而爆炸。

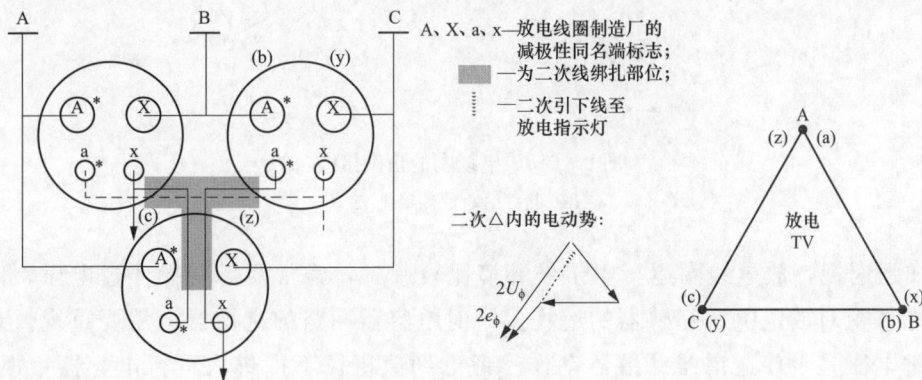

图 8-4　放电线圈组接线

放电线圈的不正确接线如图8-5所示。在图8-5（c）接线图是禁用的，因为这种方式放电速度慢，安全性能无保障。而图8-5（a）、（b）两种接线方式在实际使用中出现过多次电容器触电事故，并有过使人致病、致残的记录。这两种接线方式要完成放电所必须的条件是电容三相对称、三相电压平衡、三相同时开断，否则就要大打折扣。

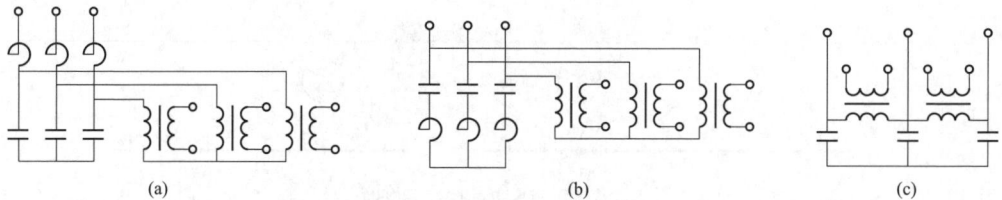

图8-5　放电线圈的不正确接线
（a）接线一；（b）接线二；（c）接线三

3. 防范措施

《并联电容器装置设计规范》（GB 50227—1995）4.2.7项要求："放电器宜采用与电容器组直接并联的接线方式"。一般放电线圈首末端必须同电容器首末端相连（即电容器与放电线圈先并联后接成星形接线），禁止使用放电线圈中性点接地方式。

放电线圈的正确接线如图8-6所示，这两种接线不论电容器的状态如何，如三相对称与否，三相电压是否平衡都不影响放电效果。因为这样的接线，其效果各相是可以相互独立完成的，能保证任何条件下，电容器脱离电源后，可将电荷放干净，并给出正确的指示和保护信号，达到保证人员和设备安全要求。

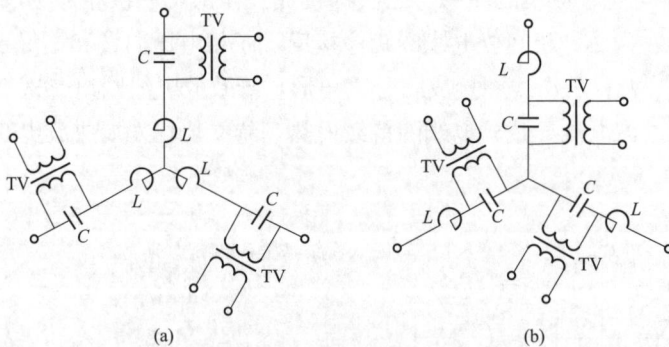

图8-6　放电线圈的正确接线
（a）接线一；（b）接线二

加强巡视，放电线圈运行中工作环境比较恶劣，经常要承受操作过电压，值班员不能忽视对放电电压互感器的巡视。同时电容器回路的避雷器也需要重视，观察操作过电压是否使避雷器计数器动作。考虑到值班员不得进入运行电容器室巡视，可以考虑将放电电压互感器指示灯引到电容器室外面，值班员可以方便检查放电线圈工作状况。

三、低抗压力释放装置误动跳闸的故障实例分析

1. 事故经过

某年7月，持续大暴雨过后，天气闷热，温度32℃。14：01控制室监控系统发现2号主变压器35kV1号低压电抗器321断路器事故跳闸音响。监控系统一次接线图上显示2号主变压器35kV1号低压电抗器321断路器跳开（见图8-7）。光字牌和后台告警栏发出压力释放动作跳闸信号，事故前变电站的运行方式为一台容量为750MVA的自耦变电压等级为500/220/35kV，其中35kV系统有4台低压电抗器，分别连接在35kV母线上。

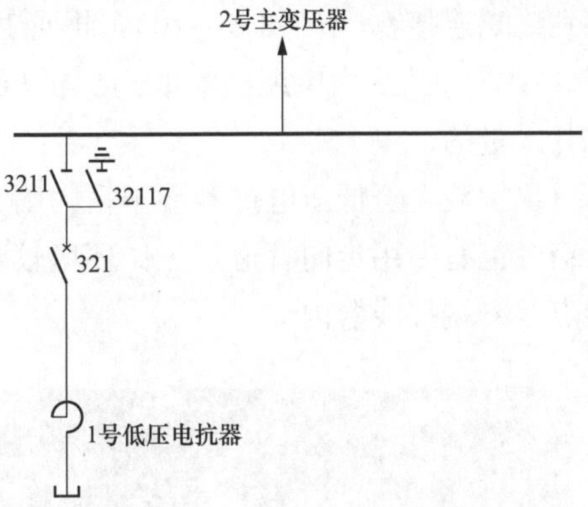

运行人员在现场仔细查看后发现1号低压电抗器321断路器已跳开，断路器跳闸次

图8-7 低压电抗器一次系统简图

数为172（跳闸前为171），1号低压电抗器外观完好无喷油痕迹，油温47℃，线温53℃，油位5.7，与其他正常运行的低抗油温、线温、油位比较无明显差异。在跳闸第一时间首先向网调进行初步汇报。经仔细检查低抗现场和保护装置后，通过分析再次将保护详细动作情况向网调汇报，并同时向市调和工区领导进行汇报，然后通知变电检修相关人员，同时分析检查压力释放装置有哪些存在误动的可能。在等检修人员过来之前，运行人员已提前做好了低抗转检修的准备工作，并填写事故跳闸记录和缺陷记录。

2. 原因分析

本站低压电抗器保护为某厂NEP987数字式电抗器保护装置，都配有差动保护、差动速断保护、两段式过电流保护、过负荷保护和非电量保护。35kV电抗器自动投切装置为某厂NEP986D数字式电抗器自动投切保护装置。

低压电抗器跳闸后保护故障信息显示为：

1号低压电抗器保护显示为：

13：51：19：944 压力释放接点动作

13：51：19：944 压力释放动作

13：51：19：969 HWJ 返回

13：51：20：014 TWJ 动作

低压电抗器自投切装置：

14：01：19：957 闭锁电抗器投切接点动作

14：01：19：958 电抗器投切闭锁

由于现场无压力释放动作痕迹，主保护差动和重瓦斯均未动作且1号低压电抗器的油温、线温及油位与历史运行数据及其他运行低压电抗器相比没有明显差异。加上最近的持续暴雨，低压电抗器上面一定较为潮湿，很有可能使上面绝缘受潮。同时结合根据监控系统报警窗、光子牌及保护动作情况确定为压力释放装置接点或二次回路受潮短路

从而引起这次装置误动作。

　　根据图纸及平时运行经验进行分析、查找、判断。由于压力释放装置输出接点是从低压电抗器上部通过接点插头（见图8-8，当时无法查看）经电缆线（见图8-9）连接到终端连接盒（见图8-10），再通过走向管道到低压电抗器端子箱（见图8-11、图8-12），最后由电缆经电缆沟到低压电抗器保护屏后端子排给保护装置输入保护动作开入量的。

　　保护装置至低压电抗器端子箱内雨水无法侵入且低压电抗器终端盒至低压电抗器端子箱内也有专用走向管道，工作环境较好，因此排查的重点应该为低压电抗器装置输出接点至终端接线盒内。

图8-8　霉变的压力接点输出插头

图8-9　输出抽头连接好的样子
（建议在此加一个坡度防雨罩）

图8-10　终端接线盒（线框的地方
建议封堵且有破损痕迹）

图8-11　电缆管道进入低抗端子箱部分

　　而低压电抗器此时不在检修状态，因此运行人员向网调说明情况后，网调同意将1号低压电抗器转为检修，许可压力释放动作处理以检查低压电抗器动作情况。16：40变电检修人员经过登上低压电抗器顶部，查看发现压力释放装置动作输出接点存在严重受潮霉变，继保人员测量压力释放输出接点（见图8-12）正对地电压为55V，正常情况下应该为0V。测量低压电抗器保护屏内压力释放保护输入开入量一直导通，至此，运行人员的判断得到了证实。变电检修人员在进行了简单的玻璃胶封堵、烘干后测得压力释放输出接点正对地电压仍为13V，最后定性为要求联系厂家更换已霉变的输出接点插头方可投运。由于此次压力释放装置本身就存在设计缺陷，因为横向布置的接点插头没有任何遮挡和密封，在正常环境下很容易受到雨水的侵蚀，建议外加防雨装置。

图8-12　低压电抗器端子箱接线盒特写

经过运行人员的仔细分析原因，检修人员的现场检查，最后确定了此次压力释放误动作是由于压力释放装置接点受潮使保护误动作。这次误动作与连日的阴雨天气有直接关系，而且压力释放装置的输出接点也存在设计缺陷，由于是插入式连接且为横向布置，无任何防雨设施，密封相当不严，在潮湿的天气情况下容易受潮进水，从而导致接点触头霉变，使绝缘强度降低，保护误动。

3. 防范措施

由于此站4台低压电抗器存在相同的问题且处在梅雨地区，天气更加潮湿，因此更易发生类似误动作情况，需一并处理此类可能再次导致压力释放装置误动的隐患。从经济运行的角度建议在输出抽头连接处加装一个坡度防雨罩以保护此处不再受潮（见图8-13），以杜绝因为输出抽头连接处受潮导致压力释放装置误动的事故再次发生，确保电网安全可靠运行。

图8-13　加装了有坡度的防雨罩压力释放插头

四、电容器串联电抗器故障实例分析

1. 事故经过

某年5月8日16：49，某变电站363电容器速切动作，保护记录为AB相间短路，二次电流为41.35A，363电容器组电流互感器变比为300/5，折算到一次电流约为2.5kA，经检查为电容器内串联电抗器故障引起保护跳闸，型号为CKSCKL-576/35-6，出厂日期为2004年4月，安装方式为三相叠装。

2. 故障分析

5月8日故障发生当天，天气为晴天，排除因外部过电压造成的故障。电抗器情况为：该电抗器结构上采用4个包封并联，户外、前置，安装方式为三相叠装，A相在上，依次为B、C相。各相的损坏情况为：A相下部星形铝排与绕组连接的引线有放电现象，连接处的四个包封上均有烧损现象；端部星形铝排旁第1封包上有鼓包现象，故障情况如图8-14～图8-19所示。

3. 故障的过程分析

A相端部星形铝排旁第1封包处的故障最为明显，包封出现鼓包现象，限于现场条件，不能解体查看绕组内部情况，还是可以大致判断此点为故障起始点。检修人员怀疑此处为匝间短路，串联电抗器在运行时的匝间电压很低，电击穿的可能性很小，最大的可能还是热击穿。高温使得部分铝熔化，在 A、B 相间形成放电通道，导致 A、B 相间闪络、短路。从保护装置上的故障电流来看，电流约为 2.5kA，印证为相间闪络、短路，而非相间有直接贯通的短路通道。故障起因分析如下。

图 8-14　电抗器故障（一）

图 8-15　故障电抗器（二）（B 相情况，第四封包端部受损较为严重，星形铝排表面有放电痕迹，玻璃纤维因受热发黑）

图 8-16　故障电抗器（三）（引线处树脂有融化）

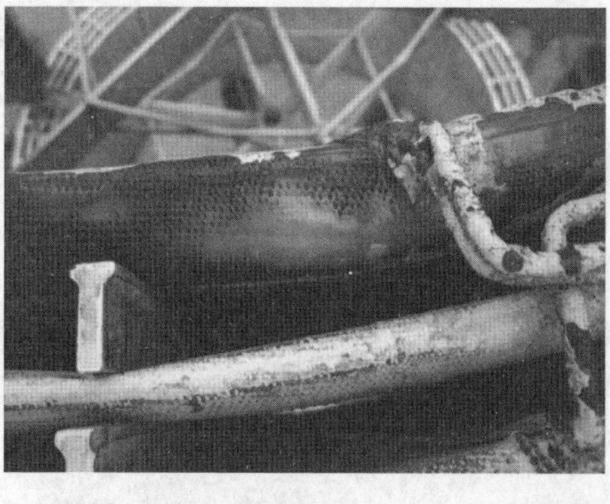

图 8-17　故障电抗器（四）（A、B 电抗器间的复合绝缘支柱铁件有轻微的放电痕迹）

图 8-18　故障电抗器（五）（A、B 相间区域内，上下部均有较为明显的放电点，判断此处为 AB 相间闪络的路径，最终造成相间短路，速切动作）

首先分析过电压引起的电击穿，过电压分两类，一类为外部过电压，另一类为内部过电压。5月8日当天天气晴好，未有任何雷电活动现象，排除外部过电压。内部过电压，当断路器合闸瞬间，由于系统参数的影响，电抗器包封内因过电压产生爬电。从后台调出的情况来看，5月8日08∶05∶37无功自动调压系统遥控该变电站363（3号电容器）断路器合闸。八个多小时后，5月8日16∶49∶31速切动作，363（3号电容器）断路器跳闸。电容器组合闸瞬间的冲击电压引起的电抗器包封内爬电导致电抗器损坏可能性很小。

图8-19 故障电抗器（六）

其次，电抗器在运行时的匝间电压很低，运行中电击穿的可能性很小。同时现场未发现电抗器表面的任何树枝状爬电。综上所述，电抗器因过电压引起的损坏概率很小，主要还是怀疑为包封绕组局部过热导致击穿。

4. 防范措施

该串抗返厂处理，重新绕制A相串抗。产品质量不过关，需加强出厂验收和监造，特别是在现场交接过程中的电气试验项目要齐全，数据要合格。

五、某变电站35kV 3号电抗器3K3断路器本体异常实例

1. 异常现象

2023年12月29日14时33分，监控告某变电站35kV副母线接地，35kV 3号电抗器3K3断路器SF_6气压低告警，同时伴有火灾告警信号。

值班员接到通知后立刻准备正压式呼吸器及防毒口罩赶往现场检查，同时辅助监控中心查看35kV高压室视频监控情况，发现35kV高压室3号电抗器3K3断路器间隔有烟雾。

2. 处理过程

异常发生时，运行方式为2号主变压器302断路器供35kV副母线，供4回35kV线路及3号电抗器3K3断路器。值班员赶往现场后，通过监控及后台确认3K3断路器处于热备用状态，并已封锁VQC。通过视频监控观察35kV高压室室内情况，发现3号电抗器3K3断路器间隔内有明火，如图8-20所示。

值班员立即将此情况汇报班长、专职及调度。14时50分，监控通知拉开2号主变压器302断路器进行事故紧急处理。值班员通过后台断路器变位、35kV副母线电压、母线上各条线路的电流等信号判断302断路器确已拉开后，戴好防毒口罩进入35kV高压室将火扑灭，确认无复燃可能后，立即手动开启排风机。15时33分，值班员向调度申请将3K3断路器改至冷备用后，进入高压室进行检查，发现35kV 3号电抗器3K3断路器A相极柱受损，如图8-21所示。

随后，运维人员对35kV高压室内所有间隔进行详细检查，其余间隔设备无异常，经汇报后向调度申请对35kV副母线及所带四条线路的试送。16时14分，该变电站2号主变压器302断路器、35kV副母线及四条35kV线路试送成功，无母线接地及其他异常告警信号。16时25分，3号电抗器3K3断路器改为检修。

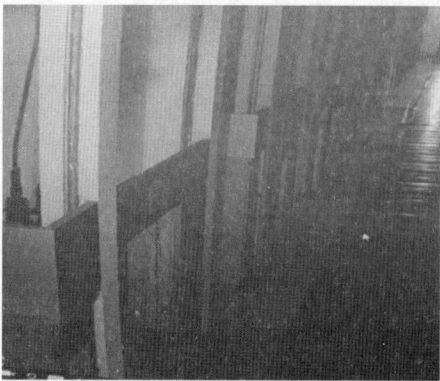

图 8-20　3 号电抗器 3K3 断路器间隔明火

图 8-21　3 号电抗器 3K3 断路器极柱

3. 异常分析

35kV 3 号电抗器 3K3 断路器型号 FP4D2，生产厂家为××公司，于 2007 年 12 月投运。异常发生时，35kV 3 号电抗器 3K3 断路器 SF$_6$ 气压低告警与 35kV 副母线接地告警同时发信。结合火灾告警信号，可初步判断事故原因为 35kV 3 号电抗器 3K3 断路器 A 相极柱着火，导致 3K3 断路器 SF$_6$ 气压低告警，并发生 A 相接地现象。

35kV 3 号电抗器 3K3 断路器在着火时处于热备用状态，断路器已在分位。查阅 35kV 3 号电抗器 3K3 断路器历史状态，发现该断路器于当日 7 时 23 分由 VQC 进行分闸，断路器变位成功。通过 D5000 查询 3K3 断路器分开时的三相电流，发现 C 相电流在断路器变位后电流值变位 0，而 A、B 相电流值在断路器分开后电流值从 150A 降至 130A，并未降为 0。因此可以判断当日 7 时 23 分，VQC 动作分闸 3K3 断路器时，虽然断路器变位成功，但实际 A、B 相断路器并未完全分开，A、B 相断路器内部接触电阻增大，存在轻微的放电现象，最终在 14 时 27 分 A 相断路器着火烧损。

目前此变电站所在地区 VQC 系统进行无功调节后，系统返回断路器变位信号判别操作是否成功，未利用断路器电流等进行综合判别。本次事件说明，VQC 动作后若仅靠断路器变位信号判断操作是否成功无法保证其准确性。与检修、厂家商议后，增电容器、电抗器断路器遥信位置与电流遥测值的联判规则，即设备对应相别的电流值应与其断路器位置匹配，二者不匹配时该断路器将被 VQC 系统闭锁，同时发出告警信息。正常情况下，VQC 动作后即开始计时，10min 后电流与断路器位置仍不匹配，系统将判别对断路器的电流异常而闭锁该断路器，并发出告警。

4. 注意事项

（1）针对变电站火灾告警信号，运维及监控人员应引起足够重视，及时通过视频监控、其他信号等辅助手段综合判断，必要时前往现场检查确认。当确认现场发生火情时，及时联系调度切断电源，在保证安全的情况下进行灭火，确认无复燃可能时再进行通风排烟。

（2）此类 FP 开关设备老旧，多次发生极柱损毁、机构卡死、SF$_6$ 压力降低告警、分合闸线圈烧毁等异常，故障率较高，对于此类断路器运维班组在日常巡视、操作、测温过程中要特别关注，同时建议加强此类设备的检修维护。

（3）对于监控端无功 VQC 控制系统，通过断路器与电流联合判据综合判断 VQC 控制结果，发现异常后及时通知现场核实情况。

六、某 500kV 变电站 3 号主变压器 3 号电容器故障实例

1. 情况简述

2021 年 1 月 7 日 08：48：13：408，某 500kV 变电站 3 号主变压器 3 号电容器自投切合上 333 断路器，08：50：38：081，3 号主变压器 3 号电容器不平衡电压保护动作，08：50：38：081，3 号主变压器 3 号电容器分闸。

（1）故障前运行方式。该变电站 35kV 系统：1 号主变压器 35kV，2 号主变压器 35kV，3 号主变压器 35kV 运行；1、2 号站用变压器运行；1 号主变压器 1、2、3 号电容器，2 号主变压器 1、2，3 号主变压器 1 号电容器、2 号电抗器、3 号电容器热备用；1 号主变压器 4 号电抗器检修；相关保护均投跳。

（2）故障隔离流程。12 时 00 分，3 号主变压器 3 号电容器申请改为检修状态。

2. 缺陷分析

（1）一次部分。现场检查发现 3 号主变压器 3 号电容器 B 相 31 号电容器单元上端绝缘子脱胶倾斜漏油，如图 8-22 所示；B 相 1 号电容器单元绝缘子上端锡封开裂漏油，如图 8-23 所示。

图 8-22　3 号主变压器 3 号电容器组 B31 电容器单元

图 8-23　3 号主变压器 3 号电容器组 B1 电容器单元

经测试，B1电容量为 35.77μF。B31 为 35.24μF，电容量正常，B1 瓷套对外壳绝缘为 10000MΩ，B 31 瓷套对外壳绝缘为 0.7MΩ。

（2）二次部分。2021-01-07 08：50：37：843 该变电站 3 号主变压器 3 号电容器不平衡电压保护动作，故障相别：B 相，B 相不平衡动作电压 11.667V（二次值），不平衡电压动作定值 1.1V（二次值）。

初步判断由于 B31 电容器瓷套底部脱胶漏油倾斜后，极瓷套对壳绝缘下降，导致瓷套内引出线与外壳产生电弧引起非金属性短路，电容器引线与外壳及框架导通，电容量发生变化，最终导致电容器压差保护动作，电容器跳闸。

3. 运行风险评估及处置情况

系统电压降低，若不及时投入电容器抬升电压，会导致送变电设备输送负荷的能力降低，若此时送电线路负荷稍有增加，会导致地区电压继续下降，进一步造成线路负荷增加，形成恶性循环，甩去大量负荷，引发大面积停电事故，造成不良影响。

7 日 12 时 30 分，3 号主变压器 3 号电容器改为检修。现场对同相其他电容器单元的电容量进行检测，数据正常，外观无异常现象。更换 B1、B31 电容单元后，对 B 相电容器组进行整组试验，试验合格。

4. 整改措施及预防建议

加强对其他电容器单元的检修及巡视质量。

第三节　补偿设备事故及异常处理训练

一、电容器不平衡流动作处理

1. 现象

35kV 丙组电容器连接在 35kV 母线上运行，35kV 母线为双母线带旁运行。电容器组采用双星形连接方式，其一次接线方式如图 8-24 所示，35kV 丙组电容器差流动作。

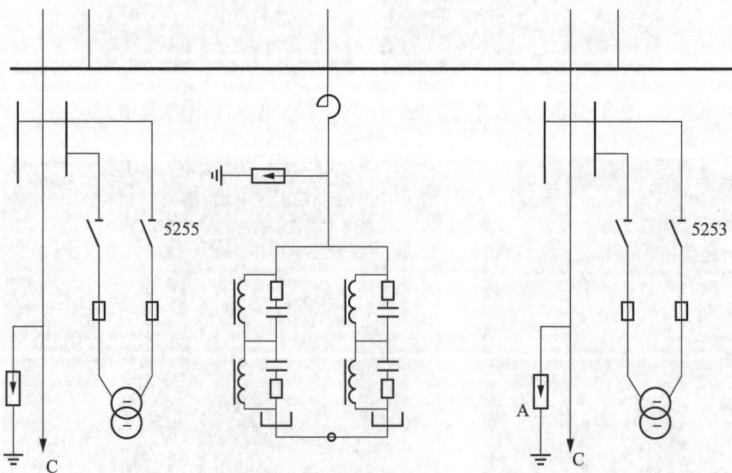

图 8-24　丙组电容器一次接线方式

2. 参考处理答案

（1）根据保护动作及断路器跳闸情况，当电容器全部正常，流过两个星形连接的电容器组中性点电流为零，流过电流互感器的电流为零。考虑实际电容器电容值不可能完全相等，中性点有较小的电流流过，差流保护的动作整定值为 2.2A，该电流值小于整定值，保护不会动作。查看保护动作故障电流值，分析故障类型，并汇报调度及工区。

（2）对电容器组外部巡视，检查现场有无放电、爆炸及外壳膨胀，各电容元件熔断器有无熔断等现象。

（3）将丙组电容器组由备用改至检修状态，做好安全措施，进入电容器室之前，对电容器逐个多次放电。

（4）拆除电容器组的搭头。

（5）测量电容器组每相的总电容值，找出损坏的电容所在相。

（6）找到所在相之后，具体测量该相每个电容值，找出损坏的电容。现场测量得到 A40 的电容值 $6.5\mu F$，A41 的电容值 $7.5\mu F$，与电容的额定值 $5.261\mu F$ 有较大的差别。对这两个电容器进行调换，系统恢复正常。

二、串联电抗器发热处理

1. 现象

操作班运行人员在进行一季度反事故措施专项检查中，发现热备用中的乙组电容器串联电抗器表面，在隔离开关引排处有疑似放电的表面油漆熔化痕迹，电抗器临近铜排发热导致电抗器外部涂层严重脱落（见图 8-25）。

2. 参考处理答案

（1）汇报调度及工区，将乙组电容器投入后，操作班到现场用红外成像仪进行测温。

（2）现场观察分析为临近铜排发热导致。

（3）原因分析。该电抗器为干式空心型，即电抗器线圈产生的磁场无铁心吸收，于是在电抗器周围产生比较大的漏磁通。

电抗器磁场分析如图 8-26 所示。当电抗器投入运行时，即给电抗器加了一个随时间作正弦变化的电流，于是电抗器周围就会产生漏磁场。由于铜排与电抗器距离较近，从而产生较大涡流，铜排受到涡流的影响，产生了发热现象，烤炙电抗器表层涂料，导致涂料受损脱落。

图 8-25　涂层脱落的电抗器

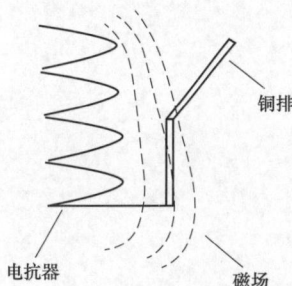

图 8-26　电抗器磁场分析

（4）将设备停电进行改造、处理。检修部门对乙组电容器串联电抗器 A、B、C 三相外部涂透明绝缘漆，并改造电抗器与电容器之间铜排的连接方式，加强设备投运验收，要求引排与串联电抗器表面要保持 0.6 倍电抗器直径的距离（见图 8 - 27）。

图 8 - 27　改造后照片

三、电容器渗油训练

1. 现象

电容器外壳有油迹。

2. 处理参考答案

电容器渗油，一般有两种可能，一种电容器不密封，另一种为电容器内部发热，造成电容器油膨胀渗油。渗油一般时仅有油迹，对电容器进行测温比较，如发现温度明显高于其他电容器时，应停电进行试验。如温度没有明显高于其他电容器时，可继续运行，伺机处理；如大量漏油，应停电更换电容器。

第九章

避雷器事故及异常

第一节　避雷器事故及异常处理概述

一、避雷器事故处理概述

1. 避雷器基本知识

变电站多为电力系统的枢纽点，一旦遭受雷击损坏，将会造成大面积、长时间的停电。为防止直击雷对变电站电气设备和建筑物的损害，均装有足够数量的避雷针；为防止沿输电线侵入的雷电行波造成过电压危害电气设备，带电导线与地之间，与被保护设备之间还并联装有一定数量的避雷器。避雷器是一种能释放雷电，兼能释放电力系统操动过电压能量，保护电气设备免受瞬时过电压危害，又能截断续流，不致引起系统接地短路的电气装置。当过电压值达到规定的动作电压时，避雷器立即动作，流过电荷，限制过电压幅值，保护设备绝缘；电压值正常后，避雷器又迅速恢复原状，以保证系统正常供电。

避雷器的主要作用是保护变电站设备免遭雷电冲击波袭击，也用于限制因系统操作产生的过电压。当沿线路传入变电站的雷电冲击波超过避雷器保护水平时，避雷器首先放电，并将雷电流经过良导体安全的引入大地，利用接地装置使雷电压幅值限制在被保护设备雷电冲击水平以下，使电气设备受到保护。

避雷器按其发展的先后可分为：①保护间隙：是最简单形式的避雷器；②管型避雷器：也是一个保护间隙，但它能在放电后自行灭弧；③阀型避雷器：是将单个放电间隙分成许多短的串联间隙，同时增加了非线性电阻，提高了保护性能；④磁吹避雷器：利用了磁吹式火花间隙，提高了灭弧能力，同时还具有限制内部过电压能力；⑤氧化锌避雷器：利用了氧化锌阀片理想的伏安特性（非线性极高，即在大电流时呈低电阻特性，限制了避雷器上的电压，在正常工频电压下呈高电阻特性），具有无间隙、无续流残压低等优点，也能限制内部过电压，被广泛使用。

2. 避雷器事故处理要点

（1）运行中避雷器突然爆炸，若尚未造成系统接地和系统安全运行时，可拉开隔离开关，使避雷器停电；若爆炸后引起系统接地时，则严禁用拉隔离开关的方法进行隔离，必须用断开断路器的方法将设备停电。

（2）运行中的避雷器接地引下线连接处有烧熔痕迹时，可能是内部阀片电阻损坏而引起工频续流增大，应停电使避雷器退出运行，进行电气试验。

（3）避雷器接地不良，阻值过大，应启用尽快处理。

（4）避雷器内部有放电声。在工频电压下，避雷器内部是没有电流通过的，因此，不应有任何声音。若运行中避雷器内有异常声音，则认为避雷器阀片间隙损坏失去了防雷的作用，而且可能会引发单相接地故障。一旦发现此种避雷器，应立即将其退出运行，予以更换。

（5）运行中避雷器有异常响声，并引起系统接地时，值班人员应避免靠近，断开断路器，使故障避雷器退出运行。

二、避雷器异常处理概述

1. 运行中避雷器瓷套有裂纹

（1）若天气正常，可停电将避雷器退出运行，更换合格的避雷器；无备件更换而又不致威胁安全运行时，为了防止受潮，可临时采取在裂纹处涂漆或粘接剂，随后再安排更换。

（2）在雷雨中，避雷器尽可能先不退出运行，待雷雨过后再处理，若造成闪络，但未引起系统永久性接地时，在可能条件下，应将故障相的避雷器停用。

2. 运行中避雷器有下列故障之一时，应停用检修

（1）严重烧伤的电极。

（2）严重受潮、膨胀分层的云母垫片。

（3）击穿、局部击穿或闪络的阀片。

（4）严重受潮的阀片。

（5）非线性并联电阻严重老化，泄漏电流超过运行规程规定的范围。

（6）严重老化龟裂或严重变形，失去弹性的橡胶密封件。

（7）瓷套裂碎，避雷器绝缘底部瓷质裂纹。

（8）雷电放电后，连接引线严重烧伤、断裂或放电动作记录器损坏。

（9）避雷器的上、下引线接头松脱或折断。

（10）内部有响声。

3. 雷击及过电压发生后的处理要点

（1）雷击时禁止进行倒闸操作和在系统上检修工作。

（2）雷击后应检查避雷器及计数器，做好雷电观察记录及其他设备有无闪络等异常情况的记录。

（3）避雷器（针）接地线、引下线应良好，应无烧断情况等。

（4）若在雷雨天因特殊需要巡视或操作高压设备时应穿绝缘靴，并不得靠近避雷器（针）的设备。

4. 变电站避雷器装置的运行要求

（1）雷季中，35～220kV线路若无避雷器者则不宜开路运行（若必须开路运行，应选择无雷电活动时且拉开线路侧隔离开关）。母线不应无避雷器运行，并且现场应规定进、出线的最少运行回路数。

（2）雷季中，220kV母线电压互感器避雷器停用时，应将所有设备倒向另一母线运行（带有母线电压互感器避雷器）。

（3）雷季中，线路重合闸不应退出运行，并且蓄电池直流操作电源正常、可靠，确

保重合闸动作。

（4）主变压器投运后向 35kV 母线充电时，为防止产生铁磁谐振过电压，因此充电前应做到：母线上应先投入一条线路或将充电主变压器的中性点经消弧线圈接地。

（5）主变压器在 220kV 侧或 110kV 侧避雷器退出运行期间不宜切除空载主变压器。为防止内部过电压损坏变压器，非雷季运行时，110kV 及以上的变压器装设的阀型或磁吹避雷器不得退出运行。

（6）为了防止两台及以上 220kV 断路器断口电容与母线电压互感器产生铁磁谐振过电压，220kV 母线停电时，应将线路及母联断路器改为冷备用，操作中不宜先将所有断路器改热备用，然后再全部由热备用改为冷备用。母线送电操作亦应逐一由冷备用改为运行。

（7）110、220kV 断路器断口电容与母线电压互感器发生谐振过电压，此时 110、220kV 母线电压表指示将异常升降，值班员不得拉开母线电压互感器隔离开关或重新合上所拉开的带电断路器，而应立即拉开所有热备用中带断口电容断路器的电源侧隔离开关（母线侧隔离开关不得操作）。

5. 氧化锌避雷器泄漏电流异常处理要点

氧化锌避雷器的泄漏电流分为内部泄漏电流和外部泄漏电流，内部泄漏电流主要是通过避雷器内部、上底座、引线接入泄漏电流表内；外部泄漏电流主要是通过避雷器瓷套外部、屏蔽环、绝缘衬套、下底座引入地下。因此正常情况下，泄漏电流表监视的是内部泄漏电流，当内部出现受潮导致绝缘被击穿或下降时，泄漏电流表会异常增大，甚至满偏，并伴有异常声响。此时若不立即停运避雷器，就会扩大为事故。但有时氧化锌避雷器的泄漏电流不是异常增大，而是异常减小，甚至为零，这就为运行人员正常监视避雷器带来了困难，因为这时如果出现内部故障，泄漏电流增大，正好会出现在正常范围内，会造成值班人员的误判断。

6. 避雷器其他异常情况处理要点

（1）潮湿天气会使得内部受潮、绝缘下降、泄漏电流指示增大，但由于底座的绝缘也会降低，分流作用会使得读数接近正常值，产生误判。由于电阻绝缘受潮降低的先后顺序以及电流表电阻和绝缘电阻在数量级上的差别，造成了电流表读数在雨雪天气下可能会出现先降低、后升高的现象。

（2）避雷器底座绝缘降低（绝缘衬套受潮或脏污），电流表测得的电流降低。

（3）避雷器屏蔽环软线的滑落。为了使避雷器的外绝缘爬距降低不多，屏蔽环多加在最末一级磁裙下，由于固定不良，使得屏蔽环可能会滑落碰触避雷器底座造成毫安表短接，泄漏电流表指示降低或无指示。

（4）泄漏电流表表计卡涩、引排断裂。由于电流表机械机构问题，造成卡涩，或引排断裂都可能使得泄漏电流表指示为零或指示没有变化。

（5）避雷器内部绝缘受潮。氧化锌避雷器内部受潮，会造成绝缘下降，泄漏电流表指示异常增大或满偏。

第二节　避雷器典型事故及异常实例

一、避雷器接地引线断裂的实例分析

1. 事故经过

某年4月12日，220kV某操作班运行人员在巡视、抄录避雷器泄漏电流表过程中，及时发现并处理了35kV洪明312线B相避雷器接地引排断裂隐患（见图9-1），避免了一起可能发生的避雷器爆炸事故。

图9-1　避雷器接地引线排断裂

2. 原因分析

接地引下排截面偏细，安装位置不合理，受力不均衡，接地排未采取铜排防腐措施。

3. 防范措施

改变安装结构，减少引排的长度，使引排受力均衡；采用较宽截面积的铜排，及时采取油漆等防腐蚀措施。

二、避雷器发热引起击穿的实例分析

1. 故障经过

某年10月9日，某220kV变电站35kV丙组电容器合闸操作后，系统报单相接地信号，经试拉该电容器组回路，系统恢复正常，确定系统单相接地故障点在该电容器组回路，停电检查发现该组电容器组避雷器A相绝缘电阻为零，确定为避雷器绝缘击穿。该避雷器型号为Y5WR-51/134，为某厂2003年7月生产，由电容器组供货厂配套提供，2004年11月投运，为查找避雷器故障原因，对避雷器进行了解体分析。

2. 原因分析

查看外观，该避雷器光洁无积污，瓷套外表和底座表面无放电痕迹（见图9-2），避雷器上下盖板中间略有鼓起，防爆膜未动作（见图9-3）。根据绝缘电阻为零，判断为内绝缘击穿。对避雷器缓慢松开上部盖板紧固螺钉，发现有大量气体涌出，判断避雷器内部有高温灼伤。待气体释放完后，揭开盖板检查盖板密封完好，上部弹簧压紧情况良好，无明显受潮痕迹。抽出避雷器阀片柱检查发现整体受损严重（见图9-4），表

面几乎全部烧毁并呈炭黑色且有 6 片阀片已经碎裂，测量阀片整体绝缘电阻为零。

图 9-2 瓷套外观图

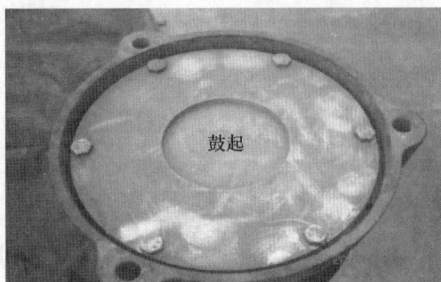

图 9-3 上盖板防爆膜鼓起

该避雷器阀片总计 17 片，阀片为饼式结构且直径 50mm，内有金属垫块 4 片调节。该避雷器所选用的阀片根据电容器组设计要求，保护该电容器组的避雷器通流容量要求不小于 800A，显然，选用阀片直径偏小。同时，该避雷器的阀片柱分三节安装，由 4 根直径 10mm 左右的绝缘杆固定（见图 9-5），每节阀片柱之间用导电金属薄片进行隔离固定并且每节阀片两端金属片用螺栓与绝缘杆固定。分析认为，这种结构的阀片上端通过已经螺栓固定的金属片对整体进行弹簧压紧，压紧效果存在问题。一般，避雷器阀片固定结构采用两端用弹簧压紧并进行整体固定的压紧方式（见图 9-6）。而故障避雷器阀片由于金属片与 4 根绝缘杆之间螺栓的紧固作用，上部压紧弹簧只能对上面第一节上的阀片有压紧作用，下面两节靠金属片用穿孔螺栓固定，解体中也发现中、下节阀片松动特别明显。

图 9-4 阀片整体情况

图 9-5 阀片固定支架

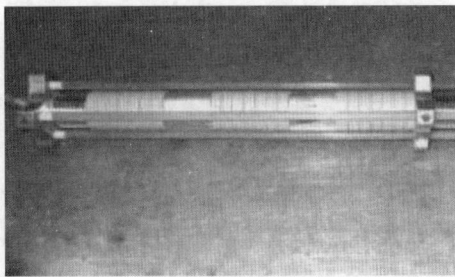

图 9-6 固定支架安装方式

3. 防范措施

根据对避雷器的解体和对照比较，分析造成这起避雷器故障的原因是避雷器阀片组装结构设计不合理，避雷器阀片直径选用过小，在合闸过电压作用下由于泄漏电流增加，其通流能力由于未能达到设计要求而导致阀片发生热崩溃，导致了避雷器绝缘击穿。通常要求将电容器极对地电压限制在 4（p.u.）以下，据此选用的避雷器额定电压过低，在运行中将会加速阀片的老化，需按照电容器极对地电压选取避雷器的持续运行电压、操作波残压、直流 1mA 参考电压、方波通流能力等参数。并联补偿电容器组是一种需要频繁投切的设备，运行经验表明用避雷器限制过电压效果明显，但避雷器的各项技术参数要求与其他场所的避雷器技术要求不同，应在设备选用上引起注意，应加强设备的验收工作，以限制价格便宜但质量低劣的避雷器进入电网，防止一般规格的避雷器应用于电容器组保护，造成设备事故和经济损失。

三、避雷器泄漏电流超标的实例分析

1. 事故经过

某年 8 月 9 日，110kV 旁路母线避雷器 C 相泄漏电流表指数偏高，由 0.6mA 额定值升高至 1.5mA。泄漏电流表型号为某厂 JC1 - 10/600，避雷器型号为 Y10W - 100/260W，某氧化锌避雷器厂生产，投运日期为 2000 年 8 月 26 日。因为怀疑是避雷器问题，需结合停电处理，向调度申请同意后，于当日 12：00 旁路停电，对避雷器及泄漏电流表进行检查。经专用泄漏电流表测试仪试验，泄漏电流表正常。高压试验测试避雷器，泄漏电流值过大，认定内部有局部击穿，故调换 C 相避雷器。检查另外两相避雷器及泄漏电流表均正常。

2. 原因分析

分解避雷器，发现内部氧化锌与外部瓷质隔离隔板间确有放电痕迹（见图 9-7），

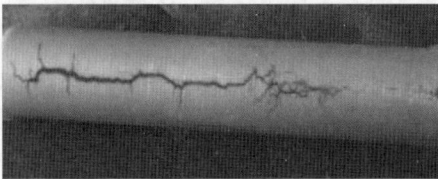

疑近日雷雨天气，水汽进入避雷器内部，内部干燥剂来不及干燥，水汽凝结于隔板，导致绝缘下降，隔板表面闪络。至于进入水气的原因，经分解查证，认为底部或顶部密封圈配合不紧密导致。

图 9-7　内部氧化锌与外部瓷质隔离隔板间放电痕迹

3. 防范措施

更换 C 相避雷器，泄漏电流表指数异常，分指数偏小或偏大，以偏大性质较严重。经统计，该缺陷多数为泄漏电流表自身损坏，避雷器损坏情况较为少见。

四、避雷器内部绝缘损坏的实例分析

1. 事故经过

某年 7 月 4 日 10 时，天气晴好，操作班运行人员在正常巡视时发现 110kV 旁母避雷器 C 相的泄漏电流明显高于另两相（A：0.7；B：0.7；C：1.5）且数值有规律地上下波动。运行人员判断此非避雷器表计问题，而是避雷器本身绝缘有问题，需要立刻进行处理，于是立即汇报调度、工区专职，并填报危急缺陷，协同检修人员于当日 13：16～15：16 完成了 110kV 旁母避雷器 C 相的调换工作。由于运行人员设备巡视认真，对此危急缺陷做到了及时发现汇报，上级主管部门及时安排处理，将一起事故遏制在了萌芽状态。

2. 原因分析

通过变电检修专业人员对该组避雷器进行的停电检查测试，发现 C 相避雷器已经存在击穿现象。停电检查试验数据见表 9-1。

表 9-1　　　　　　　　　　　避雷器停电检查试验数据

测试数据	A	B	C
总电流（有效）/mA	0.887	0.856	超量程（3mA）
阻性电流（峰）/mA	0.196	0.180	无法调节
交流参考电压/kV	104.7	105.4	—

　　解体检查，发现避雷器隔弧桶外侧有明显的树状放电痕迹，约占隔弧桶长度的 1/2。避雷器下端阀片支撑紧固件已有明显锈痕（见图 9-8、图 9-9）。避雷器下端阀片压紧弹簧已有明显铜绿（见图 9-9），避雷器上端铜盘有明显的锈迹（见图 9-10）。检查两端压板的密封圈，发现水汽已全面进入第一道密封圈，第二道密封圈内也有受潮痕迹；检查抽气孔，未发现明显的进水受潮痕迹。由此可见，该避雷器内部受潮是因为上部压板的密封圈密封不良引起。

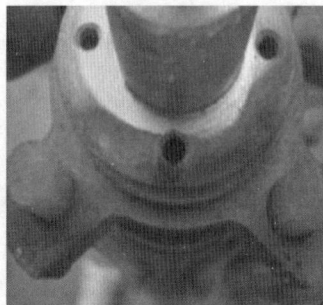

图 9-8　避雷器下端紧固件

图 9-9　阀片拉杆紧固螺钉

图 9-10　阀片压紧弹簧锈痕

　　该类避雷器由非线性氧化锌电阻片叠加组装，密封于高电压绝缘瓷套内，无任何放电间隙。在正常运行电压下，避雷器呈高阻绝缘状态，当受到过电压冲击时，避雷器呈低阻状态，迅速泄放冲击电流入地，使与其并联的电气设备上的电压限值在规定值内，以保证电气设备的安全运行。该避雷器设有压力释放装置，当其在超负荷动作或发生意外损坏时，内部压力剧增，使其压力释放装置动作，排除气体。氧化锌避雷器内有密封板，密封板的作用一是密封避雷器内部，二是防止避雷器通过雷电侵入波时使避雷器内部压力增大而引起的避雷器爆炸。而对于进水受潮的 C 相避雷器来说，如此时遭受过电压（操作过电压或大气过电压），则避雷器将发生击穿爆炸事故。避雷器内部阀片受潮，其非线性特性较差，当阀片受潮后使避雷器的恢复电压大于其灭弧电压，这使得在雷击后第一个半波内间隙中的电弧已熄灭，但在后继的恢复电压作用下重燃，工频续流再度出现，连续多次重燃使阀片烧坏，引起避雷器爆炸。

　　3. 防范措施

　　(1) 做好设备的巡视工作，加强监护，尤其是雷雨过后的巡视应特别关注避雷器泄漏电流的变化。每次巡视应记录泄漏电流表数值，注意同组 MOA（避雷器）三相数值的差异，超过 0.2mA 的应查明原因，发现电流异常增大时应立即上报并检查处理。

（2）对运行中的 MOA 带电测试中发现数据超过规程规定或与同类设备有明显差异的，应进行停电检查试验。

（3）避雷器绝缘在线监测装置很少有成熟的数据上传功能，测试数据还需要运行人员在巡视过程中进行大量的抄录和分析工作，应在技术改造和基础建设中加大这方面工作投入和应用，积累经验，真正实现避雷器设备状态的在线监测。

（4）应按照红外检测管理标准积极开展氧化锌避雷器红外热像仪温度检测工作。

🔧 第三节　避雷器事故及异常处理训练

一、抄录 500kV 线路氧化锌避雷器在线监测泄漏电流，发现超过规定异常处理训练

1. 现象

某年 1 月 10 日，漫天大雾，某变电站内场外设备放电声音异常响，值班员在巡视过程中发现 1 号主变压器 220kV 侧避雷器 A、C 两相泄漏电流为 0.4mA，而 B 相为 0.1mA，两相之间差距超过 20%，当即汇报上级，决定暂时加强监测（每小时观察一次），同时检修人员因大雾交通不便只能次日来检查处理。次日，天气晴朗，避雷器 A、B、C 三相泄漏电流自动恢复为 0.4mA，检修人员经过仔细的检查试验，发现避雷器一切正常。

2. 参考处理答案

应进行三相指示值比较，并与原始值进行比较，降低一般原因是：氧化锌避雷器屏蔽环与氧化锌避雷器底座短接，氧化锌避雷器底座绝缘磁套进水，可以继续运行，伺机处理。升高大于 10%，电导电流不平衡率达 20% 时，应排除氧化锌避雷器屏蔽环脱落，在线监测泄漏电流表故障，可进行短接试验。排除以上情况后，加强监视其变化情况，汇报上级领导，通知有关专业人员对其进行带电测试。

二、母线避雷器爆炸事故训练

1. 现象

某年 11 月 8 日 2：51：21，220kV 某变电站 110kV 母差保护动作，701、711、712、715、720 断路器跳闸，110kV 正母线失电，造成 4 座 110kV 变电站失电（备投未动作）及上述 110kV 变电站送电的 4 座 35kV 变电站失电。后经变电站值班员检查发现，110kV 正母线避雷器 B 相上下防爆板脱落，雷击计数器严重变形。故障录波器波形显示为 B 相单相接地。试验人员检查发现 110kV 正母线避雷器 B 相绝缘电阻为零。

2. 参考处理答案

当值运行人员立即记录事故现象和保护动作情况，检查 110kV 母差保护屏保护动作情况。复归信号后，初步判断是 110kV 正母线有故障，母差保护动作跳开 110kV 正母线上所有的断路器。正值向调度汇报事故发生的时间和断路器动作的情况以及事故保护动作情况，然后调故障录波器打印故障报告和故障波形。从故障报告上可以看出是

110kV 正母线 B 相发生了单相接地故障。检查母线和母线附属设备，当检查到 110kV 正母线电压互感器的避雷器时，发现 110kV 正母线电压互感器的避雷器 B 相防爆板脱落，B 相避雷器的泄漏电流表外壳被打飞，雷击计数器在 2 的位置。检查了 110kV11 个设备间隔等其余母线设备，没有发现明显故障。运行人员向调度汇报故障点的位置和现场检查的结果。调度发令将 1 号主变压器 110kV 侧复合电压闭锁方向过电流时间由 1.1s 改为 0.6s，110kV 正母线电压互感器由运行改为冷备用，合上 1 号主变压器 701 断路器（冲击），合上 110kV 母联 710 断路器，拉开 1 号主变压器 701 断路器，1 号主变压器 110kV 侧复合电压闭锁方向过电流保护时间由 0.6s 改为 1.1s，合上 110kV 旁路 720 断路器，合上所有 110kV 出线断路器。经处理 110kV4 座变电站恢复供电。110kV 正母线避雷器经更换处理，系统于 11 月 8 日 11：00 恢复正常运行方式。某 220kV 变电站 110kV 主接线如图 9-11 所示。

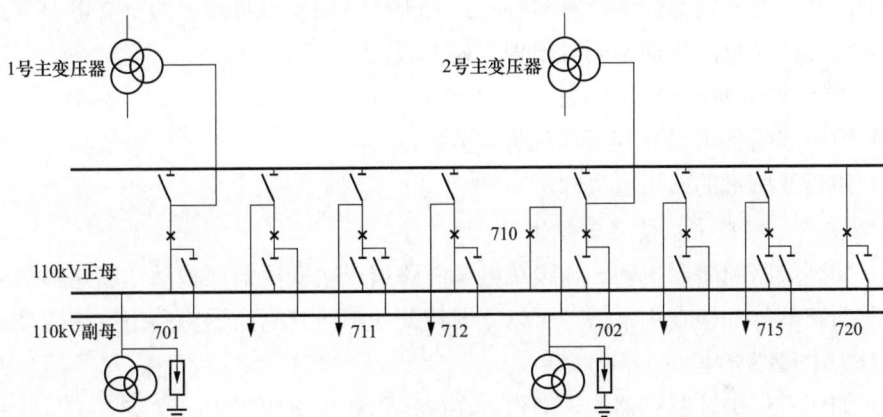

图 9-11 某 220kV 变电站 110kV 主接线

第十章

母线事故及异常

第一节　母线事故及异常处理概述

一、母线事故处理概述

1. 母线失电的处理

母线失电是指母线本身无故障而失去电源，一般由于系统故障、继电保护误动或该母线上的出线、变压器等设备故障本身断路器拒动，而使该母线上的所有电源越级跳闸所致。判别母线失电的依据是同时出现下列现象。

(1) 该母线的电压表指示消失。

(2) 该母线的各出线及变压器负荷均消失。

(3) 该母线所供的站用电失却。

2. 调度关于母线失电处理的规定

(1) 如因线路断路器拒动、越级跳电源断路器或主变压器保护动作断路器跳闸，经对越级跳断路器外部检查正常后，可以立即拉开故障线路断路器，利用主变压器或母联断路器对失电母线充电。

(2) 如所有保护及断路器均未动作，在确定母线失电原因不是本变电站母线故障所引起时，终端变电站则仅拉开电容器断路器，其他不做处理，等待来电。

(3) 对多电源变电站母线失电，为防止各电源突然来电引起非同期，现场值班人员应按下述要求自行处理。

1) 单母线应保留一电源断路器，其他所有断路器（包括主变压器和馈供断路器）全部拉开。

2) 双母线应首先拉开母联断路器，然后在每一组母线上只保留一个主电源断路器，其他所有断路器（包括主变压器和馈线断路器）全部拉开。

3) 如停电母线上的电源断路器中仅有一台断路器可以并列操作的，则该断路器一般不作为保留的主电源断路器。

3. 母线故障的处理

(1) 在变电站的母线上，可能发生单相接地或者多相短路故障。发生故障的原因有：①母线绝缘子和断路器套管的闪络；②连接在母线上的电压互感器及装设在断路器和母线之间的电流互感器发生故障；③连接在母线上的隔离开关或避雷器、绝缘子的损坏。

(2) 当某一段母线故障，相应母差保护动作跳闸时，值班人员应在确认该母线上的断路器全部跳开后对故障母线及连接于母线上的设备进行认真检查，努力寻找故障点并设法排除。切不可在故障点尚未查明的情况下贸然将停电线路冷倒至健全母线，以防止扩大故障。只有在故障点已经隔离，并确认停电母线无问题后，方可对停电母线恢复送电。

（3）若找到故障点但无法隔离时，应迅速对故障母线上的各元件进行检查，确认无故障后，冷倒至运行母线并恢复送电（与系统联络线要经同期并列或合环）。

（4）母线恢复来电后，按调度指令逐路送出或在确认线路有电的情况下自行通过同期装置合环或并列。

4. 调度规程关于母线事故的处理规定

母线事故的迹象是母线保护动作（如母差等）、断路器跳闸及有故障引起的声、光、信号等。当母线故障停电后，现场值班人员应立即汇报值班调度员，并对停电的母线进行外部检查，尽快把检查的详细结果报告值班调度员，值班调度员按下述原则处理。

（1）不允许对故障母线不经检查即强行送电，以防事故扩大。

（2）找到故障点并能迅速隔离的，在隔离故障点后应迅速对停电母线恢复送电，有条件时应考虑用外来电源对停电母线送电，联络线要防止非同期合闸。

（3）找到故障点但不能迅速隔离的，若是双母线中的一组母线故障时，应迅速对故障母线上的各元件检查，确认无故障后，冷倒至运行母线并恢复送电。联络线要防止非同期合闸。

（4）经过检查找不到故障点时，应用外来电源对故障母线进行试送电，禁止将故障母线的设备冷倒至运行母线恢复送电。发电厂母线故障如条件允许，可对母线进行零起升压，一般不允许发电厂用本厂电源对故障母线试送电。

（5）双母线中的一组母线故障，用发电机对故障母线进行零起升压时、用外来电源对故障母线试送电时或用外来电源对已隔离故障点的母线先受电时，均需注意母差保护的运行方式，必要时应停用母差保护。

（6）3/2接线的母线发生故障，经检查找不到故障点或找到故障点并已隔离的，可以用本站电源试送电，但试送母线的母差保护不得停用。

二、母线异常处理概述

1. 软母线、管母线中存在的异常

软母线、管母线出现的异常随着时间的推移都会引起母线的故障，因此在日常巡视中应及时发现其中的问题，及时汇报调度，安排母线停电检修工作，保证设备的安全稳定运行。

（1）软母线引线有断股、散股、烧伤痕迹。

（2）母线上有异物挂落。

（3）母线接头处有发热现象。

（4）母线及其引线风偏摆动比较大。

（5）母线支柱绝缘子可能存在裂纹、裙边有外伤或破损现象，底座锈蚀情况。

（6）母线异常声响，可能是与母线连接的金具松动或铜铝搭接处氧化引起。

2. GIS、充气柜设备母线、铠装式开关柜母线中存在的异常

因为 GIS 及充气柜设备母线都是密闭在充有 SF_6 气体的母线筒中，而开关柜设备母线是封闭在铠装式母线室中，运行人员都是无法直接看到的，因此通过听声音、闻气味、看仪表等方式观察母线是否存在异常；发现问题应及时汇报调度，安排母线停电检修工作，保证设备的安全稳定运行。

（1）GIS、充气柜设备母线 SF_6 绝缘气体有泄漏，引起绝缘降低。泄漏地点可能在气室间的封口或设备 SF_6 气体压力表连接管螺母及表计连接口。

（2）铠装式开关柜有放电声音，可能是潮气严重，开关套管支柱表面放电电压降低，导致三相表面爬电甚至发生闪络。

（3）定期对 SF_6 进行微水测试，若数据超标，可能气室有电弧燃烧现象。

3. 谐振过电压

（1）电网中的感性、容性元件在进行操作或发生故障时，在一定条件下可能会形成谐振回路，谐振过电压严重时会造成设备损坏。引起谐振过电压的原因有：

1）母线充电时，电磁式电压互感器与母线对地电容引起谐振过电压。

2）断路器断口并联电容在断路器热备用时，与不带电母线电磁式电压互感器引起谐振过电压。

（2）谐振过电压的特征表现均为一相、二相或三相电压越过线电压，其他相电压降低。

（3）处理谐振过电压事故的关键是破坏谐振条件。发生谐振过电压时，应根据系统情况、操作情况迅速做出判断和处理。

1）严禁合上其均压电容参与谐振的带电源断路器。

2）可以在空母线上合一台空载变压器或一条无源线路，也可以拉开断路器电源侧的隔离开关。

3）凡是经受过数分钟的谐振过电压的电压互感器，即使试验合格也应退出运行。参与谐振的均压电容器及与电压互感器并联的避雷器，应加强检查和监视。

4）运行中突然发生谐振过电压，可试拉一条不重要负荷的线路，以改变参数来消除谐振。

4. 35kV 系统单相接地

（1）单相接地时，接地相电压为零或降低，另外两相电压升高，发出接地信号，永久性接地时不能复归。

（2）空充母线时可能造成接地假象，不需处理，待送出线路后自行消失。

第二节　母线典型事故及异常实例

一、220kV GIS 母线故障实例

某年 3 月 22 日，220kV 某变电站发生 GIS 设备支撑绝缘子击穿，造成 220kV 正母线故障，正母线上所有出线断路器、主变压器断路器跳闸事故。该 GIS 设备为某高压断

路器有限公司产品，变电站于 2009 年 1 月 15 日投运。

1. 事故经过

某年 3 月 22 日 11：03，变电站 220kV 母差保护动作，1 号主变压器 2501、2X51、220kV 母联 2510 断路器跳闸，同时，对侧变电站 2X51 线断路器跳闸。

运行人员检查发现：本变电站是 220kV 正母线差动保护动作，跳开正母线上 220kV 母联 2510、1 号主变压器 2501、2X51 断路器，检查保护动作范围内设备未发现问题。对侧变电站 2X51 线 RCS931A 收到远跳信号，初步判断为 220kV GIS 正母设备出现短路故障，导致了事故发生。

事故发生后，检修人员即对 220kV 正母线气室进行 SF_6 气体成分测试，发现正母线北气室硫化氢、二氧化硫成分超标；同时，根据调度命令将变电站 220kV 正母、1 号主变压器 2501、2X51 断路器、220kV 母联 2510 断路器改至检修，由检修人员通过试验查找故障点。3 月 23 日 2：00，试验人员通过耐压检测，检查出 220kV 正母线 GIS 北气室支撑绝缘子击穿，其余设备完好。3 月 23 日 04：09，变电站 1 号主变压器、2X51 断路器改接副母运行恢复送电。GIS 气隔剖面示意图及支撑绝缘子指示如图 10 - 1 所示。

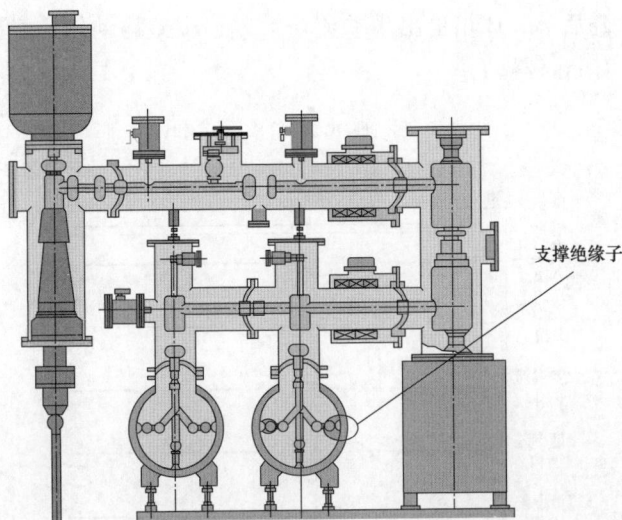

支撑绝缘子

图 10 - 1　GIS 气隔剖面示意图及支撑绝缘子指示图

2. 原因分析

经检修人员试验确认，本变电站 220kV GIS 设备正母线北气室支撑绝缘子击穿（见图 10 - 2），220kV 母线 C 相绝缘故障引发 C 相对地绝缘击穿，之后发展为 A、B、C 相三相短路，引起 220kV 母线差动保护动作，跳开接于该母线上的 1 号主变压器 2501、2X51 断路器、220kV 母联 2510 断路器。专家分析后认为：可能是运输途中或吊装过程中的震动引起细微而无法检测的内部损伤（见图 10 - 3），经设备长期带电运行后引发。2X51 线路配置了 603、931 双微机线路保护，这两套保护装置中，931 具有远跳功能及回路，603 保护装置的远跳回路在本变电站未接线，而在对侧变电站 603 保护装置远跳回路完整。当本侧 220kV 正母线母差保护动作时，起动了对侧变电站相应母线上的 2X51 线路 931 保护的远方跳闸功能，对侧 931 保护收到远跳信号后跳开其站内的 2X51 断路器。

 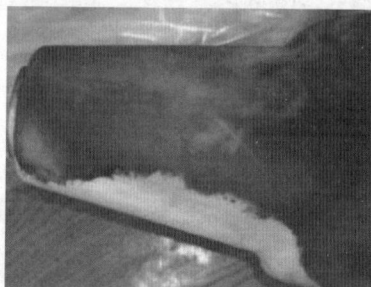

图 10-2　损伤的母线支撑绝缘子　　图 10-3　损伤的母线支撑绝缘子上的裂纹

（1）本侧变电站保护动作分析。由于是 220kV 正母线故障，所以 BP-2B 母差保护差动动作。正母小差复式比率动作、大差复式比率动作、正母差动复合电压动作开放闭锁，切除母联和正母线各单元及线路。

从 BP-2B 母差保护故障波形图（见图 10-4）可以看出，大差电流 C 相及正母小差 C 相先有差流，随后 A、B 相也出现差流，大差、小差均动作。复压闭锁元件动作，跳开母联和正母所有断路器。

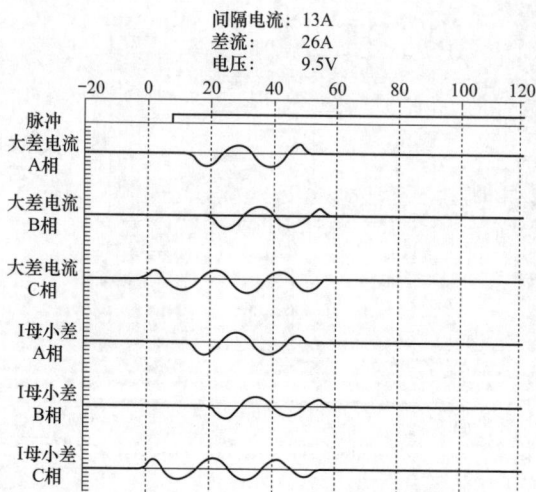

图 10-4　BP-2B 母差保护故障波形图

从 2X51 线 RCS-931A 波形图（见图 10-5）可以看出，C 相先有故障电流，过十几毫秒到 20ms，A、B 相相继出现故障电流，电压也随之出现跌落，出现零序电压。本侧变电站 2X51 线 931A 在 26ms 发出远跳信号。

（2）对侧变电站保护动作分析。从 2X51 线 RCS-931A 波形图（见图 10-6）可以看出，对侧变电站 2X51 线 931A 在 46ms 收到远跳信号。95～97ms 间，对侧变电站的 2X51 断路器 A、B、C 出口跳闸。

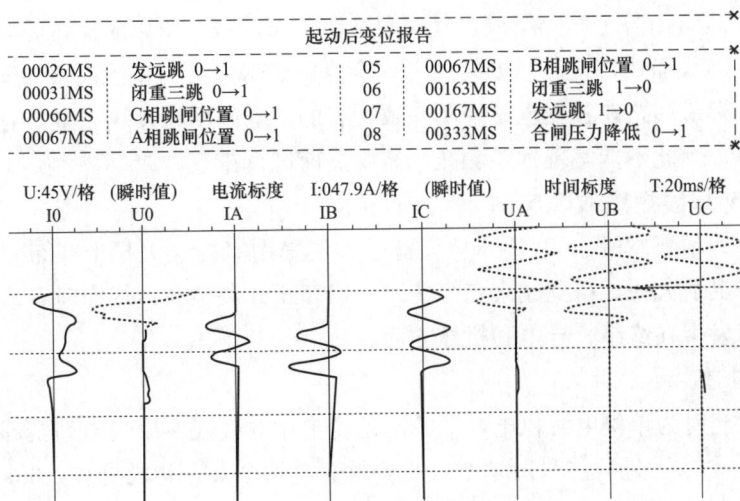

		起动后变位报告				
00026MS	发远跳 0→1	05		00067MS	B相跳闸位置 0→1
00031MS	闭重三跳 0→1	06		00163MS	闭重三跳 1→0
00066MS	C相跳闸位置 0→1	07		00167MS	发远跳 1→0
00067MS	A相跳闸位置 0→1	08		00333MS	合闸压力降低 0→1

图 10-5　2X51 线 RCS-931A 波形图

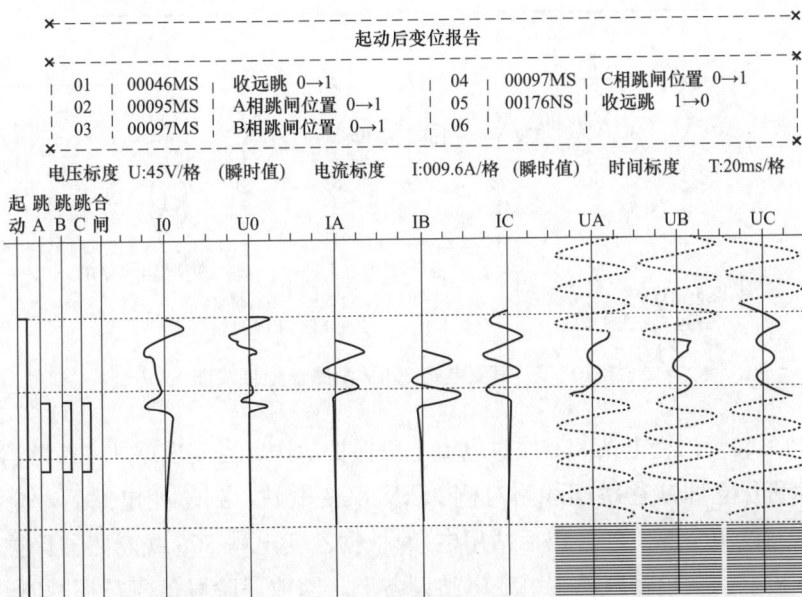

		起动后变位报告			
01	00046MS	收远跳 0→1	04	00097MS	C相跳闸位置 0→1
02	00095MS	A相跳闸位置 0→1	05	00176NS	收远跳 1→0
03	00097MS	B相跳闸位置 0→1	06		

图 10-6　对侧变电站 2X51 线 RCS-931A 波形图

3. 防范措施/经验教训

（1）GIS 设备最容易发生故障的时间是投运后的第一年，即 GIS 设备的"婴儿期"，过后趋于稳定。因此在这段时间运行人员尤其要加强管理，加强巡视检查工作。

（2）在对 SF_6 压力表巡视时，随时做好各气室压力指示读数的准确记录，定期核对一段时期内各气室的压力指示变化，而不能只看压力指示是否在额定压力范围内，以便尽早发现和处理泄漏故障。

（3）GIS 设备发生故障后由于全部是密封气室，所以很难查找故障，需通过分析 SF_6 气体成分及打耐压等方式来实现。为此，在 GIS 设备发生故障后，外观检查只是检查的一部分，不能作为判定有无故障点的依据，运行人员在向调度汇报时应具体说明。

（4）由于 GIS 由各个气隔组成，气隔间绝缘距离较短，所以耐压试验时存在很大风险，为此在 GIS 设备内部进行试验时应考虑全停以确保人员与试验设备的安全。

（5）保护远跳回路在各变电站中不一致，有的变电站回路接线完整，有的变电站回路接线不完整，因此不能实现远跳功能，需要提前进行排查。

二、35kV 母线短路故障实例

随着电网的不断发展，10、35kV 设备已大量采用室内开关柜形式布置，因其占地面积小，操作灵活方便，得到越来越多使用。但高压开关柜在运行中时有事故发生，分析其原因，多发生在绝缘、导电和机械方面。

1. 事故经过

甲变电站当时为单侧电源供电，220kV 乙变电站 356 线供甲变电站全部负荷，分段 370 断路器运行（无保护），347 线供 110kV 丙变电站 35kV Ⅱ段母线，35kV 备自投停用。两台站用变压器分别接于 356 线路与 10kV 母线上，系统接线图如图 10-7 所示。

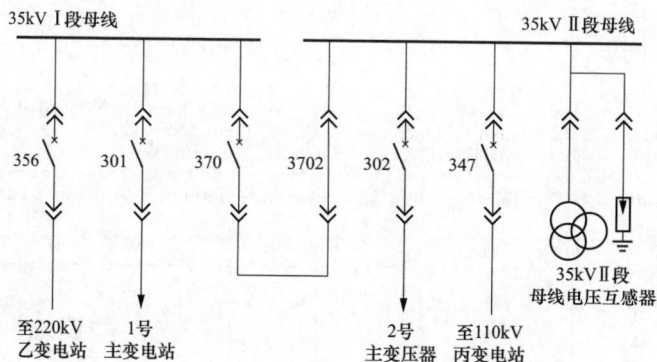

图 10-7　甲变电站 35kV 断路器柜接线图

当日 23：50，乙变电站 356 线过电流Ⅰ段保护动作，乙变电站 356 断路器跳闸，重合未成。值班员立即前往跳闸线路对侧 35kV 甲变电站，到达变电站后，全站一片漆黑，该变电站电源全部失电（包括站用电）。根据乙变电站 356 线断路器保护动作情况进行初步分析，判断故障出现在甲变电站设备上。因前一阶段值班员巡视时，35kV 甲变电站Ⅱ段母线避雷器手车处有放电异声，所以决定重点对 35kV Ⅱ段母线设备进行检查。进入 35kV 断路器室后，闻到室内有轻微的胶木烧焦味道，但不是很明显。因 35kV Ⅱ段母线避雷器手车为封闭式结构，加之全站失电后，检查设备状况仅凭手电筒，从面板观察窗根本看不到内部具体情况。经仔细比对，发现 35kV Ⅱ段母线避雷器动作次数有变化，初步判断 35kV Ⅱ段母线避雷器手车处有异常。

详细向调度汇报检查结果，同时向调度申请，将 35kV 甲变电站Ⅱ段母线避雷器手车拉出柜外进行检查。检查发现，35kV Ⅱ段母线避雷器手车动触头 B、C 相有明显放电烧伤痕迹，静触头也有轻微烧伤。次日 1：12，调度令将 356 断路器改为冷备用，同时命令拉开 1 号主变压器 301、2 号主变压器 302 断路器。1：34，调度令 110kV 丙变电站运方调整，准备用 347 线路对甲变电站 35kV 母线进行试送电。2：10，调度令

110kV 丙变电站合上 347 断路器，送电未成，断路器跳闸，而且听到甲变电站 35kV 断路器室内一声巨响，同时伴有闪光。立即向调度汇报，35kV 母线故障，不得再次送电。同时对 35kV 设备进行了详细的检查，发现 35kV Ⅱ段母线避雷器手车静触头 B、C 相处再次发生短路烧伤迹象。

2. 原因分析

35kV 断路器室为室内布置，投运时间较早，室内无空调及除湿设备，加之当时天气闷热，门窗全部关闭，35kV Ⅱ段母线避雷器手车触头因接触电阻过大引起发热，加之室内湿度较大，引起放电迹象。随着时间的增长，放电越来越加剧，导致避雷器手车静触头处母排支柱绝缘子固定座（为胶木通长连杆）绝缘降低，一段时间以后，胶木击穿，引起相间短路故障，导致此次事故的发生。

3. 防范措施/经验教训

（1）及时进行反事故措施，在断路器室内加装空调等除湿设备，保持室内通风、干燥，改善设备运行环境，保证设备可靠安全运行。

（2）不允许对故障母线不经检查即强行送电，以防事故扩大。

（3）发生事故时要根据当时的运行方式、天气、工作情况、继电保护及自动装置动作情况、表计指示和设备情况，及时判明事故的性质和范围。

（4）发生事故后应及时向调度、领导汇报，同时对事故性质的判断和提出建议的正确性负责。所进行的一切操作都要得到值班调度员的许可后执行，不得有任何未经许可的操作。

（5）要熟悉变电站设备的具体情况，操作前要进行危险点的预控分析，如遇确实危及人身设备安全的情况时，有权拒绝执行，并将拒绝执行的理由汇报上级。

三、500kV 母线隔离开关故障实例

1. 事故经过

某年 7 月 27 日 11：00：44，某变电站 500kV 第一、二套母线差动保护 BP－2B 母线差动保护动作，跳开 5011、5021、5031 断路器，1 号主变压器差动未动作。起动至出口时间为 7.5ms。故障前 1 号主变压器 A 相电流为 370A，功率为 320MW。故障录波数据显示故障点的短路电流为 32kA。

断路器额定电流是 4000A，开断电流是 63kA。此次发生故障的是 5011 断路器单元的 50111 隔离开关气室，该设备的出厂日期是 2008 年 9 月。

2. 原因分析

（1）确定故障点。故障时第一、二套母差保护动作，1 号主变压器第一、二套差动均未动作，因此故障点应位于Ⅰ母母差的保护范围内。为查找故障点，现场进行了直流电阻测试，分别测试了 5011 断路器、5021 断路器、5031 断路器的直流电阻。其中 5021 断路器、5031 断路器的直流电阻三相均平衡，5011 断路器 B 相直流电阻 1264$\mu\Omega$，A 相和 C 相直流电阻约为 100$\mu\Omega$，初步判定故障点在 50111B 相隔离开关气室。

通过对 50111 隔离开关 B 相的气室进行 SF_6 故障气体成分检测发现，该气室气体中存在 SO_2、H_2S 气体，并且 SO_2、H_2S 的浓度都大于 146μL/L（已经超出检测仪器量

程），基本确定 50111B 相就是故障气室。

此外，由于 50111 隔离开关的气室是三相联通的，B 相的故障气体有可能通过联通管道污染了 A、C 两相的气室。从对 50111 的 A、C 两相 SF_6 气体成分的检测来看，也证明了这一点，具体的检测数据见表 10-1。

表 10-1　　　　　50111 隔离开关气室 SF_6 气体成分分析表

检测气室	分解产物	
	$SO_2/$ （μL/L）	$H_2S/$ （μL/L）
50111A	>146	>146
50111B	>146	>146
50111C	32.0	18.1

为了检测 50111 故障气室对相邻气室的影响以及 5011、5021、5031 断路器在开断故障电流后 SF_6 气体成分的变化，分别对靠近 50111 侧的 I 母气室、5011、5021、5031 的断路器气室进行了 SF_6 气体成分检测。除在 5011B 相、5021B 相断路器气室发现少量的 H_2S 分解物外（5011B 相的 H_2S 含量是 0.14μL/L，5021B 相的 H_2S 含量是 1μL/L），其他气室检测均正常，未发现有 SF_6 的分解产物。5011B 和 5021B 相断路器气室由于开断过故障电流，在开断过程中会产生少量的 SF_6 分解物，从检测的 SO_2 和 H_2S 含量来看，都在合理范围之内。

综上，可以确定发生故障的是 50111 隔离开关 B 相的气室且故障气室对相邻气室未造成影响，5011、5021、5031 断路器也未发生放电故障。

（2）现场解体情况。某年 7 月 27 日 17：00 左右，打开故障相 50111 隔离开关 B 相气室端盖，发现气室内有很多白色粉末且绝缘盆子、筒壁有较大面积的烧焦痕迹（见图 10-8）。

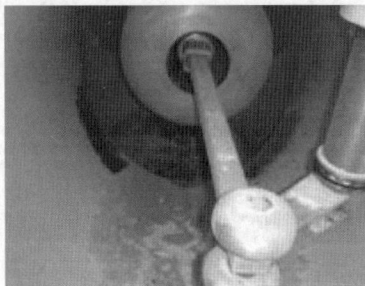

正常操作断路器时，开断电流时会产生电弧，在电弧熄灭后，电离的气体迅速复合，绝大部分又恢复成 SF_6 气体，极少量的分解物在重新结合过程中与水、氧气和游离的金属原子发生化学反应，生成硫的氟化物及金属氟化物。在电弧作用下，主要

图 10-8　50111B 相气室现场解体图片　的 SF_6 气体分解物是 SO_2、H_2S，其他气体分解物还有 SF_4、SF_2、SiF_4 和 CF_4 等，固态分解物有 AlF_3、CuF_2 等多种。经过一定时间后，大部分气体分解物被吸附剂吸收，而固态分解物则散落在容器底部。因为 GIS 的外壳是铝制的，中心导体是铜制的，经采样分析判定白色粉末是 Al、Cu 的氟化物。

（3）故障原因的初步分析。故障发生时的流过 5011B、5021B、5031B 断路器的电流波形如图 10-9 所示。

故障电流流向如图 10-10 所示。从图 10-9 的故障电流波形来看，当故障发生时，50111B 相被击穿引起短路，流过 5011、5021、5031 的电流都汇集到 50111，使得流过 50111 的电流达到 32kA，使得 50111 发生击穿放电。

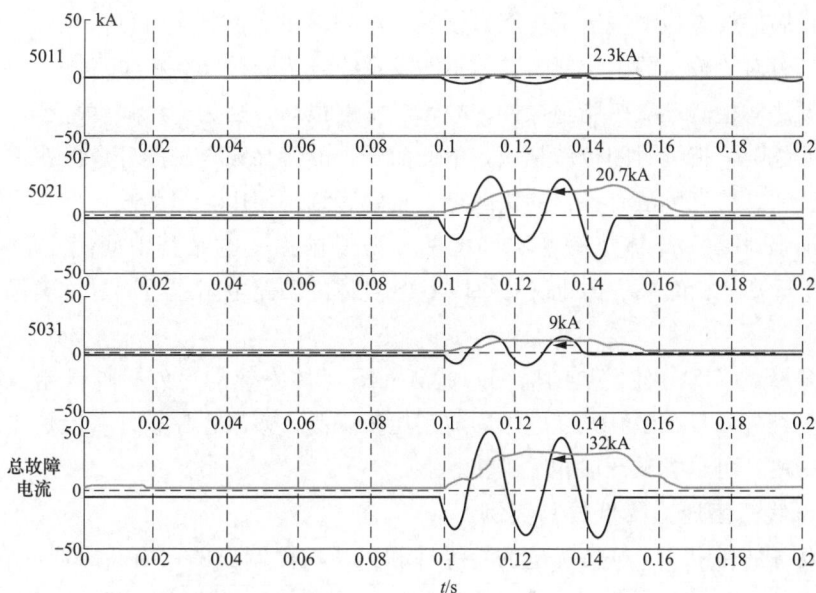

图 10-9　故障发生时流过 5011B、5021B、5031B 断路器的电流波形

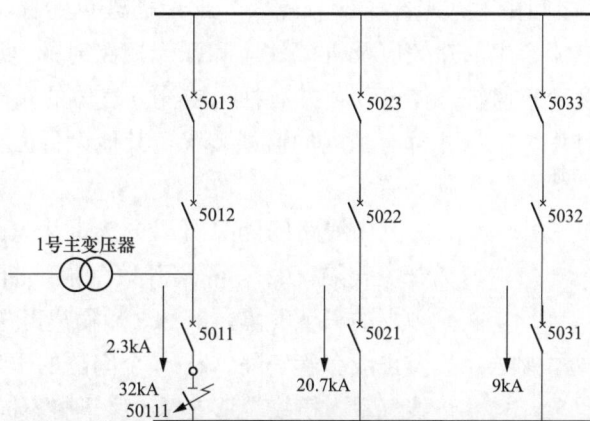

图 10-10　故障电流流向

　　造成 50111 隔离开关发生放电击穿的主要原因可能是：①气室内存在杂质，导致放电击穿；②隔离开关动静触头或导体与支撑绝缘子的接触不良，电阻增大，发热导致绝缘击穿。

3. 防范措施/经验教训

（1）加强对气室内部局部放电的检测。目前，针对 GIS 气室内部局部放电的检测方法主要有超声波局部放电检测法和特高频局部放电检测法。

　　超声波局部放电检测法对自由颗粒和金属件振动的缺陷比较敏感，在靠近缺陷部位时，测量精度能达几个 pC。特别是移动的金属颗粒，超声波检测法比传统的检测法、特高频法都优越，并且能发现绝缘垫圈松动、粉尘飞舞等非放电性缺陷；但是对于支撑绝缘子的缺陷较难早期检测出来，因为超声波在环氧树脂绝缘件中的衰减很大。

特高频局部放电检测法抗干扰能力较强，对 GIS 的各种放电性缺陷均具有较高的敏感度，并具有对故障点的定位能力；但不能发现绝缘垫圈松动、粉尘飞舞等非放电性缺陷。特高频法对检测环氧树脂绝缘件的故障灵敏度很高，因为绝缘强度越高，局部放电形成的脉冲越陡，持续时间也就越短，由此而产生的特高频电磁波分量也就越多。

超声波法、特高频法有各自的优缺点，将两者结合使用，检测效果将会比较全面。

（2）加强对 GIS 导体接触情况的检测。为了排除变电站其他间隔是否存在类似 50111 隔离开关 B 相的缺陷，建议对每段 GIS 导体的回路电阻进行测量，确保三相回路电阻平衡。

（3）开展对 GIS 导体发热的监测。监测 GIS 导体发热的另外一种可能方法是采用红外测量。红外测量在敞开式变电站中应用比较广泛，效果也比较好，但是在 GIS 变电站中很少采用，可以尝试开展相关工作。

四、母线气室压力降低异常实例

GIS 设备是利用 SF_6 气体优越的绝缘性和灭弧性而制成的，由断路器、隔离开关、接地闸刀、电压互感器、电流互感器、避雷器、母线、电缆终端或套管等部分构成，简单来说即是通过 SF_6 气体的绝缘将各部分集中在接地的容器内。上述设备均在独立的 SF_6 气室内，各气室之间由盆式绝缘子所分隔，外部用橘红色为标记。盆式绝缘子能经受得住额定短路电流产生的热效应及机械效应和弧光短路时的电弧效应。每个 SF_6 独立气室均装设密度表来监视气体密度，并有抽出或充入气体的阀门。断路器气室每相都有独立的监视装置，其他设备三相气室共用一套监视装置。

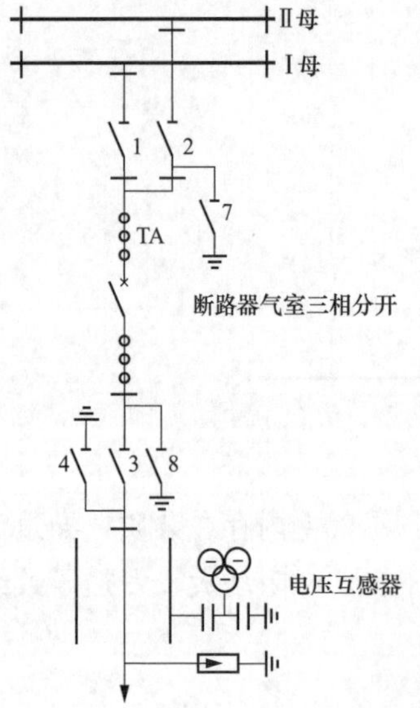

其中线路间隔又可以分为七个气隔，分别是：1 隔离开关气隔，2、7 隔离开关气隔，断路器 ABC 三相分别独立的三个气隔，3、4、8 隔离开关共用的一个气隔以及出线套管气隔。2~3 个间隔的Ⅰ母线或Ⅱ母线组成母线气室。横线表示支撑绝缘子将不同气室隔开的地方，间隔气室分割图如图 10-11 所示。

图 10-11 线路间隔气室分割图

某变电站 220kVGIS 设备于 2007 年 12 月 15 日投入运行。某年 5 月 23 日，该变电站备用三 2007 间隔出线套管气室与气压表连接管道上一固定连接螺母断裂（见图 10-12），造成该气室压力降为零。

GIS 设备各气室的压力见表 10-2。

值班员发现异常后，迅速汇报调度及工区专职，由于此线路为备用间隔，故障点在出线气室，因此调度发令将线路改为检修状态，调换固定连接螺母，并将气室充气至额定压力。后经分析，固定连接螺母含铅量较高，受力强度减小，容易断裂。

假设固定连接螺母断裂，压力降为零的是运行气室，就会发生绝缘击穿，造成短路事故，因此制订以下措施。

图 10-12 GIS 设备气室连接管道螺母断裂图

表 10-2   不同气室的 SF$_6$ 气压表

SF$_6$ 气体	断路器气室/MPa	其他气室/MPa
额定值	0.6	0.6
报警	0.55	0.55
闭锁	0.5	—

（1）班组将 GIS 设备气体压力表连接管检查要求列入现场巡视作业指导书。每月结合重点巡视，分工到人对 GIS 设备气体压力表连接管进行重点巡视。

（2）当气温发生较大变化时，现场人员应加强对连接管的特巡工作。

（3）当设备检修时提醒检修人员对 GIS 设备气体压力表连接管进行检查。

（4）制订设备故障的事故预案，举行联合反事故演习。

某年 3 月 2 日经值班员巡视发现 220kV 母线气室螺母有裂纹痕迹。随即汇报调度，调度安排母线全部停电，将所有螺母进行调换。

五、变电站 220kV 母线失压故障分析报告

1. 处理经过

某年 6 月 29 日晚，某地区遭受大风、雷电、暴雨袭击。29 日 20：02，TL 线路 A 相故障，TL1 保护动作，A 相断路器未跳开，220kVT 变电站西母失灵保护动作，造成 T 变电站 220kV 西母失压。110kV 两段母线并列运行，T110 作母联运行，两台主变压器并列运行，每台主变压器各带 48MVA 负荷，故障只是跳开了 T222 断路器，没有造成负荷损失。

故障前 220kVT 变电站运行方式为：TL1、TP1、ⅡTU1、ⅡHT2、TD1、T222运行于 T220kV 西母。ⅠTU1、ⅠHT1、ⅠBT2、T221、TW1 运行于 T220kV 东母。其主接线示意图如图 10-13 所示。

运行人员及时打印出保护报告和故障录波报告，综合分析后初步判断是一起 220kV 线路故障，线路断路器拒跳引起的失灵保护启动母差保护动作行为，运行人员还发现 TL1B 相机构进水。

2. 原因分析

（1）保护动作信息及检查情况。

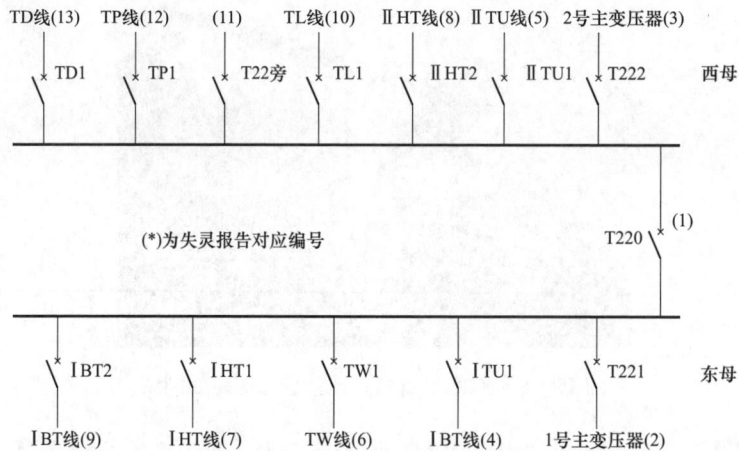

图 10-13　T 站 220kV 主接线示意图

TL1WXH-802 装置动作信息为：

5ms 纵联保护启动。

8.33ms 纵联保护收讯。

14.33ms 纵联保护停讯。

39.99ms 纵联零序出口。

42.49ms 纵联距离出口。

292.4ms 纵联单跳失败（程序设定时间为 250ms）。

542.4ms 纵联三跳失败。

故障测距 4.511km，故障零序电流 38.75A。

TL1RCS-901B 装置动作信息为：

8ms 工频变化量阻抗 A 相动作。

25ms 距离 I 段 A 相动作。

26ms 纵联变化量方向 A 相动作。

26ms 纵联零序方向 A 相动作。

83ms 零序过流 I 段 A 相动作。

209ms 纵联变化量方向三相动作（程序设定为 200ms）。

209ms 纵联零序方向三相动作（程序设定为 200ms）。

209ms 距离 I 段三相动作。

209ms 零序过流 I 段三相动作。

209ms 单跳失败启动三跳动作。

故障测距 4.1km，故障相电流 39.59A，故障零序电流 38.79A。

失灵保护动作情况为：

8ms 保护动作启动失灵保护。

260ms 失灵保护动作，首先出口跳开 T220 断路器；510ms 延时，出口联跳 T220kV 西母其余六回出线断路器。

（2）保护闭锁回路分析（见图 10-14）。19：30 左右，T 地区遭受雷电、暴雨及暴风袭击，TL1B 相断路器机构门被大风刮开，造成机构箱进雨水。由于机构端子排被打湿从而造成邻近端子间歇性短路。后台机上频繁报出 SF₆ 闭锁、低油压分闸闭锁动作、复归信号。故障后检查，TL1 断路器 B 相机构门被暴风刮开进水，机构报压力降低闭锁、SF₆ 压力低闭锁，端子排上有明显水珠（见图 10-15、图 10-16）。

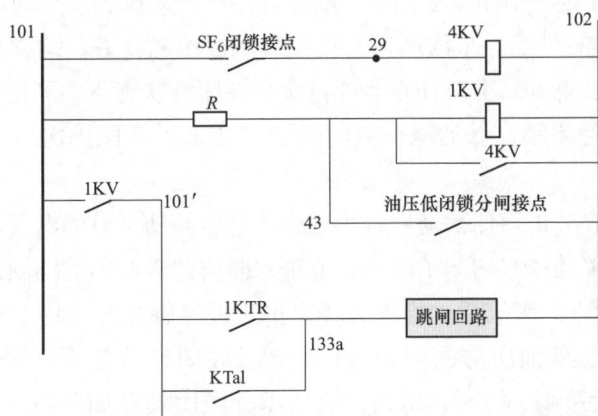

图 10-14 跳闸回路示意图（A 相）

图 10-15 受潮的机构箱（一）

图 10-16 受潮的机构箱（二）

当正电 101 与 29 短路时，4KV 得电动作，4KV 接点短接 1KV 线圈 1KV 失电返回，1KV 触点打开，闭锁跳闸回路。后台机报断路器低油压分闸闭锁动作、断路器 SF₆ 低气压闭锁动作。由于受短路的热效应，不长的时间内短路消失，4KV 失电返回，4KV 接点打开，1KV 得电重新动作，1KV 接点重新闭合，开放跳闸回路。后台机报断路器低油压分闸闭锁复归、断路器 SF₆ 低气压闭锁复归。

当 TL 线故障时，恰逢装置处于闭锁跳闸回路状态，保护装置动作，无法切除故障，从而起动断路器失灵保护。而断路器失灵保护动作出口时，恰逢装置处于开放跳闸回路状态，切除断路器。

根据以上 TL1 保护动作情况分析，保护装置动作正确。分闸不成功，主要原因是 TL1B 相断路器机构箱进雨水，端子排被打湿，造成 SF₆ 闭锁接点短路，闭锁了跳闸回路。

（3）断路器机构箱进水分析。TL1B 相断路器机构箱门能够关上，但是门把手松动，在暴风持续作用下，机构箱门被刮开，造成雨水进入。

（4）TL1 断路器跳闸检查分析。

1）断路器手合、手跳检查。在 SF$_6$ 闭锁、低油压分闸闭锁动作状态下，运行人员不能手合断路器；在 SF$_6$ 闭锁、低油压分闸闭锁复归状态下，运行人员能够手合断路器。断路器在合闸位置，同样会出现上述情况。

SF$_6$ 闭锁、低油压分闸闭锁复归后，断路器进行传动试验多次均正常。

2）TL1 保护检查情况。事故后，检查保护压板接触良好，均在正确投入位置。事故后模拟 SF$_6$ 闭锁、低油压分闸闭锁动作情况，在闭锁状态下，即使保护出口，断路器也不能跳闸；在 SF$_6$ 闭锁、低油压分闸闭锁复归状态下，保护出口，断路器能够正确跳闸。

从保护录波报告分析，保护动作行为正确，已经起动出口继电器，但是由于 SF$_6$ 闭锁、低油压分闸闭锁动作，切断了出口正电源，断路器因此不能跳闸。

3）失灵保护检查。事故后，检查失灵保护压板接触良好，均在正确投入位置。事故后模拟 SF$_6$ 闭锁、低油压分闸闭锁动作情况，在闭锁状态下，即使失灵保护出口，TL1 断路器也不能跳闸；在 SF$_6$ 闭锁、低油压分闸闭锁复归状态下，失灵保护出口，TL1 断路器能够正确跳闸。

TL1 保护动作 8ms 后起动失灵保护，因断路器未跳闸，故障电流持续存在，保护出口保持。失灵保护经过整定时间 0.25s 后，在 260ms 动作，出口跳 T220 断路器，经过整定时间 0.5s 后，在 510ms 动作，出口跳 T220kV 西母出线断路器。

因此，220kV 失灵保护动作正确。

4）断路器检查。事故后，运行人员及时发现 TL1B 相断路器机构进水，端子排上有水珠，端子排有放电痕迹。检修人员和保护人员进行了信号传动，发现 SF$_6$ 闭锁信号和低油压分闸闭锁信号已经长期动作，检查其他回路均正常，检查其他两相断路器机构正常。断路器机构做了跳合闸试验，A 相断路器跳闸动作电压为 132V，B 相断路器跳闸动作电压为 136V，C 相断路器跳闸动作电压为 135V。解除闭锁后，断路器跳合 10 次均正确动作。检修人员用吹风机对端子排进行干燥，短接温控器接点起动加热器对机构箱加热。

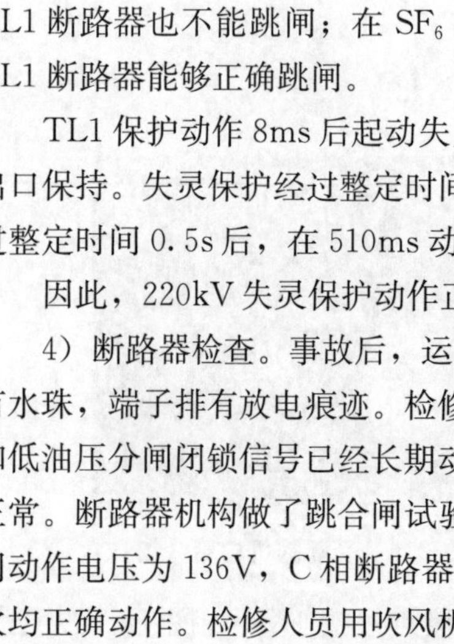

图 10-17 烧损的端子（端子 120 与 119 间明显的放电痕迹，此为 SF$_6$ 压力闭锁接点）

保护人员更换了机构箱放电烧损的端子排（见图 10-17），进行了机构信号传动，信号和闭锁回路正常。断路器机构做跳合闸试验，A 相断路器跳闸动作电压为 132V，B 相断路器跳闸动作电压为 136V，C 相断路器跳闸动作电压为 135V。断路器传动多次，断路器动作正确。因此，断路器本体正常。

5）失灵保护跳 TL1 断路器分析。检查后台机历史记录，在 TL1 保护动作到 TL1 断路器跳闸期间未发现 SF$_6$ 闭锁、低油压分闸闭锁复归信号。经过检查，断路器既然跳开了，应该是 SF$_6$ 闭锁、低油压分闸闭锁进行了短暂复归，开放了保护跳闸正电源。

6）TL1 保护发三跳令和失灵动作跳母联配合问题。单相断路器拒动后，保护补发三相跳闸命令各厂家整定不一样，RCS-901B 程序设定为 200ms，WXH-802 程序设定为 250ms。

（5）结论。

1）TL 线路故障是造成本次事故直接原因。

2）TL1 断路器 B 相机构箱进雨水是造成 T 变电站 220kV 西母失压的主要原因。

3）保护动作行为正确。

3. 防范措施

（1）以前依据反措要求，只是对正负电及跳合闸回路进行了隔离，本次事故暴露出保护闭锁回路端子相邻，有可能因污秽或雨水造成短路，引起保护误动或拒动，建议在相应闭锁回路增加隔离端子或加装隔离片。

（2）对 T 变电站及其他变电站机构箱进行全面排查，检查密封防雨情况，机构箱门采取闭锁措施，防止发生类似事故的发生。

六、某变电站 35kV 洪明 565 线跳闸异常实例

1. 故障现象

2023 年 8 月 17 日 12 时 01 分，监控告某变电站 35kV 洪明 565 保护动作，断路器跳开，同时报 35kV 正母线接地信号。35kV 洪明 565 断路器跳闸后，35kV 正母线接地信号未消失，监控试拉 35kV 旁路 560 断路器后，接地信号仍未消失，后于 12 时 14 分自行复归。

2. 处理过程

此次 35kV 线路跳闸后，35kV 正母线接地信号并未消失，情况较为复杂，及时将情况向专职和班长进行汇报。

值班员到达现场，检查保护装置，发现 35kV 洪明 565 过电流 I 段保护动作，断路器跳开，全电缆线路，重合闸停用，故障相别 A 相，故障电流二次值 28.971A，如图 10-18 所示。35kV 洪江 569 保护装置有保护启动信号，32ms 后保护返回，保护并未动作，如图 10-19 所示。此时检查 35kV 正母线电压 A 相：37.24kV，B 相：3.64kV，C 相：37.32kV，B 相存在单相接地现象。

图 10-18　35kV 洪明 565 保护装置动作情况

该变电站 35kV 为敞开式设备，值班员穿绝缘靴、戴绝缘手套对站内 35kV 正母线及相关出线设备进行带电检查，站内设备未发现明显异常。12 时 14 分 B 相接地现象消失，35kV 正母线电压恢复。

图 10-19　35kV 洪江 569 保护装置动作情况

15 时 11 分，调度通知试送 35kV 洪明 565 断路器，试送成功，未发现明显故障点。

当日，35kV 洪江 569 线路用户称站用变压器进线套管存在缺陷，并申请 8 月 27 日洪江 569 线停电处理。

查看 1 号主变压器低压侧 501 断路器电流波形，电流显示故障时刻 AB 相均存在故障电流，基本等大反向，结合洪江 569 保护启动信息，故怀疑 B 相故障电流来自洪江 569 间隔。因此，运维专职联系检修单位于 8 月 27 日对洪江 569 线路保护进行校验，无异常。

3. 故障分析

此变电站 35kV 系统为消弧线圈接地，单相接地时保护不会动作。而 35kV 洪明 565 保护为过电流Ⅰ段动作，故障相别和故障电流却只有 A 相且故障跳闸后，正母线存在单相接地信号，电压为 B 相降低，A、C 两相仍为线电压，说明此时 B 相仍有接地故障。据此推测，此故障应为 35kV 正母线 AB 异名相两点接地。

调取 35kV 洪明 565 故障跳闸时 1 号主变压器保护低压侧波形图如图 10-20 所示；35kV 洪明 565 保护的波形图如图 10-21 所示，35kV 洪江 569 保护的波形图如图 10-22 所示。

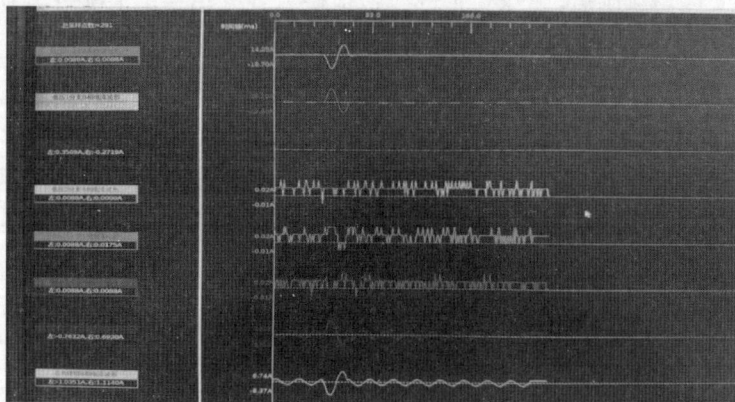

图 10-20　1 号主变压器保护低压侧波形图

从波形图中可以看出，35kV 洪明 565 线跳闸时，35kV 正母线 A、B 相电压均存在不同程度的跌落现象，主变压器低压侧 501 断路器 A、B 相均流过故障电流，A 相与 B 相的故障电流基本等大反向。35kV 洪明 565 保护只有 A 相有故障电流，与 501 断路器 A 相故障电流基本一致；而 35kV 洪江 569 断路器 B 相有故障电流，与 501 断路器 B 相故障基本一致。

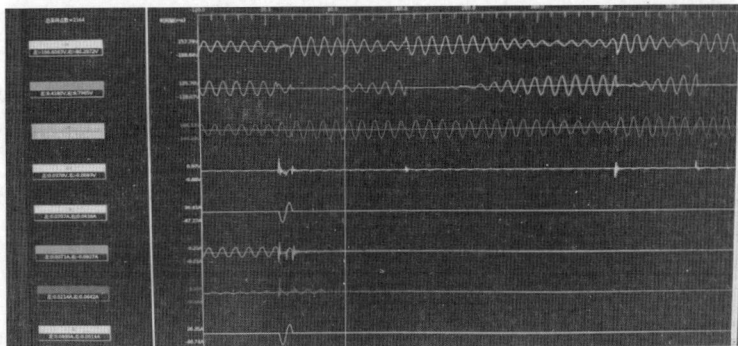

图 10 - 21　35kV 洪明 565 保护波形图

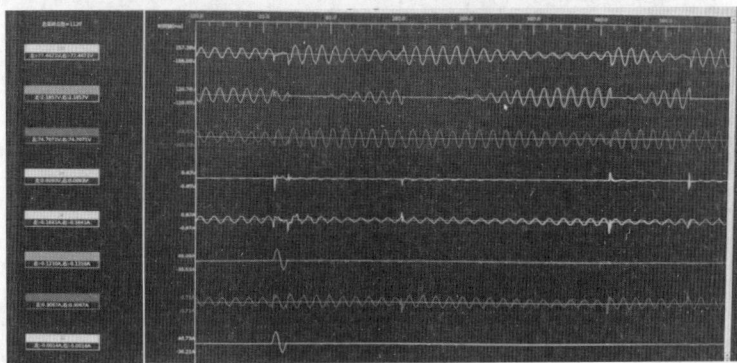

图 10 - 22　35kV 洪江 569 保护波形图

图 10 - 23 为 35kV 洪明 565 线路保护和 35kV 洪江 569 线路保护定值单，从中可见洪江 569 保护过电流 I 段定值与洪明 565 保护过电流 I 段定值相同，均为 2.5A（二次值），时间均为 0s。因此，在本次故障中，洪明 565 保护 A 相有故障电流与洪江 569 断路器 B 相故障电流基本等大反向，两线路保护原则上均会动作。而实际上仅洪明 565 保护动作，洪江 569 保护未动作，这需进行进一步分析。

保护定值

序号	定值名称	定值	备注
1	过流 I 段定值	3000/25A	
2	过流 I 段时间	0s	
3	过流 II 段定值	2400/20A	
4	过流 II 段时间	0.6s	
5	过流 III 段定值	900/7.5A	
6	过流 II 段时间	2.0s	
7	过流低电压定值	70V	
8	过流负序电压定值	6V	
9	零序过流 I 段定值	/	
10	零序过流 I 段时间	/	

图 10 - 23　35kV 洪明 565/35kV 洪江 569 保护定值单

从图 10 - 18 可见，洪明 565 线路保护在启动后 18ms 过流保护动作，即保护动作约需 18ms 左右，而从图 10 - 21 可见，洪明 565 断路器 A 相故障电流仅持续一个周波

（20ms）左右即消失。图 10-24 为 35kV 洪江 569 线路保护故障简报，可见故障第一周波内故障电流为 26.71A（二次值），已大于过电流 I 段定值 25A，但略小于洪明 565 间隔的故障电流 28.97A，因此，可以估计此故障下洪江 569 线路保护在启动后的动作时间接近且可能略大于洪明 565 线路保护的动作时间，即接近并可能略大于 18ms（比如需 21ms）。因此，综合上述现象，洪江 569 线路保护未动作的原因可能如下：

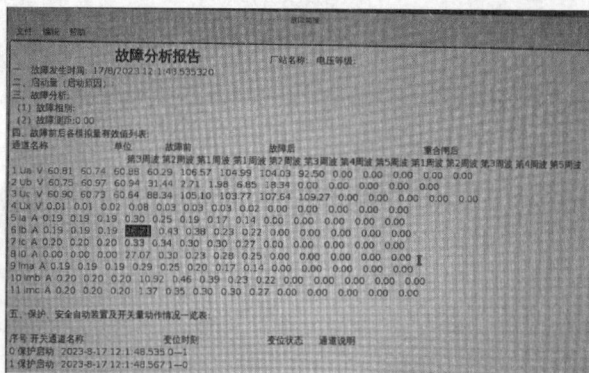

图 10-24　35kV 洪江 569 保护故障简报

（1）洪明 565 线路保护在启动后 18ms 过电流保护动作，其 A 相故障电流仅持续一个周波（20ms）左右即消失，可能是因为洪明 565 断路器在保护动作后仅数毫秒就完成跳闸，跳闸速度较快。然而，洪明 565 断路器在 20ms 左右就完成跳闸，故障转为洪江 569 线 B 相单相接地状态，B 相故障电流消失，这导致洪江 569 线路过电流保护未来得及动作，最终洪江 569 线路保护返回未动作跳闸，洪江 569 线路保持 B 相接地现象直至接地消失后自行复归。此种情况的关键点在于断路器固有跳闸事件仅数毫秒，可能性较小。

（2）根据洪明 565 线路试送成功可知，洪明 565 线路 A 相故障为瞬时故障，故障已自行消失。因此，可推测在 18ms 时刻，洪明 565 线路保护动作后，洪明 565 线路 A 相瞬时故障正好在 20ms 时刻消失，故障转为洪江 569 线 B 相单相接地状态，洪明 565 线路 A 相故障电流、洪江 569 线路 B 相故障电流均消失，这导致洪江 569 线路过电流保护未来得及动作，最终洪江 569 线路保护返回未动作跳闸，洪江 569 线路保持 B 相接地现象直至接地消失后自行复归。而尽管 20ms 时洪明 565 断路器故障电流消失，但洪明 565 线路保护在 18ms 时刻已经动作出口，跳闸信号能够保持直至洪明 565 断路器在数十毫秒内跳开。此种情况较为合理，但 10kV 断路器无断路器变位录波图进行进一步验证。

4. 注意事项

（1）非有效系统发生接地时，保护不会动作跳闸，仅会发母线接地的信号，保护装置动作跳开故障线路但相别识别仅有单相时，应对其保护采样电流进行检查确认，同时要考虑为异名相两点接地的情况。

（2）异名相两点接地故障，故障回路内流过的故障电流大小基本等大反向，出现一条线路跳闸，另一条线路未跳闸的情况，应注意核查保护定值单及装置内的定值，必要时联系检修对保护进行定校试验。

（3）异名相两点接地故障，故障回路内流过的故障电流大小基本等大反向，出现一条线路跳闸，另一条线路未跳闸的情况，此时需对保护动作时间、开关跳闸事件、故障电流大小等进行对比，可能是因为其中一条线保护动作稍快，在其动作后某处接地故障（一点或两点）正好消失，导致故障电流在另一间隔保护动作之前消失，从而使另一间隔保护未来得及动作。

（4）非有效接地系统发生接地时，可能进一步造成同系统内部分绝缘欠佳的设备绝缘击穿，从而引发系统异名相接地，因此日常巡视注意关注站内设备是否存在受潮、放电、发热等缺陷。

（5）非有效接地系统发生单相接地，开关柜室严禁带电进入检查；敞开式设备检查需穿绝缘靴、戴绝缘手套，并严禁触碰任何设备。

第三节　母线事故及异常处理训练

一、220kV 正母线故障处理训练

1. 事故前运行方式

线路一 2275、线路三 2987、1 号主变压器 2501 运行于 220kV 正母线；线路二 2276、线路四 2988、2 号主变压器 2502 运行于 220kV 副母线。220kV 母联 2510 合环运行。110kV 系统为双母线，110kV 母联 710 断路器热备用，1 号主变压器 701 断路器供 110kV 正母线，2 号主变压器 702 断路器供 110kV 副母线。35kV 系统为单母线带分段，35kV 分段断路器 310 热备用，1 号主变压器 301 断路器供 35kV Ⅰ母线，2 号主变压器 302 断路器供 35kV Ⅱ母线。变电站 220kV 一次系统接线图如图 10-25 所示。

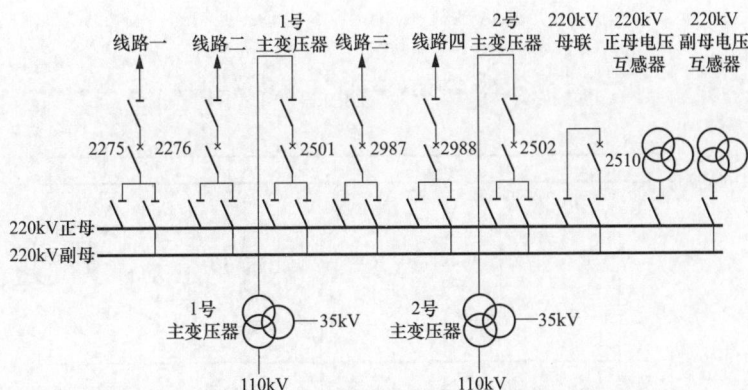

图 10-25　变电站 220kV 一次系统接线图

2. 现象

后台机事故告警，光字牌"220kV 母差保护动作""35kV 备自投动作"光字牌发信，一次图 1 号主变压器 2501、2275、2987 及 220kV 母联 2510 断路器跳闸，220kV

正母线电压表无指示，相关线路"高频收发信机启动""交流电压消失"光字牌发信，故障录波器动作均有报文；1 号主变压器 301 断路器跳闸，35kV 分段 310 断路器合闸。

3. 处理参考答案

（1）根据后台信息及保护动作情况，初步判断故障原因，并立即汇报调度。在调度发令下停用 35kV 备自投保护，可以通过拉开 1 号主变压器 701 断路器，合上 110kV 母联 710 断路器尽快恢复 110kV 系统的供电，检查 2 号主变压器负荷及风冷，开启全部风冷并监视过负荷。

（2）详细检查并记录保护动作情况。检查 220kV 正母线及其引线、所有隔离开关、正母线上所有单元电流互感器、断路器、电压互感器及避雷器等一次设备情况，判断故障性质，再次汇报调度、工区。

（3）假定故障就在正母线电压互感器高压侧隔离开关的母线侧，需对故障进行隔离。

（4）检查 2510 断路器确已分闸，拉开 25101、25102 隔离开关。

（5）将 2501、2275、2987 断路器冷倒至副母线热备用。

（6）考虑同期，合上 2275、2987 断路器。

（7）合上 2501 断路器，合上 701 断路器，拉开 710 断路器，合上 301 断路器，拉开 310 断路器。

（8）启用 35kV 备自投保护，恢复 35、110kV 系统正常运行方式。

（9）将 220kV 正母线改检修。

二、110kV 母联 710 断路器与其电流互感器之间故障处理训练

1. 事故前运行方式

线路一 711、线路三 713、1 号主变压器 701 运行于 110kV 正母线；线路二 712、2 号主变压器 702 运行于 110kV 副母线；110kV 母联 710 热备用，110kV 旁路 760 正旁母运行。变电站 110kV 一次系统接线图如图 10-26 所示。

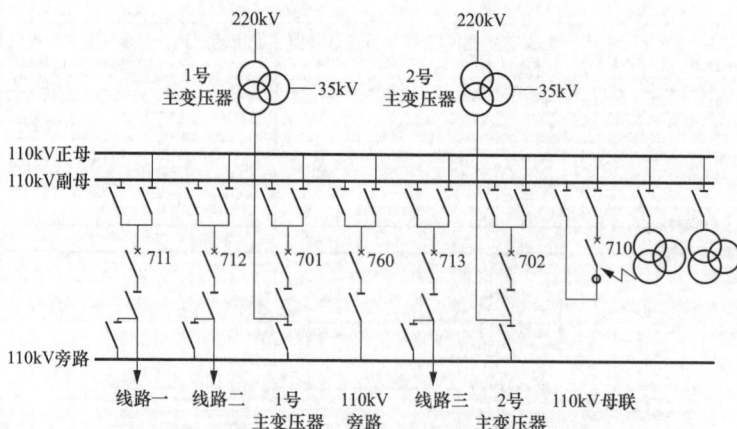

图 10-26 变电站 110kV 一次系统接线图

2. 现象

110kV 副母差动保护动作，跳开 702、712 断路器。110kV 副母线电压表无指示，2

号主变压器110kV侧、线路二712"交流电压消失",故障录波器动作有报文。

3. 处理参考答案

(1) 根据后台信息及保护动作情况,初步判断故障原因,并立即汇报调度。

(2) 详细检查并记录保护动作情况。检查702、712断路器位置及断路器状况,检查110kV副母线差动范围内的所有设备,找出故障点;再次汇报调度、工区。

(3) 假定故障就在110kV母联710断路器与其电流互感器之间,需对故障进行隔离。拉开7101、7102隔离开关,将710断路器改为检修状态。

(4) 用2号主变压器702断路器对110kV副母线进行充电正常后,合上712断路器。

第十一章

线 路 事 故 及 异 常

第一节　线路事故及异常处理概述

一、线路事故处理概述

输电线路因其量大面广以及受环境、气候等外部影响大等因素的存在，因而具有很高的故障概率，线路跳闸事故是变电站发生率最高的输变电事故。线路故障一般有单相接地、相间短路、两相接地短路等多种形态，其中以单相接地最为频繁，有统计表明，该类故障占全部线路故障的 95% 以上。

连接于线路上的设备，如线路电压互感器、电流互感器、避雷器、阻波器等的故障，按其性质、影响、保护反映等因素考虑，也应归属为线路故障。

1. 线路故障跳闸事故的处理

（1）判明故障的类型与性质。线路故障的类型与性质是电网值班调度员进行事故处理决策的重要依据，变电站值班人员应在故障发生后的最短时间内从大量的事故信息中过滤、筛选出能为故障判断提供支持的关键信息。这些关键信息主要有故障线路主保护的动作信号、启动信号、出口信号及屏幕显示、录波图等。后备保护信号及相邻线路/元件的信号仅能提供旁证和佐证，在故障发生后的第一时间内甚至可以不予理会，向调度报告时，应清楚地提出对故障的判断和相关的关键证据。

（2）掌握故障测距信息。准确的故障测距信息能帮助巡线人员在最短的时间内查到故障点加以排除，使故障线路迅速恢复供电，是事故处理中最重要的信息之一。值班人员应力争在线路跳闸后的第一时间内获得这一信息，迅速提供给值班调度员。

（3）查明站内线路设备有无损坏。由于电网的不断扩大，线路故障时的短路容量增大，强大的短路电流有可能使线路设备损坏或引发异常，甚至有可能故障就在变电站内。因此，线路跳闸后，值班人员应对故障线路有关回路及设备，包括断路器、隔离开关、电流互感器、电压互感器、耦合电容器、阻波器、避雷器等进行详尽而细致的外部检查，并将检查结果迅速报告有关调度。

（4）确认强送条件是否具备。强送是基于故障点或故障原因有可能在故障存续期间的热效应或机械效应作用下自行消除的考虑而采取的试探性送电，它常常是以线路设备再承受一次冲击为代价的，特别要求承担强送的断路器具备良好的技术状态，能在强送于故障时可靠跳闸，以免扩大事故，因此要求变电站值班人员必须确认用以强送线路的断路器符合以下条件。

1）断路器本身回路完好，操作机构工作正常，气压或液压在额定值。

2）断路器故障跳闸次数在允许范围内。

3）继电保护完好。

另外，为提高强送的成功率，故障与强送之间应有一定的时间间隔以利于故障点的绝缘恢复。

采用 3/2 接线方式的变电站，线路故障后强送的操作应用母线侧断路器进行。若采用中间断路器强送，当强送的断路器失灵或保护拒动时，相应的失灵保护动作跳开同一串的另外一台断路器，同时将同一串的相邻线路或主变压器切除，造成事故扩大；而采用母线侧断路器强送，万一断路器失灵或保护拒动，至多停一条母线，而不影响相邻线路或元件的运行。

（5）重视故障录波图的判读。故障录波图能完整、准确地记录和显示故障形成、发展和切除的波形与过程，是事故处理与分析的重要信息资源。但由于故障录波器一般都比较灵敏，其记录的大量一般系统波动信息往往把事故的重要信息淹没其中，查找、调阅与事故有关的报告，对于一般的值班人员来说并非易事。有的故障录波器其信息靠打印输出，与事故有关的报告夹杂在大量一般的报告中按时间排序慢慢地打印出来，往往需要很长时间，因此，许多变电站值班人员还是习惯于通过中央信号和保护信号进行事故判断和处理，故障录波图这一宝贵的信息资源在事故处理中还未得到普遍和充分的利用。

由于传统的光字信号和掉牌信号只能反映继电保护及自动装置的动作最终结果而难以反映其动作过程，因而在某些线路故障呈现复杂形态的情况下难以作出准确全面的分析和判断，有时甚至会造成误判断而影响电网调度人员的决策和指挥。如某 500kV 变电站的一次线路故障，主保护与采用相同原理的后备保护作出了完全不同的反映。主保护反映为单相故障并启动重合闸，而后备保护反映为相间故障并闭锁重合闸，致使现场值班人员难以作出准确判断，调度员无法进行果断处理，后经有关技术人员解读故障录波图才判定为单相故障、后备保护误动作的事实。还有一次，某变电站 500kV 线路断路器跳闸，重合闸不成功，光字信号及掉牌单元反映为第一、二套高频距离及后备距离同时动作，A、B 相启动。值班人员据此判断为相间故障并向总调值班调度员作了报告，但重合闸动作的信号却令值班员颇感疑惑，判为重合闸误动又觉依据不足。后经技术人员指导对故障录波器的打印信息进行判读发现，该线路先是发生 A 相接地故障，保护 A 相启动，55ms 后断路器跳闸，800ms 后断路器 A 相重合，重合后 140ms 又发生 B 相故障，保护 B 相启动。此时由于重合闸动作后尚未返回便三相跳闸，实际上是间隔时间很短的两次不同相单相故障。于是值班人员迅速向调度作补充报告，并对先前的报告作了更正。

由此可见，故障录波图及 SCADA 系统事件记录的判读，对于事故处理过程中的分析判断是极其重要的。结合光字和保护掉牌信号，能立体地反映一个故障的发展过程和保护的动作行为与结果，从而使现场值班人员能准确判断故障的性质与形态。

（6）线路保护动作跳闸。线路（包括双回线的一条线路）保护动作跳闸，一般必须与调度联系。一般由大电源的一端试送一次，若成功，由另一端并网，保护动作跳闸的处理原则如图 11-1 所示。

双回供电线路，其中一条线保护动作跳闸，重合不成功，一般不予试送，并注意另一线路负荷限值，必要时转移负荷

↓

联络线单相跳闸，重合不成，应立即汇报调度，可强送一次，若不成功，应将断路器三相断开

↓

馈电线路断路器跳闸，应立即汇报调度，待电源侧线路进行充电正常后，再合上断路器

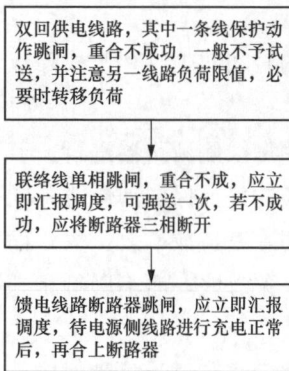

图 11-1　线路保护动作
跳闸的处理

2. 电力电缆事故处理

（1）电缆头绝缘破坏、爆炸及着火处理。电力电缆的端部（电缆头）由于制作施工工艺等原因，致使电缆头电压分布不均匀，引起电缆头绝缘破坏。如果运行中的电缆头发生破坏（放电严重或电缆头炸裂等），应立即向调度申请拉开该线路断路器并组织值班员进行灭火，必要时采取防毒措施，同时立即向调度、工区汇报，通知有关消防部门组织灭火。

（2）电缆头溢油、冒烟，引线过热烧断或折断。运行中的电缆头，因线夹接触不良，导致严重发热或引起电缆头渗油、漏油（胶），严重过热可使油分解冒烟，将引线或线夹烧断或因外力而折断，此时，应尽快减少负荷，加强监视或停用，等候处理。

3. 调度有关线路事故的处理规定

（1）线路跳闸后，为加速事故处理，调度员可不待查明事故原因，立即进行强送电。在强送电前应考虑：

1）强送端的正确选择，使系统稳定不致遭到破坏。在强送前，要检查有关主干线路的输送功率在规定的限额之内。必要时应降低有关主干线路的输送功率或采取提高系统稳定度的措施，有关省（市）调应积极配合。

2）现场值班人员必须对故障跳闸线路的有关回路（包括断路器、隔离开关、电流互感器、电压互感器、耦合电容器、阻波器、高压电抗器、继电保护等设备）进行外部检查，并将检查情况汇报调度。

3）500kV 线路故障跳闸至强送的间隔时间为 15min 及以上。

4）强送端变压器中性点必须接地，强送电的断路器必须完好且具有完备的继电保护。

5）强送前强送端电压控制和强送后首端、末端及沿线电压应做好估算，避免引起过电压。

（2）线路故障跳闸后（包括故障跳闸，重合闸不成功），一般允许强送一次。如强送不成。系统有条件时，可以采用零起升压方式；如无条件零起升压，经请示有关领导后允许再强送一次。

（3）断路器允许切除故障的次数应在现场规程中规定。断路器实际切除故障的次数，现场应做好记录。线路故障跳闸，是否允许强送或强送成功后是否需要停用重合闸，或断路器切除故障次数已到规定的次数，均由发电厂、变电站值班人员根据现场规定，向有关调度提出要求。

（4）500kV 线路保护和高压电抗器保护同时动作跳闸时，则应按线路和高压电抗器同时故障来考虑事故处理。在未查明高压电抗器保护动作原因和消除故障之前不得进行强送，如系统急需对故障线路送电，在强送前应将高压电抗器退出后才能对线路强送，同时必须符合无高压电抗器运行的规定。

（5）任何 500kV 或 220kV 线路不得二相运行。当发现二相运行时，现场值班人员应自行迅速恢复全相运行；如无法恢复，则可立即自行拉开该线路断路器，事后迅速汇报当班调度员。当现场值班人员发现线路二相断路器跳闸、一相断路器运行时，应立即自行拉开运行的一相断路器，事后迅速报告当班调度员。一又二分之一主接线的厂（站）在接线正常方式下，若发生某一断路器非全相运行且保护未动作跳闸，值班人员应立即汇报当班调度员。若无法联系时可以自行拉开非全相运行的断路器，事后迅速报告当班调度员。

（6）线路一侧断路器跳闸后，有同期装置且符合合环条件，则现场值班人员可不必等待调度命令，迅速用同期并列方式进行合环。如无法迅速合环时，值班调度员可命令拉开另一侧线路断路器。500kV 线路应尽量避免长时间充电运行。

（7）联络线跳闸后，在强送时应确保不会造成非同期合闸。

二、线路异常处理概述

大电流接地系统指中性点直接接地系统，我国 110kV 及以上电网一般为大电流接地系统；小电流接地系统指中性点不接地系统或经消弧线圈接地系统，我国 35kV 及以下电网一般为小电流接地系统。

（1）小电流接地系统的运行特点。

1）小电流接地系统中发生单相故障时，线电压大小和相位不变且对称，而系统的相间绝缘能够满足线电压运行的要求，所以允许单相接地时维持运行。

2）中性点经消弧线圈接地的系统允许带接地故障运行的时间决定于消弧线圈的允许运行条件，一般规程规定不超过 2h，消弧线圈的油温不超过 85℃。

3）单相接地时对设备的影响和危害有：①单相接地故障时，非故障相对地电压升高，系统中的绝缘薄弱环节可能因此击穿，造成短路故障；②故障点产生间歇性电弧，易导致谐振，产生谐振过电压，对系统设备造成危害。同时，间歇性电弧可能烧坏设备，使故障扩大为相间故障。

（2）小电流接地系统单相接地的现象。

1）警铃响，发出"母线接地""掉牌未复归""消弧线圈动作"等光字牌。

2）检查绝缘指示母线一相电压降低，另两相升高；金属性接地时，接地相电压降为 0，另两相升高为线电压。

3）对于经消弧线圈接地系统，消弧线圈电流表指示增大。

4）电压互感器开口三角电压增大。

5）若接地发生不稳定或放电拉弧，会重复间歇性发生上述现象。

（3）小电流接地系统单相接地的查找及处理。

1）将接地现象汇报调度。

2）做好绝缘措施，检查站内接地母线所接的所有设备绝缘有无异常情况。初步判断接地点是在站内还是站外。若站内设备接地，应汇报有关部门进行处理；若接地点在站外，则应按调度命令选择。

3）若接地点初步判断在线路上，经调度同意，可采用瞬时拉、合断路器法判断查找接地点。操作时应二人同时进行，一人操作、一人监护及监视接地母线相电压表。在断路器断开瞬间，若相电压恢复正常值，则可判明接地点在该线路上，反之则可排除该线路接地，如此按顺序逐步查找。

（4）查找接地故障的顺序一般为：

1）空载线路。

2）有备用的设备或回路。

3）历史记录经常发生接地的线路。

4）分支多、线路长、负荷小、不太重要的线路。

5）较重要的负荷。

6）对于重要负荷，应汇报调度，在转移负荷后进行停电检查。

（5）查找单相接地故障时的注意事项。

1）查找接地点时，运行人员应穿绝缘靴，戴绝缘手套，接触设备时注意防护。

2）加强对电压互感器运行状态的监视，防止因接地时电压升高使电压互感器发热、绝缘损坏和高压熔断器熔断。

3）对经消弧线圈接地系统，要加强对消弧线圈的监视，防止消弧线圈发热导致的消弧线圈损坏，严禁在带有接地点时拉合消弧线圈。

4）若发现电压互感器、消弧线圈故障或严重异常，应立即断开故障线路。

5）系统带接地故障运行时间一般在规程中规定不超过 2h。

6）系统若频繁地出现瞬时接地情况，可将不重要的、经常易出故障的线路短时停电，待其绝缘恢复再试行送电。

7）用"瞬停法"查找故障时，无论线路上有无故障，均应立即合上。

8）做好故障记录，以便为下次出现接地提供参考。

（6）光字牌发出"接地信号"原因分析及处理。

1）当后台机发出"母线接地"信号时，要仔细区分一次设备接地与谐振、电压互感器一次侧熔断器熔断等不同现象，防止误判断造成误操作。引发接地现象的情况汇总见表 11-1。

表 11-1　　　　　　　　　　引发接地现象的情况汇总

现象	电压	判断
"母线接地"	三相电压有规律的上下摆动，或者空充母线时三相电压不平衡	谐振
"母线接地"	一相电压为零，另两相电压不变	电压互感器一次熔丝一相熔断
"母线接地""消弧线圈动作"	一相电压为零，另两相电压升高	单相接地

2）原因分析。从中性点不接地系统交流绝缘监察装置图分析（见图 11-2），当线路或母线确实发生接地时、TV 高压熔断器一相或两相熔断时以及出现铁磁谐振时，都会造成开口三角出现电压，使继电器 KV 动作，发出"母线接地"信号。二次熔断器熔断时不发此信号。

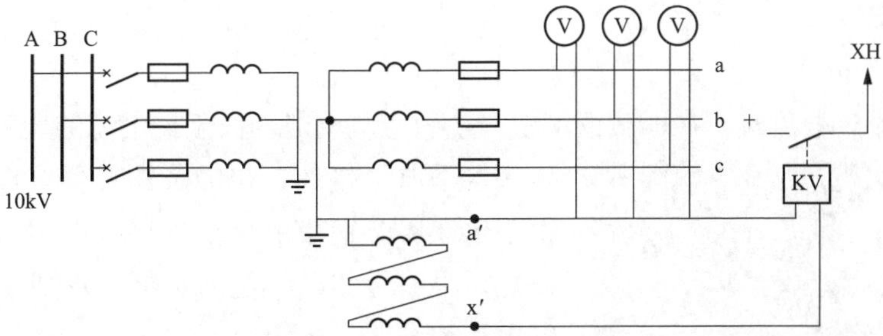

图 11-2　中性点不接地系统交流绝缘监察装置图

3）处理方法。铁磁谐振时，值班员要根据三相电压表的指示来判断，如三相电压同时升高，达到 3～4 倍的相电压，可判断为高频谐振；如一相电压升高，不超过 2 倍的相电压，两相电压低或三相电压表在同范围内低频摆动，可判断为分频谐振；或是一相电压低，但不为零，两相电压高，电压可达 2～3 倍相电压的可判断为基波谐振，可以采取拉合一条线路的方法来消除谐振。

电压互感器高压熔断器熔断，熔断相电压降低或为 0，另两相电压略有升高或不变，应立即向调度汇报，停用电压互感器，做好安全措施后进行更换；若再次熔断，应停电检修。

双母线并列运行，发生接地时，接地相电压降为 0 或很低，另两相电压升高为线电压或升高很多，应向调度汇报，拉开母联断路器，判断接地在哪条母线上。运行人员应先对变电站内进行巡视，查找接地点，如不在站内，再进行拉路查找，待找到接地线路时，将接地线路转检修。如果分列运行，一条母线发生接地时，在调度许可下进行拉路查找，这时若发生两条线路同相接地，拉路查找时查不出来，应采用拉开该母线所有线路断路器，一路一路试送，直到将两个接地点都找出来为止。

第二节　线路典型事故及异常实例

一、出线电缆绝缘损坏实例分析

1. 事故经过

时间：某年 3 月 16 日。

运行方式：某 35kV 出线 311 断路器供某变电站，负荷电流达 407A。

现象：35kV 正母接地，有"35kV 正母线 TV 接地""掉牌未复归"光字牌亮；35kV 相电压表：B 相为 0，A 相为 35.5kV，C 相为 35kV。

处理过程为：

（1）第一次检查，变电站内未发现任何异常，后经拉路发现该 35kV 出线 311 线 B 相接地。

（2）运行人员对已停电的出线 311 电缆进行检查，发现该电缆靠近高压室一端 B 相电缆头下部的电缆绝缘已裂开，出线杆塔一端的 C 相电缆头下部电缆绝缘有熔化现象。

（3）后停电检查，发现该 35kV 出线 311 线电缆 B 相绝缘已被击穿，C 相电缆已损坏，但未击穿。

2. 原因分析

当线路流过电流时，在屏蔽铜带上产生感应电动势，由于该电缆的屏蔽层在电缆的

图 11-3 B相电缆击穿解剖图

两头均采取了接地，与屏蔽铜带形成电流回路，又由于电缆屏蔽铜带的接地焊接处电阻大，使得此处发热，最终导致电缆绝缘损坏，形成单相接地，击穿电缆如图 11-3 所示。

3. 防范措施/经验教训

由于城市发展，架空线路改电缆入地已经成为一种趋势，现在变电站出线已大量使用电缆，因此值班员要加大对电缆的巡视力度，掌握电缆故障及异常的直观现象，这将对设备的安全起着至至关重要的作用。

二、一起假接地事件的处理实例分析

1. 事故经过

（1）运行方式。10kV 系统接线方式如图 11-4 所示。10kV 母线为单母分段代旁路接线，1 号主变压器热备用，2 号主变压器带 10kV 全部负荷，分段 100 断路器运行。当时 10kV Ⅰ段母线上电容器 150、线路 111、线路 113、线路 115 运行，旁路 120 断路器热备用，10kV Ⅱ段母线上线路 112、线路 114 运行，电容器 160 热备用。

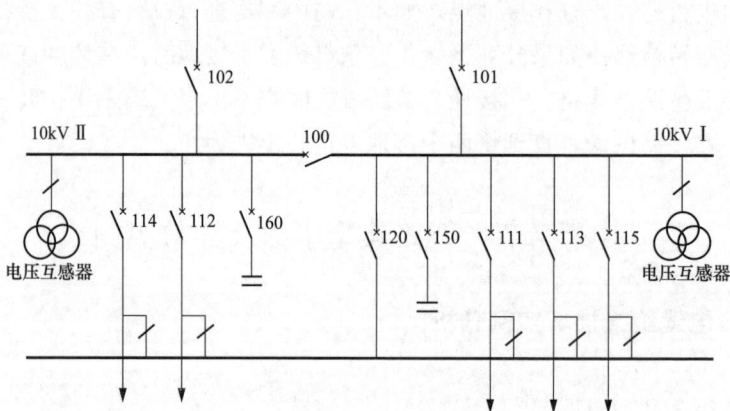

图 11-4 10kV 系统一次接线方式

现象：变电站 10kV Ⅰ、Ⅱ段母线单相接地，三相电压为 A 相：0kV、B 相：9.81kV、C 相：10.03kV。

（2）处理过程。

监控中心：

1）拉开电容器 150 断路器，接地未消失。

2）将 10kV 母线分列运行，合上 101 断路器，拉开 100 断路器，此时 10kV Ⅱ段母线电压正常，Ⅰ段母线接地。

3）试拉Ⅰ段母线上线路。切除线路111，接地未消失，恢复运行。在切除线路113后，10kVⅠ段母线电压有所变化，B相电压3.88kV，A、C相7.20kV，"Ⅰ段母线接地"信号未复归。怀疑还有线路接地，于是将Ⅰ段母线上的线路115切除，Ⅰ段母线三相电压变为B相1.2kV，A、C相9.8kV，接地未消失。

操作班：操作人员到现场对设备检查无异常，随后将10kVⅠ段母线上所有设备转冷备用，最后发现线路113断路器B相拐臂断落，造成断路器B相实际未分闸，非全相运行。线路113经巡线发现线路一避雷器击穿造成A相接地。

2. 原因分析

在小电流接地系统中只能通过对地电容构成回路，引起中性点偏移，三相母线电压发生变化，表现的异常现象与单相接地引起某相电压降低、其他两相电压升高类似，唯一不同的是单相接地时只有两相有对地电容电流，而非全相运行引起的假接地三相都有对地电容电流。线路开关B相未断开示意图如图11-5所示。

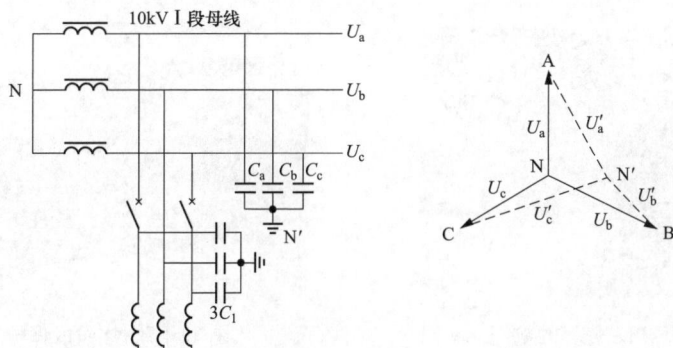

图11-5 线路断路器B相未断开示意图

线路113本身因线路上一避雷器被击穿，造成A相全接地，与之前10kVⅠ段母线电压A相：0kV；B相：9.81kV；C相：10.03kV的现象相符。

在拉开113断路器后A相接地消失，但由于断路器B相实际未断开，使得该系统中B相对地电容增大，三相对地电容不平衡，引起故障相对地电压下降，非故障相对地电压升高，出现之后的母线三相电压B相电压3.88kV，A、C相7.20kV。

在将线路115改为热备用后，切除了部分线路对地电容，使得非全相运行断路器的不平衡对地电容占据更大的比例，加剧了三相对地电压的不平衡度，因此会出现母线三相电压的变化，B相1.2kV，A、C相9.8kV。

3. 防范措施/经验教训

（1）单相接地时需考虑对消弧线圈的特殊巡视和监视。单相接地时间不超过2h。

（2）上述假接地异常的处理过程中，虽然出现了误判断，但在处理过程中除断路器的分合闸操作外，始终把握了无电操作的原则，这是一个十分正确的方法。如在上述事件中，若"线路113断路器由热备用改为冷备用"操作在母线带电情况下进行，就会发生带负荷（B相电流）拉手车的恶性误操作事故，造成无法挽回人身和设备伤害，这种损失是不可估量的。因此，在各类异常的查找过程中，进行科学合理的分析，选择正确可行的处理方法是最为重要的。

（3）对 10kV 电压等级配置 A、B、C 三相表计，通过判断三相是否有电流判断断路器分合闸情况，作为机械指示的必要补充，在现阶段条件下，可以通过保护装置采样观测三相电流情况。

三、一起 110kV 电缆着火故障分析

1. 事故经过

某年 7 月 16 日，220kV 某变电站发生了 110kV 一条出线电缆着火故障，一次电缆层内浓烟弥漫，有明火。在要求调度拉开此线路后，运行人员奋力扑救，将着火电缆扑灭。经现场检查，110kV 出线电缆距电缆头 3m 处，A、B、C 三相外绝缘已经烧坏（见图 11-6）；保护接地箱内电缆护层保护器 A 相炸裂，B 相有裂纹（见图 11-7）。该出线电缆型号为 YJLW03-1×630，2008 年 7 月 5 日投运。故障前，该电缆正常运行电流 100A，功率 20MW。

图 11-6 烧坏的电缆

图 11-7 炸毁的保护器

检查发现，此次电缆着火是站外终端侧三相接地线全部遭盗窃所致。

其实在发生此次电缆着火故障前，已经多次发生电缆护层接地线被盗，导致接地保护箱发热情况，如 6 月 15 日，值班员使用红外成像仪对设备进行测温时，发现一电缆接地保护箱温度明显高于其他线路，图像如图 11-8 所示。屏蔽线 A 相与接地保护器连接桩头温度为 49℃，拆开接地保护箱，其内 A 相保护器颜色变白，有瓷屑掉落；检查发现此电缆线路站外终端侧 A 相接地线遭盗割未遂，已松脱。

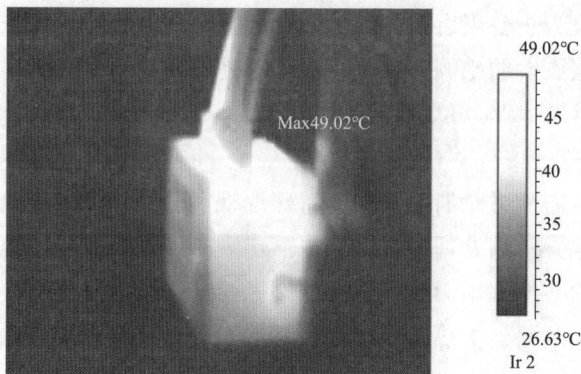

图 11-8 电缆接地保护箱发热图像

2. 原因分析

电缆护层的接地有多种方式，此变电站110kV电缆全部采用一端直接接地，另一端采用护套保护器接地的方式，而且在设计及施工过程中将护套直接接地端放置在站外，保护接地端设置在站内。电缆护套接地示意图如图 11-9 所示。

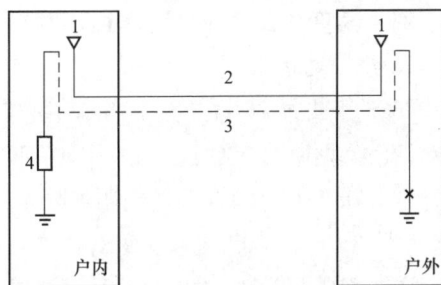

电缆正常运行时，金属护层内无环流，直接接地端感应电压为零，保护接地端感应电压与电缆长度成正比，保护器在正常运行条件下呈现较高的电阻。当雷电波或操作波沿芯线流动时，电缆接头处护层不接地端将出现过电压，保护器将呈现较小的电阻，这时，作用在金属护层上的电压就是保护器的残压。当电缆线路站外终端侧 A 相接地线遭盗割未遂、已松脱时，金属屏蔽层上的电压增大，而电缆护层保护器的启动电压值为3kV，导致电缆护层保护器一直导通，从而引起变电站内保护接地箱发热。

图 11-9　电缆护套接地示意图
1—终端；2—电缆；3—护层；4—接地保护器

当站外终端侧三相接地线全部遭盗窃，首先仍将会引起护层另一端的保护器导通引起保护接地箱发热现象，若当接地保护器由于雷击或感应过电压引起瓷套断裂、炸碎时，电缆的屏蔽层就完全处于不接地状态。其增大的电缆护层感应电压一方面对人身安全有影响，另一方面，会将热量积聚于外护层粗糙、薄弱的地方，引起如开篇所引出的着火故障。

此次故障中由于值班员扑救及时，只烧到了绝缘外护层，未对电缆屏蔽层造成影响，因此对电缆进行包裹处理。

3. 防范措施/经验教训

（1）对站外直接接地端采取防盗措施，增加预埋管，并将接地引牌增高，减少护套与引牌间直接接地引线的长度。

（2）采取将直接接地点放到变电站内终端的方法，这样即使户外保护接地端的接地线被剪断，此段电缆上仍有一点直接接地，可消除护层循环电流，减少线路损耗。

（3）从图片中可以看到，电缆并不是从电缆头处开始燃烧的，燃烧的部位必然是外护套受损的地方。因此首先可以选用外护层硬度较高、耐腐蚀的电缆；其次施工过程中提高电缆敷设安装质量，注意敷设环境的影响，杜绝外护套由于敷设安装不良造成的故障；最后是定期进行各项测试，测量电缆线路的护层、绝缘和保护器性能，防患于未然。

（4）雷电过后或发生线路跳闸后，需加强对电缆接地保护箱进行巡视，防止保护器损坏且定期对接地保护箱进行红外测温工作。

（5）电缆着火时会产生大量的烟雾和有毒气体，因此进行检查、扑救时需戴防毒面具，并有两人配合，起到相互监护的作用，使用灭火器时必须在设备无电状态下进行火灾扑救。

（6）由于此站是无人值班变电站，火灾报警装置在此次事件中发挥了关键作用。为此，变电站要重视对该装置的维护，定期检查该装置接入监控中心的报警信号是否正确。

四、某变电站 10kV 汪洋线出线热缩套融化异常实例

1. 异常现象

2023 年 4 月 16 日，某 110kV 变电站两路 110kV 进线同停，10kV Ⅱ 段母线通过 10kV 汪洋线供电。当日，当采用 10kV 汪洋线反供母线后，值班员在现场发现有细微的异常气味，但经检查未发现明显异常。

4 月 25 日，值班员对该变电站进行巡视时，发现开关室内异味较重，再次对开关室进行详细巡视检查时，发现 10kV 汪洋开关柜后柜内 C 相出线处有黑色液体，如图 11-10 所示。

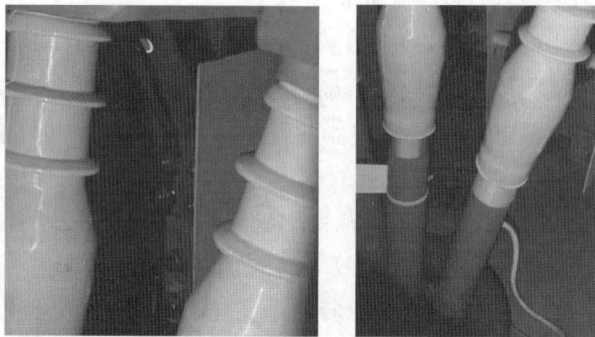

图 11-10　10kV 汪洋后柜出线处黑色液体

10kV 开关柜生产厂家：××有限公司；设备型号：VH1H；出厂日期：1999-10-18；投运日期：2000-06-30。

2. 处理过程

4 月 16 日，当采用 10kV 汪洋线反供母线后，值班员在现场发现有细微异常气味，经检查未发现明显异常。

4 月 25 日，值班员对该变电站进行巡视时，发现开关室内异味较重，再次对开关室进行详细检查及测温，并联系检修单位对所有开关柜进行局放检测。当日，检修局放检测未发现异常。同时，值班员反复对设备进行仔细检查，最后发现 10kV 汪洋开关柜后柜内 C 相出线处有黑色液体。

4 月 28 日，申请 10kV 汪洋线经停电检查。经检查发现，10kV 汪洋开关柜后柜手车 C 相下桩头与出线铜牌搭接处的热缩套有明显的受热融化现象，手车下桩头绝缘子有一定程度的受损，如图 11-11 所示。由于需更换开关柜手车下桩头相关部件，更换过程中涉及开关柜前仓工作，而母线运行时开关柜上桩头带电，无法开展工作，故需申请母线停役进行更换处理。

5 月 16 日，申请 10kV Ⅱ 段母线停役，拆下 10kV 汪洋线手车下桩头整体部件（图 11-12），发现 C 相连杆有明显裂痕。同时，检修对 10kV 汪洋线手车下桩头整体部件进行更换后恢复正常。更换的手车下桩头部件如图 11-13 所示。

3. 异常分析

4 月 15 日及 4 月 16 日 10kV 汪洋线负荷曲线如图 11-14 所示。从图 11-14 可以看

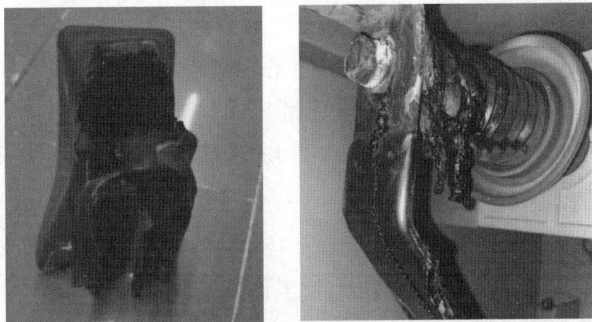

图 11-11　受损的热缩套及下桩头出线连接处

图 11-12　10kV 汪洋线手车下桩头整体部件

出，正常运方下，10kV 汪洋线负荷电流最大约为 40A，而 4 月 16 日调整运方，10kV 汪洋线供该变电站 10kV Ⅱ 段母线，10kV 汪洋线最大负荷电流约为 380A（间隔限流 520A）。因此，怀疑 10kV 汪洋线手车下桩头 C 相连杆存在缺陷，负荷增大使连杆发热加剧，最终导致绝缘护套受热融化。

图 11-13　更换的手车下桩头部件

4. 注意事项

（1）运行方式变化后发现异味、异响等异常时，应重点关注负荷电流明显增大的设备，必要时对相关设备进行红外测温。

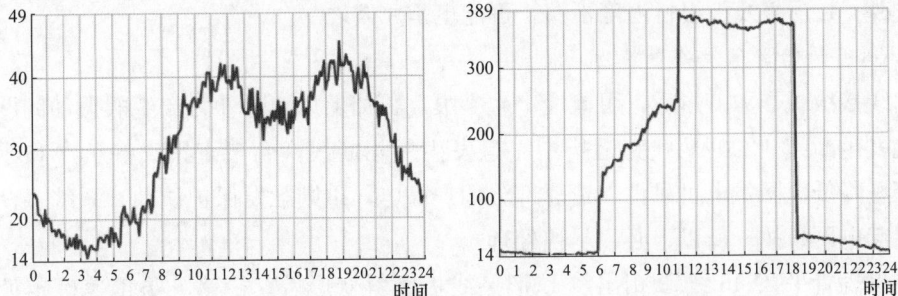

图 11-14　4 月 15 日及 4 月 16 日 10kV 汪洋线负荷电流曲线图

（2）日常巡视时，应注意对开关柜后柜内电缆出线、流变等设备进行检查，确保设备巡视到位。

（3）对于开关柜内部设备发生异常，在检修前应注意开关柜内部结构和布局，仔细研究确定停电检修方案，工作许可时将带电部位向检修人员交代。

五、某 500kV 变电站 220kV 青平 2X48 线 A 相出线 L 型接线板变形的异常实例

1. 情况简述

按照停电计划，2021 年 9 月 28～29 日，对某 500kV 变电站开展 220kV 青平 2X48 线 B 相出线桩头板发热处理的工作，在此项工作的现场勘察过程中，工作人员发现了青平 2X48 线 A 相出线 L 形接线板已发生倾斜变形，如图 11-15 所示，初步判断可能是被出线引线拉伸所致。

2. 缺陷分析

主要原因是 220kV 出线引线悬挂方式设计不合理。当前该站 220kV 出线引线接线方式如图 11-16 所示。

图 11-15　220kV 青平 2X48 线 A 相 L 形
接线板倾斜变形

图 11-16　220kV 出线引线接线方式

由于引线与门型架之间只采用一个水平绝缘子挂接，弧垂角度与水平面夹角小，L 形接线板水平方向受力大，长期水平受力大再加上风力等外力引起的振动，最终造成倾斜变形，如图 11-17 所示。

此外，L 形接线板板材强度不够，可能也是原因之一。

3. 运行风险评估及处置情况

出线接线板受力变形后，可能会产生裂痕，再加上风力等外力产生的振动问题，极有可能发生断裂。220kV 线路运行中一旦发生一相断线，会产生很大的负序和零序电流，轻则降低电网供电可靠性、造成部分用户停电，重则触发保护误动、系统振荡，进一步引起电网事故。所以，必须尽快处理。

在发现青平 2X48 线 A 相出线 L 形接线板倾斜变形后，检修人员迅速确定处理方案，决定在"青平 2X48 线 B 相出线桩头板发热处理"工作中一并停电处理。220kV 引线桩头板拆除后，引线的固定和重新搭接是难点，考虑到作业现场吊车作业空间不足，最终确定如图 11-18 所示方案。绳子系在 220kV 引线上，绕过上方的门形架，由作业人员在地面牵引，桩头板拆除后，引线便可由人力固定住并且重新搭接。

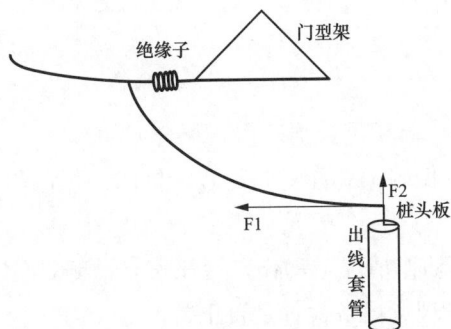

图 11-17　220kV 出线引线受力分析

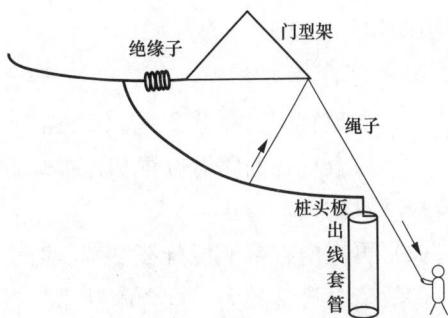

图 11-18　220kV 引线固定与重新搭接方案

2021 年 9 月 28～29 日，进行青平 2X48 线出线的相关工作。工作中更换了 A 相的 L 形接线板（见图 11-19）、处理了 B 相桩头板发热，并对 C 相进行了检查，搭接面均已按标准工艺处理，固定螺栓均已力矩复紧，A、B、C 三相搭接面的接触电阻测试结果都合格（见图 11-20）。

4. 整改措施及预防建议

建议设计院对该 500kV 变电站 220kV 出线引线悬挂方式进行改进（建议改进方式如图 11-21 所示），合理分析受力，并采用强度合适的板材。

图 11-19　拆下的 L 形接线板

图 11-20　更换后的 L 形接线板

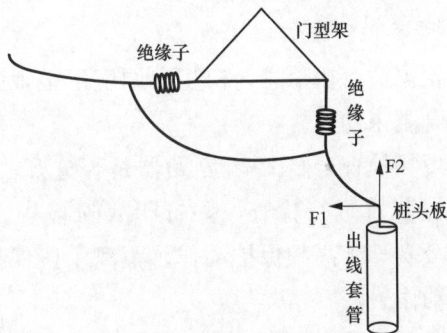

图 11-21　220kV 出线建议改进的悬挂方式

第三节　线路事故及异常处理训练

一、220kV 线路 B 相故障跳闸，重合成功处理训练

1. 现象

光字牌：蓟石 2975 线"11 保护动作""901 保护动作""第一组出口跳闸""第二组

231

出口跳闸""重合闸动作"。

操作箱:"跳 B"灯亮。11 保护装置"重合闸灯""保护动作灯"亮。901 保护装置"保护动作灯"亮。

2. 处理参考答案

(1) 汇报省调莳石 2975 线断路器 B 相跳闸,单相重合闸动作,重合成功。

(2) 检查现场断路器位置和保护动作情况,做好记录并复归信号,打印保护动作报告及故障录波图。

(3) 再次向省调汇报莳石 2975 线两套保护动作情况,动作是否正确,故障测距是多少,故障电流是多大,重合闸动作是否正确,现场设备检查是否正常。

(4) 编制事故报告并做好相关记录。

二、220kV 线路相间永久短路故障,断路器跳闸处理训练

1. 现象

变电站后台机接线图显示:莳石 2976 断路器跳闸。

变电站后台机告警窗信息:①事故总、预告总告警,2976 断路器事故分闸;②莳门站所有 220kV 线路收发信机动作;③莳石线 2976 保护 WXB - 11 高频保护动作;④莳石线 2976 保护 LFP - 901A 高频保护动作;⑤莳石线 2976WXB - 11 保护动作、装置呼唤光字牌亮;⑥901 保护动作光字牌亮;⑦WGC - 01、LFX - 912 装置动作光字牌亮;⑧第一组跳闸出口、第二组跳闸出口光字牌亮。

变电站保护装置显示:①所有 220kV 线路保护屏收发信机动作;②莳石 2976 线 11 保护屏 WXB - 11CUP1、2 有报告灯亮、跳 A、跳 B、跳 C 灯亮;③呼唤、起动灯亮;④莳石 2976 线 901 保护屏分相操作箱两组跳闸灯都亮;⑤莳石 2976 线 901 保护屏保护动作灯亮。

2. 处理参考答案

(1) 根据后台机信息,初步向调度汇报,莳石 2976 线 11、901 保护动作,断路器跳闸,重合闸未动作。

(2) 现场检查莳石 2976 断路器是否分开,从电流互感器到出线第一杆塔是否有故障,对保护装置进行检查,并打印故障报告。检查结果断路器及出线侧正常,莳石 2976 线 WXB - 11 高频保护动作、距离Ⅰ段保护动作、LFP - 901 高频保护动作、距离Ⅰ段保护动作。

(3) 向调度两次汇报:莳石 2976 线相间永久短路故障、高频保护、距离Ⅰ段动作、测距 Xkm、检查断路器及出线侧正常。

(4) 根据调度命令,将莳石 2976 线由热备用改为线路检修。

三、两条线路同时单相接地处理训练

1. 现象

运行方式:某变电站 1 号主变压器经 101 断路器送 10kV Ⅰ段母线,2 号主变压器经 102 断路器送 10kV Ⅱ段母线,母线分段断路器 110 热备用。10kV Ⅰ段母线接 111、112、113、114、115,10kV Ⅱ段母线接 116、117、118、119、120。10kV 一次系统图如图 11－22 所示。

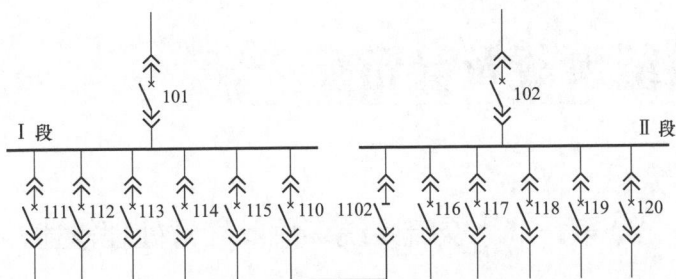

图 11－22　10kV一次系统图

现象："Ⅰ母线接地""1号消弧线圈动作"光字牌亮；10kV Ⅰ段母线相电压：A相 11kV、B相 0.3kV、C相 10.8kV，线电压正常。

2．处理参考答案

监控中心：

(1) 监控当班值班员发现某变电站监控机发信："10kV 母线接地""预告总信号""1号消弧线圈动作"，10kV Ⅰ段母线三相电压为：A：11kV、B：0.3kV、C：10.8kV，即汇报调度，通知操作班现场检查。

(2) 按照拉路顺序试拉 10kV Ⅰ段母线上所有线路，接地未消失，汇报调度。

操作班：

(1) 接监控通知某变电站 10kV Ⅰ段母线接地，已经试拉Ⅰ段母线所有设备，接地未消失。

(2) 操作班人员达到现场，检查后台机，10kV Ⅰ段母线相电压：A相 11kV、B相 0.3kV、C相 10.8kV，1号消弧线圈动作，检查一次设备情况正常。

(3) 初步判定为Ⅰ段母线接地或两条及以上线路同时接地。

(4) 按拉路顺序拉开Ⅰ段母线上各条线路，全部拉开后，接地现象消失。

(5) 合上 112 线，发出接地现象，立即拉开。

(6) 合上 115 线，再次发出接地现象，立即拉开。

(7) 恢复其他线路送电正常。

(8) 将 112、115 线改为线路检修。

3．处理注意点

(1) 单相接地中两线同相接地比较少见，如逐条试拉无法找到接地线路则应由现场值班员重点检查母线，如检查仍无异常，调度员应考虑是否两条线路同相接地。

(2) 单相接地时需考虑对消弧线圈的特殊巡视和监视，单相接地时间不超过 2h。

(3) 禁止合上分段断路器将异常的接地系统并入正常系统，扩大事故范围。

第十二章

交流系统事故及异常

第一节　交流系统事故及异常处理概述

一、交流系统事故处理概述

1. 站用变压器二次总开关跳闸的处理

站用变压器二次总开关，是作为变压器过负荷、二次短路及失压的保护。因为站用变压器平时负荷不大，所以站用变压器二次总开关跳开后，在排除系统电压波动后，一般是二次回路发生了短路故障。

站用变压器二次总开关跳开时，其处理方法为：

（1）试合站用变压器二次总开关，如能合上则初步判断为系统电压波动，否则应为二次回路故障。

（2）将重要的负荷转移，倒至另一条母线供电。应该倒换的重要负荷有：直流充电电源、调度通信电源、主变压器冷却电源、UPS电源等。应注意逐个分路倒换，并注意在倒换时有无异常，若有大的电流冲击、电压下降情况，应立即将其拉开（短路故障可能在该分路）。

（3）检查失压母线上无分路断路器跳开现象后（如有，应考虑低压断路器上下级配合不当可能），拉开失压的低压母线上全部分路断路器，检查该段母线上有无异常。

（4）若发现母线上有故障现象，应立即排除（如小动物等）或隔离（拉开隔离开关或拆除接线）。

（5）若检查母线上无故障现象，试合站用变压器二次总开关，试送母线成功后，逐个分路检查无异常后试送（先试送主干，后试送分支）一次，以查出故障点。对于经检查有异常现象的分路，不能再投入运行。

（6）恢复原正常运行方式。

（7）对于有故障的分路，应查明其故障的原因。如发现有上下级差配合不当的现象应及时调整。

2. 站用变压器高压熔断器熔断处理

站用变压器的高压熔断器是保护变压器内部故障的，主要反应站用变压器二次总开关以上范围的短路故障。低压侧母线上短路，站用变压器二次总开关拒动，也会越级使高压熔断器熔断。

高压熔断器熔断时，处理方法为：

（1）拉开站用变压器二次总开关及隔离开关，检查低压侧母线无问题，再把负荷倒至另一条母线。

（2）拉开故障站用变压器高压侧隔离开关（先断开断路器），检查高压熔断器熔断的相别。

（3）明确了高压熔断器熔断情况之后，应对站用变压器作外部检查。应检查高压熔断器、防雷间隙、电缆头、支柱绝缘子、套管等处有无接地短路现象。

（4）外部检查未发现异常时，可能是变压器内部故障，应仔细检查变压器有无冒烟或油外溢现象，检查温度是否正常等。

（5）上述检查未发现明显异常，故障应在站用变压器上。从套管处拆下高、低压电缆（包括低压侧中性点），分别测量高、低压侧电缆的对地和相间绝缘是否正常，测量站用变压器一、二次之间和一、二次对地绝缘情况。

（6）若测量站用变压器绝缘有问题，不经内部检查处理并试验合格，不得投入运行；若测量是电缆有问题，应查出短路点并排除或更换后方能投入运行。

（7）测量站用变压器和高、低压电缆的绝缘均未发现问题，若无备用站用变压器时，更换高压熔断器后试送一次。若再次熔断，不经内部检查并试验合格，不得投入运行。因为，用绝缘电阻表并不能有效地查出变压器内部的某些故障（如铁心故障、匝间绝缘破坏等），而内部绕组的匝间、层间短路都会使高压熔断器熔断。

（8）站用变压器高压侧熔丝熔断一相，发生二相运行时，应立即将该变压器停运，查明原因并消除故障后方可投入运行。站用变压器高压侧熔丝熔断二相或三相时，未查明明显故障点前，禁止将该变压器投入运行。

二、交流系统异常处理概述

1. 变电站典型交流系统概述

正常方式为：1号站用变压器二次供Ⅰ段交流母线，2号站用变压器二次供Ⅱ段交流母线。Ⅰ、Ⅱ段交流母线分排运行，中间没有联络开关。其母线总开关具有自投功能且通过内部继电器形成具有主供、备供电源之分。当主供电源失电，则自动切至备供电源，主供电源带电后，二次开关自动切至主供电源，保证交流负荷得电。该接线特点是只要环路馈线的分段点不合上，两台站用变压器不会出现低压侧并列的情况（见图12-1）。

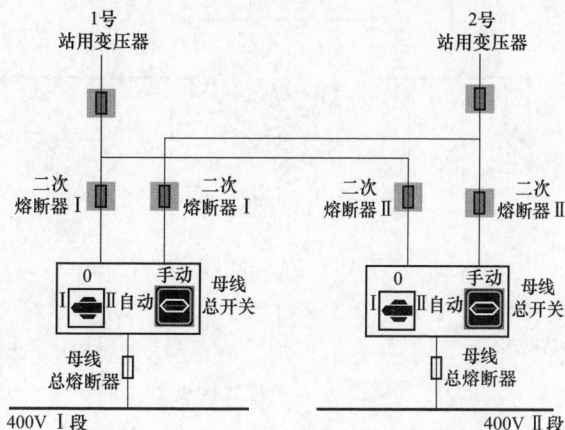

图12-1　双母线接线

（1）单母线分段式交流系统。正常方式为：1 号站用变压器供低压Ⅰ段母线，2 号站用变压器供低压Ⅱ段母线，分段开关分开。该分段开关具有备自投功能且通过内部继电器形成具有主供、备供电源之分。当主供电源失电，则自动切至备供电源，主供电源恢复供电后，二次开关自动切至主供电源，保证交流负荷得电。这种接线的交流系统特点是结构简单，操作方便（见图 12-2）。

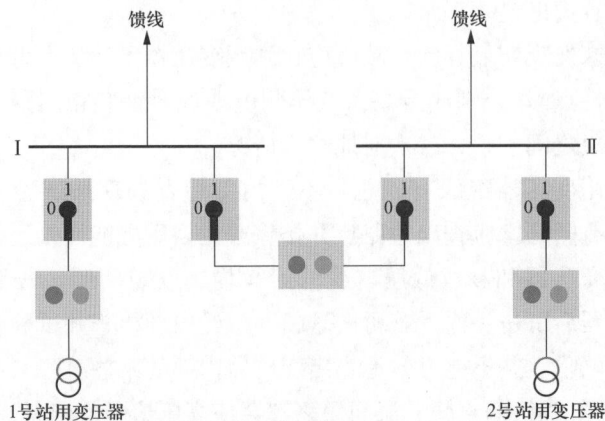

图 12-2　单母线分段接线

（2）三段式交流系统。正常方式为：1 号站用变压器供低压Ⅰ段母线，2 号站用变压器供低压Ⅱ段母线，Ⅰ段、Ⅱ段交流母线分排运行，重要负荷由分别引自Ⅰ、Ⅱ段母线的双回路供电。非重要负荷接公用段交流母线，公用段母线的供电由 ATS 控制，ATS 具有备自投功能且通过内部继电器形成具有主供、备供电源之分。当主供电源失电，则自动切至备供电源。主供电源恢复供电后，ATS 自动切至主供电源，保证公用段母线得电。该接线特点是只要环路馈线的分段点不合上，两台站用变压器不会出现低压侧并列的情况（见图 12-3）。

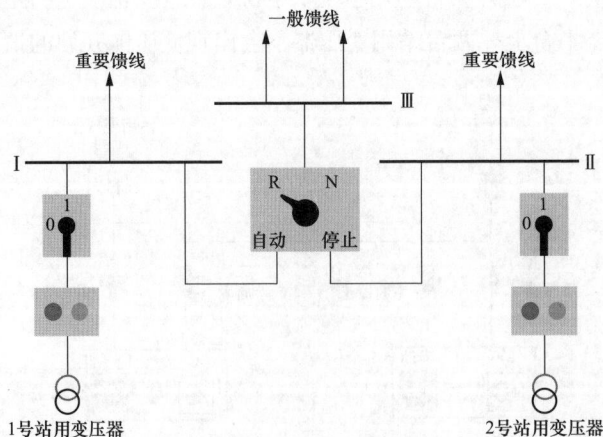

图 12-3　三母线接线

2. 站用交流电消失的主要现象

（1）正常照明全部或部分失去。

（2）站用负荷，如变压器控制箱、冷却器电源、断路器液压充油电源、隔离开关操作交流电源、加热器回路等分支电源跳闸。

（3）直流充电装置跳闸，事故照明切换。

（4）变电站电源进线跳闸造成全站失压，照明消失。

（5）变压器冷却电源失去，风扇停转。

3. 站用部分或全部失电的可能原因

（1）变电站电源进线线路故障或因系统故障电源线路对侧跳闸造成电源中断或本站设备故障，失去电源。

（2）系统故障造成全站失压。

（3）站用电回路故障导致站用电失压。

4. 站用部分或全部失电的处理

（1）站用交流部分失电，运行人员应先做好人身绝缘措施，用万用表、绝缘电阻表对失电设备进行检查，查找故障点。若是环路供电，应先检查工作电源跳闸后备用电源是否已正常切换。若未自动切换应手动切换，保证站用负荷正常供电。

（2）进一步检查失电分支交流熔断器是否熔断或自动低压断路器是否跳开。可试送电一次，若送电正常，则可判断该分支无明显故障点；若送电不成功，则拉开分支两侧隔离开关，用绝缘电阻表测量分支绝缘，查明故障点，报上级部门检修、处理。

（3）站用交流全部失去时，事故照明应自动切换，主控盘显示站用负荷失电信号，如"主变风冷全停""交流电源故障"等光字牌。运行人员应首先分清失压是由于本站电源进线失电导致的全站停电，还是因为站内站用交流故障引起的全站停电。若是本站电源进线失电导致的全站停电，应投入备用变压器或通过联络线接入站内；若是因为站内站用交流故障引起的全站停电，应迅速查找故障点。

（4）查找站内故障点应采用分段查找方式进行检查，根据各种现象判断故障点可能的范围。在分段隔离后，用绝缘电阻表测量绝缘电阻，逐步缩小范围，直至找到故障点。摇测绝缘时，可先将绕组接地端拆开，测量后再恢复。若测量绝缘不合格，则通知检修。运行人员短时无法查找事故原因的，应尽快通知有关专业人员进一步查找。

5. 站用电系统备自投装置异常处理

站用电系统备自投装置，是作为低压主供电源失却后，迅速投入备用电源，保证站供负荷的自动装置，但由于备自投装置本身故障引起的站用电异常扩大的事件在系统内屡见不鲜。备自投装置本身故障可分为两大类，首先是备自投装置动作原理有缺陷，其次是备自投装置元件故障，这两类问题均能导致备自投装置误动或主备供电源全失。

备自投装置异常时，处理方法为：

（1）判断是否为备自投装置异常，一般典型现象有两种：第一种，主供电源因故失却后，备自投动作投入备供电源，随后备供电源也失却；第二种，主供电源无异常，而备自投动作，投入备供电源。

（2）停用备自投装置。

（3）将备供电源恢复正常（备自投装置异常时，一般备供电源无故障）。

（4）试合主供电源二次总开关，如不能合上则按照站用变压器二次总开关跳闸情况进行处理。

（5）检查备自投装置控制回路及动作逻辑是否存在缺陷。

第二节　交流系统典型事故及异常实例

一、一起系统电压波动引起站用电全失异常实例

×年×月×日，35kV 某变电站发生了对检修线路充电，线路故障引起系统电压降低，造成该站站用电全失的异常。

1. 事件经过

×年×月×日，35kV 某变电站 10kV 红成 111 线路检修，当时变电站运行方式为：1 号主变压器停役，2 号主变压器运行，2 号主变压器 102 断路器接 10kV Ⅱ 段母线运行，10kV 分段 100 断路器Ⅰ、Ⅱ 段母线运行，正常接于 10kV Ⅱ 段母线的 10kV 红成 111 线路检修，1 号站用变压器接Ⅰ段母线运行，2 号站用变压器接Ⅱ段母线运行（见图 12-4）。15：25 调度发令 10kV 红成 111 由线路检修改为冷备用，16：20 调度发令 10kV 红成 111 由冷备用改为接Ⅱ段母线运行。在值班员合上 10kV 红成 111 断路器时，该线路电流Ⅱ段保护动作，同时，"1 号站用变压器 1QF 跳闸""2 号站用变压器 2QF 跳闸""直流系统异常""2 号主变压器冷却系统失电"等信号发信。现场检查，10kV 红成 111 断路器保护上故障电流 2.7kA，站用电屏上 1、2 号站用变压器二次总开关均跳闸。16：30，试合 1、2 号站用变压器二次总开关，成功合上，交流系统恢复正常。17：35 调度通知现场 10kV 红成 111 线路侧有故障，要求改线路检修。

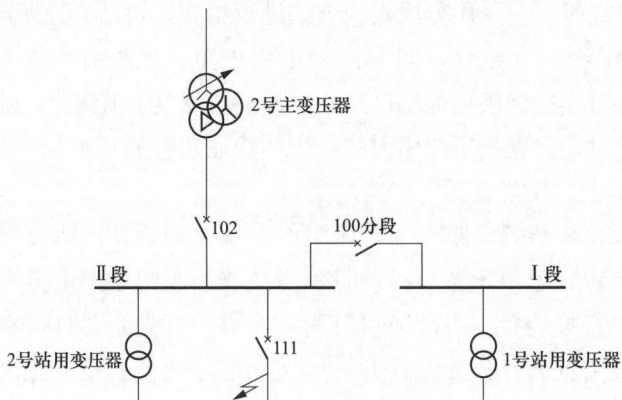

图 12-4　10kV 接线图

2. 原因分析

根据现场检查结果判断，10kV 红成 111 保护有故障电流且巡线后发现故障点，可以判断为 10kV 红成 111 断路器合闸于故障线路，此时线路的短路故障会造成母线电压的下降，而从站用变压器二次总开关跳闸原理可知，该开关在过电流、失压、非全相情

况下会跳闸。因此，综上所述可判断，此次异常的原因为线路上有故障，所以在送电时造成电流Ⅱ段动作，由于线路的短路故障造成母线电压下降，引起站用电失压保护动作，由于当时Ⅰ、Ⅱ段为母联全环运行，所以1、2号站用变压器全部失压保护动作造成站用电全失。

3. 防范措施/经验教训

（1）当系统中发生故障时，站用变压器二次总开关跳闸可初步判断为二次总开关失压保护动作，可以试送一次。

（2）应考虑两台站用变压器的一次由两个不同的电源系统供电，以防止系统发生波动时，两台站用变压器全失的情况。

（3）合理整定站用变压器二次总开关的相关定值（电压、电流、时间）。

二、一起控制回路异常引起的备自投装置异常实例

某年5月10日，220kV某变电站发生了由于备自投控制回路中元件故障，造成的备自投装置未能在主供电源失却后正确动作，站用电部分失却的异常。

1. 异常前运行方式

1号站用变压器外接35kV华方318线，由对侧变电站供电，2号站用变压器接35kVⅡ段母线，由本站主变压器供电。1号站用变压器二次总开关接400VⅠ段母线运行，2号站用变压器二次总开关接400VⅡ段母线运行，400V分段开关接400VⅠ、Ⅱ段母线热备用，400V备自投装置在投入位置，主供电源为1号站用变压器，备供电源为2号站用变压器。动作行为：1号站用变压器二次总开关上桩头失电则合上400V分段开关，由2号站用变压器供400VⅠ、Ⅱ段母线。

2. 事件经过

某年5月10日8：50，监控中心发现220kV某变电站发出许多告警信息："UPS1综合故障""UPS2综合故障""第一组UPS输入异常""1号主变压器风冷电源失却""2号主变压器风冷电源失却""直流系统交流故障"等，监控中心立即通知操作班现场检查。9：10操作班人员李某、孙某到达变电站，现场检查发现，1号站用变压器所接外来电源35kV华方318线失电（后经调度核实，为线路故障跳闸），1号站用变压器二次总开关失压保护跳闸，而400V备自投动作，400V分段开关未能合上，400VⅠ段母线失电。现场试合400V分段开关合不上，详细检查后发现400V备自投装置后控制回路低压断路器Q、Q'在分开状态，合上Q、Q'后，再合400V分段开关成功，随后停用400V备自投装置。9：3735kV华方318线来电，操作班人员李某、孙某分开400V分段断路器，合1号站用变压器二次总开关，恢复站用电方式，并检查主变压器风冷、直流充电装置、UPS装置正常。

3. 原因分析

经过仔细查阅图纸后，发现备自投装置中有电源自投回路，控制回路图如图12-5所示。如监视继电器KVS或KVS'的动合、动断接点粘连或返回不及时，可能导致400V两段母线接通，具体回路为400VⅠ段母线—Q—KVS动合接点（400VⅠ段母线失电后没有及时打开）—KVS'动合接点（监视继电器KVS'此时得电）—KVS'动合接点—KVS动断接点（400V Ⅰ段母线失电后及时闭合）—Q′—400V Ⅱ段母线。由于 400V Ⅰ段母线此时失电，流过该回路的电流为正常运行时的 1 号站用变压器负荷电流，该电源远大于 Q 及 Q′的容量，导致 Q 及 Q′跳开。现场检查 KVS、KVS′所在的 400V 分段断路器屏，发现监视继电器 KVS 和 KVS′确有烧灼痕迹。

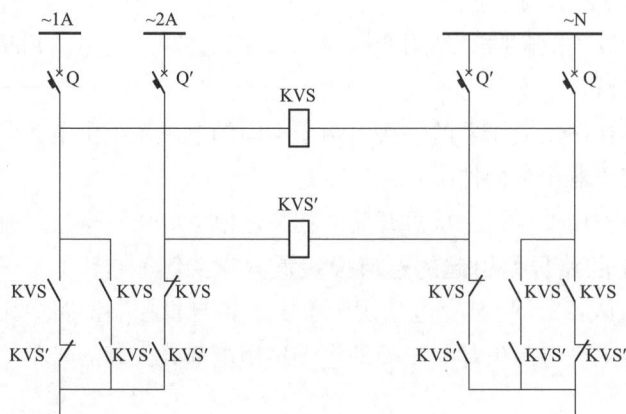

图 12-5 电源自投控制回路图

4. 防范措施/经验教训

（1）要求在备自投电源切换回路中加延时继电器，避免这种由于继电器动作过程中的接点动作离散性导致备自投装置故障。

（2）在备自投回路改造前，停用该备自投装置。

三、一起由雷击引起的站用变压器故障实例

×年×月×日，220kV 某变电站发生了由于雷雨天气，造成站用变压器故障，而使站内交流系统部分失却的异常。

1. 事件经过

×年×月×日，13：42，监控中心发现 220kV 某变电站发出"站用电缺相""直流系统异常""主变压器冷却器电源异常"信号，随即通知操作班人员现场检查。

操作班人员到达后发现现场天气为雷暴雨，1 号站用变压器供低压 Ⅰ段母线失电，现场检查 35kV 开关室全是黑色烟雾，从室外玻璃窗中可见 1 号站用变压器室有火光，即对 1 号站用变压器停电后，进行灭火处理。

2. 原因分析

1 号站用变压器由于 A 相受雷击，造成绝缘击穿，短路着火。图 12-6 为 1 号站用变压器故障现场照片。

四、一起加热器自投装置故障引起的站用变压器被迫停役异常实例

某年 2 月 8 日，220kV 某变电站发生了由于小车柜内加热器未能自动投入，造成站

图 12-6 1 号站用变压器故障现场照片

用变压器小车柜内有放电声，而迫使站用变压器停役的异常。

1. 异常前运行方式

1号主变压器301接Ⅰ段母线供：新澄363（无电压重合闸）、新颂364、新纤366、1号站用变压器；2号主变压器302接Ⅱ段母线供：新申368、2号站用变压器；35kV分段310 Ⅰ、Ⅱ段母线热备用、分段隔离手车3101工作位置；甲组电抗器330 Ⅰ段母线运行，乙组电抗器340 Ⅱ段母线运行，新瑞367 Ⅱ段母线冷备用，35kV分段310备自投启用。

2. 事件经过

某年2月8日12：04，运行人员在220kV某变电站35kV高压室巡视时，听见35kV 1号站用变压器隔离手车柜内有放电声。当即汇报调度，申请站用变压器检修，同时将1号站用变压器二次所供负荷切至2号站用变压器供电。停电后检查发现1号站用变压器隔离手车三相桩头环氧壳外部有潮气，手车极柱环氧壳外部有树枝状爬电痕迹（见图12-7），柜内有环氧焦臭味。柜内加热器没有制热，温湿自动控制器未能将其自动投入。随后对手车环氧壳进行清扫干燥，并调整挡板到合适状态，并将加热器温湿控制器设置为强制投入后，送电恢复正常。

3. 原因分析

图12-7　站用变压器小车套管爬电图

该手车柜型号为某厂生产的DNF7开关柜，投运时间为2005年6月，开关柜内隔离手车的极柱用环氧固封，运行时环氧外壳处于较强电场中。当天空气湿度较大，在环氧壳外部附着潮气，又因金属帘门搁在手车环氧外壳上，形成了对地爬电通道，产生树状爬电。分析根本原因为隔离手车开关柜内空气湿度大，缩小了有效的爬电距离，电场对金属帘门爬电所致。

4. 防范措施/经验教训

（1）室内高压室应加装空调等除湿装置，保证室内湿度正常。

（2）加热器应常投，控制器置于手动投入位置，由运行人员根据温湿度情况进行投切。

（3）加强对此类金属铠装柜的巡视，注意轻微的声音。

五、一起失压回路设计缺陷引起的站用变压器全停异常实例

某年4月1日，220kV某变电站发生了直流异常导致两台站用变压器二次总低压断路器均跳闸，造成变电站站用电全失的异常。

1. 事件经过

某年4月1日9：23，监控中心发现220kV某变电站发生直流系统接地，即通知操作班现场检查。操作班人员到达现场后，检查现场设备外观无异常后，汇报调度后，进行逐路试拉操作，当拉开35kV直流电源低压断路器时，交流屏上两台站用变压器二次总开关跳开，交流站用电全失，后经检查发现是站用变压器柜内二次总低压断路器跳开所致。合上 35kV 直流电源低压断路器，试送站用变压器柜内二次总低压断路器正常，站用电恢复。

2. 原因分析

经检查发现，35kV 站用变压器柜内的二次总开关设置有延时跳闸回路，其原理为交流失电后，二次总低压断路器经过一段时间延时进行跳闸。其二次回路为：当交流进线失电时，电压监视继电器 KV 失电，其在控制回路中的 KV 动断接点闭合，使得 KT 继电器得电，随后 KT 延时动合接点延时闭合，其后串中间继电器 K 得电，此时跳闸回路中的 K 动断接点打开，造成失压脱扣继电器 QF 失电动作，跳开二次低压断路器。这一回路在配电网络中使用的较多，用户的进线开关需要这个失压延时来躲过线路重合闸的时间，以保证瞬时故障时，用户不会因为瞬时的失电而失去电源，但该回路使用在变电站站用变压器二次总开关上则很不合适。在此次异常中，由于 35kV 直流电源低压断路器试拉，导致站用变压器二次低压断路器控制回路也同时失电，满足失压脱扣继电器 QF 动作条件，因此也造成了两台站用变压器柜上二次低压断路器同时跳闸，变电站站用电全失（见图 12-8、图 12-9）。

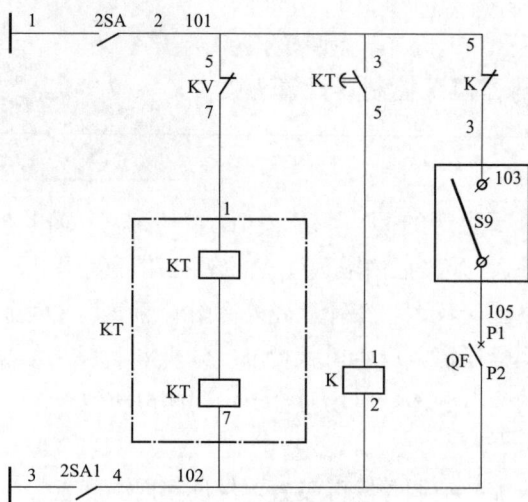

图 12-8　站用变压器控制回路图（一）

图 12-9　站用变压器控制回路图（二）

3. 防范措施/经验教训

（1）变电站投运前，应对交直流回路详细验收，防止隐患遗留。

（2）对于交流屏、直流屏等设备均应要求提供全套图纸。

六、某 110kV 变电站站用交流失电异常实例

1. 异常现象

2023 年 3 月 17 日 4 时 53 分，监控告某 110kV 变电站交流系统失电，自动化逆变装置异常、直流系统异常。值班员到现场检查后发现，交流屏 ATS 分闸指示灯亮，站用交流母线失电，直流系统由蓄电池供电，直流母线电压 226V。

该变电站 400V 交流系统正常运行方式为 1QF 主供，2QF 备供。

2. 处理过程

经值班员现场详细检查，交流屏 ATS 分闸指示灯亮，但 1 号电源空开 1QF 处于半分半合状态，如图 12-10 所示。运维人员尝试合上 2QF，将面板上按钮由 "auto" 推至 "manual"，尝试转动把手，但阻力较大，无法合闸；尝试按下交流屏上合闸按钮，也无效。由于站用交流失电，因此运维专职立即与检修联系，要求其备好发电车赶往现场处理。

图 12-10　1QF、2QF 分合闸状态

检修至现场后，将操作机构外壳拆除后，检查发现 1QF 操作手柄位于中间位置，对 2QF 构成机械闭锁，导致 2QF 未能合上。检修对开关线圈阻值进行测量，未发现明显异常。随后，检修对 1QF 操作手柄进行复位后，1QF、2QF 均可手动操作，遂手动合上 1QF，临时恢复交流系统供电。此时直流系统母线电压 217V。

3 月 22 日，检修更换整套 ATS 装置后，ATS 恢复自动切换方式。

3. 异常分析

查询调度日志发现，当日 4 时 53 分，该变电站 10kV I 段母线存在瞬时单相接地现象，推断为单相接地导致 1 号站用变压器低压侧该相电压降低，ATS 输入电压采样值降低，ATS 控制器判断为 1 号电源输入异常从而 ATS 动作，跳开 1QF 并合上 2QF。但是，在跳开 1QF 时，1QF 未分闸到位，处于中间位置。1QF 未分闸到位，导致 1QF、2QF 之间的互锁机械连杆仍对 2QF 进行机械闭锁，最终导致 2QF 未能合上。

图 12-11、图 12-12 分别为 1QF、2QF 均在分位时的机械闭锁连杆位置和 1QF 合位时的机械闭锁连杆位置。图 12-13、图 12-14 分别为开关分位和合位时手柄的位置。

4. 注意事项

（1）运维人员应按要求做好每季度所用电切换工作，切换过程中注意观察开关是否

有异常声响、分合闸不到位等情况，并检查切换后电压是否正常。

（2）当 ATS 切换发生异常导致交流失电时，运维人员应尝试手动进行操作，应注意检查空开位置是否完全处于分位，若处于半分半合状态应先进行尝试分闸操作后，再执行合闸操作。

图 12-11　1QF、2QF 分位时机械闭锁连杆位置

图 12-12　1QF 合位时机械闭锁连杆位置

图 12-13　空开分位时手柄位置图

图 12-14　空开合位时手柄位置图

（3）若因变电站低压侧母线失电导致站用交流失电，应在排除相应故障设备的情况下，应联系调度尽快恢复母线及站用电，并联系检修备好发电车赶往现场；若因站用交流系统设备异常导致站用交流失电时，应尽快通知检修备好发电车赶往现场处理，处理过程中注意关注直流系统母线电压的变化情况，必要时将发电车接入交流系统。

（4）运维人员应掌握 ATS 切换开关的手动切换操作方法，将手动操作方法列入操作提示卡中，便于紧急情况下运维人员进行异常处理。

（5）运维班组应明确各站交流系统临时外接电源接入点，比如大功率检修电源箱、交流屏大功率备用馈线、部分改造变电站设计的临时电源接入点等，便于在紧急情况下快速接入发电车等外接电源。临时电源接入点在操作提示卡中备注。

七、某 110kV 变电站远动通信退出异常实例

1. 异常现象

2023 年 5 月 22 日 16 时 13 分，110kV 洪明变电站、220kV 汪洋变电站远动通道退出。数分钟后，洪明变电站、汪洋变电站远动恢复后，监控显示 110kV 洋泾 816 断路器跳闸，洪明变电站 1 号主变压器 10kV 侧 101 断路器跳闸，10kV 备自投出口，10kV 分段 110 断路器合闸成功。

2. 处理过程

值班员接到监控通知后，立即到现场检查，发现 1 号主变压器 10kV 侧 101 断路器跳闸，10kV 备自投出口，10kV 分段 110 断路器合闸成功，10kV 备自投正确动作；站用交流系统由 1 号接地变压器供电。查阅后台报文发现，调度数据网曾短时失电，从而造成动作信息未能正确上传。

经检修检查，洪明变电站远动装置由站用交流母线供电，未接至 UPS 供电。系统故障导致洪明变电站交流短暂失却，从而远动装置失电，远动通信短时退出。

5 月 29 日，检修将洪明变电站远动装置更换为 UPS 供电，从而避免了站用电在系统故障、站用变压器切换等短时失电情况下，远动装置退出的问题。

3. 异常分析

洪明变电站调度数据网屏内有网络安全监测装置、网络安全监测装置交换机、一平面实时纵向加密认证网关、二平面实时纵向加密认证网关、一平面非实时纵向加密认证网关、二平面非实时纵向加密认证网关等设备。若发生失电情况，会出现保护装置数据无法上传至监控端、调度端、电能采集数据统计异常、网络安全异常等问题。

洪明变电站站用交流系统 ATS 切换装置自动投切延时为 3~4s 且正常运行时为 1 号接地变压器主供、2 号接地变压器备供的运行方式。查阅定值单可知，10kV 分段备自投装置动作时间为 7.5s。因此，当 110kV 进线失电时，在分段备自投动作之前，ATS 先自动投切至 2 号接地变压器供电。当 10kV 分段备自投动作，110 断路器合位后，1 号接地变压器恢复带电，ATS 再自动投切回 1 号接地变压器供电。因此，整个站用电切换期间，会出现两次短暂的交流失电情况。

而洪明变电站远动装置由站用交流母线供电，如图 12-15 所示，未接至 UPS 供电。因此，洋泾 816 线路故障跳闸，110kV 汪泾 816 进线失电，接于 10kV Ⅰ 段母线的 10kV1 号接地变压器及站用交流母线失电，最终导致远动装置失电，洪明变电站远动通信退出；然后交流系统短时切换至 2 号接地变压器，直至数秒后，洪明变电站 10kV 备自投动作，1 号接地变压器恢复供电，交流系统重新切回至 1 号接地变压器供电，远动通信逐渐正式恢复。

4. 注意事项

(1) 认真对待定期所变切换试验，注意关注"数据网屏""后台机"是否短暂失电、站用变压器切换过程中后台机是否有远动退出等异常信号，发现此类异常应立即汇报中心分管专职。

(2) 新建变电站及交直流系统改造时，应加强设备供电电源的验收工作，确保调度数据网、后台机等重要设备接至 UPS 供电。

(3) 若变电站发生远动通信退出的情况，在通信恢复后应及时与监控核对相关信号。

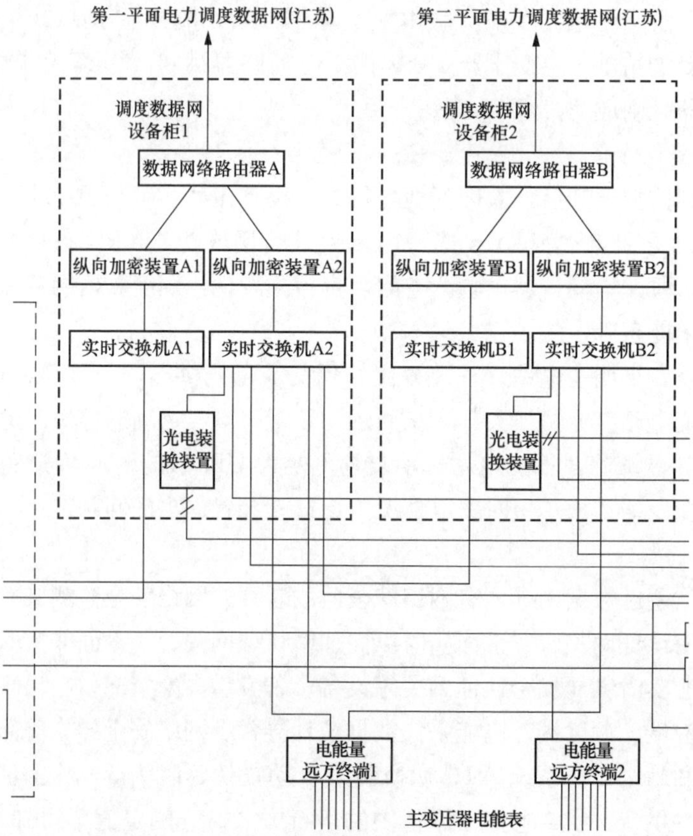

图 12-15 洪明变电站远动系统

第三节 交流系统事故及异常处理训练

一、"站用电系统部分失电"异常处理训练

1. 现象

5011 断路器油泵起动光字牌亮，500kV 交流分屏上 500kV 环供电源 1 断路器脱扣，500kV 环供电源 1 失却（见图 12-16）。

2. 处理参考答案

（1）试送 500kV 交流分屏上 500kV 环供电源 1 断路器（发现不能合上）。

（2）检查 5011 断路器油泵回路。

（3）拉开 5011 储能低压断路器。

（4）试送 500kV 交流分屏上 500kV 环供电源 1 断路器。

（5）监视 5011 断路器压力，及时处理 5011 断路器压力（按断路器油压降低处理，必要时申请停电处理）。

二、"三相母线电压不平衡"异常处理训练

1. 现象

400V Ⅰ段母线 B 相对地电压为 211V，交流系统发电压异常告警。

2. 处理参考答案

（1）记录异常发生时间，及时汇报调度。

（2）检查Ⅰ段母线三相对地电压情况。

（3）将Ⅰ段母线三相对地电压情况与1号站用变压器一次所接母线电压比较，如电压偏差相类似，则为外部电压波动引起。

（4）检查Ⅰ段母线二次总低压断路器三相电流是否平衡，如 B 相负荷特别大，则有可能原因为负荷分配不平衡引起。

（5）检查Ⅰ段母线所接站用变压器外观。

图 12-16　500kV 部分交流环路图

（6）转移Ⅰ段母线负荷，特别关注主变压器风冷、断路器储能、直流充电机等重要负荷情况。

（7）检查站用变压器高压熔丝。

（8）汇报调度停役检查Ⅰ段母线所接站用变压器。

三、"站用电系统全部失电"事故处理训练

1. 运行方式

1 号站用变压器运行，2 号站用变压器停电检修。

2. 现象

站内工作照明熄灭、停转；主变压器风冷却器失电，风扇停转；400VⅠ、Ⅱ段母线电压为 0；各开关加热器故障光字牌亮，UPS、直流充电机交流失电告警。

3. 处理参考答案

（1）记录事故发生时间、信号，及时汇报各级调度。

（2）运行值班员寻找故障原因，尽快恢复一台站用变压器的运行。

（3）严密监视主变压器油温及温升，严格按照现场运行规程中对主变压器运行的规定执行。

（4）监视各断路器液压机构压力，达到闭锁重合闸、闭锁合闸压力时及时汇报调度进行相应操作，达到闭锁分闸压力前及时汇报调度进行相应操作。

（5）监视计算机监控系统 UPS 输出电压不得低于额定电压 80%。计算机监控系统 UPS 额定输出功率 7.5kW，蓄电池 180V、50Ah，目前最大负荷 1.26kW，可用 5h 以上。

（6）监视直流Ⅰ、Ⅱ母线电压不得低于额定电压 80%。

（7）如果停电时间较长时，应考虑将不必要负荷切断（如事故照明等）。

（8）联系有关部门，尽快将可移动发电机送至现场。

四、环供电源消失

1. 现象

环供电源无电压或缺相。

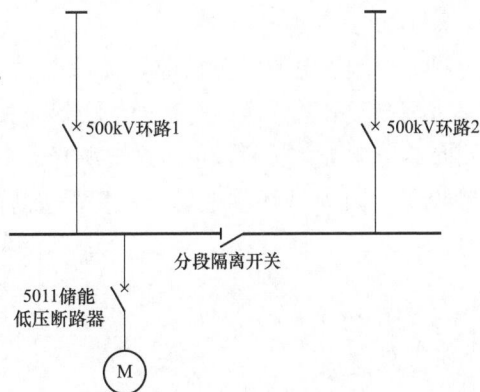

2. 处理参考答案

可能原因为电源电缆故障，负荷开关故障、熔丝配合不当造成电源开关或熔丝熔断。处理试送开关一次（有熔丝的更换三相熔丝），如果开关再次跳闸（熔丝熔断），将所有负载电源开关拉开，再试送电源开关一次，成功后逐一送电，直至找出故障，进行故障隔离，因为是环供电源，故障隔离后，可以从两侧供电，隔离的设备尽快安排处理。

第十三章

直流系统事故及异常

第一节 直流系统事故及异常处理概述

一、直流系统接地事故处理概述

（1）后果及危害。直流系统一点接地并不影响直流系统的正常工作，但长期运行易发展形成两点接地，造成保护误动、拒动等。直流系统中如发生一点接地后，若在同一极的另一点再发生接地时，即构成两点接地短路。此时，虽然一次系统并没有故障，但由于直流系统某两点接地短接了有关元件，可能将造成信号装置误动或继电保护和断路器的"误动作"或"拒动"，直流系统两点接地情况的分析示图如图 13-1 所示。

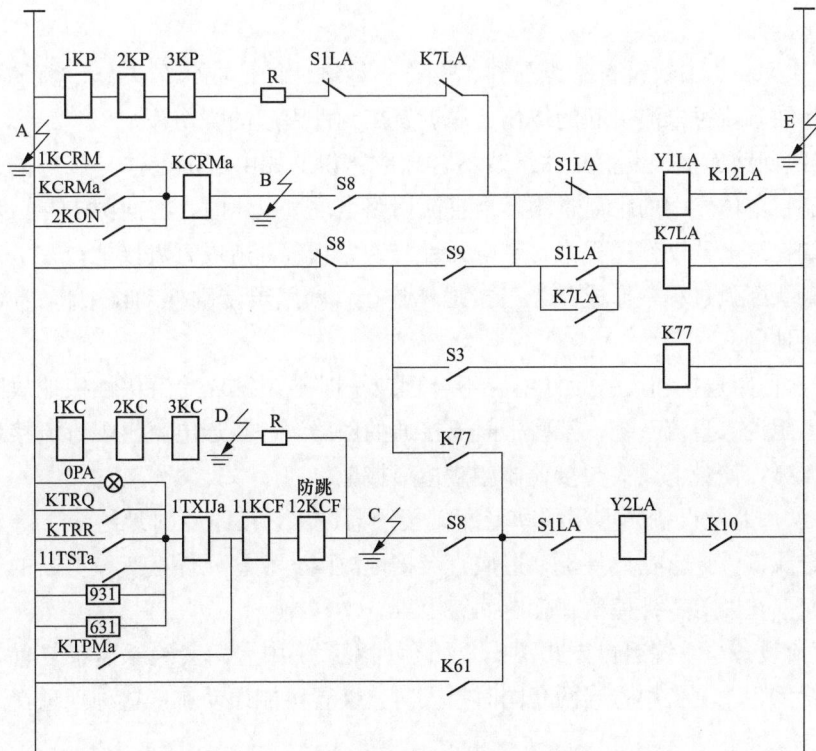

图 13-1 直流系统两点接地情况的分析示图

1）两点接地可造成断路器误动。当直流接地发生在 A、B 两点时，将保护及手动合闸动作节点均短接，当断路器在分闸位置，断路器远近控把手切在远方位置且无闭锁开关合闸的条件，则 S1LA、S8、K12LA 接点均在闭合位置，所以直流正电源回路直接接通，使断路器合闸，此时，一次系统未发生故障，故称"误动作"。当在 A、C 两点接地时，也能使断路器跳闸，形成"误动作"。

2）两点接地可能造成断路器"拒动"，如接地点同时发生在 C、E 两点，将跳闸继电器短路，此时，若一次系统发生故障，保护动作，但由于跳闸继电器未得电，将不会动作，造成断路器"拒动"，而越级跳闸，以致扩大事故。当在 B、E 两点接地时，也能使断路器拒合，形成"拒合"。

3）两接地点发生在 A、E 两点时，会引起熔断器熔断。

4）A、D 两点接地可造成"误发信号"。断路器正常运行中，KP 失电，KC 得电，而 A、D 两点接地后，KC 被短接，不能动作，则 KC 与 KP 均失电，则会误发"控制回路断线"信号。

(2) 主要现象。

1）后台机发"直流接地"信号。

2）直流绝缘监测装置测得系统绝缘降低。

3）一极对地电压降低，另一极对地电压升高。

4）出现其他异常信号，如直流熔断器熔断、误信号、断路器误动、拒动等。

(3) 可能原因。

1）二次回路、二次设备绝缘材料不合格、绝缘性能低或年久失修、潮气侵蚀，产生某些损伤缺陷或过电流引起的烧伤、靠近发热元件引起的烧伤等。

2）二次回路连接、设备元件组装不合理或错误。如由于带电体与接地体、直流带电体与交流带电体之间的距离过小，当直流回路出现过电压时，将间隙击穿，形成直流接地；再如在继电器动作过程中，带电元件与铁壳相碰，造成直流接地；在电磁接触器动作中，触头断弧过程中形成弧光与接地体连接；断路器传动杆动作中将二次线磨伤，造成直流接地等。

3）二次回路连接和设备元件组装不合理或平时不易发现的潜伏性接地故障。如交流电经高电阻混入直流系统，某些平时不接通的回路，一旦通电就出现直流接地；大风刮或人员误碰，使带电线头与接地体相碰造成接地。

4）二次回路及设备严重污秽和受潮，接线盒进水，使直流对地绝缘下降。小动物爬入或小金属零件掉落在元件上，造成直流接地故障。某些元件上有被剪断的线头，未使用的螺钉、垫圈等零件掉落在带电回路上等。

5）直流设备、系统运行方式不当。如有直流系统中有两套绝缘监察装置，正常情况下一套投入，一套备用；当两套同时投入时，装置可能误动作（这种现象，一般称为"假接地"）。

(4) 处理注意事项。

1）当直流系统发生接地时，应停止站内一切工作，尤其禁止在二次回路上进行任何工作。

2）在处理直流接地故障时不得造成直流短路和另一点接地。

3）直流接地故障的查找和处理必须由两人同时进行，并做好安全监护，防止人身触电。

4）如需试拉调度管辖设备（保护），需向调度申请。

5）在处理直流接地故障时，严禁试拉电压互感器并列装置直流电源，防止保护及自动装置由于失压而误动。

6）试拉直流回路，应经调度同意。断开电源的时间一般小于3s，不论回路中有无故障，接地信号是否消失，均应及时投入。

7）为了防止误判断，观察接地故障是否消失时，应从信号、绝缘监察装置、表计指示情况等综合判断。

8）为防止保护误动作，在试拉保护装置电源前，应解除可能误动的保护，恢复电源后再投入保护。

（5）绝缘监测装置能选出支路的处理方法。现在变电站都装有微机直流系统绝缘在线监测装置。每组蓄电池配置一套绝缘监测仪，可以帮助我们查找直流接地。直流系统接地后，绝缘监测装置发"直流接地"信号，并进行支路选择，在接地处接触良好的情况下，装置能够选出相应支路。在征得调度同意后，运行人员可试拉监控监测装置提示的支路，观察接地现象是否消失。如现象消失，则说明故障就在该支路，则可汇报调度及上级，安排停电及异常处理。

（6）绝缘监测装置未能选出支路的处理方法。直流系统关系到整个变电站及电力系统的安全运行，所以绝缘装置未能选出支路也需要及时处理。具体方法有：排除公共回路法、瞬时停电法和转移负荷法。若经检查查出故障所在线路，进一步查找"接地故障点"，具体查找步骤为：

1）排除公共回路法。如绝缘监测装置未能选出支路，则应怀疑是否在充电机、蓄电池等回路中，当然也不排除绝缘监测装置本身故障，导致直流"误接地"。对于充电机及蓄电池回路可以用两段母线串联后，一一切除进行试验；而绝缘监测装置本身故障，则可通过解除装置接地点后，人工外加电桥进行接地的方法，进行试验。

2）瞬时停电法。瞬时停电的原则为：①先停有缺陷的分路，后停无明显缺陷的分路，先停有疑问的、潮湿的、污秽较严重的，先停户外的，后停室内的，先停不重要的，后停重要的，先停备用设备，后停运行设备，先停新投运的设备，后停已运行多年的设备；②对直流母线不太重要的馈电分路，依次短时断开这些分路，若断开某一分路信号消失，测正、负极对地电压恢复正常，则接地故障点就在此分路范围内；③转移负荷法：对直流母线上较重要的分路，可将故障母线上的较重要分路，依次转移切换到另一段直流母线上，监视"直流母线接地"信号是否消失，查出接地点在哪个分路；④查找步骤：变电站发生直流接地异常后，应第一时间汇报调度，同时应停止站内一切工作，尤其禁止在二次回路上进行任何工作。首先应检查绝缘监测装置是否能选出支路，不能选出支路则可检查变电站以往的绝缘薄弱部位，这些地方出现问题的可能性较大；如检查没有问题则有条件可按照排除公共回路法，将充电机、蓄电池、绝缘监测装置逐一检查；如仍没有问题则汇报调度申请，进行逐条瞬时停电，拉路进行判别，对不能停电的回路，则应适用转移负荷法进行判别（见图13-2）。

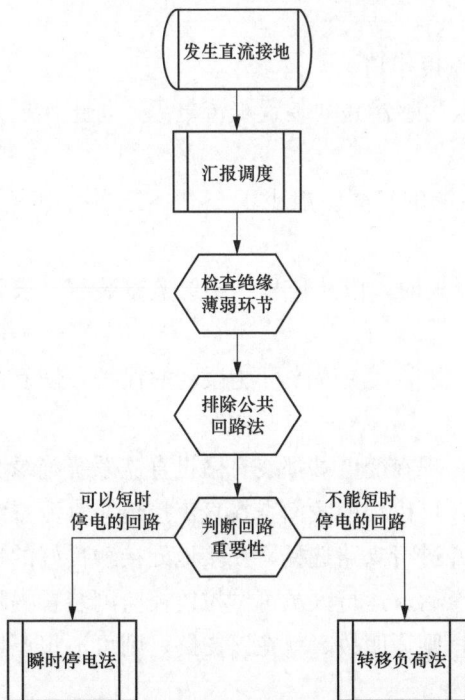

图 13-2　查找直流接地故障的步骤程序图

二、直流系统异常处理概述

1. 变电站典型直流系统概述

直流系统一般为单母线分段形式，每段母线上有一组充电机，挂一组蓄电池，两段母线分排运行，遇有充电机故障或蓄电池试验时，可将两段母线并列，但应注意此时母线上也只能有一组充电机和一组蓄电池（典型接线见图 13-3）。

正常方式为：1 号充电机输出开关 1S 切至"投向Ⅰ段母线"位置，第一组蓄电池进线及母联开关 3S 切至"第一组蓄电池投向Ⅰ段母线"位置；2 号充电机输出开关 2S 切至"投向Ⅱ段母线"位置，第二组蓄电池进线及母联开关 4S 切至"第二组蓄电池投向Ⅱ段母线"位置，此时两段母线分列运行。如 1 号充电机或第一组蓄电池需退出运行则应先将第一组蓄电池进线及母联开关 3S 切至"母联Ⅱ段母线"位置，再将 1 号充电机输出开关 1S 切至"投向第一组蓄电池"位置，保证母线上有且只有一组充电机和蓄电池。

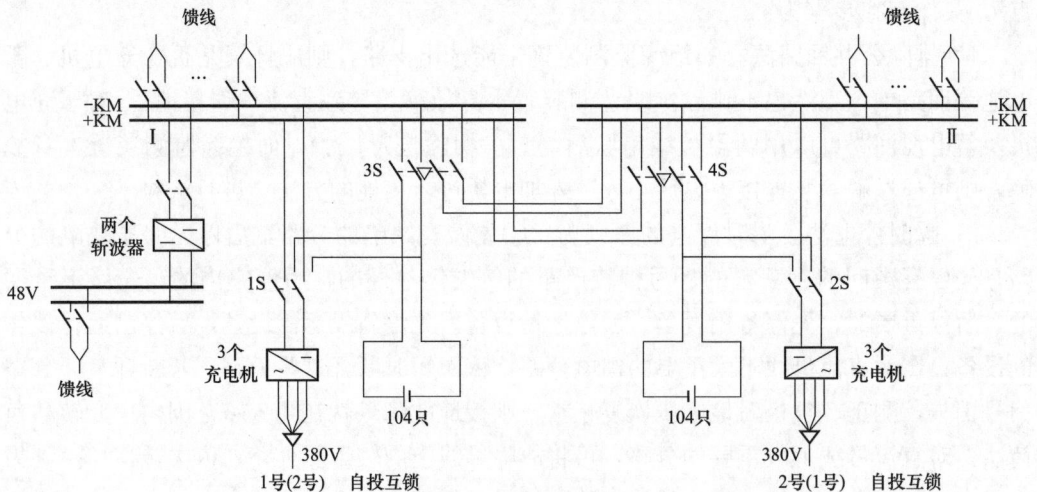

图 13-3　直流系统典型接线

2. 直流系统失电

（1）主要现象。

1）装置电源指示灯灭。

2）后台机发出"直流系统故障""控制回路断线""保护直流电源消失"或"保护装置异常"等信号。

3）监控中心遥信、遥测数据不刷新。

4）通信装置若无独立电源，则变电站通信中断。

（2）可能原因。

1）直流系统低压断路器容量小或不匹配，在大负荷冲击下造成上级低压断路器跳闸，导致部分回路直流消失。

2）低压断路器质量不合格，接触不良导致直流失电。

3）直流两点接地或短路造成低压断路器跳闸导致直流消失。

4）直流蓄电池故障，后备电源失去，在充电机故障或站用交流失去时引起全站直流消失。

（3）处理要点。

1）查熔丝是否熔断，更换容量满足要求的合格熔断器。

2）试合低压断路器，如不能合上，则拉开所有支路后试送，最后逐路合上支路低压断路器，如有跳闸，则说明该支路负荷有故障。

3）直流消失后，应汇报调度，停用相关保护，防止查找处理过程中保护误动。

3. 蓄电池故障

值班人员在检查中，若发现下列故障时，应及时汇报工段（区），由专业检修人员进行处理。

（1）测得个别电池电压很低，或为零，或反极性。电池电压为零或很低，可能是电池内部发生短路。反极性故障主要原因是电池极板硫化造成的，使其容量降低，电压很快下降，其他正常电池对它充电而发生反极性的，会影响相邻电池的电压下降。

（2）正极呈褐色并带有白点。这是由于经常过充电或使用的蒸馏水水质不纯等引起极板上活性物质过量脱落的缘故。

（3）极板严重弯曲变形，容器下有大量沉淀物。这是由于电解液不纯、密度过大或温度过高等原因造成的。

（4）容器损坏、电解液渗漏、绝缘电阻降低等。

另外，蓄电池直流系统还可能发生直流短路、充电设备损坏及负载馈线故障等，或蓄电池内部发生极板短路、极板硫化、极板弯曲、沉淀物过多等，限于篇幅从略，详细处理按《蓄电池运行规程》进行处理。

4. 直流母线电压过低、电压过高的处理

直流母线电压过高会使长期带电的电气设备过热损坏，或继电保护、自动装置可能误动；若电压过低，又会造成断路器保护动作及自动装置动作不可靠等现象。

（1）直流系统运行中，若出现母线电压过低的信号时，值班人员应检查并消除。检查浮充电流是否正常，直流负荷是否突然增大，蓄电池运行是否正常等。若属直流负荷突然增大时需及时查明原因，应迅速调整降压硅链或分压开关，使母线电压保持在正常规定值。

（2）当出现母线电压过高的信号时，应降低浮充电流，使母线电压恢复正常。

第二节 直流系统典型事故及异常实例

一、一起二次接线错误，导致直流系统部分失电的异常实例

××年×月×日，220kV某变电站发生了由于二次接线错误，在直流工作时导致直流系统部分失电的异常。

1. 事件经过

10：25运行人员在将某变电站220V直流母线由Ⅰ、Ⅱ段母线分列运行切至并列运行过程中，发现了110kV母差保护屏上装置电源低压断路器跳闸。检查现场后台机信号有"110kV母差保护异常"和"110kV某Ⅱ 945汇控柜低压断路器分闸"的信号。现场检查110kV某Ⅱ945汇控柜内隔离开关控制电源低压断路器跳闸，立即汇报调度申请将110kV母差保护停用。

2. 原因分析

经过继保人员现场检查，发现这是一起由于扩建间隔二次接线错误所引起的异常。变电所最初新建时，110kV母差保护屏上信号回路如图13-4所示，引自220V直流Ⅰ段母线上，后新增110kV某Ⅱ 945间隔，其汇控柜内隔离开关信号回路如图13-5所示，引自220V直流Ⅱ段母线上。由两图可以看出，110kV母联9101隔离开关接点（DS1：20、DS1：21）和110kV母联9102隔离开关接点（DS2：20、DS2：21）分别同时存在于两个回路中。

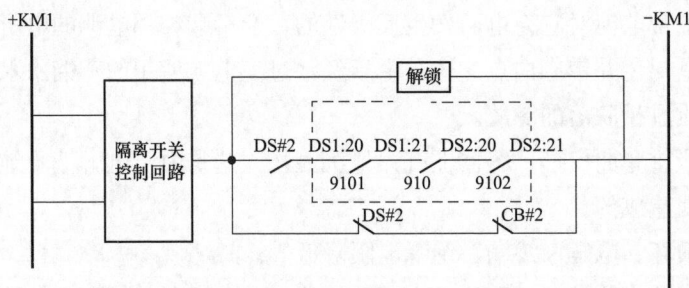

图13-4 945线隔离开关控制回路图

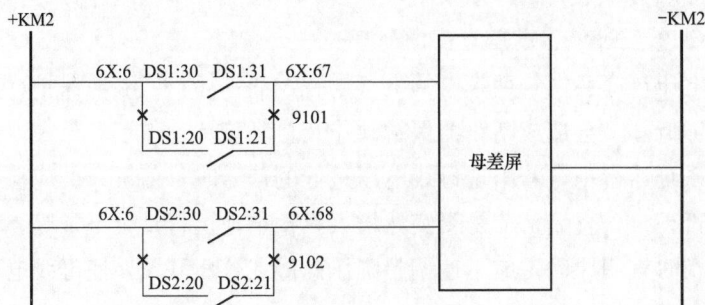

图13-5 母差保护隔离开关信号回路图

当时运方为 110kV 母联 910 断路器及 9101、9102 隔离开关在合位，以 110kV 母联 9101 隔离开关接点（DS1：20、DS1：21）为例，根据图 13-4 所示，接点两侧均为－KM1；而根据图 13-5 所示，接点两侧为＋KM2，该回路将 220V 直流Ⅱ段母线正电和 220V 直流Ⅰ段母线负电连接起来。

正常情况下，220V 直流母线由Ⅰ、Ⅱ段母线分列运行，绝缘检测系统的接地点不停在Ⅰ、Ⅱ段母线间切换，因此整个系统中只有一个地，这种运行方式下也不会产生短路。

当 220V 直流母线由Ⅰ、Ⅱ段母线分列运行切至并列运行时，联络开关合上后，此时造成直流系统的正负短路，110kV 母差保护装置电源低压断路器正极及 110kV 某Ⅱ 945 回路隔离开关控制电源低压断路器负极中有短路电流流过，将 110kV 母差保护装置电源低压断路器和 110kV 某Ⅱ 945 回路隔离开关控制电源低压断路器跳闸。

3. 防范措施/经验教训

（1）将 110kV 母差回路的节点连接线拆除，以消除该隐患。

（2）充分重视交直流系统发生的异常，及时分析、检查、处理。

（3）加强交直流系统的培训，对其工作原理加强认识。

二、一起设备元件故障，导致直流系统部分失电的异常实例

××年×月×日，220kV 某变电站发生了由于保护中二极管损坏，导致直流系统部分失电，开关拒动的异常。

1. 事件经过

××年×月×日，10：11 监控中心发现，220kV 某变电站 35kV Ⅱ段母线接地，A 相 0V，B、C 相 35kV，消弧线圈动作，现场检查小电流选线选 591 线。10：45 监控中心接调度命令试拉 591 断路器后，单相接地消失；10：48 监控中心合上 591 断路器，此时发现 591 断路器保护动作，591 控制回路断线，591 断路器未跳，2 号主变压器保护动作跳 502 断路器。现场检查 591 过电流Ⅰ、Ⅱ段保护动作，2 号主变压器第一套、第二套 35kV 侧过电流Ⅰ段动作跳 502 断路器。591 断路器柜上直流控制电源低压断路器跳闸，开关红绿灯熄灭，控制回路断线告警。10：56 调度发令手动拉开 591 断路器，现场检查 2 号主变压器及 502 回路无异常，11：14 调度发令合上 2 号主变压器 502 断路器。

2. 原因分析

检修人员到现场后，试验发现一旦 591 断路器合闸，其直流控制电源低压断路器即自动跳开，进一步检查发现 591 断路器防跳回路内与防跳继电器并联的二极管被击穿，591 断路器控制回路图如图 13-6 所示。

591 断路器合闸后，防跳回路内动合接点闭合，机构防跳自保持电压继电器 K200 被反向击穿的二极管短接，控制回路经图中所示路径发生正负极短路，造成直流低压断路器跳闸，开关控制回路断线，开关拒分。调换该二极管后，开关分合试验正常。

3. 防范措施/经验教训

（1）在合上某断路器同时发生上一级断路器跳闸，监控画面可能无法得到所操作断

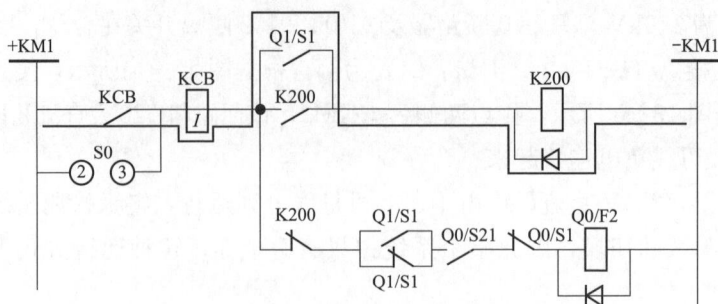

图 13-6 591 断路器控制回路图

KCB—合闸保持继电器；Q0/S21—开关储能控制辅助触点；S0—手动合闸切换开关；Q0/S1—开关
辅助触点；Q1/S1—母线隔离开关辅助接点；Q0/F2—合闸继电器；K200—中间继电器

路器位置的准确遥信；但要立即调取这些断路器对应保护的信号和报告，检查是否有保护动作，控制回路断线告警，进而判断有无断路器拒动。

（2）初步判断出拒动断路器后，应立即对该断路器情况进行检查，观察断路器实际位置指示，保护告警信息，直流控制回路低压断路器或熔丝情况，进而分析该断路器的拒动是发生在合闸过程中还是跳闸过程中。

三、一起辅助开关受潮，导致直流接地的异常实例

××年×月×日，220kV 某变电站发生了户外 35kV 手动接地闸刀的电缆穿管未实施有效封堵，在气温骤降的情况下，电缆沟内潮气通过电缆穿管进入接地闸刀辅助开关简易罩壳内，在辅助开关端子上形成凝露结冰，造成站内直流接地的异常。

1. 事件经过

××年×月×日 10：47，某变电站直流Ⅰ段母线出现"直流系统绝缘故障"信号，正对地 69V、负对地 150V。经保护专业人员检查为 35kV 乙组电容器 4054 接地闸刀辅助接点结冰导致绝缘不良，在除冰后并用绝缘布包好，使直流电压恢复正常。

三天后，10：01，某变电站直流Ⅰ段母线再次出现"直流系统绝缘故障"信号，正对地 52V、负对地 167V。保护专业人员到达现场后，拆开 35kV 乙组电容器Ⅱ 4054、乙组电容器Ⅰ 4044 接地闸刀辅助开关简易罩壳后，发现辅助开关上有水汽，接点已受潮。后检查发现，简易罩壳封堵有裂缝，从电缆沟引至接地闸刀简易罩壳内的电缆穿管未有效封堵（见图 13-7），判定受潮为该穿管未有效封堵引发，遂对该站所有该类型的接地闸刀辅助开关简易罩壳内的电缆穿管实施封堵（见图 13-8），重做穿管与简易罩壳间的封堵，对接点进行去湿处理，使直流电压恢复正常。

2. 原因分析

该接地闸刀系某厂产品，型号为 GW4-40.5DW，2007 年 4 月出厂，其接地闸刀辅助开关所引电缆以穿管形式引入电缆沟进端子箱，外设一简易罩壳（圆柱形，下无封板），用螺钉固定在设备铸铁件上。电缆穿管一直引入至简易罩壳内，施工单位在穿管与罩壳间用防火封堵泥进行了封堵（见图 13-9）。

由于受到热晒雨淋以及热胀冷缩影响，穿管与罩壳间的防火封堵泥出现老化、裂缝、脱壳；同时，受天气寒冷影响，潮气从裂缝、穿管进入接地闸刀辅助开关简易罩壳内，引发凝露与结冰，导致接线绝缘不良，造成直流系统接地。

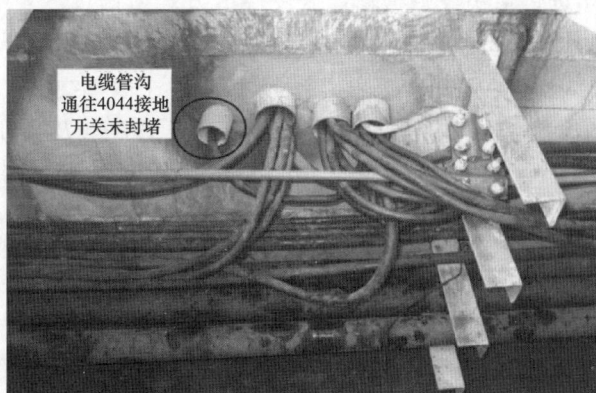

图 13-7　电缆沟内穿管电缆

图 13-8　接地闸刀辅助开关结构

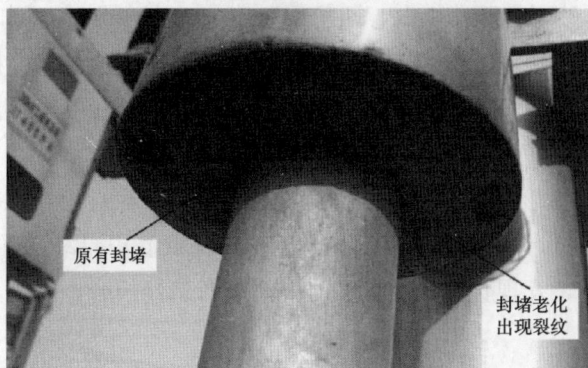

图 13-9　接地闸刀辅助开关简易罩壳与穿管

四、蓄电池老化导致断路器拒合实例

1. 事件经过

某 110kV 变电站进行全站停电检修，调度停电方式为：110kV 甲线 926 经 110kV Ⅱ段母线供 2 号主变压器。2 号主变压器 302 断路器检修。2 号主变压器 10kV 侧 102 断路器及 10kV Ⅱ段母线检修。110kV 乙线 126 经 110kV Ⅰ段母线供 1 号主变压器，1 号主变压器 301 断路器改接 35kV Ⅱ段母线运行。35kV Ⅰ段母线及旁母检修，35kV 母联 310 断路器检修。1 号主变压器 10kV 侧 101 断路器供 10kV Ⅰ段母线运行。10kV 分段 110 断路器检修（见图 13 - 10）。

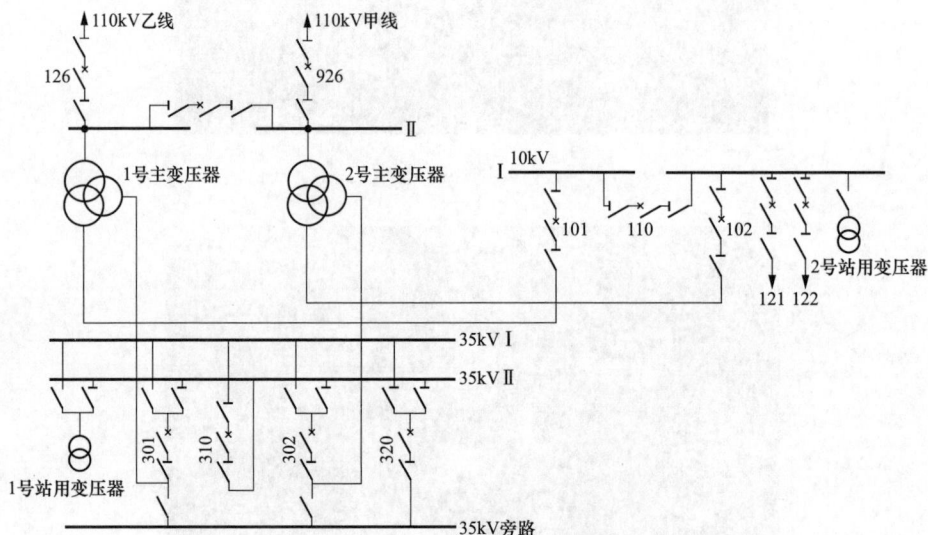

图 13 - 10　某 110kV 变电站主接线

由于 1 号站用变压器和 2 号站用变压器的高压隔离开关都有检修工作，在整个工作中该变电站 35kV1 号站用变压器和 10kV2 号站用变压器全停，由发电机提供交流电源。

6：30 开始操作，先停了 10kV2 号站用变压器，7：41，当操作拉开 35kV1 号站用变压器后，改由蓄电池供电。至 7：43 分发现事故照明等电压不稳，蓄电池放电很快，汇报调度恢复 35kV 站用变压器供电，期间电池放电二十多分钟，同时对蓄电池逐个测量没有发现有电池异常现象。单个蓄电池电压、全场电压均在合格范围内。合母、控母电压及浮充电流均正常。9：30 发电机到现场后停用 35kV 站用变压器，改由发电机供交流屏。

至傍晚 16：17，调度发令 35kV 站用变压器改接副母运行后，发电机退出，改由站用变压器向交流屏供电。16：18 调度发令恢复对 10kV Ⅱ段母线的送电，当操作 10kV 电磁机构的断路器时，发现直流合闸接触器抖动，断路器拒合，原因是蓄电池不能提供足够的合闸电流。

后临时改变运行方式，拉开 110kV 甲线 926 断路器，手动合上 10kV121、122 断路器，2 号主变压器 10kV 侧 102 断路器，合上 110kV 甲线 926 断路器至 18：30 恢复对

10kV 出线的送电。

2. 原因分析

该变电站的蓄电池运行时间长，已经不能存储电量。当蓄电池运行一天之后，电池所储备的电量不足，无法提供足够的合闸电流给断路器，导致断路器拒合。

3. 应对措施

（1）检修人员在合闸母线上临时加装整流变压器，保证 10kV 电磁机构的线路开关在事故跳闸后能正常重合，安装整流变压器后操作电容器开关（电磁机构）动作正常。

（2）尽快对没有容量的蓄电池进行了调换。

（3）加强对蓄电池相关设备的运行管理。

1）对蓄电池加强维护，按周期检测、记录蓄电池相关指标是否正常，发现问题及时更换蓄电池。

2）减少长时间使用事故照明等直接消耗蓄电池电量的情况，以防对蓄电池过度放电，影响其使用寿命。

五、某 110kV 变电站直流接地异常实例

1. 异常现象

2022 年 01 月 13 日，监控告某 110kV 变电站直流系统绝缘故障信号。值班员到现场检查，发现直流绝缘检测装置显示"直流系统绝缘检测异常"信号，直流接地选线装置判断为"小电流接地选线屏支路故障"。

2. 处理过程

值班员现场使用万用表测量直流系统正负极对地电压，正极对地 1.7V，负极对地 221V，并根据绝缘监测装置选线结果，初步判断为小电流接地选线装置的相关回路存在正极接地，于是立即汇报班长、专职。由于小电流接地选线装置为正在施工的设备，还未投运，怀疑是施工相关施工电缆接地。故经专职同意，值班员试拉小电流接地选线装置电源空开后，"直流系统绝缘检测异常"信号消失，直流系统电压恢复。

检修人员到现场检查发现直流系统接地点位于小电流接地选线屏后端子排上 10kV 分段断路器位置信号开入电缆绝缘不良，电缆尾端因分段断路器还未停电，故此电缆暂未接入开关机构辅助接点且电缆未经过包扎处理，从而导致接地发生，如图 13-11 所示。

3. 异常分析

本次异常是由于施工过程中直流电缆电源侧已接入，但无源侧还未接入，电缆端头未经包扎处理，装置上电状态下，电缆无源侧端头接地导致直流系统接地发生。

图 13-11　母联断路器位置信号端子

4. 注意事项

（1）变电站发生直流接地时，若现场正有人员进行相应的工作，应立即要求暂停工作，待查明直流接地与工作无关后，再继续工作。

（2）变电站发生直流接地时，采用拉路方法进行查找处理，应优先拉绝缘监测装置选线支路、有施工的回路等接地概率较大的支路。

（3）针对施工过程中的变电站，施工电缆放置后，未完全搭接的二次电缆，注意两头脱头，并做好包扎，不得接入一端直接上电。临时拆除的回路，也应注意电源侧临时脱头或有效断开电源，减少直流接地发生的可能性。

（4）二次线缆避免在锋利金属边缘受力，同时应加强二次设备、端子排、五箱内端子、电缆的专项测温工作。

六、某 500kV 变电站两段直流系统环网异常实例

1. 情况简述

现场先查看在线绝缘监测装置显示的数值，如图 13-12 所示。发现Ⅰ段的正负对地电压分别是 $U_1+=76.7$、$U_1-=-39.7$。Ⅱ段的正负对地电压分别是 $U_2+=39.2$，$U_2-=77.2$，用万用表量对地电压和绝缘监测装置显示一致。可以看出 U_1+ 和 U_2- 大致相等，U_1- 和 U_2+ 大致相等，因此初步判断怀疑为异极环网。

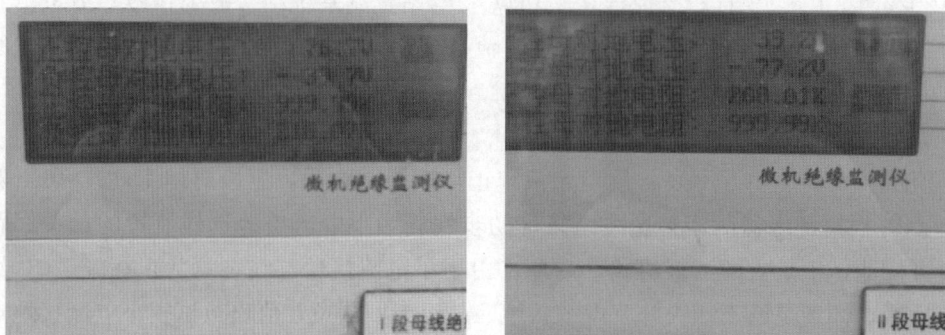

图 13-12　Ⅰ段和Ⅱ段绝缘监测装置显示

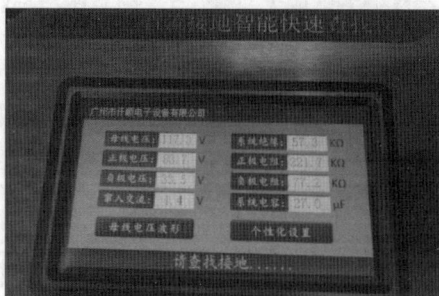

图 13-13　接地查找仪测试结果

2. 缺陷分析

借助接地查找仪，将查找仪的红、绿、黄三根线分别接入直流系统的正、负、地上，并将Ⅰ段绝缘监测装置的平衡桥退出，随后进行测试，测试结果如图 13-13 所示。

打开手持器后按提示进行设备自校，随后用钳子对每一个支路进行查找，查到 3 号主变压器保护屏的一个支路有正弦波，按测试报有接地，方向指向保护屏。而此时去钳另外一段即Ⅱ段的 3 号主变压器保护屏支路，同样测得有正弦波，按测试报有接地，证明了确实是有环网（见图 13-14）。

到 3 号主变压器保护屏查找，接地信号走进主变压器保护屏内，查出保护装置的 GPS 的接线有正弦波，按测试报有接地，方向指向 GPS 对时屏（见图 13-15）。

3. 运行风险评估及处置情况

若直流系统异极环网运行，会导致保护拒动，引起接地故障告警及两段母线同时接地。

到 GPS 对时屏柜查找，最终查出接地指向 GPS 对时装置内部。现场发现 GPS 采用的

图 13-14　测得主变压器保护屏有接地

接口方式是 TTL，但经询问后 TTL 方式基本上不用了，应用空节点的接口。后面更换成空节点的接口后，两段绝缘均恢复到正常状态。重启接地查找仪，测得数据如下，已恢复正常水平（见图 13-16～图 13-19）。

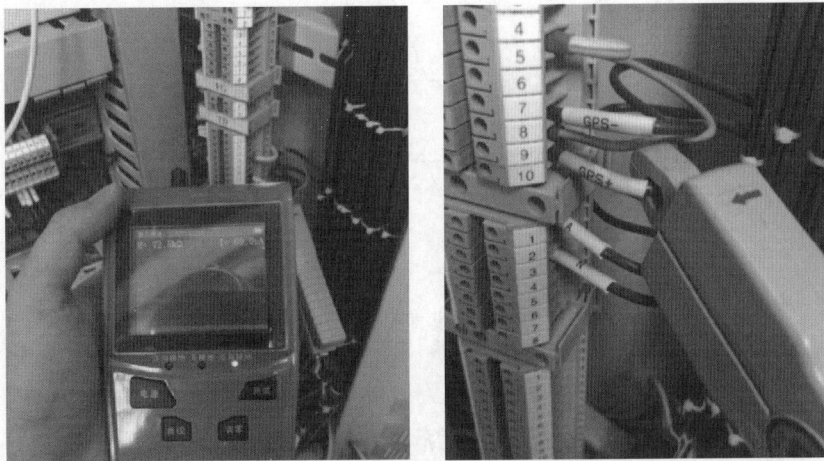

图 13-15　测得保护装置 GPS 接线有接地

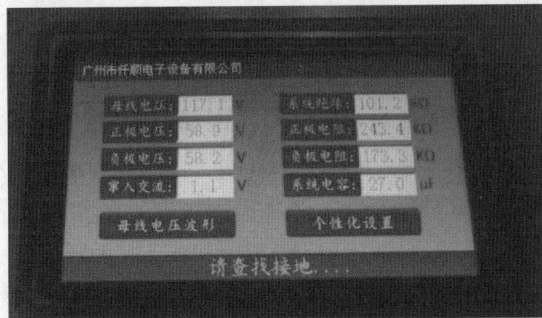

图 13-16　解除环网点后测得数据

4. 整改措施及预防建议

目前的绝缘装置不能发现直流互窜接地故障，因此现场工作人员难以知道存在直流

互窜故障，同样的作业人员一般也不会把保护误动、低压断路器级差配合失效等问题的原因归结到直流互窜接地故障，因此我们需要对直流互窜接地故障的危害加强认识，相关部门引起必要的重视。

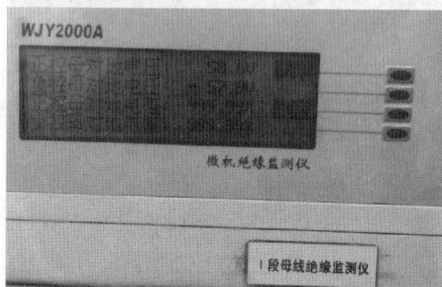

图 13-17 解除环网后Ⅰ段绝缘监测仪测得数据

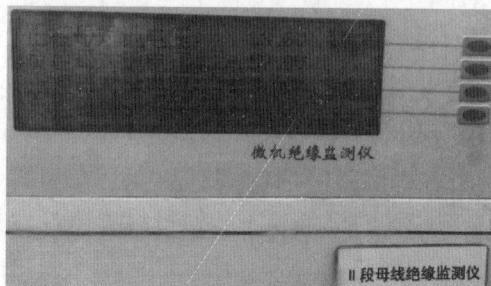

图 13-18 解除环网后Ⅱ段绝缘监测仪测得数据

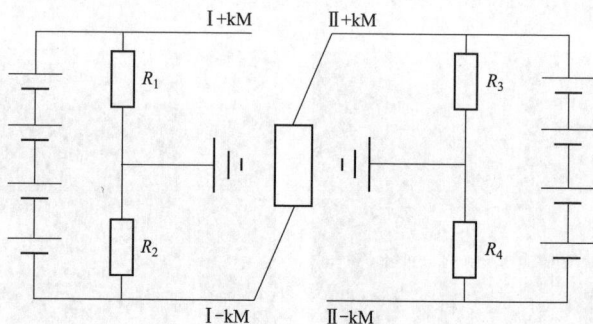

图 13-19 两段直流母线异极接地

第三节 直流系统事故及异常处理训练

一、"5011 断路器控制电源二直流接地"事故处理训练

1. 现象

监控中心发现"直流接地告警"信号，现场"母线绝缘监察接地告警""500kV 直流Ⅱ段分路""5011 断路器控制电源Ⅱ段分路"接地告警。

2. 处理参考答案

（1）根据信息判断为 5011 断路器控制电源二接地，汇报调度及上级领导，申请拉开 5011 断路器控制电源二直流，对 5011 断路器继续运行无影响。

（2）待调度同意后拉开 5011 断路器控制电源二直流开关，检查"母线绝缘监察接地告警""500kV 直流Ⅱ段分路""5011 断路器控制电源Ⅱ段分路"接地告警已消失。

（3）汇报调度及上级领导，确为 5011 断路器控制电源Ⅱ段分路接地。

（4）联系检修及时处理，申请调度停电处理。

二、"充电机交流电源失却"异常处理训练

1. 现象

监控中心发现"直流系统异常"信号，1号充电机交流电源低压断路器JLQ1跳开。

JLQ1为1号充电机交流电源低压断路器，ZMQ1为1号充电机直流输出低压断路器，MLQ1为一组蓄电池输出/ⅠⅡ母母联切换开关，JLQ2为2号充电机交流电源低压断路器，ZMQ2为2号充电机直流输出低压断路器，MLQ2为二组蓄电池输出/ⅠⅡ母母联切换开关，JLQ为3号充电机交流电源低压断路器，ZDQ1为3号充电机Ⅰ段母线直流输出低压断路器，ZDQ2为3号充电机Ⅱ段母线直流输出低压断路器（见图13-20）。

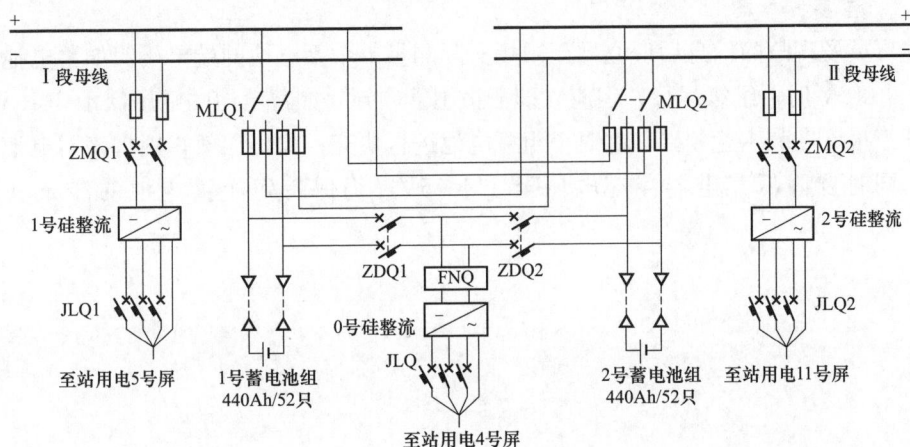

图13-20　直流系统接线

2. 处理参考答案

（1）立即汇报各级调度及主管部门。

（2）设法投入备用充电机。

（3）检查充电机交流电源情况，试合充电机交流电源低压断路器，设法恢复充电机运行。

（4）按照蓄电池容量，计算蓄电池可供电时间。

三、"蓄电池故障"异常处理训练

1. 现象

监控中心发现"直流系统异常"信号，蓄电池组中一节电压异常。

2. 处理参考答案

（1）将A、B段母线并列运行，停用一台整流器（两台整流器不可长时间并列运行）。

（2）检查蓄电池，防止蓄电池长期向故障点放电，损坏蓄电池，防止过热发生火灾事故影响另一组蓄电池，必要时强行断开故障点；但必须做好人身防护，使用绝缘工具，戴好护目面罩。

四、全站直流消失训练

1. 现象

全站直流消失。

2. 处理参考答案

（1）立即汇报各级调度及主管部门。

（2）运行值班员立即寻找直流失去原因，设法恢复一段直流母线运行。

（3）目前，站内直流负荷 21A，经计算蓄电池可维持 5h 以上。

五、蓄电池单个故障

1. 现象

个别蓄电池电压不合格，蓄电池组检测装置将会报警，并会显示故障蓄电池的编号和电压。

2. 处理参考答案

值班员发现故障信息后应立即至现场实际测量单个蓄电池的端电压。如蓄电池电压不低于 2.18V 时可继续运行，但应立即汇报主管领导；如蓄电池的电压低于 2.18V 时，应立即汇报调度和主管领导，并对该组蓄电池进行快充；如仍无效，则将该蓄电池退出运行，同时要降低充电器浮充电压至 114.75V，仍保持每个蓄电池的浮充电压为 2.25V。

第十四章

二次设备事故及异常

第一节　二次设备事故及异常处理概述

一、二次设备事故处理概述

（一）越级跳闸

1. 越级跳闸的后果及形式

（1）一次设备发生短路或其他各种故障时，由于断路器拒动、保护拒动或保护整定值不匹配，造成上级断路器跳闸，本级断路器不动作，从而使停电范围扩大，故障的影响扩大，造成更大的经济损失，称为越级跳闸。

（2）越级跳闸有如下几种形式。线路故障越级、母线故障越级、主变压器故障越级和特殊情况下出现二级越级。

（3）越级跳闸的主要动作行为。

1）线路故障越级跳闸。本线路断路器拒分，本线保护动作，若装有失灵保护，则启动失灵保护，切除该线路所接母线上的所有断路器；若本线路保护未动作，失灵不能启动跳闸，失灵不动作或未装设失灵保护时，将由本站电源对侧或主变压器后备保护切除电源。此时故障切除时间加长，主变压器后备保护一般由零序（方向）过电流或复合电压闭锁过电流动作，而对侧一般由零序Ⅱ、Ⅲ段或距离Ⅱ、Ⅲ段动作跳闸。

2）母线故障越级跳闸。若装有母线保护、母差保护拒动或断路器拒动，将引起上级断路器跳闸，一般也是由电源线对侧或变压器后备保护动作跳闸；若母线上未装设母线保护如终端变母线，在母线故障时，由电源线对侧跳闸，则不属于越级，为正确动作。

3）变压器故障越级。若是由断路器拒动引起，应由上级保护动作或由电源线对侧保护动作跳闸。

2. 越级跳闸主要现象

（1）线路故障越级跳闸的现象。

1）警铃、喇叭响，中央信号盘发出"掉牌未复归"信号，有断路器跳闸。

2）未装设失灵保护或装有失灵保护而保护拒动，由主变压器一侧断路器跳闸（若为双绕组变压器，两侧均跳开）；若为双母线接线形式，母联断路器和变压器断路器跳闸（即主变压器后备保护Ⅰ段时限跳母联断路器，Ⅱ段时限跳本侧断路器），通过母线所接电源对侧保护动作跳闸。

3）跳闸母线失压，母线上所接回路负荷为0，录波器启动。

（2）母线故障越级跳闸的现象。

1）警铃、喇叭响，有断路器动作跳闸，中央信号盘发出"掉牌未复归"信号。

2）母线未动作或未装设母线保护（如 10kV 母线），接于故障母线的主变压器后备启动跳本侧断路器；若为双母线接线方式，主变压器后备保护先跳母联断路器，再跳主变压器一侧断路器，故障母线上所接电源线由电源对侧保护动作切除。

3）主变压器越级跳闸的现象包括：变电站全站停电，各母线、各馈线负荷为 0，故障录波器动作，变电站电源对侧断路器跳闸。

3. 越级跳闸的可能原因

（1）保护出口断路器拒跳。如断路器电气回路故障、机械故障、分闸线圈烧损、直流两点接地、断路器辅助接点不通、液压机构压力闭锁等原因引起断路器拒跳。

（2）保护拒动。如有交流电压回路故障、直流回路故障及保护装置内部故障等原因引起的保护拒动。

（3）保护定值不匹配。如上级保护整定值小或整定时间小于本保护等引起保护动作不正常。

（4）断路器控制熔断器熔断，保护电源熔断器熔断。

4. 越级跳闸的处理

（1）线路故障越级跳闸的处理。

1）复归音响，查看并记录光字信号、表计、断路器指示灯、保护动作信号。

2）查找断路器拒动的原因。重点检查拒跳断路器外观、压力等基本状况，拒跳断路器至线路出口设备有无故障。经调度及有关领导批准后，解锁拉开拒动断路器两侧隔离开关。

3）将事故现象和检查结果汇报调度，根据调度令送出跳闸母线和其他非故障线路。若调度许可，可用旁路代拒动断路器给线路试送电一次。

4）可依次对故障线路的控制回路，如直流熔断器、端子、直流母线电压、断路器辅助接点、跳闸线圈、断路器机构及外观等进行外部检查，查找越级跳闸原因，若能查出故障，应迅速排除，恢复送电；若不能排除，将事故汇报上级及有关部门，组织专业人员对断路器越级故障进行检查处理。

（2）主变压器或母线故障越级跳闸的处理。

1）复归音响，查看并记录光字信号、表计、断路器指示灯、保护动作信号。

2）查找断路器拒动的原因，重点检查拒跳断路器外观、压力等基本状况，拒跳断路器至线路出口设备有无故障。经调度及有关领导批准后，解锁拉开拒动断路器两侧隔离开关。

3）若有保护动作，根据保护动作情况判断哪条母线、哪台变压器故障造成越级，并对相应母线或主变压器一次设备进行仔细检查；若无保护动作信号，则应对所有母线和主变压器进行全面检查，判明故障的可能范围和原因。将失压母线上断路器全部断开，将故障母线或主变压器三侧断路器和隔离开关拉开，并将上述情况汇报调度。

4）根据调度命令逐步恢复无故障设备的运行，并将故障母线或主变压器所带负荷转移至正常设备供电，联系有关部门对故障设备检修处理。

（二）保护误动

1. 保护误动的类型

保护误动的类型包括线路（电容器、电抗器）保护误动、母线保护误动和主变压器保护误动。

2. 保护误动的现象

（1）线路（电容器、电抗器）保护误动现象。

1）线路保护误动时一般重合闸可以启动重合，其现象有：①事故警报、警铃鸣响，后台机监控图断路器标志先显示绿闪，继而又转为红闪；②故障线路电流、功率瞬间为零，继而又恢复数值，由于是瞬时性故障，重合闸动作成功时间较短，上述故障的中间转换过程值班人员不易察觉；③后台机出现告警窗口，显示故障线路某种保护动作、重合闸动作等信息（常规变电站故障线路控制屏出现"重合闸动作"光字牌、中央信号屏出现"信号未复归"等光字牌），故障线路保护屏显示保护及重合闸动作信息（信号灯亮），分相控制的线路则还有某相跳闸或三相跳闸的信息（信号）。

2）母线并联电容器、电抗器不投重合闸，线路因故未投重合闸或重合闸拒动时保护误动跳闸现象有：①事故警报、警铃鸣响，后台机监控图断路器标志显示绿闪；②故障线路（电容器、电抗器）电流、功率指示均为零；③后台机出现告警窗口，显示线路（电容器、电抗器）某种保护动作等信息，故障线路（电容器、电抗器）保护屏显示保护动作信息（信号灯亮），分相控制的线路则还有某相跳闸及三相跳闸信息（信号）。

3）无论重合闸动作与否，故障录波器均可能不动作，微机保护也没有区内故障的故障量波形，站内也没有任何故障设备，线路对侧断路器也不跳闸。这是保护是否正确动作的重要参考判据。

（2）母线保护误动现象。

1）事故警报、警铃鸣响，母差保护动作，一条母线所接的断路器全部跳闸。

2）故障录波器可能不动作，母差保护也没有区内故障的故障量波形，听不到现场类似爆炸的声响，看不到火花、冒烟等，检查母差保护区内没有故障点，这是母差保护是否正确动作的重要参考判据。

（3）主变压器保护误动现象。

1）事故警报、警铃鸣响，后台机监控图主变压器一侧或各侧断路器显示绿闪。

2）变压器主保护或后备保护中某一个动作。

3）主变压器一侧或各侧表计指示零，变压器跳闸侧单电源馈电母线和线路表计均指示零。

4）故障录波器可能不动作，主变压器微机保护也没有区内故障的故障量波形，主变压器轻瓦斯保护不动作，气体继电器内没有气体聚集，压力释放阀或防爆筒不动作。这是主变压器保护是否正确动作的重要参考判据。

3. 保护误动的处理

（1）线路（电容器、电抗器）保护误动的处理。

1）检查并记录监控系统告警信息、断路器跳闸情况、线路电流和功率情况、继电保护和自动装置动作情况，查看故障录波器报告（故障录波器可能不动作），根据故障录波报告或故障录波器没有动作判断保护有误动可能，报告调度。

2）检查跳闸线路电流互感器至线路出口各设备有无接地短路或相间短路故障，检查跳闸断路器工作情况，同时向调度询问跳闸线路对侧保护有无动作，断路器有无跳闸。根据对侧保护没有动作，断路器没有跳闸作出保护误动的判断。

3）根据调度命令，停用误动的线路保护，检查该线路至少还有一套主保护可以正常使用的情况下对线路合闸送电。

如果停用误动保护后该线路没有主保护可以使用，则不应直接送电，可以采用旁路带送或母联串供的方法送电。母联串供降低了变电站母线的供电可靠性，对于双电源线路、双回线、空充线路慎重使用。

4）及时将事故情况报告有关领导和调度，应立即组织有关专业人员到现场检查保护。

母线并联电容器、电抗器保护误动跳闸，原则上应在保护装置排除故障后再恢复送电。

（2）母线保护误动事故的处理。

1）根据并记录监控系统告警信息、断路器跳闸情况、跳闸母线各元件电流和功率情况、变压器潮流变化情况、继电保护和自动装置动作情况，查看故障录波器报告（故障录波器可能不动作），根据故障录波报告或故障录波器没有动作判断保护有误动可能，报告调度。

2）根据母差保护的保护范围，即跳闸母线所连接的各元件电流互感器以及各设备有无接地短路或相间短路故障，检查跳闸断路器工作情况。根据一次设备检查没有任何事故征象，结合母线跳闸当时没有系统冲击、故障录波器没有动作或故障录波器报告没有显示主变压器短路事故，作出保护误动的判断，报告调度和有关领导。

3）应立即组织有关专业人员到现场检查保护。如果一时不能确认保护误动，应对母差保护区内可疑设备组织试验。

4）确认母线跳闸是由保护误动引起的，应停用误动的母差保护，根据母差保护配置情况作出以下相应处理。

母线有两套母差保护，可停用误动的母差保护，恢复母线送电。

母线只有一套母差保护的有以下三种方式可供选择：

① 母线停运，其负荷由系统其他电源转供。

② 系统其他电源可以转供部分负荷的，由系统转供部分负荷。其他负荷由一条电源线路反送母线，再转供其他线路。

③ 主变压器有针对母线的可靠后备保护的也可直接从母线送出线路。但在这种情况下母线短路故障不能快速切除，应考虑是否会对主变压器造成伤害。

（3）主变压器保护误动事故的处理。

1）检查并记录监控系统告警信息、断路器跳闸情况、主变压器各侧电流和功率情况、继电保护和自动装置动作情况，查看其他运行主变压器有无过负荷情况，查看故障录波器报告（故障录波器可能不动作），故障当时没有系统冲击，根据故障录波报告或故障录波器没有动作判断保护有误动可能，报告调度。

2）如果其他运行主变压器过负荷，应报告调度转移负荷、限负荷或过负荷运行。变压器过负荷运行应起动全部冷却器，重点监视变压器负荷、油温、各处接点有无过热、变压器运行是否正常。

3）根据动作保护的保护范围检查各设备有无接地短路或相间短路故障，检查跳闸主变压器气体保护和压力释放阀有无动作，变压器本体有无异常接地现象，检查跳闸断路器工作情况。根据一次设备检查没有任何事故征象，结合主变压器跳闸当时没有系统冲击、故障录波器没有动作或故障录波器报告没有显示主变压器短路事故，作出保护误动的判断，报告调度和有关领导。

4）应立即组织有关专业人员到现场检查保护。如果一时不能确认保护误动，应对跳闸主变压器组织试验。

5）确认变压器跳闸是由保护误动引起的，根据调度命令，停用误动的主变压器保护，检查该主变压器至少还有一套主保护可以正常使用的情况下对主变压器合闸送电。

（三）220kV 失灵保护原理及其回路概述

1. 原理

220kV 失灵保护主要包括 220kV 线路（或主变压器 220kV 侧）断路器失灵保护、母联（分段）失灵保护、母线差动保护的失灵出口。这些保护的装置种类有很多种，但是其基本原理却是大同小异。

（1）线路（或主变压器 220kV 侧）断路器的失灵保护由线路保护（对于主变压器 220kV 侧断路器失灵保护则由主变压器电气量保护或 220kV 母线差动保护动作启动）跳闸出口启动，经失灵保护相应的电流继电器判别（电流是否大于失灵启动电流定值）。若相应电流继电器同时动作，则判断为断路器动作失灵，失灵保护随即动作，用于启动母线差动保护的失灵出口（或直接出口跳主变压器其他侧断路器）。

以 PSL631 断路器保护为例，一般线路断路器的失灵保护启动逻辑如图 14-1 所示。

为了增加启动失灵的可靠性，失灵保护装置还会采用一些其他措施。如 PSL631 就加入了零序启动元件和突变量启动元件作为失灵启动的条件之一。

（2）线路（或主变压器）失灵启动母差失灵出口回路。母差失灵出口回路会根据相应断路器母线隔离开关所在位置自动判别断路器所在母线，再经相应母线的复合电压闭锁，第一延时跳母联断路器，第二延时跳相应母线上所有设备。只是对于主变压器 220kV 侧断路器，失灵启动开入的同时，往往会开放母差保护的复合电压闭锁。母差失灵出口逻辑（以 BP-2B 母差保护为例）如图 14-2 所示。

（3）对于 500kV 主变压器断路器（220kV 侧）失灵保护，除主变压器电气量保护动作启动外，还有母线差动保护动作启动，经主变压器 220kV 侧失灵电流继电器判别，第一延时跳本断路器，以避免测试时的不慎引起误动而导致相邻断路器的误跳；第二延时则是失灵出口启动，即失灵将同时启动母差失灵出口回路（同线路断路器的失灵逻辑）和直接启动跳主变压器其他侧断路器。主变压器 220kV 侧断路器失灵保护启动逻辑。母差失灵保护出口逻辑如图 14-3 所示。

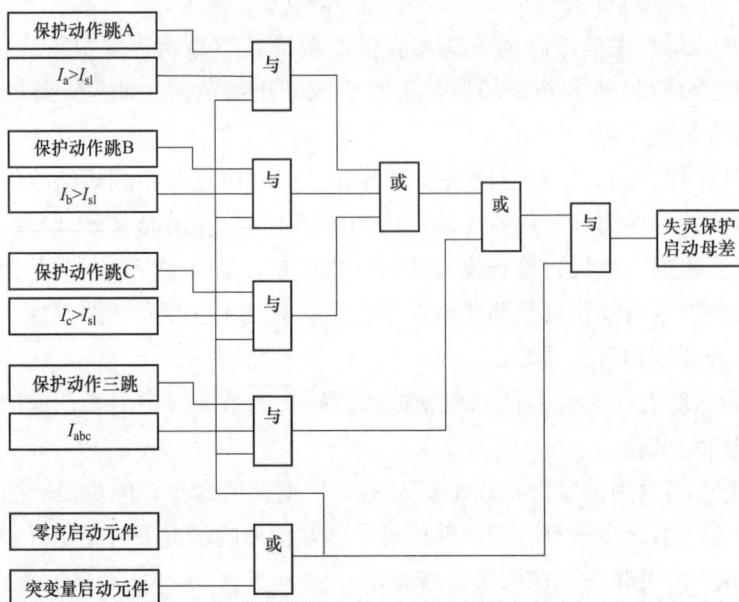

图 14-1 一般线路断路器的失灵保护启动逻辑

I_{sl}—失灵启动电流定值

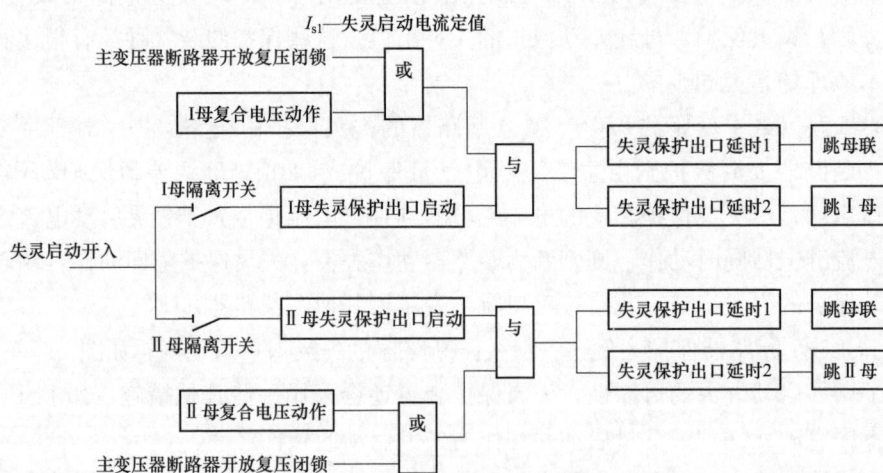

图 14-2 母差失灵出口逻辑

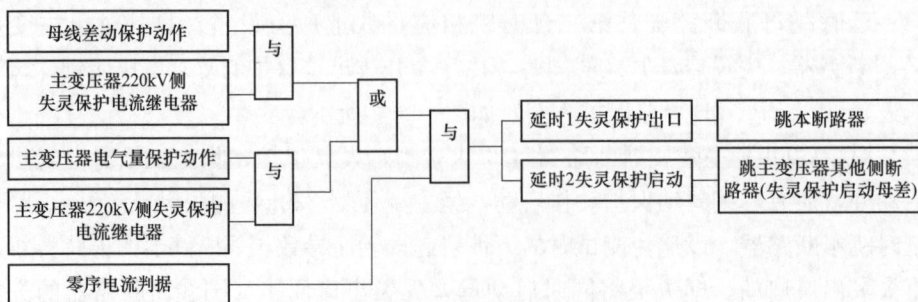

图 14-3 主变压器 220kV 侧断路器失灵保护启动逻辑

同样为了增加启动失灵的可靠性，如图 14-3 所示主变压器 220kV 侧断路器失灵出口可以增加零序电流作为判据。

（4）对于母联（分段）断路器的失灵保护，由母线差动保护或充电保护启动，经母联失灵电流判别，延时封母联 TA，继而母差保护动作跳相应母线上所有设备。以 BP-2B 母线差动保护为例，母联（分段）断路器失灵保护逻辑如图 14-4 所示。

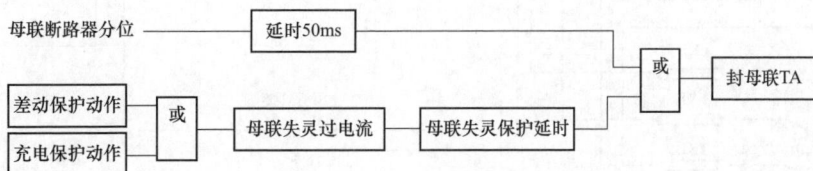

图 14-4　母联（分段）断路器失灵保护逻辑

若故障点发生在母联断路器和母联 TA 之间（死区故障），母差保护动作跳开相应母线不能达到切除故障的目的，故障电流会依然存在。此种情况保护会根据母联断路器的分开位置，延时 50ms，封母联 TA，令母差保护再次动作跳开另外一条母线以切除故障点。

（5）220kV 线路不启用失灵保护装置的失灵重跳功能。

2. 线路断路器失灵保护回路图

第一种以 WXB-11C 和 LFP-901 装置（LFP-923A）为例，220kV 线路断路器失灵保护回路图如图 14-5 所示。

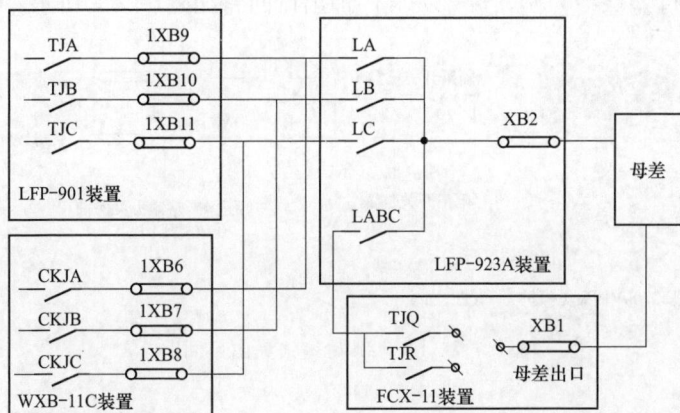

图 14-5　11C 和 901 的 220kV 线路断路器失灵保护回路图

从图 14-5 可以看出，11C 和 901 号保护的单相跳闸接点经过启动失灵保护压板到923 装置，923 保护通过电流判别，通过失灵保护启动母差压板（XB2）决定是否启动母差失灵保护出口。但是保护三跳接点不直接启动失灵，而是通过操作箱（FCX-11 装置）三跳接点去启动失灵保护。

第二种是以 PSL603 和 RCS931 装置（PSL-631）为例，220kV 线路断路器失灵保护回路如图 14-6 所示。

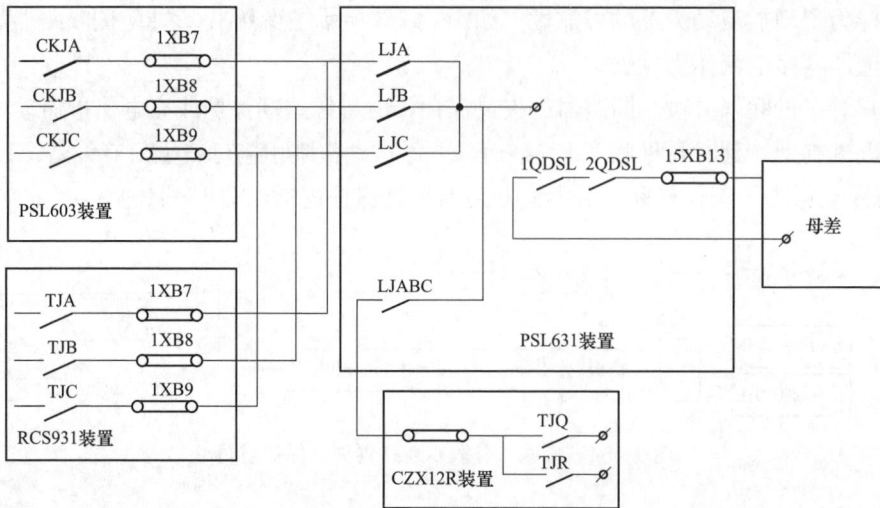

图 14-6 603 和 931 的 220kV 线路断路器失灵保护回路图

同 11C 和 901 保护一样，603 和 931 保护的单相跳闸接点经过启动失灵保护压板到 631 装置，631 保护通过电流判别（该逻辑过程由微机模拟），失灵启动母差保护压板（15XB13）决定是否启动母差失灵保护出口。同样保护三跳接点不直接启动失灵保护，而是通过操作箱（CZX12R 装置）三跳接点去启动失灵保护。不同的是 631 保护装置为了防止某一副接点粘死，启动失灵保护采用两个不同继电器的两副接点串联输出。

3. 母差失灵保护出口回路

以 BP-2B 母差保护为例，母差失灵保护出口回路如图 14-7 所示。

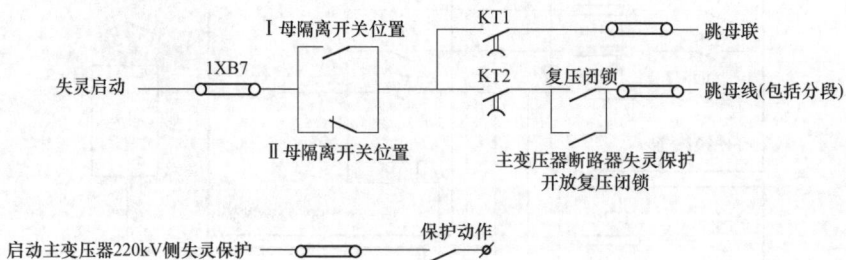

图 14-7 BP-2B 母差失灵出口回路

从断路器保护装置接入的失灵保护启动接点通过 1XB7 压板（该压板与保护屏上失灵保护启动母差保护压板为串联关系），经过隔离开关位置判断，第一延时跳母联断路器，第二延时跳相应母线上所有设备。若为主变压器 220kV 侧失灵保护，则除了失灵保护启动的开入外，同时还有闭锁相应母差保护复压闭锁开入。

4. 主变压器 220kV 侧断路器失灵保护回路

以 RCS978 主变压器保护（RCS974A）为例，主变压器 220kV 侧断路器失灵保护启动回路如图 14-8 所示。

主变压器保护的电气量保护和母差保护动作跳闸均会启动主变压器 220kV 侧失灵

保护。也有某些变电站的母差保护动作跳闸通过主变压器 220kV 侧断路器操作箱内的三跳接点启动。

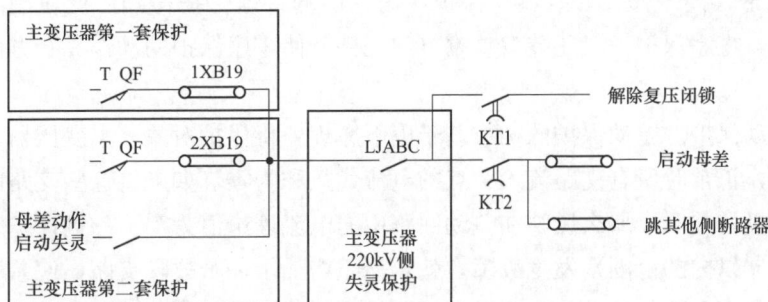

图 14 - 8　主变压器 220kV 侧断路器失灵保护启动回路图

二、二次设备异常处理概述

1. 继电保护概述

电力设备、线路在运行中会因各种内部和外部的原因发生故障，短路就是这些故障最基本的形态。随着电网规模日益扩大，短路容量也与日俱增，一旦发生短路，会形成巨大的短路电流。其强大的短路功率和极高的能量密度所产生的效应，能在极短的时间内将短路点和流过短路电流的设备摧毁或破坏。因此，除应在电网上采取措施限制短路容量外，还必须在每一条线路、每一台重要设备上配置灵敏可靠的保护装置，这些装置能在短路故障发生的瞬间检测、采集各种故障信息，经运算、鉴别后发出跳闸指令，有选择地使离故障点最近的断路器跳闸，将故障电路切断，保护正常设备不受损害和保持电网运行的稳定。除此之外，重合闸、故障录波器等自动装置也起着减少故障停电、改善系统稳定和记录故障波形、保护动作轨迹等重要作用。

目前，继电保护装置已从电磁型、晶体管型、集成电路型发展到如今更为精确灵敏的微机型保护，成为电网及电力设备的保护神。

保护装置根据其工作原理不同可分为以下几类：

（1）电流电压保护。电流电压保护是通过测量线路或元件故障时保护安装处的电流增加和电压下降的特征而构成的一类保护，通常把测量到的故障电流作为保护的启动量，而把电压的测量值作为闭锁量。有的还把多个电压量（负序、零序或另一电压等级电压）的逻辑值作为闭锁条件，构成复合电压闭锁，以提高保护的灵敏度。但这类保护受系统接线方式和运行方式的影响很大，故一般用作较低电压等级的终端线路或独立设备的保护。

（2）距离保护。距离保护是通过测量保护安装处的电压与电流比值即阻抗的大小来反映故障的，由于这个阻抗与保护安装处到故障点的距离成正比，故一般将此类保护称为距离保护。这类保护具有灵敏度高，不受系统接线和运行方式变化影响等突出优点而被广泛应用于高压和超高压线路。但仅靠其本身无法实现双侧电源线路的全线速切，故一般用作双侧电源线路的后备保护和终端线路的主保护。

（3）零序保护。零序保护是通过测量系统的零序分量来反映故障的。由于零序分量是大电流接地系统发生接地故障的主要特征量,用零序保护来反映接地故障可以获得较高的灵敏度。有统计表明,在 110kV 及以上的中心点直接接地系统中,单相接地故障约占总故障的 70%～90%,故零序保护作为专门的接地保护得到广泛应用。在多电源网络系统中,零序保护一般还装有功率方向元件,使零序保护的动作具有方向性以满足选择性要求。

(4)差动保护。差动保护的构成基于以下原理:将保护对象(主变压器、母线)看成一个节点,正常时所有支路流入节点的电流代数和为零,如果将这些支路的电流互感器二次侧同极性并联,那么反映在差动回路中的电流理论值为零。一旦保护对象(各支路电流互感器以内的范围)发生故障,就相当于增加了一个故障支路,使差动回路中出现不平衡电流而导致保护动作。差动保护灵敏度高,不受系统方式与接线的影响,能快速切除保护对象的所有支路,因而成为主变压器、母线等元件的首选主保护。

(5)纵联保护。输电线路的纵联保护是用通信通道将输电线各端的保护装置纵向连接起来构成的,利用通信通道将输电线各端保护测量的电气量信息相互送到对端进行比较,以判断是本线路内部故障还是外部故障,从而决定是否动作切除本线路。由于这种保护无需与相邻线路的保护在动作参数上进行配合,因而可实现全线速切。当纵联保护使用不同的通信通道时便构成了不同类型的保护,如高频保护、微波保护、光纤保护等;如纵联保护测量端采用不同工作原理时便构成了不同原理的保护,如高频距离保护、高频相差保护、方向高频保护、电流差动保护等。

纵联保护通常作为输电线路的主保护。

(6)断路器失灵保护。失灵保护的作用是在线路/元件故障,保护动作而断路器拒跳的情况下有选择地使所在母线或相邻线路/元件断路器跳闸,以限制故障扩大的范围,是一种不得已的后备措施,具有跳闸断路器多、影响范围大的特点。一旦失灵保护误动,后果十分严重。其动作的主要条件是保护动作后一定时间内故障电流持续存在。

(7)非电量保护。目前变电站应用的非电量保护主要是主变压器的气体保护和压力保护。

气体保护是根据主变压器内部故障时,变压器油会局部汽化产生气体和具有一定流速的油气流特征,由气体继电器加以反映并作用于发信或跳闸的一种保护。一般以反映气体增加,作用于发信的气体保护称为轻瓦斯,而把同时反映气体增加和油气流流速,作用于跳闸的气体保护称为重瓦斯。气体保护通常作为主变压器反映内部故障的主保护。

压力保护是根据主变压器内部故障时,变压器油的迅速汽化,导致主变压器内部压力骤增的特征,以金属压敏器件的变形或位移来反映压力和变化率并作用于跳闸或信号的保护。

(8)自动装置。自动装置是指能在系统某个特定情况下自动完成某些操作或切换的装置,如自动重合闸、备用电源自投装置、远方切机装置、自动按频率减载装置等,其中尤以自动重合闸应用最为普遍。

在电力系统中,输电线路易受周围环境影响,发生故障的可能性最大。就其故障类型来说,单相接地故障占大多数;就其故障性质而言,大多数属瞬时性故障,如大气过电压造成的绝缘子闪络,线路对树枝放电,大风引起碰线以及鸟害等,约占故障总数的80%~90%。当故障线路由继电保护装置动作跳闸后,电弧熄灭,故障点游离,绝缘强度恢复到故障前水平,此时若能重新合闸即可迅速恢复送电,从而提高供电可靠性,同时还能显著提高系统的运行稳定性。为此,在电力系统中广泛采用自动重合闸装置,能使线路故障跳闸后自动重合一次。如重合于永久性故障,则由继电保护装置再次作用跳闸,同时闭锁重合闸不再重合。

重合闸按其动作行为可分为单相重合闸、三相重合闸和综合重合闸等多种类型。

2. 二次回路异常处理的一般原则

(1) 必须按符合实际的图纸进行工作。

(2) 停用保护和自动装置,必须经调度同意。

(3) 在电压互感器二次回路上查找故障时,必须考虑对保护及自动装置的影响,防止因失去交流电压而误动或拒动。

(4) 取直流电源熔断器时,应将正、负熔断器都取下,以利于分析查找故障。其操作顺序应为:先取正极,后取负极,装熔断器时,顺序与此相反。这样做的目的是防止因寄生回路而误动跳闸,同时,可以在直流接地故障时,不至于出现只取一个熔断器时,触点发生"转移"而不易查找。

(5) 装、取直流熔断器时,应注意考虑对保护的影响,防止误动跳闸。

(6) 带电用表计测量时,必须使用高内阻电压表(如万用表等),防止误动跳闸。

(7) 防止造成电流互感器二次开路、电压互感器二次短路或接地。

(8) 使用的工具应合格并绝缘良好,尽量使必须外露的金属部分减少,防止发生接地短路或人身触电。

(9) 拆动二次接线端子,应先核对图纸及端子标号,做好记录和明显的标记,及时恢复所拆接线,并应核对无误,检查接触是否良好。

(10) 继电保护和自动装置在运行中,发生下列情况之一者,应退出有关装置,汇报调度和上级,通知专业人员处理。

1) 继电器有明显故障。

2) 接点振动很大或位置不正确,有潜伏误动作的可能。

3) 装置出现异常可能误动或已经发生误动。

4) 电压回路断线,失去交流电压时,应退出可能误动作的保护及自动装置。

5) 其他专用规程规定的情况。

(11) 凡因查找故障,需要做模拟试验、保护和断路器传动试验时,传动试验之前,必须汇报调度,根据调度命令,先断开该设备启动失灵保护、远方跳闸的回路。防止万一出现所传动的断路器不能跳闸,失灵保护、远方跳闸误动作,造成母线停电的恶性事故。

3. 二次回路故障查找的一般步骤

(1) 根据故障现象和图纸分析故障的原因。

（2）保持原状，进行外部检查和观察。

（3）检查出故障可能性大的、容易出问题的、常出问题的薄弱点。

（4）用"缩小范围法"逐步查找。

（5）使用正确的方法，查明故障点并排除故障。

4. 保护及自动装置常见异常及故障的现象

（1）保护及自动装置正常运行时，"运行""充电"指示灯熄灭，"TV 断线""通道异常""跳 A、跳 B、跳 C"指示灯点亮等。

（2）保护屏继电器故障、冒烟和声音异常等。

（3）微机保护装置自检报警。

（4）主控屏发出"保护装置异常或故障""保护电源消失""交流电压回路断线""电流回路断线""直流断线闭锁""直流消失"等光字信号且不能复归。

（5）保护高频通道异常，测试中收不到对端信号，通道异常告警。

（6）收发信机收信电平较正常低，收发信机"保护故障"或收发信电压较以往的值有较大的变化。

（7）微机故障录波及测距装置异常，控制屏中央信号发"故障录波呼唤""故障录波器异常或故障""装置异常"信号。

（8）保护及自动装置正常运行时，其直流电源应投入，"运行"灯正常点亮，其余指示灯一般在熄灭状态，否则就应判定为保护装置异常并采取相应的处理措施或停用保护。

5. 保护装置常见异常及故障的处理原则

（1）应根据发生异常现象对保护外观、端子等进行检查，查明具体保护装置异常或故障原因，可能影响的范围。

（2）申请调度停用该保护及其独立的失灵启动回路，线路闭锁式高频保护和相差高频保护停用时，应将线路对侧同时停用。

（3）若有"电压回路断线""电流回路断线"光字信号，应按相关章节进行检查处理。

（4）若是保护内部继电器或元件有故障，找不到原因及无法处理，应报上级及专业人员处理。

（5）若是电源故障，应对相关熔断器、端子排进行检查，查看熔断器是否熔断、端子有无松脱不牢现象，并进行处理。

（6）保护误动时，应汇报调度将该保护停用，联系继电保护人员处理。

6. 保护及自动装置常见异常及故障的原因分析

（1）"运行"灯灭。"运行"灯正常时发平光，保护启动后闪光，直到整组复归。当发现该指示灯灭时表明保护已经退出运行，应检查保护电源，对相关熔断器、端子排进行检查，如不是电源开关跳开，应汇报有关部门处理并及时停用本保护装置。

（2）"跳 A、跳 B、跳 C"灯亮。"跳 A、跳 B、跳 C"灯正常时应熄灭，当 A、B、C 相跳闸时，对应灯点亮并保持。此时按照正常事故处理流程进行处理，灯单独亮，没事故出现，则是装置问题，应汇报有关部门处理。

（3）"TV 断线"灯亮。"TV 断线"灯正常时应灭，发生 TV 断线时亮，在线路冷备用或者检修时候该灯亮属正常。当线路热备用或者运行时候，该灯灭。TV 断线时，此时应检查电压互感器低压断路器是否断开，检查电压二次回路，屏内交流电压小开关是否断开，是否因低压断路器跳开造成电压回路断线或失压。若电压小开关跳开可试送一次，试送不成汇报有关部门处理；若电压回路确已断线或失压，而装置未自检出 TV 断线，应将相关保护停用或改信号。

7. 二次连接片概述

（1）保护功能。压板（连接片）因其操作后形成连接点与断开点的可视性而在国产保护装置中得到最为广泛的应用。根据连接片在电路中的位置，一般可分为投入（启动）和出口连接片两类，如图 14-9 所示。

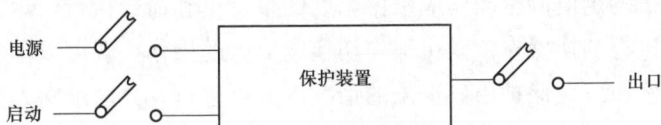

图 14-9 保护连接片示意图

在传统的各种保护中，连接片是用来接通或断开某个回路的。保护的出口连接片就是接通或断开出口继电器或跳闸线圈励磁回路的连接片。如果发现连接片接通前，其两端有电压则说明出口连接片之前的某级保护逻辑回路已动作，一旦接通就会有电流流过，使出口继电器或跳闸线圈动作跳闸。因此，一般要求在保护出口压板接通前测量一下两端的电压，以检验保护是否存在有可能导致断路器跳闸的异常或缺陷，及时发现保护的不正确动作行为，防止和避免误跳断路器事件的发生。但近年来微机保护的大量应用，使连接片的作用与概念产生了一些变化和区别。

以国产微机保护为例，该类装置出于对传统保护的继承性，一般设有许多连接片，分别装于保护装置的输出和输入回路。其中，输出回路由于仍较多采用带有机械接点的继电器，故连接片的作用与概念和传统保护基本一致，但这些连接片通常由装置内的多个保护共用，一般不经常操作。而装于保护输入回路的连接片通常作为装置内某个保护的投入或切换连接片具有较高的操作概率。这些压板与传统保护的连接片在功能上有所区别，其作用仅是将某个工作电平（通常接通为高电平，断开为低电平）经光电耦合后加至保护的输入口上，供 CPU 读取，并据此修改保护的某个控制字，以控制程序的流向，来完成不同的逻辑操作。这些连接片的两端正常时是应该有电压的（24V 左右），如果无电压或电压不正常，反而可能使保护 CPU 读取的数据出错或使连接片失去作用，导致保护不能正常工作。

还有些进口的国外保护，其输出回路采用了晶闸管一类的无触点电子开关，这些器件在截止（关断）时，开口端会有较高的悬浮电压，这个悬浮电压往往会反映在出口连接片两端，也就是说这种情况下连接片两端有电压是正常的。

（2）操作防范措施。

1）应将更多的注意力转移到检查保护装置有无异常指示或信号、其人机界面有无异常信息上来，确保不发生因保护装置本身原因造成的非故障跳闸。

2) 开关合位时要检测出口连接片确无电压，对应于保护功能连接片不需要检测。

3) 对失灵连接片，为避免可能影响外回路，在启用前建议测量电压。

4) 退出保护时应先断出口连接片，后断投入连接片，保护投入时反之。

5) 接通出口连接片前，选用高内阻电压表测量压板两端确无电压，以防止保护存在有可能导致断路器跳闸的异常或缺陷造成误跳断路器。

6) 不主张使用万用表测量连接片两端确无电压，防止放错挡位导致误跳闸。

7) 为防止各点对地电位有悬浮产生的误差，导致测量结果不正确，不主张采取测量两端对地无异极性电压的方法。

8. 二次运行要点

(1) 继电保护的定值调整操作应根据调度的整定单和命令执行，运行人员一般只对设定好的定值区进行切换操作。微机保护切换定值区的操作一般可以不必停用保护，但具体定值数据的修改应在保护出口退出的情况下方可进行，并由继保人员完成。

(2) 500kV 线路保护改接信号与 220kV 线路保护改接信号内涵不同。

500kV 线路保护：

1) 若后备保护（包括后备距离和方向零流）包含在线路主保护（分相电流差动、高频距离或方向高频）中，调度不单独发令，当线路主保护改为信号时，其对应的后备距离、方向零流也为信号状态。

2) 若后备保护（包括后备距离和方向零流）独立于线路主保护，一般情况下，调度也不单独发令，当线路主保护改为信号时，其对应的后备距离、方向零流也为信号状态。

3) "无通道跳闸"状态。保护通道改停用，主保护功能停用，后备距离、方向零流保护仍跳闸。

220kV 线路保护：没有"无通道跳闸"状态，"信号"态时主保护投入连接片断开，收发信机/光电接口装置电源关停，此时后备距离、方向零流保护仍跳闸。

(3) 母差保护 TA 断线处理。母差保护 TA 断线时，在经现场检查无异常，应汇报调度和工区，将母差改为信号状态后，按复归键复归一次，如能复归，应观察一段时间（大于 TA 断线闭锁延时）无异常，装置可继续运行；若不能恢复，汇报调度和工区，停用母差，派员处理。

(4) 500kV 主变压器 220kV 侧距离保护、中性点零流保护动作后将跳 220kV 侧母联和分段断路器，但装置无法自动选择跳分段 1 或分段 2，因此要根据主变压器 220kV 侧运行情况，用小插把将不该跳闸的分段断路器出口跳闸停用。

正常运行时根据整定要求，断开主变压器保护跳 220kV 母联及分段断路器回路。

(5) 220kV 主变压器保护跳 110kV 母联、35kV 分段的连接片操作。若一台主变压器停役检修，110kV 和 35kV 系统通过母联/分段开关串供，应将检修主变压器联跳 110kV 母联、35kV 分段的连接片停用；运行主变压器联跳 110kV 母联、35kV 分段的连接片启用。

（6）对于 220kV 双母双分段的母差，要特别注意两个分段开关与左右母差回路之间的关系（见图 14 - 10）。

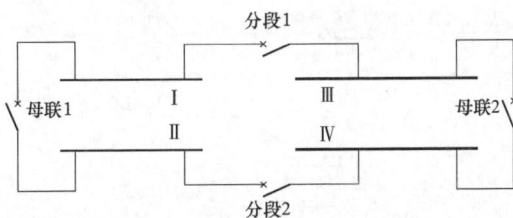

图 14 - 10 双母双分段一次系统图

1）在Ⅰ、Ⅱ段母差或Ⅲ、Ⅳ段母差单独停用，但分段断路器运行的情况下进行母差校验等工作时，应做好防止检修母差启动分段失灵，造成运行母差 TA 断线闭锁（误动）的安全措施。对 REB103 母线保护，Ⅰ、Ⅱ段母差停用，应取下Ⅰ母母差启动分段 1 断联压板和Ⅱ母母差启动分段 2 断联压板。

对 BP - 2B 母线保护，Ⅰ、Ⅱ段母差停用时，同样应取下两个分段断路器的失灵启动Ⅲ、Ⅳ段母差压板。

2）母联、分段断路器有工作、需试分合断路器时，为防止一次合环影响运行中的母差，工作前应将该断路器的 TA 母差二次退出短接，在投运前恢复。

对 REB103 母线保护，TA 回路无联片，此项工作由继保人员完成；TA 回路有联片，由运行人员完成，并填入安措票。

对 BP - 2B 母线保护，应放上"双母分列运行压板"，在断路器投运前取下。

三、"六统一"设计规范下的 220kV 线路保护

1. 失灵功能分析

"六统一"的线路保护屏上配置的断路器保护中失灵电流判别功能不用，仅用其中过流保护功能。当线路保护正常运行时，过电流保护正常也停用。当变电站的母线保护按"六统一"原则设计时，失灵保护功能由母线保护实现。对于分相启动失灵保护功能，931 保护启动第一套母差保护的失灵保护，603 保护启动第二套母差保护的失灵保护，线路保护提供起动失灵保护用的跳闸触点，起动母线保护的断路器失灵保护，由母差保护对故障电流进行判别。三相跳闸启动失灵由操作箱提供 TJR，TJQ 触点，通过操作箱的三跳启动失灵连接片开入母差保护，满足失灵判据后，延时跳闸（失灵回路见图 14 - 11）。

2. 重合闸功能分析

（1）重合闸启动回路。"六统一"的两套线路保护均含有重合闸功能，相互独立，不存在相互启动和相互闭锁回路，931 保护和 603 保护各自判别是否满足重合闸条件，若满足则通过重合闸出口连接片到操作箱的 ZHJ 继电器，达到重合闸的目的。重合闸启动原理图如图 14 - 12 所示。

两套重合闸均投入，当一套重合闸动作以后，另一套重合闸可以检有电流或跳位返回而不再重合，确保不会二次重合闸；单重方式时，一套保护单跳而另一套保护未动作

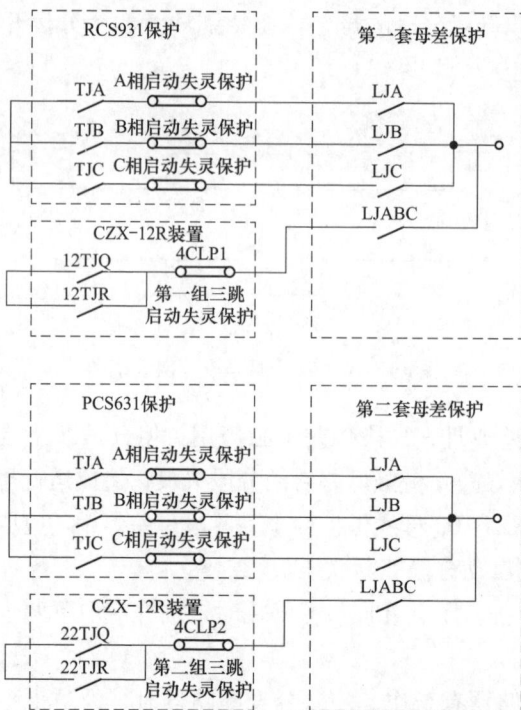

图 14-11 "六统一"失灵保护回路图

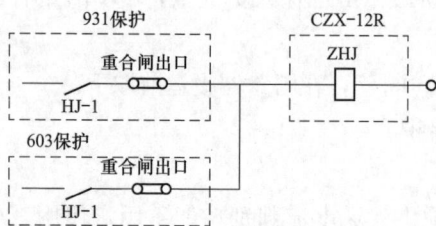

图 14-12 重合闸启动原理图

时，单相跳位启动重合闸可以保证两套重合闸的一致性。

对于含有重合闸功能的线路保护装置，设置"停用重合闸"连接片。"停用重合闸"连接片投入时，闭锁重合闸、任何故障均三相跳闸；如需一套重合闸停运，另一套重合闸投运，则停运重合闸的保护控制字置"禁止重合闸"或退出重合闸出口连接片，而不能将"停用重合闸"连接片投入。

（2）重合闸闭锁回路。对于"六统一"的保护，931 保护和 603 保护相互之间没有相互闭锁回路，都是通过操作箱内的辅助触点来实现闭锁重合闸的目的，如图 14-13 所示。

3. 外部接线

"六统一"线路配置 TV，则母线 TV 的重要性就有所降低，在热倒母线的过程中，TV 二次并列这个步骤可以省略，原来 TV 并列的原因是防止 220kV 母线电压互感器的电压并列回路中的继电器触点因为电流过大而烧坏，而"六统一"线路的电压取自各自的线路 TV，则 220kV 母线电压互感器的电压并列回路的作用就仅仅是同期电压切换，热倒母线的过程中只要保证母联开关在合位，母差为单母方式，就可以正常热倒母线了。

4. 连接片配置

"六统一"的保护屏上的连接片配置如图 14-14、图 14-15 所示。

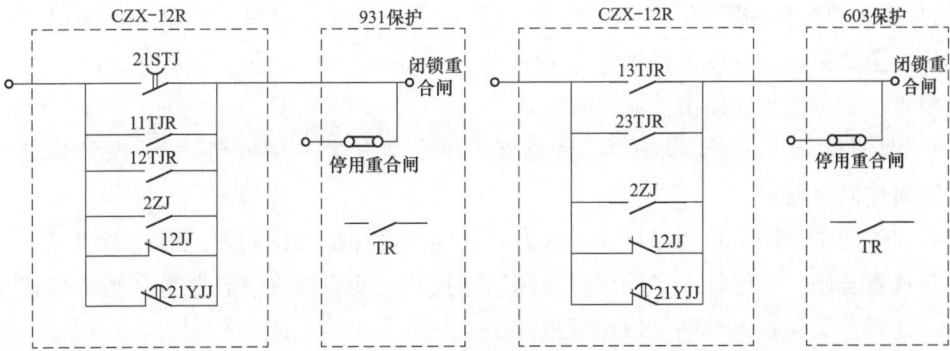

图 14-13 "六统一"的重合闸闭锁回路

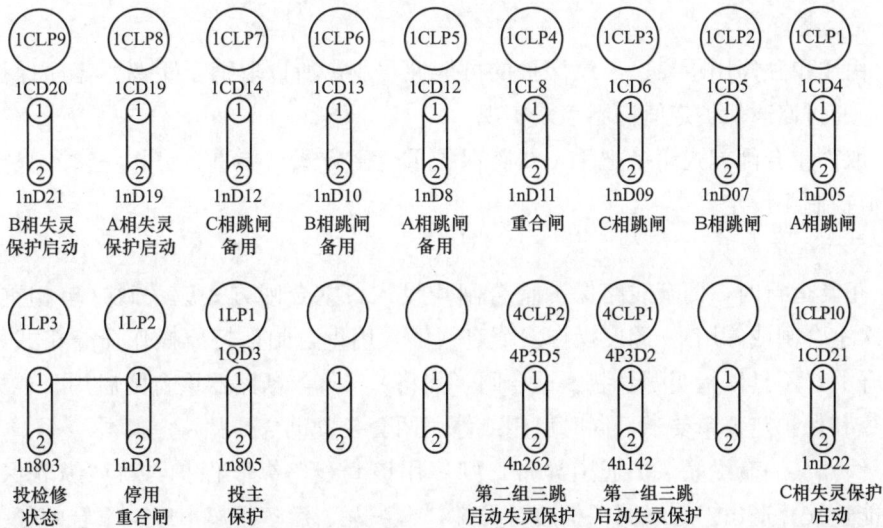

图 14-14 "六统一"的 931G 连接片配置图

1CLP1	1CLP2	1CLP3	1CLP4	1CLP5	1CLP6	1CLP7	1CLP8	1CLP9
A相跳闸	B相跳闸	C相跳闸	重合闸	A相跳闸 （备用）	B相跳闸 （备用）	C相跳闸 （备用）	A相启 动失灵	B相启 动失灵
1CLP10	8CLP1	8CLP2	8CLP3	8CLP4	LP	LP	LP	LP
C相启动 失灵保护	充电及过 电流保护跳闸Ⅰ	充电及过 电流保护跳闸Ⅱ	启动失灵 保护Ⅰ	启动失灵 保护Ⅱ	备用	备用	备用	备用
1LP1	1LP2	1LP3	8LP1	8LP2	LP	LP	LP	LP
主保护 投入	停用重 合闸	检修 状态	充电过电流 保护投入	检修 状态	备用	备用	备用	备用

图 14-15 "六统一"的 603U 连接片配置图

由图 14-14、图 14-15 可看出"六统一"的连接片配置更加统一，更加简洁、合理。

1）"六统一"的线路保护连接片有：

出口连接片类：保护跳闸、启动失灵保护、重合闸，以 1CLP、4CLP、8CLP 等命名。

功能连接片类：纵联保护投/退、停用重合闸投/退、保护检修状态投/退，以 1LP、8LP 等命名。

2）由于单独停用距离、零序保护的可能性很小，所以取消了距离、零序保护功能连接片，因此距离、零序保护不能单独停用。如需要停用，采用切换定值区的方式进行，距离、零序保护停用由控制字来完成。

3）取消重合闸方式切换把手，线路保护重合闸方式（单重、三相一次）只能通过保护定值控制字设定。

4）"停用重合闸"功能连接片投入时，任何故障保护三跳闭重。因此若想仅停用某一套装置重合闸，不能投入"停用重合闸"连接片，而应该将该装置重合闸出口连接片解除，让另一套保护重合闸可以正常工作。

取消了"至重合闸"连接片，"沟通三跳"连接片，每一套线路保护均投入重合闸功能，两套重合闸无相互启动和相互闭锁回路。

5. 定值整定

1）由于单独停用距离、零序保护的可能性很小，所以取消了距离、零序保护功能连接片，通过修改保护定值控制字来实现。

2）取消重合闸方式切换把手，线路保护重合闸方式（单重、三相一次）只能通过保护定值控制字设定。

6. 运行注意事项

1）正常运行时，两套线路保护重合闸均投入，重合闸方式应一致（单相重合闸、三相一次重合闸或停用）。调度操作发令启（停）用重合闸保持原操作命令格式，发令只发到开关，不具体指明哪套装置重合闸，如将××××断路器重合闸启用。现场根据调度命令和保护定值单要求，同时启用或停用两套装置重合闸。

2）线路某一套纵联保护通道异常，则停用该套线路纵联保护，将"纵联保护投/退"功能连接片退出。若线路保护装置异常，含纵联、后备距离零序、重合闸任一装置插件异常，则停用整套线路保护，装置出口连接片（保护跳闸、启动失灵保护、重合闸）应解除。

3）220kV联络线重合闸随纵联保护同步运行，有一套线路纵联保护投入，则两套线路保护重合闸均投入。若线路两套纵联保护均退出运行，则两套线路保护重合闸均停用，投入"重合闸停用"功能连接片。

4）线路保护屏上断路器保护失灵保护不用，正常时过电流保护也不用，因此，线路保护正常运行时，若断路器保护装置发生异常，可以停用该装置处理，其他保护不作调整。

5）由于线路开断环入，原非"六统一"变电站使用"六统一"线路保护时，其失灵保护电流判别仍采用线路保护屏中失灵保护启动装置。

🔧 第二节　二次设备典型事故及异常实例

一、甲变电站 110kV 751 线路 A 相接地，重合闸未动作异常

1. 事件经过

某年 7 月 30 日 9：47，220kV 甲变电站 110kV 751 断路器跳闸，重合闸未动作。

操作班人员到达现场后发现 751 线 A 相接地，重合闸未动作。现场保护及自动装置无异常信号，一次回路正常。

对侧乙变电站操作班人员至现场检查发现：1 号主变压器 101 断路器实际未跳开，10kV 分段 110 已动作并处于合闸位置，与备投正常动作方式不符，并且造成 10kV Ⅰ段母线倒送 1 号主变压器，其他一、二次设备状态正常，汇报调度后，将 101 断路器拉开。

现场检查发现是乙变电站 10kV 备用自投装置一光耦器件损坏（见图 14-16），使备自投装置误动作。此处介绍的光耦是将断路器

图 14-16　乙变电站备自投光耦

辅助接点传递出来的强电信号转换为备自投装置可以识别弱电信号的一种元件。强电信号经转换后作为备自投装置的一个断路器输入量，以供装置判断对应断路器的实际分合位置。在此次异常中损坏的光耦输入端为乙变压器 1 号主变压器 10kV 侧 101 断路器的辅助触点位置，输出端（至备自投装置）为 101 断路器对应位置信号（高电平视为断路器分位，低电平视为断路器合位）。由于光耦损坏导致输出开路，而备自投装置开入端子开路则视为高电平输入，从而 101 断路器以固定的分闸状态开入装置之中，这在后面介绍的装置动作判别条件中起到了关键的作用。

2. 原因分析

110kV 751 线配备的一套 RCS-941A 线路保护，RCS-941A 保护包括完整的三段式相间和接地距离保护、四段零序方向过电流保护和低周保护以及配有三相一次重合闸功能，时间整定为 1.6s。

其重合闸可采用"检线无压母有压""检母无压线有压""检线无压母无压"或检同期重合闸，也可采用不检重合闸方式。110kV 751 线"检线无压母有压"及"检线无压母无压"控制字置"1"，其余方式置"0"。其含义为：检线路无压母线有压时，检查线路电压小于 30V，同时三相母线电压均大于 40V；检线路无压母线无压时，检查线路电压和三相母线电压均小于 30V。

751 线对侧接 110kV 乙变电站 1 号主变压器，经次总断路器 101 供 10kV Ⅰ 段母线，并通过分段 110 断路器与 2 号主变压器形成备自投回路（见图 14-17）。

乙变电站配备 PSP-642 型 10kV 备自投装置，正常时该装置充电完成后，当判 10kV Ⅰ段母线无电压，Ⅱ段母线有电压，1 号主变压器高压侧无流后，延时 5s 跳开 1 号主变压器 101 断路器，再延时 0.5s 合分段 110 断路器。

而 PSP-642 型备自投装置的动作逻辑不是一个整体逻辑，它以几组独立的跳闸或合闸逻辑构成。其具体为：

101 跳闸逻辑允许条件为：①Ⅰ母无压；②Ⅱ母有压；③101 合位；④102 合位；⑤110 分位；⑥101 无流；⑦102 有流。

101 跳闸逻辑的闭锁条件为：①任何一条允许条件取反；②手分 101；③保护跳 101；④备自投总闭锁连接片投入。

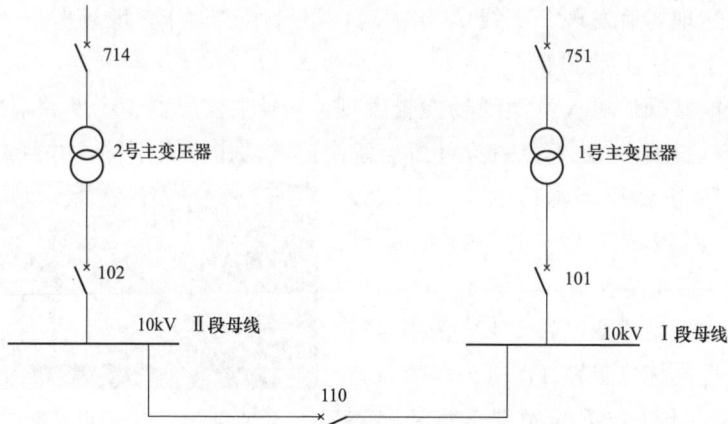

图 14-17　乙变电站一次接线简图

110 合闸逻辑允许条件为：①101 分位、Ⅰ母无压、Ⅱ母有压或者 102 分位、Ⅰ母有压、Ⅱ母无压；②110 分位。

110 合闸逻辑的闭锁条件为：①101、102 均合位；②110 合位；③手分 101；④保护跳 101；⑤手分 102；⑥保护跳 102；⑦备自投总闭锁连接片投入。

102 跳闸逻辑允许条件为：①Ⅰ母有压；②Ⅱ母无压；③101 合位；④102 合位；⑤110 分位；⑥101 有流；⑦102 无流。

102 跳闸逻辑的闭锁条件为：①任何一条允许条件取反；②手分 102；③保护跳 102；④备自投总闭锁连接片投入。

装置内部出口逻辑图如图 14-18 所示。

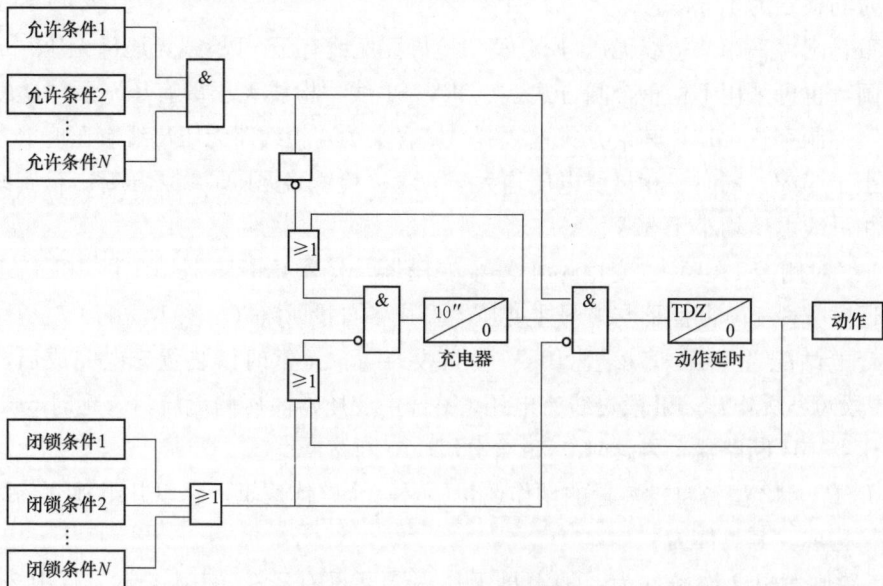

图 14-18　装置内部出口逻辑图

该装置为每一个动作出口逻辑中都加装了"充电计数器"并设定必要的允许及闭锁条件。只要任何一条允许条件不满足，都会对充电计数器进行充电并自保持。在充电完成的情况下，只有当任何一条闭锁条件（逻辑或）满足时才会对充电计数器放电。各动作逻辑拥有独立的充电回路，正常状况下装置处于充电待动作状态，一旦所有允许条件满足即出口动作相应开关。

通过上面对装置的原理分析可以看出，110kV751线仅发生了一次简单的单相瞬时故障，而因下一级变电站备自投装置的误动作，使751线路甲变电站侧重合闸无法正确动作，影响了电网的可靠性。

具体过程为：110kV 751线发生A相接地，15msRCS-941零序Ⅰ段保护动作，25ms距离Ⅰ段保护动作，断路器跳闸。而此时110kV乙变电站10kV备自投装置光耦故障，101断路器位置开入光耦损坏，将101断路器常置于分位接入备自投装置，由上可知，此时101断路器跳闸闭锁逻辑动作对充电器放电，而110断路器所有合闸逻辑均满足，直接出口动作。导致备自投装置略过了"延时5s跳1号主变压器101断路器"步骤，直接延时0.5s合上了10kV分段110断路器，通过110断路器串供，从1号主变压器低压侧向751线路充电。此动作时间远早于751线重合闸整定的1.6s，此时751线重合闸"检线无压母有压"及"检线无压母无压"方式均不满足条件，故重合闸未动作。

从图14-19中可以看出，装置0ms启动后未出口跳101而是经521ms延时合110断路器（出口2对应合110），这与分析结果一致。

3. 防范措施

在备自投各出口动作逻辑充电计数器正常充电

图14-19　乙变备自投电源装置

后，装置对应101断路器位置输入量光耦损坏，导致装置判101断路器已处于分位状态，即对101动作逻辑充电计数器放电，致使101断路器对应进线电源失电后，备自投装置未发出口跳101命令。而110断路器动作逻辑中在判101断路器已处于分位的状态下，由于不满足闭锁条件无法对充电计数器放电，一旦实际运行方式满足110动作逻辑（即所有允许条件满足），装置即延时0.5s（整定值）合110断路器。

运行人员在巡视过程中，应加强对PSP642装置充电指示灯的监视，只有保证三盏充电指示灯（绿灯）均亮的情况下，才能确保备自投装置动作结果正确。

二、一起一键顺控验收中开关误分异常实例

1. 事件经过

2024年1月8~19日，××变电站开展一键顺控不停电改造。1月16日，一键顺控改造工作已基本结束，现场开展不停电验收工作，主要内容为新后台接入站控层网络，新后台顺控票到测控装置遥控试验。

09：27，许可开工。

09：44~10：15，运维、检修人员配合做安措，取下全站遥控压板。

11：18：34，现场人员在对220kV×××断路器遥控回路试验时，×××断路器ABC三相遥控分闸。

因该线路为空充线路，未造成对外影响。合上220kV×××断路器后，该线路恢复正常运行。

2. 设备基本信息

该断路器间隔于 2015 年投运，一次设备为 GIS，厂家为××有限公司，型号 ZF9 - 252；保护厂家为××有限公司，型号 PCS - 931GM/PSL603U；二次智能终端厂家为××有限公司，型号 PCS - 222；后台监控厂家为××有限公司，型号 CSC2000。

3. 事故原因分析

（1）二次回路检查情况。结合图纸对遥控回路进行检查，发现实际回路与图纸相符（见图 14 - 20）。该遥控回路通过分闸接点 TJ 和合闸接点 HJ，分别经遥控压板 41YLP9（遥分）、41YLP10（遥合），启动插件 B12 中备用 1 继电器，通过该继电器启动开关分合闸回路。

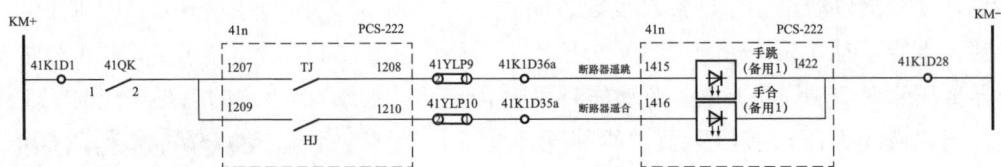

图 14 - 20　220kV×××断路器遥控回路

（2）装置配置检查情况。

1）对测控装置进行检查，配置文件及遥控报文均正确。

2）对智能终端进行调阅检查，发现配置文件中遥控回路出口接点未经过遥控连接片（压板）（B12：07 - 08），直接启动插件 B14 中分相跳闸接点（B14：01 - 04），并通过第一组跳闸出口连接片（压板）出口。结合智能终端配置文件和二次回路图纸进行分析确认，二次回路图纸中遥控回路为无效回路，遥控连接片（压板）实际无效。

（3）暴露问题分析。

1）新设备初设审查不到位。查阅图纸发现，配置文件中虚端子设计与外部遥控回路不匹配，导致遥控回路不经遥控连接片（压板），通过跳闸出口连接片（压板）出口，最终导致本次事件发生。

2）改扩建工程验收不到位。该间隔为新扩建间隔，现场未对遥控回路进行正反向完整验收，未能及时发现遥控连接片（压板）无效，埋下安全隐患。

3）遥控功能不停电验收方法需进一步完善。一键顺控改造过程中虽开展了不停电自动验收和单点遥控预置，已基本满足顺控验收要求，但最终对顺控票开展完整的模拟操作验证，是一键顺控实用化的基础。

4. 防范措施及建议

（1）开展同类型设备隐患排查。对 2016 年之前同型号智能终端进行排查，若发现同样情况，及时将遥控连接片（压板）改为备用，并在规程及现场运维要点中明确其特殊性。编制说明文件张贴于汇控柜内，提示现场工作。对于问题变电站，尽快安排计划进行改造，改造前凡涉及遥控试验的工作，进行取反遥控预置的方式进行验证，二次安措改为：拔掉测控装置至智能终端的光纤。

（2）进一步明确遥控验收要求。强化遥控回路反向验收，即取下遥控连接片（压板），在通过后台进行分合闸操作应失败，确保遥控命令经连接片（压板）出口。针对改扩建、总控更换、遥控点表更新等不同情况，根据现场实际，制定遥控验收方法，确保不发生误出口事故。

（3）优化一键顺控验收方式。针对一键顺控不停电改造项目，重点通过自动验收仪进行不停电验收，确保顺控票逻辑和遥控点位的准确性。后续结合停电开展实用化验证，将运行间隔遥控连接片（压板）取下，利用一键顺控系统开展停电间隔的倒闸操作，以此验证顺控功能。

三、某 220kV 变电站洪明 4K18 断路器失灵保护充电过电流保护第二组跳闸回路缺失缺陷实例

1. 情况简述

2023 年 9 月 12 日，检修人员在对某变电站 220kV 洪明 4K18 断路器保护进行保护校验过程中发现：拉掉第一组操作电源，保留第二组操作电源，断路器保护无法正确传动开关。

2. 缺陷分析

经检查充电过电流保护跳闸仅有一块出口压板，查图纸后发现该断路器保护仅有一组跳闸回路（见图 14-21），不符合 220kV 断路器保护应动作于断路器的两组跳闸线圈的要求，因此进行消缺工作。

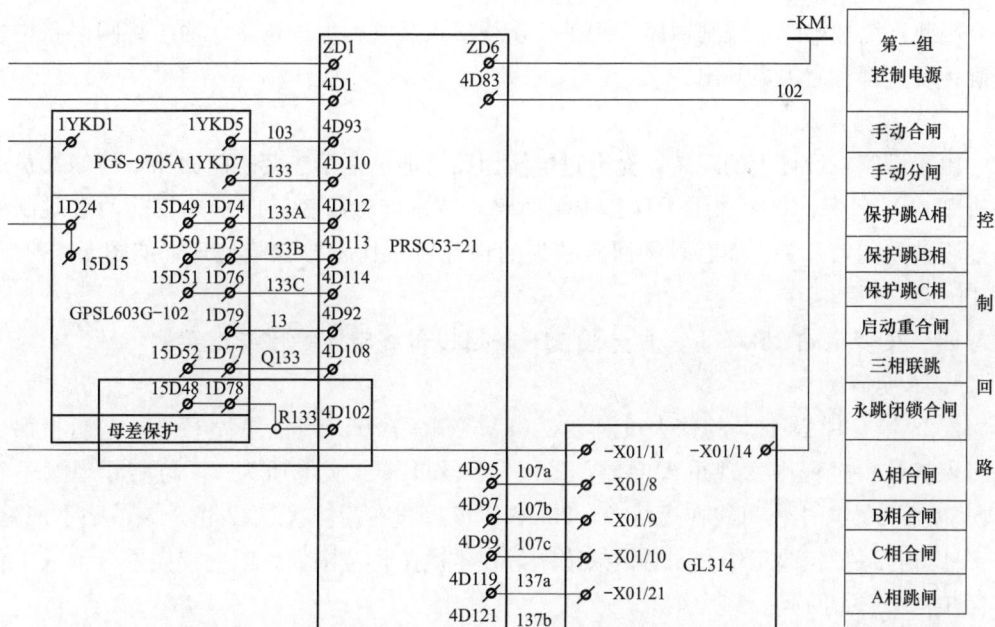

图 14-21　第一组跳闸回路图

3. 运行风险评估及处置情况

由于缺少第二组跳闸回路作为备用，当第一组直流控制电源失却时，将导致第一组 TJR 继电器无法正常启动，第一组跳闸回路将无法正确出口跳闸及相应失灵回路正确启动，会导致故障范围扩大到该断路器所在母线上其他间隔，只能依靠线路和主变压器间隔的后备保护动作切除故障，使故障范围扩大，如图 14-22 所示。

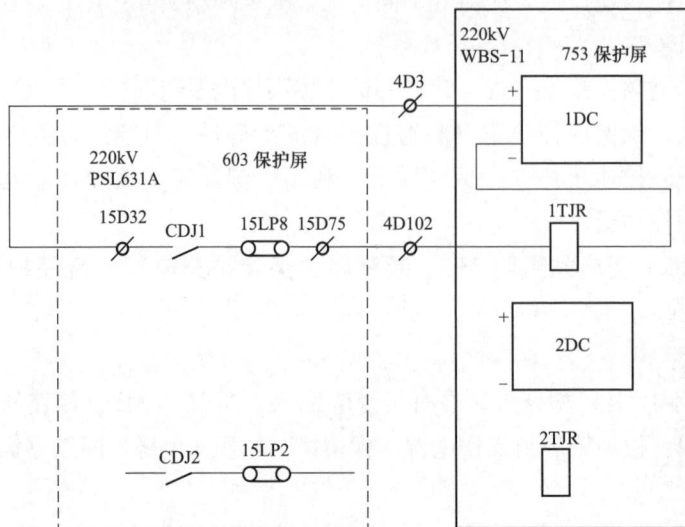

图 14-22　设计缺陷的电缆接线示意图

该缺陷会引起充电时 I 母或 II 母上间隔全部失电，最严重的情况会造成六条 220kV 线路停电。

因此，增加第二组跳闸回路，按正确接线接入后进行保护校验，两组跳闸回路均能正确传动且都有启失灵开出。

4. 整改措施及预防建议

由于厂家在设计上的疏忽，充电过电流回路可能遗漏第二套跳闸回路，检修人员应检查 220kV 各保护是否采用了双套跳闸回路，特别在保护校验时准确校验两套跳闸回路能否独立传动开关，如有跳闸回路缺失的情况应尽快安排缺陷处理，如图 14-23～图 14-25 所示。

四、某变电站 20kV I、IV 分段 210 备自投母线电压错接异常实例

1. 情况简述

2023 年 5 月 18 日，检修人员对某 220kV 变电站 20kV I、IV 分段 210 备自投保护进行保护校验过程中发现重大问题：20kV I 段母线二次电压为 0，与实际现场不符（现场实际 20kV I 段母线在运行中，20kV IV 段母线在检修状态）。由于该缺陷不消除，将无法进行保护校验工作，同时该缺陷刚好在本次工作范围内，因此首先进行消缺工作如图 14-26～图 14-29 所示。

2. 缺陷分析

（1）查找原因。工作人员怀疑两端的母线二次电压都是由 IV 母线二次电压给的。为了验证，现场制定了试验方案：在 20kV-×× 开关柜（工作范围内）的电压端子排 A、B、C 相分别加 1、2、3V 的试验电压，用万用表监测 1D34、1D36、1D38、1D40、1D42、1D44 电压，结果见表 14-1。

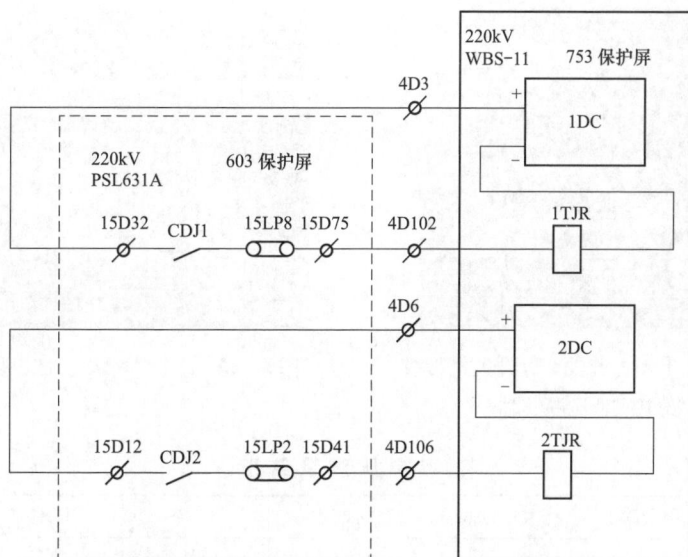

图 14-23 增加跳闸回路的电缆接线示意图

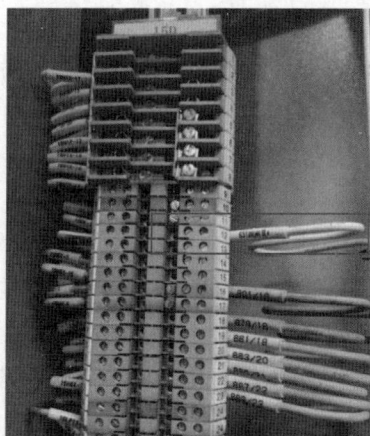

图 14-24 增加第二组跳闸正电接线

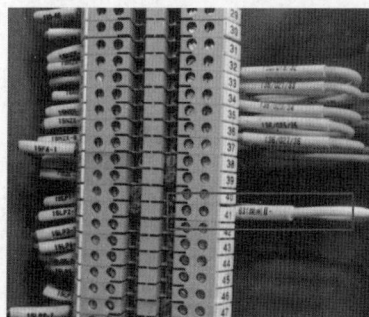

图 14-25 增加第二组跳闸负电接线

图 14-26 Ⅰ段母线二次电压到 ZKK1
低压断路器上桩头

图 14-27 Ⅳ段母线二次电压 ZKK2
低压断路器上桩头

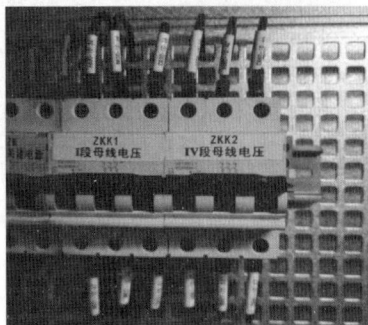

图 14-28 Ⅰ、Ⅳ分段 210 开关柜母线
二次电压低压断路器

图 14-29 Ⅰ、Ⅳ母线二次电压到端子
排走线

表 14-1　　　　　　　　　　**试验电压测量结果**

端子排	1D34	1D36	1D38	1D40	1D42	1D44
对 N 电压	1V	2V	3V	1V	2V	3V
实际相位	Ⅳ段 A 相	Ⅳ段 B 相	Ⅳ段 C 相	Ⅳ段 A 相	Ⅳ段 B 相	Ⅳ段 C 相
正确相位	Ⅰ段 A 相	Ⅰ段 B 相	Ⅰ段 C 相	Ⅳ段 A 相	Ⅳ段 B 相	Ⅳ段 C 相

图 14-30 屏顶小母线接线

通过查线发现，1D34、1D36、1D38 端子排所接的线由 20kV Ⅳ段母线屏顶小母线引下来，1D40、1D42、1D44 端子排所接的线由电压并列装置的Ⅳ段母线重动前电压引入，如图 14-30 所示。

（2）错误接线影响备自投 PSP-691。原错误接线使得两段母线都是由Ⅳ母线二次电压给的，则有以下问题：

1）当 3 号主变压器 20kV 侧 203B 断路器跳开导致Ⅳ段母线失压时，对于备自投，两段母线同时失压，备自投无法动作。

2）当 2 号主变压器 20kV 侧 202A 断路器跳开导致Ⅰ段母线失压时，对于备自投来说，两段母线电压正常，备自投不动作。

3. 运行风险评估及处置情况

该 220kV 变电站 20kV Ⅰ、Ⅳ分段 210 备自投采用分段备投方式，无论何种方式造成母线失电，备自投保护均无法动作，导致失电母线上所有用户停电。

根据现场工作条件，决定将 1D40、1D42、1D44 上的黄色电缆（芯号 1-3）进行翻线（见图 14-31～图 14-34）。

接线后，用万用表量 1D40、1D42、1D44 直接电压，为 100V，代表Ⅰ段母线二次电压正确接上，按校验流程进行备自投保护试验：备自投充电成功且能正确传动开关，信号正确，如图 14-35、图 14-36 所示。

4. 整改措施及预防建议

母线电压二次线号管套错导致，由端子排图（见图 14-37）可知，原两段的母线二次电压都是代表Ⅳ段。

图 14-31 Ⅳ段母线重动前接线
（接线前）

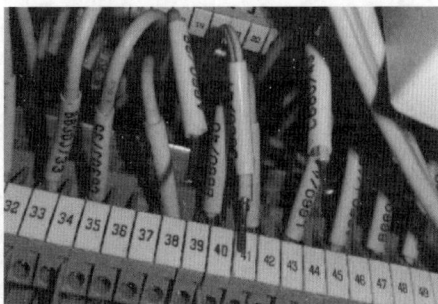

图 14-32 将原Ⅳ段母线重动前电压接线
拆除（接线后）

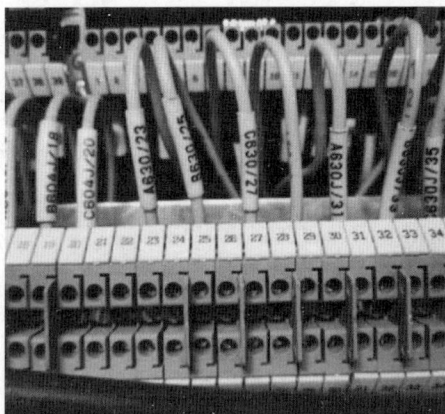

图 14-33 将拆除线接至Ⅰ段母线重动前
电压（接线前）

图 14-34 将拆除线接至Ⅰ段母线重动前
电压（接线后）

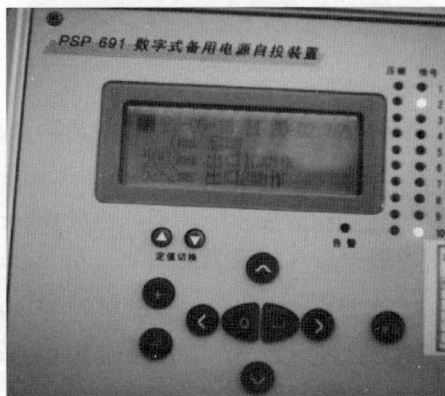

图 14-35 备自投保护正确动作报告

图 14-36 改接线后的接线走向及说明

五、某 500kV 变电站 5072 断路器保护屏失灵保护联跳 5073 断路器及闭重回路芯线接反异常实例

1. 情况简述

2023 年 6 月 15 日上午，检修人员在某 500kV 变电站开展××工程二次安措恢复工作。在 5072 断路器保护屏内恢复二次安全措施过程中，经测量发现 3CD25（R7＋）端

图 14-37　母线电压二次线号管都是代表Ⅳ段

子电位为负电（本应为正电），测量本应为负电的 3KD25（R71）端子为正电，判断为芯线正负电接反属于重大安全隐患。

2. 缺陷分析

原理图如图 14-38 所示，5072 断路器失灵联跳 5073 断路器一、二跳圈及闭锁重合闸回路共四根电缆芯线，3CD25 应为正电位，3KD25、3KD26、3KD27 应为负电位。但在恢复 3CD25 端子上 R7+接线时，测量电位发现为负电，同步测量发现 R71 电缆电位为正电，将 5072 断路器保护屏及 5073 断路器保护屏两侧电缆解下核实后发现 R7+和 R71 电缆芯线接反。

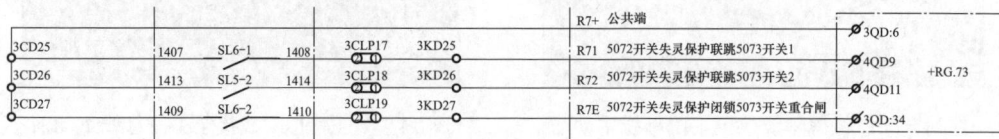

图 14-38　5072 开关失灵保护联跳 5073 及闭锁重合闸原理图

3. 运行风险评估及处置情况

该种接线会导致以下严重后果：

（1）由于 5072 失灵联跳 5073 跳圈一、跳圈二及闭锁重合闸共用一个公共端，在 R7+和 R71 电缆芯线接反的情况下，会导致 5072 失灵时无法跳开 5073 第二组跳圈，无法闭锁 5073 重合闸；当 5073 第一组跳圈故障时，有可能造成故障扩大，造成 500kV Ⅱ母线线路间隔对侧线路保护误动作。

（2）存在误跳运行间隔风险。3KD 端子上均为失灵联跳线路、失灵联跳开关出口回路（端子排图见图 14-39），在恢复安措时，如果 R71（带正电）端子误插入相邻端子或者误碰相邻端子，会导致直接出口跳相邻 5073 断路器、远跳 5275 线路，导致第七串整串停电，如图 14-40 所示。此时，该 500kV 变电站Ⅱ母相关设备均为保电设备，保电设备误跳可能造成电网运行方式薄弱。

经过对屏柜二次图纸的全面核对，分析端子排图及原理图，确定缺陷回路两侧端子对应情况，利用备用芯确定电缆，同时确认电缆号牌及电缆芯线后，经各方人员共同分析明确，5072 断路器保护失灵联跳 5073 断路器回路芯线正负接反。因当时该 500kV 变电站第七串为破串运行方式，由于改线工作在一次设备带电情况下开展，并且涉及运行

		3KD		
1-4C1D2		1	○	3CLP1-1
		2	○	3CLP20-1
1-4C1D7		3	○	3CLP2-1
		4	○	3CLP21-1
1-4C1D12		5	○	3CLP3-1
		6	○	3CLP22-1
1-4C2D2		7	○	3CLP4-1
		8	○	3CLP23-1
1-4C2D7		9	○	3CLP5-1
		10	○	3CLP24-1
1-4C2D12		11	○	3CLP6-1
		12	○	3CLP25-1
		13		
1-4Q1D11		14		3CLP7-1
		15		
4QD10		16		3CLP8-1
4QD12		17		3CLP9-1
		#18		3CLP10-1
		#19		3CLP11-1
YC1		20		3CLP12-1
YC2		21		3CLP13-1
R51		22		3CLP14-1
R52		23		3CLP15-1
R5E		24		3CLP16-1
R71		25		3CLP17-1
R72		26		3CLP18-1
R7E		27		3CLP19-1
121		#28		3CLP26-1
221		29		3CLP27-1
		30		

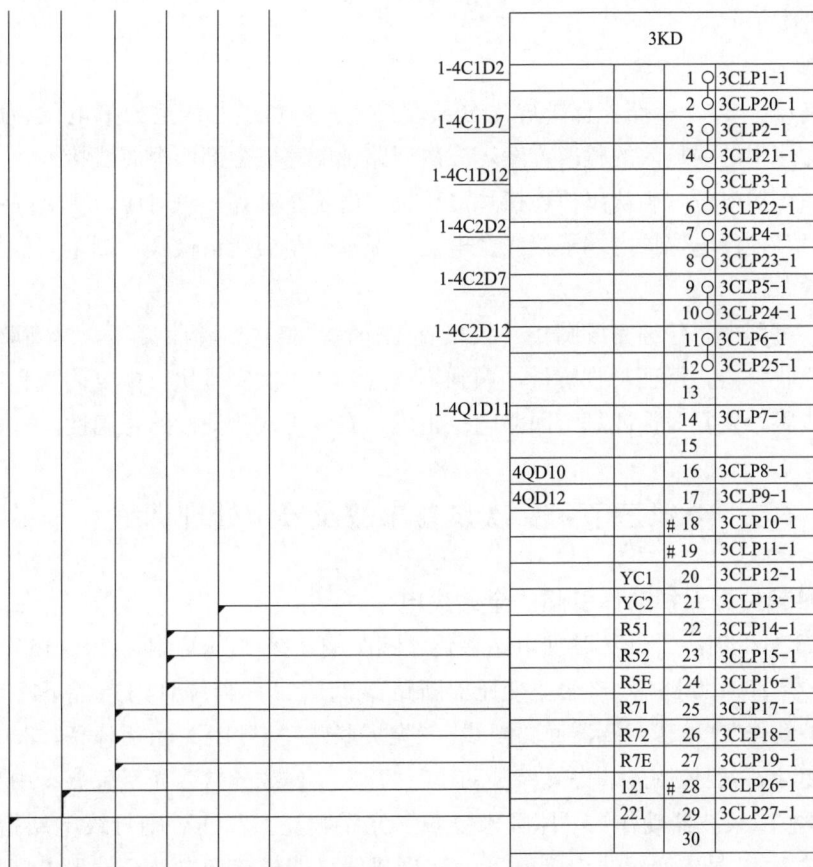

图 14-39　5072 开关端子排图

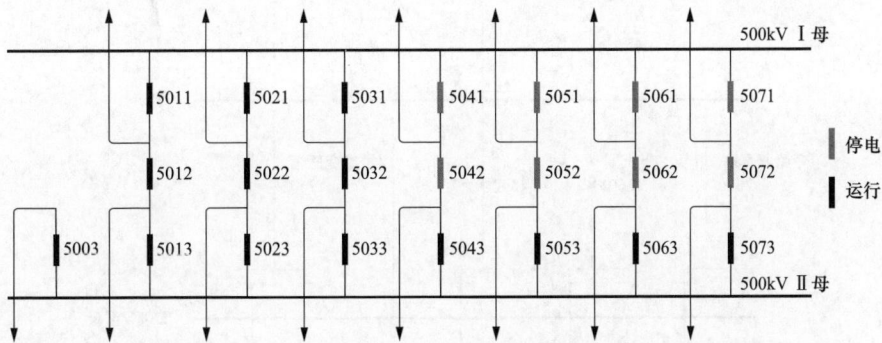

图 14-40　二次安措恢复过程中存在误跳运行间隔示意图

断路器 5073 出口回路，稍微不慎会导致第七串整串失电。现场制订了 5072 断路器保护屏先公共端接入，后负电芯线逐根量电位、逐根电位测量正确、逐根芯线接入的整改方案，二次回路带电完成全部四根芯线接入，并用万用表再次逐一核对电位，确认出口连接片（压板）电位正确并一一对应，将该隐患消除。

同时举一反三，对其他停电保护内端子接线及电位情况，进行全面严格检查、测量，未发现类似问题。

4. 整改措施及预防建议

现场制订了 5072 断路器保护屏先公共端接入，后负电芯线逐根量电位、逐根电位测量正确、逐根芯线接入的整改方案，二次回路带电完成全部四根芯线接入，并用万用表再次逐一核对电位，确认出口连接片（压板）电位正确并一一对应，将该隐患消除。

同时对其他停电保护内端子接线及电位情况进行全面严格检查、测量，经排查，未发现此类现象。

在验收过程中，仔细完成图实一致核查工作，严格执行验收流程，提高验收标准，完善相关验收材料，保证验收质量，做到不埋雷。在每次安措执行恢复的流程中，刚性执行安措步骤，恢复时保证每个回路电位正确，有效再次验证回路正确性。

第三节　二次设备事故及异常处理训练

一、一起失灵保护动作引起的全站失电

某日 11：23 时，220kV 某变电站警铃、喇叭响。接 220kV 副母线上 4642 断路器、1 号主变压器 2601 断路器、2 号主变压器断路器 2602 断路器绿灯闪光，4642 断路器控制屏 "保护动作" "电压互感器回路断线" "失灵联跳" "呼唤" 光字牌亮，220kV 旁路兼母联 2620 断路器控制屏 "失灵保护动作" "开入变位或异常" 光字牌亮。中央信号控制屏 "3 号故障录波器动作" "掉牌未复归" 光字牌亮。220kV 副母线电压指示消失。因该变电站 1、2 号主变压器均接于 220kV 副母线，造成该变电站全站失电（某一次接线示意图见图 14-41）。

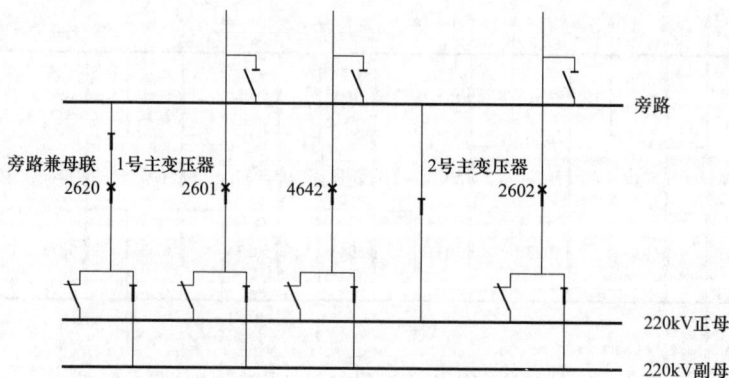

图 14-41　某变电站一次接线示意图
——隔离开关为合上；——隔离开关为断开；——断路器为合闸位

检查 4642 断路器保护屏发现 901、602 保护均启动，检查 220kV 母差保护发现 "失灵动作" "失灵动作Ⅱ" "差动开放Ⅱ" "失灵开放Ⅱ" "开入变位" 灯亮。现场检查未发现故障象征。

因为馈供 4642 断路器为受电侧，其断路器线路保护及重合闸停用，高频保护停，

即 901 保护屏：跳闸出口连接片 1XB1～1XB3 在退位，启动失灵 1XB9～1XB11 连接片在合位，重合闸方式切换 1QK 开关在"停用"位置，勾通三跳 1XB21 连接片在投位。602 保护屏：跳闸出口 2XB1～2XB5 连接片在退位，重合闸出口 2XB6 连接片在退位，启动失灵 2XB7～2XB9 连接片在合位，失灵启动 15XB13 连接片在合位，重合闸方式切换 2QK 开关在"停用"位置。

后经检查发现，4642 线该变电站侧近端因一断线风筝引起 C 相单相接地。该变电站 4642 对侧（电源侧）接地距离Ⅱ段动作跳闸，该变电站 4642 断路器接地距离Ⅰ段、零序电流Ⅰ段虽然启动，但因 901 及 602 保护均停用，断路器未跳，失灵启动母差保护，请分析失灵保护怎么会启动呢？是什么保护启动了失灵保护呢？220kV 线路的保护均已停用，又无其他保护动作的情况，失灵为什么能动作的呢？（2）分析参考答案。从图 14-42 及图 14-43 分析可以知道，失灵启动母差有 3 个条件为：

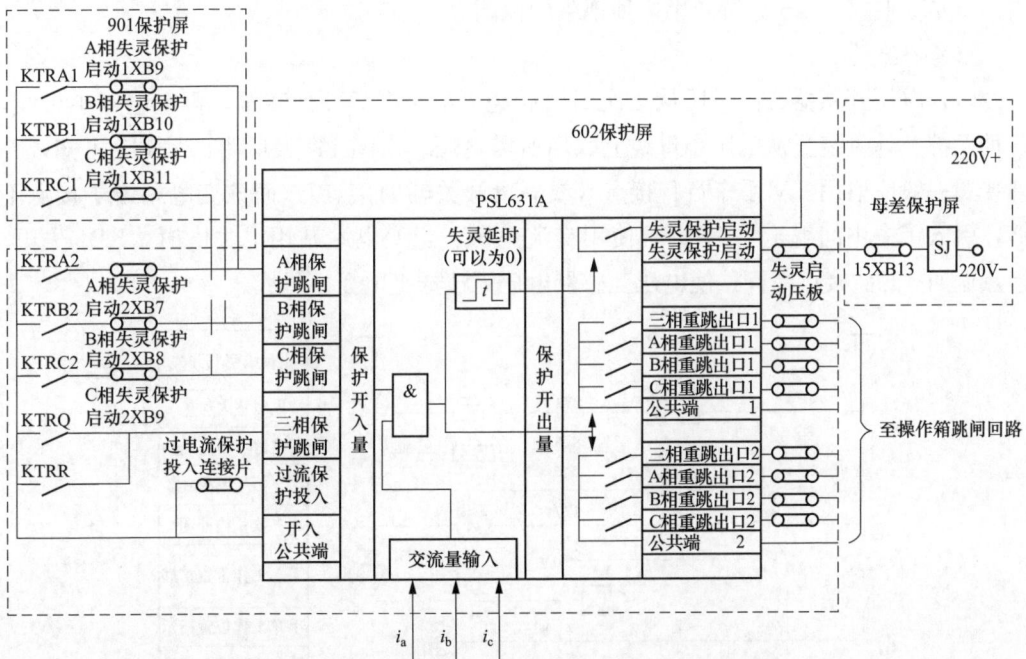

图 14-42　220kV 线路失灵保护逻辑回路原理图

图 14-43　220kV 线路失灵保护启动回路原理图

1）线路保护启动，即 KTRA1、KTRB1、KTRC1 或 KTRA2、KTRB2、KTRC2 或 KTRR、KTRQ 触点闭合。

2）故障电流依然存在，断路器 QF 中有故障电流，即图 14-43 中 QSLJ 触点闭合。

3）对应母线的电压足够低。

虽然保护停用了（跳闸连接片已退出），线路保护依然启动且由于失灵启动连接片没有退出，这起失灵启动母差属于正确动作行为。

二、某变电站发生 10kV 某线单相接地

8：20，该线路跳闸，与此同时，变电站发出"站用电异常""主变压器 10kV 侧电压回路异常"信号，监控人员查看一次画面发现变电站各断路器电流显示正常，除 10kV 某线断路器跳闸外，其余断路器均为正常位置，但 10kV 母线电压遥测量均显示为零。操作班检查现场信号与监控一致，测量 10kV 母线电压互感器二次电压正常，"母线失电"信号也未动作，检查站用变电压，发现其二次 A 相熔丝熔断。调换熔丝完毕，发现"站用电异常""主变压器 10kV 侧电压回路异常信号"均恢复正常。请结合图 14-44、图 14-45 分析产生这种现象的原因。

参考答案为：

（1）电压互感器二次电压从二次引出后经电缆至 TV 并列装置，再上电压小母线，各种保护、计量装置从电压小母线上取用所需电压。由图 14-44、图 14-45 可知，并列装置一般应取用 TV 手车行程接点（或隔离开关辅助接点），而该变电站由于接点不够，引入了一中间继电器 KB1 且使用交流电源。当变电站站用电失电时，KB1 失电，接点返回，KV 接点断开，使电压互感器电压无法送上电压小母线。

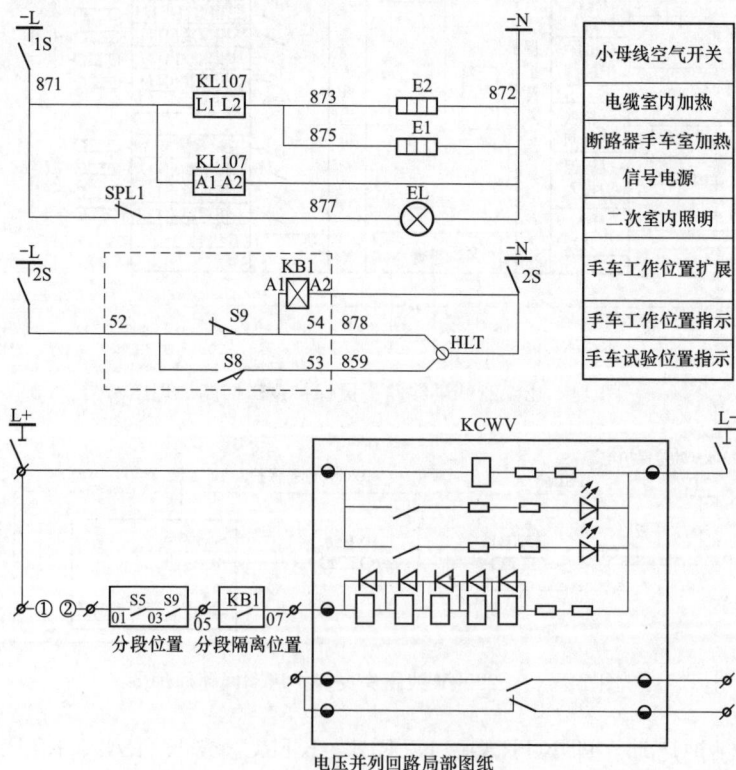

图 14-44　电压并列回路图（一）

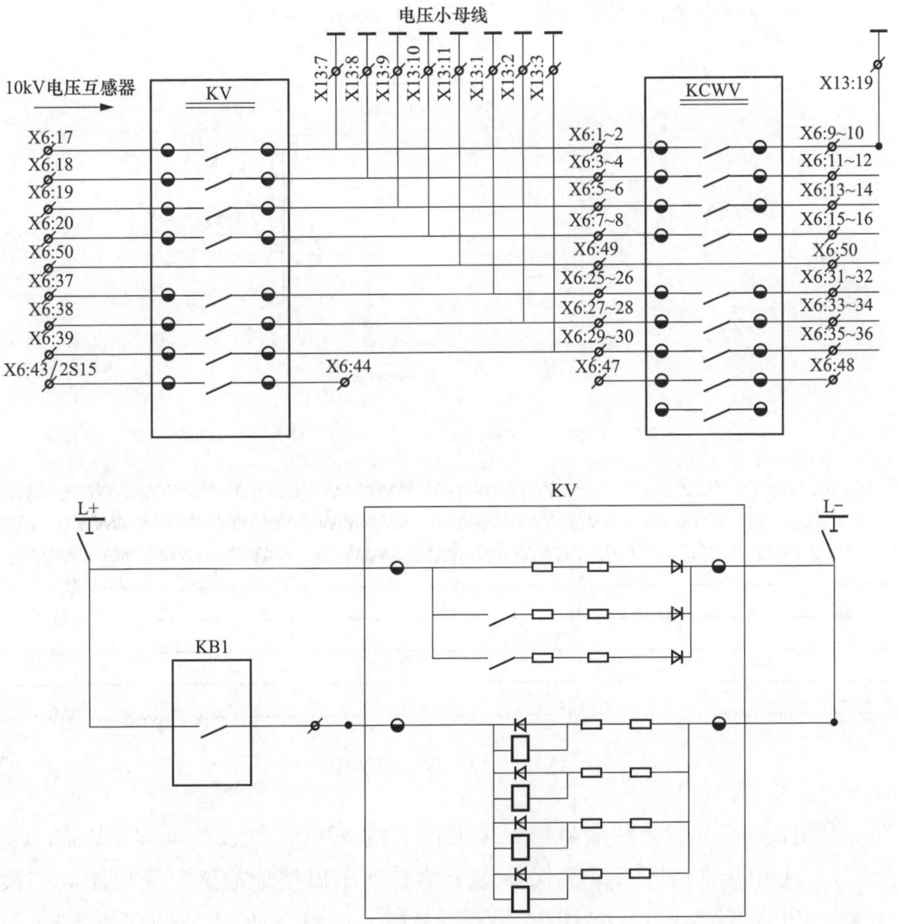

图 14-45 电压并列回路图（二）

（2）信号方面。"母线失电"信号是靠接在电压互感器二次的电压继电器发出，此时电压互感器二次电压是正常的，故不发信。此时由于电压小母线失电，因此还可能发出低周保护 TV 断线、线路保护装置 TV 断线信号。站用电缺相运行，应发出充电模块异常信号。

三、配置闭锁式纵联保护及完整的距离、零序后备保护，线路发生故障并跳闸

经检查，一次线路 N 侧出口处 A 相断线，并在断口两侧接地（见图 14-46）。N 侧保护距离 I 段（Z1）动作跳 A 相，经单重时间重合不成后加速跳三相。M 侧保护纵联零序方向（O++）动作跳 A 相，经单重时间重合不成后加速跳三相。N 侧故障录波在线路断线时启动。试通过 N 侧故障录波图（见图 14-47）分析两侧保护的动作行为（注，N 侧为母线 TV，两侧纵联保护不接单跳位置停信，投单相重合闸。纵联保护通道在 C 相上。二段时间为 $t_2 = 0.5$s）。

分析及参考答案为：

（1）从 N 侧录波图 0s 启动没有故障表现，就此推断大约 300ms 前只发生了断线故障。

图 14-46 一次系统图

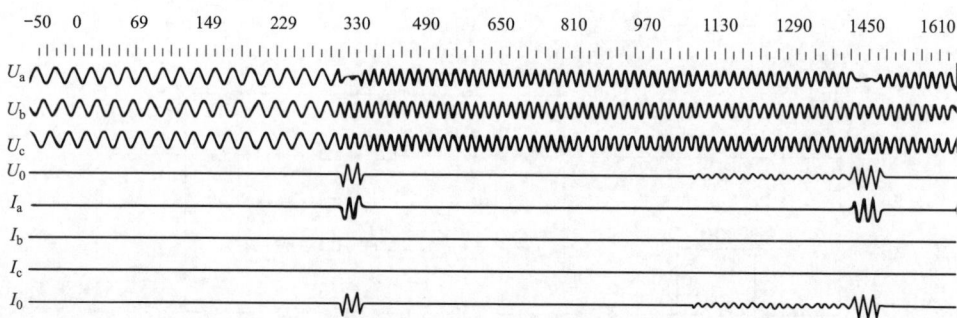

图 14-47 故障录波图

(2) 两侧保护均没感受到故障，到录波图大约 300ms 处发生断口母线侧（与 N 侧相联结部分）A 相接地故障，N 侧保护由于感受到出口接地故障，所以距离一段动作。由于 M 侧（断口的线路侧）这时仍感受不到故障，所以在收到 N 侧高频信号后，远方启动发信保护不停信，N 侧纵联保护被闭锁不动作。

(3) 从 N 侧录波图看，到录波图大约 1070ms 处发生 M 侧（断口的线路侧）A 相接地故障，M 侧保护启动发信并停信，N 侧保护远方启动发信保护不停信，所以 M 侧保护被闭锁，只能走 2 段时间跳闸。

(4) N 侧保护大约经 1010ms 重合于 A 相故障，后加速三相跳闸。此时 N 侧保护起信并停信，所以 M 侧零序纵联保护（大约 1440ms）动作，跳 A 相，经单重时间重合不成后加速跳三相。

四、比率制动型微机母线保护动作行为分析

1. 现象

某 110kV 变电站主接线示意图如图 14-48 所示，正常运行方式为：Ⅰ、Ⅱ母通过母联断路器 110 并联运行。各间隔 TA 变比为 600/5，101 和 102 为电源联络线，103 和 104 为负荷馈线。该站母线装设了微机母线保护装置。其中，比例制动系数整定 $K_r=2$，差动电流门槛 $I_{dset}=5A$。

$$K_r = I_d/(I_r - I_d)$$

式中：I_d 为差流；I_r 为和（绝对值和）电流。差动保护的动作条件为 $I_d > I_{dset}$ 且 $I_d > K_r(I_r - I_d)$。

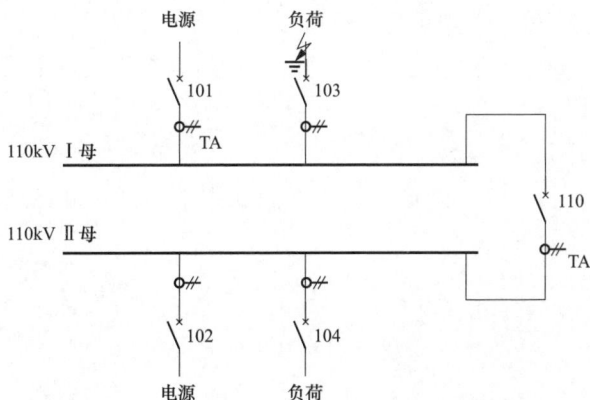

图 14-48　某 110kV 变电站主接线示意图

运行过程中，微机母线保护装置发"母线分列运行"信号，运行值班人员到保护屏前确认并复归了该信号（事后查明，该信号是由于 110 断路器位置开入光耦故障所引起且当时Ⅰ、Ⅱ母负荷正好各自平衡，母联断路器电流几乎为零）。

随后，上述运行方式下，在 103 断路器出口处发生 A 相接地短路故障（事故后录波显示 103、102 和 101 的故障电流分别为 1400、700A 和 700A）。

试对该微机母线保护动作行为进行分析。

2. 分析参考答案

(1) 由于微机母线保护装置光耦发生故障且运行人员未认真核对现场运行方式，使微机母差保护装置工作于与一次设备不对应的方式下。故在母线区外故障时，造成其中一段母线保护误动作，切除无故障母线，造成不必要的损失。"母线分列运行"为装置误发信号且由于运行人员的确认和实际运行方式的巧合，使母线保护将双母线并列运行方式误判断为分列运行方式。

(2) Ⅱ母小差动作行为：差流为流过 110 的短路电流（110TA 已退出比较），故符合小差动作条件，误将区外故障判为区内故障，出口跳Ⅱ母上所有断路器（102、104、110），因 110 位置误判，故不跳。

简化计算法为：设 102 向短路点均衡提供故障电流，则 $I_d = I_{102} = 700/5 = 140$(A)，远大于整定值 5(A)，而且 $K_r(I_r - I_d) = 2 \times (140 - 140) = 0$，$I_d$ 远大于 $K_r(I_r - I_d)$，满足整定动作条件。

(3) Ⅰ母小差由于是在 103 出口处短路，尽管 110TA 电流未参与比较引起差流，但由于比例制动和 103TA 饱和，Ⅰ母小差仍能正确判断为区外故障，故不动作。

简化计算法为 $I_d = I_{110} = I_{101} = 700/5 = 140$A，远大于整定值（5A），但 $K_r(I_r - I_d) = 2 \times [(140 + 280) - 140] = 540$(A)，即 I_d 小于 $K_r(I_r - I_d)$，不满足差动动作条件，故Ⅰ母差动不动作。

五、一例重合闸试验异常

1. 现象

某变电站运行人员在对电容式重合闸进行试验时，当将 QP 连接片（压板）切至试验位置，按下试验按钮后，发现重合闸继电器充电指示灯闪了一下，没暗，动作指示灯亮。运行人员感觉有问题，于是又做了一遍，这次连动作指示灯都没亮，请分析上述现象的原因。

2. 分析参考答案

重合闸电路简图如图 14-49 所示。重合闸动作条件是：重合闸充电和不对应位置起动重合闸。

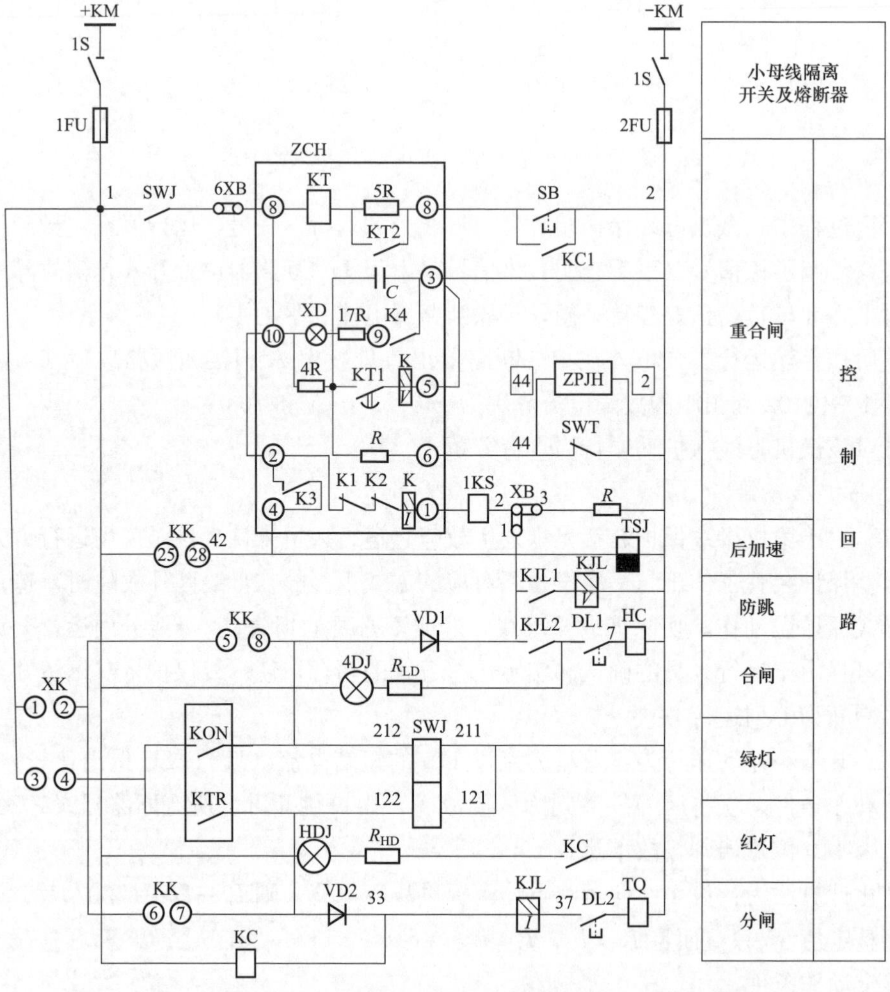

图 14-49 重合闸回路简图

（1）重合闸充电。远方和就地合闸回路接双位置继电器 SWJ 的起动线圈。当人工操作（远方或就地）合闸后，断路器处于合闸后状态，SWJ 的动合接点闭合，接通重合闸的充电回路（充电一般需 10～15s），电阻控制充电时间，使重合闸不能二次重合（正电源→SWJ 动合触点→4R→电容 C→负电源）。

（2）重合闸动作。SWJ 接远方就地分合闸回路，反映断路器人工操作状态，KC 合闸位置继电器接跳闸回路，通过断路器辅助接点反映断路器实际位置。事故跳闸后，SWJ 仍处于合后状态，而断路器实际处于分位，KC 动断接点闭合，不对应位置启动重合闸（正电源→SWJ 动合接点→KT 时间继电器→5R→KC 动断接点→负电源）。而重合闸试验时，正电源→SWJ 动合触点→KT 时间继电器→5R→SB 试验按钮→负电源。此时 KT 时间继电器启动，其动合触点 KT2 闭合，延时闭合触点 KT1 闭合，沟通重合闸的放电回路（电容 C+→KT1→中间继电器 K 的电压启动线圈→C−）。此时 K 启动，其动断触点 K1、K2 闭合，沟通重合闸动作回路（正电源→SWJ 动合接点→K1、K2→K 的电流保持线圈→1KS 信号继电器→XB21→合闸），或 XB23（试验）当按下重合闸试验按钮后，重合闸继电器充电指示灯闪了一下，没亮，动作指示灯亮，是因为重合闸动作回路沟通后而电容 C 没有完成放电，说明重合闸放电回路有问题。又做了一遍，这次连动作指示灯都没亮，重合闸动作回路也没有沟通，说明第二次试验时 K 电压启动线圈没有被启动，应该是在第一次重合闸动作回路沟通后 K 电压启动线圈坏掉，不能完成放电，也不能进行重合。

第十五章

监控事故及异常

第一节　监控事故及异常概述

一、监控异常及缺陷处理

1. 监控缺陷分类

(1) 变电站电气设备、通信自动化设备、监控系统主站端的缺陷按其轻重缓急可分为危急缺陷、严重缺陷和一般缺陷三类。

(2) 危急缺陷的处理。危急缺陷指威胁安全运行需立即处理，否则随时可能造成事故的缺陷。监控人员应立即汇报相关调度，通知变电运维人员或自动化人员检查处理，做好事故预想。

(3) 严重缺陷的处理。严重缺陷指对安全运行有一定影响，尚能坚持运行但需尽快处理的缺陷。监控人员应加强巡查监视，通知变电运维人员或自动化人员尽快检查处理，缺陷进一步发展时应汇报调度。

(4) 一般缺陷的处理。一般缺陷指对安全运行影响不大，可结合日常工作检查处理的缺陷。监控人员应告知变电运维人员或自动化人员，做好缺陷记录。

2. 变电站端设备异常处理

(1) 变电站端设备异常信号发出后，监控人员应本着迅速、准确的原则，对异常信号做出初步分析判断，根据缺陷性质进行相应处理。

(2) 变电站现场巡视或测温发现的设备缺陷，由变电运维人员按本单位设备缺陷处理流程办理，对于危急缺陷、严重缺陷以及影响监控的一般缺陷应告知监控人员，监控人员应做好记录，加强对相关设备的监视，做好事故预想。

(3) 由于变电站自动化系统、信号传输通道异常，造成变电站设备无法正常监控时，监控人员应将设备监控职责移交给变电运维人员。在此期间，变电运维人员应加强与监控人员的联系。缺陷消除后，监控人员应与变电运维人员核对站内信号正确，收回设备监控职责，并做好相关记录。

(4) 监控画面上某个间隔的数据不更新，一般由于测控单元失电、测控单元故障或通信中断等原因引起；监控画面上某个变电站所有数据不更新，一般由于前置机故障、通道故障、远动装置故障等原因引起；个别遥信频繁变位，一般由于接点接触不良等原因引起。监控人员发现上述情况均应通知变电运维人员或自动化人员检查处理。

(5) 变电站端视频监控、防火防盗系统故障时，监控人员应通知变电运维人员上报处理，并要求运维人员加强对相关变电站的巡视。

3. 监控系统主站端异常处理

（1）监控系统主站端发生异常，造成受控站无法监控时，监控人员应立即通知自动化人员处理，并将设备监控职责移交给变电运维人员。在此期间，变电运维人员应加强与监控人员的联系。缺陷消除后，监控人员应与变电运维人员核对各受控站信号正确，将监控职责收回，并做好相关记录。

（2）监控系统死机时，监控人员应通知自动化人员分析原因、重启系统。

（3）监控人员发现监控画面、数据链接或信号分类有误时，应通知自动化人员修改。

4. 电压无功自动控制系统（AVC）系统异常处理

（1）电压无功自动控制系统电容器（电抗器）、主变压器自动封锁处理。

1）电压无功自动控制系统电容器（电抗器）自动封锁原因包括：①非电压无功自动控制系统操作（人工操作）；②电容器（电抗器）保护动作；③拒动次数超过设定值；④动作次数超过设定次数；⑤遥信、遥测不对应；⑥小电流系统单相接地；⑦电容器（电抗器）冷备用或所在母线失电；⑧自动化数据不刷新。

2）电压无功自动控制系统主变压器自动封锁原因包括：①非电压无功自动控制系统操作（人工操作）；②拒动次数超过设定值；③动作次数超过设定次数；④主变压器过负荷；⑤主变压器断路器分位或主变压器失电；⑥有载分接开关滑挡；⑦有载轻瓦斯保护动作；⑧自动化数据不刷新。

3）电压无功自动控制系统电容器（电抗器）、主变压器自动封锁时发出的信号包括：①电容器（电抗器）：拒动、超次数闭锁、遥信及遥测不对应、异常变位、保护动作、单相接地、电容器（电抗器）冷备用、所在母线失电、数据不刷新；②主变压器。拒动、滑挡、过负荷闭锁、轻瓦斯闭锁、超次数闭锁、异常变位、主变压器开关分位、主变压器失电、数据不刷新。

4）电压无功自动控制系统中主变压器、电容器（电抗器）拒动时应确认是否通道不畅或其他因素影响遥控操作。

5）电压无功自动控制系统中主变压器有载滑挡时应检查电压、挡位，通知变电运维人员现场检查处理，异常没有解决前不能解锁。对于并列运行的主变压器，应采取措施防止因主变压器挡位不一致导致环流过大。

6）电压无功自动控制系统中电容器（电抗器）断路器在分位，有电流指示，延时3min报遥测、遥信不对应，应确认遥测、遥信是否正常。

7）小电流系统单相接地后电压无功自动控制系统封锁电容器、电抗器自动控制功能，监控人员应密切监视，必要时手动切除电容器（电抗器），异常没有解决前不能解锁。

8）电容器（电抗器）保护动作跳闸，待检修消缺及设备恢复运行（热备用）后，方可解除闭锁。

9）电压无功自动控制系统中主变压器有载轻瓦斯动作后，应通知变电运维人员现场检查处理，异常没有解决前不能解锁。

10）电容器（电抗器）冷备用或所在母线失电，待电容器（电抗器）恢复运行（热备用）或母线恢复运行后解除闭锁。

11）主变压器断路器分位或主变压器失电，待主变压器恢复运行后解除闭锁。

12）自动化数据不刷新，待检修消缺数据采集恢复正常后，方可解除闭锁。

（2）电压无功自动控制系统瘫痪处理。

1）监控人员应重启系统，并通知自动化人员配合检查，设法恢复系统运行，如无法恢复则通知电压无功自动控制系统厂家人员检查处理。

2）电压无功自动控制系统瘫痪未恢复前，监控人员应严密监视各变电站的电压、力率情况，通过监控系统人工调控。

3）电压无功自动控制系统恢复后，监控人员应对该系统进行特巡，确认电压无功自动控制正常。

5．监控操作异常处理

（1）遥控断路器拒动的处理。

1）如遥控预置超时可再试一次。

2）检查测控装置"远方/就地"切换开关的位置信号。

3）检查有无控制回路断线或分、合闸闭锁信号。

4）检查测控装置通信是否中断。

5）通知现场检查测控单元是否故障以及遥控出口连接片的位置。

6）联系自动化人员检查通道状况。

7）排查上述原因仍无法遥控，监控人员应要求变电运维人员通知检修处理，并汇报发令调度。若需要改现场操作，值班调度员应终结监控操作任务，重新发令至变电站现场。

（2）误拉、合断路器的处理。发生误拉、合断路器时，监控人员应认真分析，如怀疑是监控系统遥控点号错位等原因造成的，应汇报调度员，要求由变电站现场根据调度指令进行复位操作。

6．监控遥测越限处理

（1）设备过负荷。

1）设备过负荷时应立即记录过负荷时间和过负荷倍数，加强监视，汇报调度并通知变电运维班。

2）主变压器过负荷按以下流程处理：①记录主变压器过负荷的时间、温度、各侧电流情况；②将过负荷情况向调度汇报，通知变电运维人员根据主变压器过负荷相关规程处理；③严密监视过负荷变压器的负荷及温度，若过负荷运行时间或温度已超过允许值时，应立即汇报调度；④禁止进行主变压器有载调压。

（2）频率越限。系统频率超出（50 ± 0.2）Hz为事故频率。当系统频率降至49.8Hz以下时，监控人员应在省调值班调度员的指挥下执行拉路，并遵循以下原则：

1）49.8～49.0Hz时，按调度指令限电、拉路，在30min以内使频率恢复至49.8Hz以上。

2）49.0Hz 以下时，立即按调度指令拉路，在 15min 以内使频率恢复至 49.0Hz 以上。

3）48.5Hz 及以下时，接到调度的拉路指令后，立即按"事故拉（限）电序位表"自行拉路，在 15min 以内使频率恢复至 49.0Hz 以上。

4）48.0Hz 及以下时，可不受"事故拉（限）电序位表"的限制，自行拉停馈供线路或变压器，在 15min 以内使频率恢复至 49.0Hz 以上。

5）在系统低频率运行时，应检查按频率自动减负荷装置的动作情况。如到规定频率应动作而未动作时，可立即自行手动拉开该断路器，同时报告有关调度，恢复送电时应得到省调值班调度员的同意。

（3）电压力率越限。监控人员应实时监视各变电站的电压和力率情况，采取措施进行调整控制，当仍超出规定值时应及时汇报相关调度。

（4）温度越限。

1）记录温度越限的时间和温度值。

2）检查是否由于过负荷引起，按主变压器过负荷处理流程处理。

3）通知现场检查温度是否确已越限，如因表计故障等原因造成应填报缺陷。

4）如找不出温度异常升高的原因，必须立即汇报调度，通知变电运维人员联系检修处理。

二、监控事故汇报与处理

1. 检查汇报

（1）事故跳闸发生后，监控人员应收集、整理相关故障信息，包括事故发生时间、主要保护动作信息、断路器跳闸情况及潮流、频率、电压的变化情况等，根据故障信息进行初步分析判断，及时将有关信息向值班调度员汇报，同时通知变电运维人员现场检查，并做好相关记录。

（2）灾害或恶劣气候条件下连续发生多起事故时，应逐一检查事故画面，不得未经检查随意关闭事故画面。监控人员应按电压等级从高到低的顺序依次向各级调度汇报主变压器失电、母线失电、线路跳闸重合不成等事故情况，对线路跳闸后重合成功的情况可先记录下来，待事故处理告一段落后再作汇报。灾害或恶劣天气过后必须仔细复查信号，将期间发出的信号梳理一遍，发现漏汇报的情况应及时补汇报。

（3）对于已经查看完毕并做好记录的事故信号应及时确认，以便区分新旧事故信号。

（4）35kV 及以上线路故障跳闸后，监控人员应查看所有连接于故障线路的变电站情况，防止变电站失电后无任何信号上传。

（5）变电站防火防盗信号告警时，监控人员应通过视频监控设法辨别信号真伪，确认站内发生火灾或遭非法入侵时应立即通知变电运维人员，无法辨别信号真伪时应通知变电运维人员现场检查。

（6）事故汇报示例（220kV××变电站 2 号主变压器故障跳闸）。

1）汇报地调：×点×分，220kV××变电站 2 号主变压器第一、二套主保护动作，

2602、702、302 断路器跳闸，2 号主变压器、110kV Ⅱ段母线失电，110kV××线、××线失电。具体情况待变电运维人员现场检查后详细汇报。

2）汇报配调：×点×分，由于 220kV××变电站 2 号主变压器故障，2602、702、302 断路器跳闸，35kV 备投动作成功，300 断路器合闸。因××变电站 110kV Ⅱ段母线失电，110kV××线、××线失电，110kV××变电站、××变电站 10kV 备投动作成功，××变电站 102 断路器分闸，100 断路器合闸，××变电站 102 断路器分闸，100 断路器合闸。具体情况待变电运维人员现场检查后详细汇报。

2. 事故处理

（1）事故发生时，监控人员应在各级调度的指挥下进行事故处理，对事故汇报与操作的正确性负责，并遵守以下原则：

1）尽速限制事故发展，消除事故根源并解除对人身和设备安全的威胁。

2）根据系统条件尽可能保持设备继续运行，保证对用户的正常供电。

3）尽速对已停电的用户恢复供电，对重要用户应优先恢复供电。

4）调整电力系统的运行方式，使其恢复正常。

（2）监控人员应服从各级值班调度员的指挥，迅速正确地执行各级值班调度员的调度指令。监控人员如认为值班调度员指令有错误时应予以指出并作出必要解释，如值班调度员确认自己的指令正确时，监控人员应立即执行。

（3）对线路、母线、主变压器、断路器等设备故障的事故处理以及系统解列、系统振荡的事故处理按照调度规程中有关规定执行。

（4）电网需紧急拉路时，监控人员应按调度员指令进行遥控操作。操作后，监控人员应汇报值班调度员并告知变电运维人员。

（5）监控人员可自行将对人员生命有威胁的设备停电，事后必须立即汇报调度。

（6）在调度员指挥事故处理时，监控人员要密切监视监控系统上相关厂站信息的变化，关注故障发展和电网运行情况，及时将有关情况报告值班调度员。

（7）事故处理完毕后，监控人员应与变电运维人员核对相关信号已复归，完成相关记录，做好事故分析与总结。

（8）如事故发生在交接班过程中，交接班工作应立即停止，由交班人员负责事故的处理，接班人员可以协助处理，在事故处理未结束之前不得进行交接班。

三、电压、力率控制

1. 合格范围

（1）电压允许偏差相关规定。

1）220kV 变电站的 220kV 母线正常运行方式时，电压允许偏差为系统额定电压的 $-3\%\sim+7\%$，日电压波动率不大于 5%。事故运行电压允许偏差为系统额定电压的 $-5\%\sim+10\%$。

2）220kV 变电站的 110、35kV 母线正常运行方式时，电压允许偏差为系统额定电压的 $-3\%\sim+7\%$。事故运行方式时电压允许偏差为系统额定电压的 $-10\%\sim+10\%$。

3）带地区供电负荷的变电站的 10（20）kV 母线正常运行方式下的电压允许偏差

为系统额定电压的 0%～＋7%。

4）省调对 220kV 电网运行电压实行统一管理，按季度编制下达电压控制点电压曲线（分高峰、低谷两个时段）和电压控制点、电压监视点的规定值，高峰时段指 8：00～24：00（含 24：00，不含 8：00），低谷时段指 0：00～8：00（含 8：00，不含 0：00）。

（2）力率合格相关规定。力率考核以每个 220kV 变电站主变压器高压侧总有功、总无功为统计单元进行力率统计，考核点为每天 48 点（半小时一个点）。考核办法如下：

1）有功不大于 10MW 时，该点为免考核点。

2）运行电压不小于目标电压时，无功小于 0 均视为不合格点（与力率大小无关）。

3）运行电压不小于目标电压时，力率小于上限为合格点，否则为不合格点。

4）运行电压小于目标电压时，无功小于 0 均视为合格点（与力率大小无关）。

5）运行电压小于目标电压时，力率不小于下限为合格点，否则为不合格点。

2. 控制要求

（1）监控人员负责受控站电压、力率的运行监视和控制，如经调节控制后电压、力率仍不能满足要求时，应及时汇报调度员。

（2）电压、力率正常由电压无功自动控制系统进行自动控制，无需手动控制调节。如发现电压无功自动控制系统出现异常，应立即将相应设备封锁，并转入监控人员手动调节。

（3）电压、力率人工调控原则。

1）电压、力率均越上限，先切电容器，投电抗器；如电压仍处于上限，再调节分接开关降压。

2）电压越上限，力率正常，先调节分接开关降压；如分接开关已无法调节，电压仍高于上限，则切电容器，投电抗器。

3）电压越上限，力率越下限，先调节分接开关降压，直至电压正常；如力率仍低于下限，则切电抗器，投电容器。

4）电压正常，力率越上限，应切电容器，投电抗器，直至正常。

5）电压正常，力率越下限，应切电抗器，投电容器，直至正常。

6）电压越下限，力率越上限，先调节分接开关升压至电压正常；如力率仍高于上限，再切电容器，投电抗器。

7）电压越下限，力率正常，先调节分接开关升压；如分接开关已无法调节，电压仍低于下限，则切电抗器，投电容器。

8）电压、力率均越下限，先切电抗器，投电容器；如电压仍处于下限，再调节分接开关升压。

（4）对于母线电压、无功功率等对自动控制系统运行影响较大的遥测量应加强监视，发现遥测数据异常应及时处理。

（5）运行方式变化后，监控人员应及时检查、调整电压无功自动控制系统中上下级厂站关系，保证系统调节正确。

（6）进入自动调节的电容器、电抗器发生故障跳闸以及电容器、电抗器所在母线发生单相接地时，应检查电压无功自动控制系统是否自动将相关设备封锁，如未封锁应立即将该设备封锁；设备恢复运行后应在电压无功自动控制系统上将该设备解除封锁，并做好记录。

（7）运行中的电容器、电抗器停役，应在操作前在电压无功自动控制系统上将该设备封锁，在复役操作后解除封锁，并做好记录。

（8）运行中的主变压器停役，应在操作前在电压无功自动控制系统上将该主变压器的有载分接开关封锁，在该主变压器复役后解除封锁，并做好记录。

（9）两台有载主变压器并列操作前，应先在电压无功自动控制系统上将两台主变压器的有载分接开关暂时封锁，然后将两台主变压器的有载分接开关调整至对应位置，并列操作结束后解除封锁。两台有载主变压器并列运行时，通过自动控制系统实现两台主变压器有载分接头联调。

（10）有载主变压器与无载主变压器并列操作前，应先在电压无功自动控制系统上将有载主变压器分接头封锁，然后将有载主变压器的分接开关调整至与无载主变压器相对应位置，再进行并列操作。

（11）严禁电抗器、电容器均在投入状态。当电压无功自动控制系统误将电容器、电抗器同时投入时，监控人员应立即拉开误投的电容器或电抗器，将该变电站封锁，由监控人员根据电压及力率情况手动调控，并及时与电压无功自动控制系统厂家联系处理。

（12）电容器拉开后，应间隔5min才允许再次合闸。

（13）当值地调监控人员应加强与县配调调控人员的协调，实现各级监控范围内电压、力率指标的合格。

四、单相接地故障处理

1. 中性点非直接接地系统单相接地故障基本特征

当中性点不接地系统发生单相接地时［图15-1（a）中A相接地，S打开表示中性点不接地系统］，如果忽略负荷电流和电容电流在线路阻抗上的电压降，全系统A相对地电压均为零，A相对地电容电流也为零，同时B相和C相的对地电压和电容电流也都升高3倍。这时的电容电流分布如图15-1（b）所示。

非故障线路Ⅰ始端所反应的零序电流为 $3I_{0I}=3U_\varphi\omega C_{0I}$，即非故障线路零序电流为其本身的电容电流，电容性无功功率的方向为母线流向线路。

对于故障线路J，B相和C相与非故障线路一样，流过本身对地电容电流 I_{BJ} 和 I_{CJ}，而不同之处是在接地点要流回全系统B相和C相对地电容电流之和，其值为

$$3I_i=3U_\varphi\omega(C_{0I}+C_{0J}+C_{0F})=3U_\varphi\omega C_{0\Sigma}$$

式中：$C_{0\Sigma}$ 为全系统对地电容的总和。

此电流要从A相流回去，因此从A相流出的电流为

$$I_{AJ}=-I_d$$

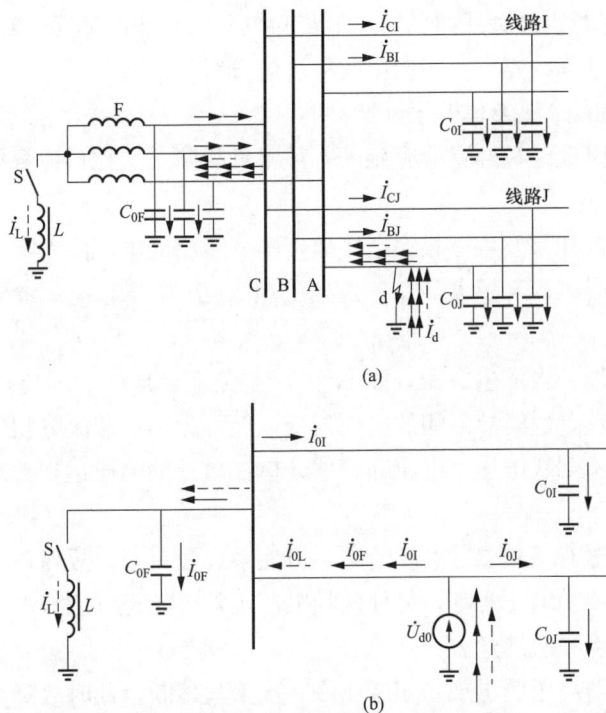

图 15-1　中性点非直接接地系统中，单相接地时的电流分布

(a) 用三相系统表示；(b) 零序等效网络

因此，故障线路 J 始端所反应的零序电流为

$$3I_{0J} = 3U_\varphi \omega (C_{0\Sigma} - C_{0J})$$

即故障线路零序电流，数值等于全系统非故障元件对地电容电流之总和（不包括故障线路本身），电容性无功功率方向为由线路流向母线，方向与非故障线路相反。

中性点不接地系统发生单相接地时，在接地点要流过全系统的对地电容电流，如果此电流比较大，就会在接地点燃起电弧，引起弧光过电压，从而使非故障相的对地电压进一步升高，容易使绝缘损坏，形成两点或多点接地，造成停电事故。为解决此问题，有些系统的中性点对地之间接入消弧线圈（见图 15-1，S 闭合表示中性点经消弧线圈补偿系统），一般采用 5%～10% 的过补偿方式。上述故障线路电流特点对消弧线圈接地系统不再适用。

此时，从接地点流回的总电流为

$$I_d = I_{0\Sigma} + I_L$$

式中：$I_{0\Sigma}$ 为全系统的对地电容电流；I_L 为消弧线圈的电流，设 L 表示它的电感，则 $I_L = -E_A / j\omega L$。

由图 15-1 可以看出，小电流接地故障的稳态电气量具有以下特征：

1）流过故障点的电流数值是正常运行状态下电网三相对地电容之和。

2）母线处非故障相线路零序电流为线路本身对地电容电流，其方向由母线流向线路。

3）母线处故障相中故障线路的零序电流为电网所有非故障元件对地电容电流之和，幅值一般远大于非故障线路，其方向由线路流向母线。

2. 单相接地故障的现象分析与判断

单相接地故障是监控员经常会碰到的一种常见故障，监控员应根据现象判断是否为单相接地故障。

（1）完全接地。如果发生一相完全接地，则故障相的电压降到零，非故障相的电压升高到线电压，此时电压互感器开口三角处出现 100V 电压，电压继电器动作，发出接地信号。

（2）不完全接地。当发生一相（如 A 相）不完全接地时，即通过高电阻或电弧接地，中性点电位偏移，这时故障相的电压降低，但不为零；非故障相的电压升高，它们大于相电压，但达不到线电压。电压互感器开口三角处的电压达到整定值，电压继电器动作，发出接地信号。

（3）电压互感器有一相二次熔丝熔断，虽然系统没有接地故障，但仍然会发接地信号。这时熔丝熔断一相电压为零，另外两相电压正常。处理方法是退出低压等与该互感器有关的保护，更换二次熔丝。

（4）电压互感器高压侧出现一相断线或一次熔丝熔断。此时故障相电压降低，但指示不为零，非故障相的电压并不高。这是由于此相电压表在二次回路中经互感器线圈和其他两相电压表形成串联回路，出现比较小的电压指示，但不是该相实际电压，非故障相仍为相电压。互感器开口三角处会出现 35V 左右电压值，并起动继电器，发出接地信号。处理方法是更换一次熔丝或处理电压互感器高压侧断线故障。

（5）串联谐振。由于系统中存在容性和感性参数的元件，特别是带有铁心的铁磁电感元件，在参数组合不匹配时会引起铁磁谐振，并且继电器动作，发出接地信号。可通过改变网络参数，如断开、合上母联断路器或临时增加或减少线路予以消除。

（6）空载母线虚假接地。在母线空载运行时，也可能会出现三相电压不平衡，并且发出接地信号，但当送上一条线路后接地现象会自行消失。

3. 单相接地故障的处理

值班监控员应综合相关系统的变电站相电压、线电压、开口三角形（$3U_0$）数值，消弧线圈、接地信号动作情况，判别故障性质是否为单相接地故障并汇报相关调度。值班调度员总和系统内发电厂及直属用户所反映情况进行故障认定。若判明是永久性单相接地，待相关系统电厂、直属用户内部检查完毕，按以下步骤处理：

1）拉开该接地系统中的空载线路及电容器，旁路母线如充电运行还应拉开旁路开关。

2）装有小电流接地选线装置的变电站应先用该装置进行判别，然后将该装置显示的线路首先试拉。

3）如系统发生单相接地故障，而该系统同时发生线路跳闸重合成功，则可对该线路先行试拉。

4）具有正副母线或分段母线接线的且有备用主变压器时，可以起用备用主变压器分供以缩小范围，对接地母线上的线路按顺序逐条试拉。

4.单相接地故障处理时的注意事项

1）不得用闸刀切除接地故障的电气设备、动作中的消弧线圈。如经检查接地故障在配电变压器或线路电容器上，可拉开高压跌落熔丝切除故障。

2）对具有调度协议的发电机并列线路，应通知发电机解列后再试拉。

3）不得将接地故障系统合环或转移至正常供电系统。

4）若试拉线路未找到接地区域，变电值班员应对母线及主变压器部分的设备进一步检查，必要时，通知设备或检修人员到现场检查。

5）试拉时应按试拉顺序表逐条试拉，试拉涉及飞机场电源线前应通知用户。

6）若试拉 35kV 线路时可能导致 35kV 备用自投装置动作，应先停用该备用自投装置；若可能导致其所供变电站 10kV 失电，则应先行倒方式后试拉。

7）35、10kV 系统发生单相接地时，而该系统内同时又有线路跳闸重合不成，则已跳闸的线路在接地故障未消除前不再进行试送。

8）恶劣天气情况下试拉时判明接地线路后不再送电。

9）判明接地故障线路后，值班调度员应通知线路运行单位人员带电巡线，同时通知有关用检人员进行用户内部检查并做好停电准备。

10）单相接地允许运行时间。有消弧线圈的系统，以消弧线圈运行分头的铭牌时间为准，但无论有无消弧线圈，接地运行时间均不宜超过 2h。若已查明接地点在电缆上，应立即将该故障线路拉开。

11）35kV 系统单相接地查明故障线路已拉闸后，一般不再试送。

12）全电缆线路拉开后若接地消失，则不再合上。

13）试拉 35kV 直属用户前，应先告知、检查。

第二节　监控事故及异常实例

一、一起大型的跳闸事故

事故前运行方式：220kV 母线按照正常方式运行，Ⅰ母挂 2601（1号主变压器）、2W75、2641 断路器；Ⅱ母挂 2602（2号主变压器）、2W76、2642 断路器；母联 2610 将Ⅰ、Ⅱ母连接运行。B 站 220kV2642 断路器，C 站 220kV2W76 断路器正常运行。

220kV2642 线两侧光纤保护未投。

事故经过：某日 C 站的 2W76 断路器 A 相瞬时跳闸，A 相跳闸然后重合成功，而 A 站的 2W76 断路器未跳闸，接着 A 站 220kV 母联 2610 断路器跳闸、A 站 2642 断路器跳闸、B 站的 2642 断路器跳闸，A 站其他断路器均在合闸位置未动作。

跳闸后设备状态如图 15-2 所示。

1.整理事故报文

A 站报文显示：2W76 断路器光纤及其高频保护动作跳 A 相，2W76 断路器拒动，启动 220kV 失灵保护，0.3S 失灵保护出口跳母联断路器 2610，同时 2642 断路器也出口跳闸。

C 站报文显示：2W76 线光纤及其高频保护动作跳 A 相，0.7s 后重合成功，断路器三相合位。

B 站报文显示：距离Ⅱ段动作，0.3s

跳开 B 站 2642 断路器。

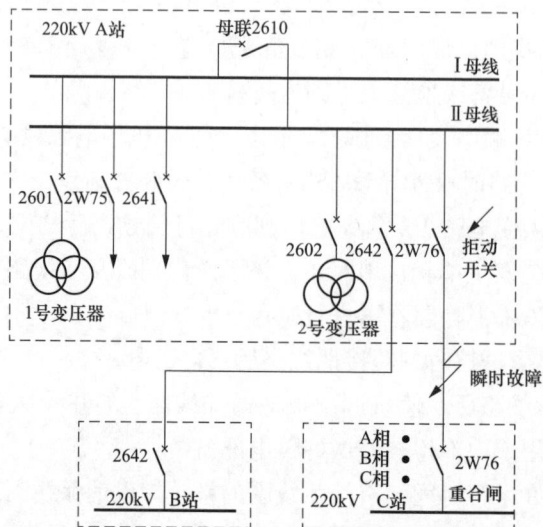

图 15－2　220kVA 站的运行方式

2. 事故初步分析

1）A 站 2W76 线是不是瞬间故障。

2）如果是瞬时故障，由于 A 站 2W76 断路器拒动，220kV 失灵保护为什么只在 0.3s 的时候跳 2610、2642 断路器而不跳挂在此Ⅱ母上的 2602 断路器呢？

3）C 站 2W76 断路器 A 跳 A 合的动作正确吗？

4）B 站 2642 断路器为什么距离Ⅱ段会动作，和 A 站的 2642 事故跳闸有关系吗？

5）哪些保护动作是正确的，哪些动作是不正确的？

带着疑问进行分析，首先通过 2W76 线两侧的光纤及其高频保护动作情况，可以确定 2W76 线上确实存在瞬时故障，保护动作行为正确；再通过 A 站 2W76 一次遥信位置检查和失灵保护动作跳 2610 断路器的结果判断，A 站 2W76 断路器的确拒动。

但是为什么 A 站 2642 断路器跳闸，而 2602 断路器不跳闸呢？首先熟悉一下失灵保护的跳闸出口定值为：0.3s 跳母联 2610 断路器，0.5s 跳 2602、2642 断路器（挂在Ⅱ母上的元件）。可以从报文中得到结论：2642 断路器是 0.3s 后跳闸出口而非 0.5s 跳闸出口，证明 2642 断路器不是 A 站 220kV 失灵保护动作跳的。

继续分析，因为 B 站 2642 线的光纤保护由于故障退出运行，临时将接地距离Ⅱ段的时间改为 0.3s，由于接地距离Ⅱ段的保护范围为本线路全长和相邻线路的 30％，而且对于 A 站来说，母线属于其正方向保护范围，所以在 A 站 2W76 拒动的时候，感应到故障电流，0.3s 动作跳开 2642 断路器；虽然 2642 线的光纤保护由于故障未投运，但是通道传输正常，B站2642操作箱开出永跳接点远跳对侧A站2642，动作行为完全正确。

3. 事故结论

这样，A站220kV母联2610断路器和2642断路器几乎在同一个时刻跳闸的原因就清楚了，同时由于在故障发生的0.3s之后，由于A站Ⅱ母上无电源提供故障电源（两条线路均跳开），所以220kV失灵保护0.5s跳2602断路器出口的时间还没到就返回了，2602断路器没有跳闸出口，动作行为正确；同理，C站2W76在0.7s后已经感受不到故障电流故重合闸动作重合，重合闸动作完全正确。

经验总结：

像这样的好几个站相互关联事故跳闸的动作行为，在电网运行中是有很多的，因为随着故障点不同、电网运行的方式不同以及保护定值的整定不同，在每个变电站的事故表征就不同，绝对不是千篇一律的，但是这些现象的后面一定藏着相互的联系，最终将反映出一个结果。这就要求监控值班人员要多思考、多学习、多总结事故经验。熟悉监视变电站的运行方式和多研究一、二次设备的动作原理，做到心知肚明，心中有数，才能确保电网的安全运行。

二、一起测控装置防抖延时设置不当造成信号遗漏异常处理

1. 事件经过

某500kV变电站发生一起500kV线路故障跳闸事故，双套线路保护均正确动作（本线保护配置为北京四方103＋南瑞继保RCS931G），但是监控及现场后台告警窗及保护光子牌中只有北京四方103保护动作信号，RCS931G保护动作信号均未上传，这就严重影响监控事故汇报的准确性及运行与调度人员的判断处理。

2. 原因分析

为了确认RCS931G保护动作信号不上传的原因，继电保护人员及自动化人员对保护信号上传回路及相关装置进行全面的检查并与能够上传后台的103保护进行比对和试验，发现以下问题：

1）在进行保护装置模拟试验时，931保护动作信号有时能够被测控装置接收确认上传后台，但很多时候故障跳闸信号测控装置未能有效接收，而103保护动作信号测控能够正常接收并上传后台。

2）103保护开给测控的信号通过保护装置的信号继电器发出，而931保护开给测控的信号通过保护装置的动作触点发出。

针对上述问题，进行具体分析。由于试验过程中931保护动作信号还是在部分情况下能够被测控装置接收并确认，那么最少能够证明931保护开给测控装置的回路是通的。通过在测控装置侧进行检测，发现931保护动作时还是有信号开给测控，但动作信号保持时间较短，在40ms左右，如果测试时测试仪复归较慢，那么故障保持时间较长时，931保护动作信号就可以被测控接收。

结合前期发现的931保护利用保护动作触点发出而103保护利用信号继电器发出信号区别，可以分析出异常出现的原因。由于931保护利用保护动作触点开给测控保护动作信号，保护触点在故障切除后就返回，而保护动作后发出跳闸信号到故障切除一般只需要 30～40ms（继电器动作时间＋开关固有动作时间），那么 931 保护动作信号保持时间就在 30～40ms。而 103 保护利用保护动作信号继电器开给测控，必须手动复归信号继电器才复归。那么就是由于 931 保护开入测控的动作时间过短造成测控无法有效确认。通过查找测控装置使用说明发现测控装置的防抖延时默认值为 100ms，也就是说外部开入测控装置的展宽在 100ms 以内的信号，测控装置均会判别为非有效信号而舍弃，所以 931 保护动作信号的丢失是由于测控装置防抖延时设置过长造成。联系测控生产技术人员进行确认后将所有测控防抖延时调整为 20ms。重新对 931 保护动作信号进行测试，发现问题得到解决，保护动作信号可以正常上送后台。

防抖延时未更改的原因：由于在目前的测控验收要求和标准中对于测控防抖延时的整定未有明确的要求和规定，但一般测控验收时防抖延时会调整在 30～40ms 之间，此次验收时出现遗漏，结合到现在设计上将 931 保护开给测控的触点由信号继电器触点改为动作触点，使得触点保持时间过短，造成了 931 保护信号的丢失。

3. 经验总结

状态量遥信反映变电站一次设备的实际运行状态，变电站值班员或调度员以此为依据对断路器和隔离开关进行状态确认或进行操作；开关量遥信主要反映变电站一次设备的异常情况和保护装置的保护动作情况。因此，监控系统要正确反映变电站运行情况，就必须保证遥信量的正确和全面，尽可能减少遥信的误报和漏报。但是遥信触点抖动问题会造成遥信信号的误报或重复上报，给监控系统带来严重干扰。所以监控系统一般都通过一定的技术措施来避免触点抖动问题，一般采用软件延时判别消抖的方式来消除信号抖动（见图 15 - 3），即利用抖动信号电平宽度很短而有效信号的电平宽度较长且平稳的特点，通过测试信号的电平维持宽度来实现消抖功能。

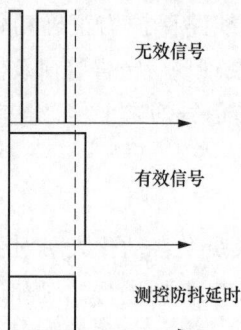

图 15 - 3 测控装置防抖动原理

但是如果测控装置的防抖延时设置不当也会带来问题，防抖延时过短将使得防抖延时起不到应有的作用，而防抖延时设置过长将可能造成信号的丢失而影响事故和异常的分析判断。

三、某 110kV 变电站 1 号主变压器调挡异常实例

1. 异常现象

2023 年 3 月 24 日，监控告某 110kV 变电站 1 号主变压器有载挡位调挡失败。运维人员到现场检查后发现系现场有载调压电机电源低压断路器跳开。

2. 处理过程

值班员接到监控通知后，立即到现场检查，发现 1 号主变压器有载调压电机电源低压断路器跳开，并试合成功。随后监控操作调挡时再次跳开，无法电动调挡，于是值班员联系检修检查处理。

经检修检查，需更换耦合继电器及升降挡旋钮，待备件到货后安排更换。于是，运维人员填报严重缺陷并通知监控，封锁 VQC，待检修后续处理。

3月29日晚，监控接通知，自24日后，该变电站在夜间负荷较低时低压侧电压多次越限超过10.7kV，该变电站10kVI段母线电压曲线如图15-4、图15-5所示。3月30日早，监控联系值班员现场手动将1号主变压器分接头由8挡调至7挡，电压恢复正常。

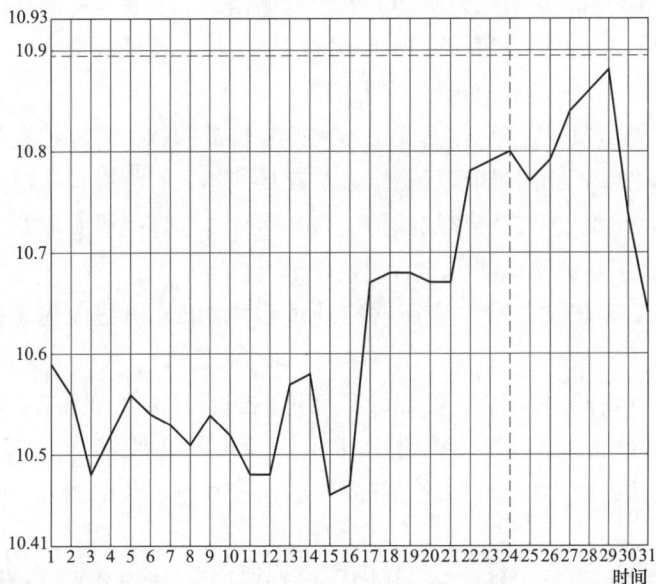

图15-4　3月该变电站10kVⅠ段母线电压曲线

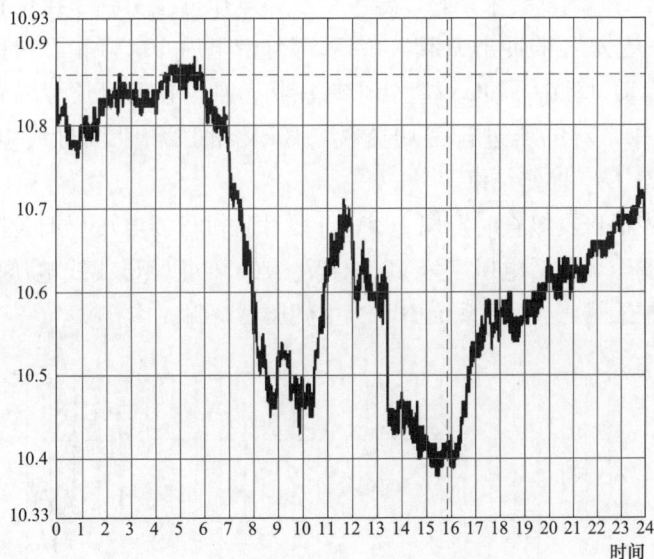

图15-5　3月29日该变电站10kVⅠ段母线电压曲线

3. 异常分析

1号主变压器在电动调挡时电源低压断路器跳闸，系其电动调压回路元器件异常导致，在处理过程中，监控人员与值班员缺乏对电压指标的重要性认识，导致发生主变无法调挡的问题后，仅采取填报缺陷与封锁VQC的措施，未持续关注电压的变化。

4. 注意事项

（1）加大各类指标的宣贯力度，强化监控人员与运维人员对各类指标的重要性认识。

（2）监控人员发现主变压器有载调挡失败时，应通知运维人员立即到现场进行检查，并根据电压情况判断当前是否确切需要进行调档。

（3）运维人员到现场检查后，立即将情况反馈监控，若经现场运维人员自行处理即可恢复监控自动调挡，则由监控执行调档工作。

（4）运维人员到现场检查后，若无法恢复监控自动调档，则监控人员应注意监视系统电压，当需要调挡时及时告知现场运维人员现场调挡，并将异常情况告知设备部电压管理专职；同时，运维人员应将该缺陷情况告知运维专职，运维专职及时联系检修处理并在工作群进行汇报，关注该缺陷的后续处理情况。

四、某 110kV 变电站 2 号主变压器启动过程中 10kV 母线电压越限异常实例

1. 异常现象

2023 年 05 月 28 日 18：00，某 110kV 变电站进行 2 号主变压器调换后启动工作。20：00 主变压器冲击完成，10kV 部分带电后 10kV Ⅱ段和Ⅲ段母线电压升高至 10.88kV。操作结束后，22：00 监控值班员核查时发现电压仍旧越限。

2. 处理过程

2023 年 05 月 28 日 18：00，某 110kV 变电站进行 2 号主变压器调换后启动工作，充电前，按启动方案调整 2 号主变压器电压分接头，使运行电压接近但不超过分头电压的 105％。值班员根据调度要求调整 2 号主变压器电压分接头到 9 挡位置对主变压器进行冲击。20：00，主变压器冲击完成，10kV 部分带电后 10kV Ⅱ段和Ⅲ段母线电压为 10.88kV。由于启动过程中 VQC 一直处于封锁状态且监控值班员考虑到启动过程中现场存在各类操作并未对电压进行密切监视，10kV Ⅱ段和Ⅲ段母线电压一直保持在 10.88kV，直至 21：40 操作结束。

22：00，监控值班员核查时发现 10kV Ⅱ段和Ⅲ段母线电压仍旧越限，立即进行手动调整，将挡位调至 7 挡后电压恢复 10.64kV。10kV Ⅱ段母线线电压曲线如图 15 - 6 所示。同时，监控人员将 VQC 系统中 2 号主变压器解封。

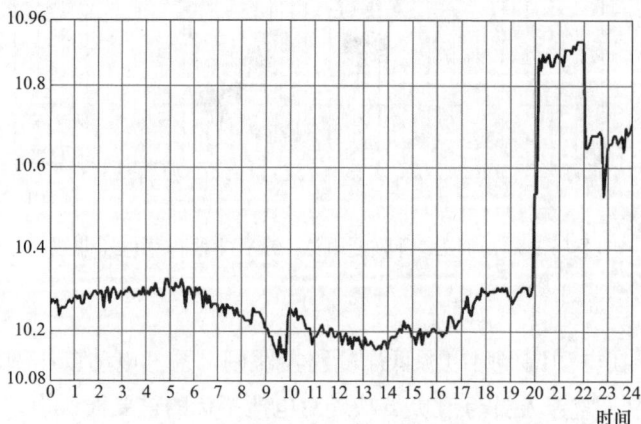

图 15 - 6   110kV Ⅱ段母线线电压曲线

随后，监控人员再次检查 VQC 系统时，发现 VQC 系统中 2 号主变压器依然处于封锁状态。进一步检查发现本次主变压器调换，主变挡位从原先的 7 挡变为 17 挡，VQC 系统尚未将新的挡位信息进行更新维护，VQC 系统内挡位信息与新主变档位信息不匹配造成 VQC 主变调挡被封锁，未能成功自动调挡。监控对 VQC 系统中 2 号主变压器进行重新维护后，2 号主变压器自动调挡功能恢复。

3. 异常分析

DL/T 572—2010《电力变压器运行规程》中规定，变压器的运行电压一般不应高于该运行分接电压的 105% 且不得超过系统最高运行电压。因此，考虑变压器在投运之后的运行过程中，可能运行在分接头额定电压的 105% 范围内，故启动方案中要求在变压器启动充电前，调整主变电压分接头，使运行电压接近但不超过分头电压的 105%。即运行电压约为主变分接头额定电压的 105%，从而以分接头额定电压的 1.05 倍电压进行冲击，确保主变投运后能够满足《电力变压器运行规程》中的运行要求。

在本站进行 2 号主变压器调换后的启动过程中，由××变电站 110kV 正母线作为电源对本站 2 号主变压器进行充电。××变电站 110kV 正母线电压为 115kV 左右（110kV 系统，正常运行电压约为 115kV），如图 15-7 所示。

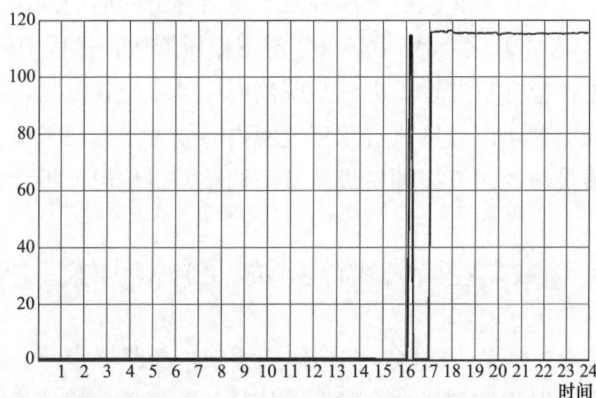

图 15-7　××变 110kV 正母线线电压曲线

此时 110kV 为电源侧，电源电压不受主变压器分接头调整而改变，因此按高压侧运行电压为 115kV 计算（本站高压侧无电压互感器，不考虑线路电压降落，按 110kV 系统电压 115kV 计算），运行电压应接近分接头电压的 105% 且不超过该分接头电压的 105%，则可设分接头电压为 U_e，那么 115kV/U_e 不大于 105%，并尽可能接近 105%。于是可得 U_e 不小于 109.5kV，并尽可能接近 109.5kV。

根据 2 号主变压器铭牌可知此时挡位应设置在 9 挡，值班员档位设置正确。在冲击操作过程中，监控侧无须对变压器进行调挡。

另外，由于冲击过程中，以主变压器以分接头额定电压的 1.05 倍电压进行冲击，这务必造成主变压器低压侧电压同步高于主变压器低压侧额定电压。但是，在变压器冲击结束后，应及时调整主变压器分接头，使分接头电压恢复至系统运行电压附近。

2 号主变压器调换后，主变压器挡位从原先的 7 挡变为 17 挡，VQC 系统未及时将新的挡位信息进行更新维护，VQC 系统内挡位信息与新主变挡位信息不匹配造成 VQC 主变调挡始终被封锁，导致在启动结束后仍无法自动调挡。

经过前期宣贯，监控员对电压指标的重要性已有了充分认识，在各类操作后有意识地对变电站各级电压进行核查，本次也及时发现了母线电压越限的情况并有效进行处置。但根据此前的工作习惯在启动过程中值班人员更为关注变电站内正在进行的各类操作信号，未实时关注站内母线电压，导致在整个启动操作结束后才发现电压越限的问题。

4. 注意事项

（1）对于主变压器新建、调换等工程，运维人员在工作结束与监控核对信号时，应同步告知变压器挡位信息，监控人员及时在 VQC 系统进行维护。

（2）对于新主变压器投运、调换等涉及主变压器冲击的启动操作，在主变压器充电时需遵照调度指令将主变压器挡位放在规定挡位并完成主变压器冲击，冲击完成后的启动操作过程中，监控值班员应重点关注变电站低压侧母线电压，若发现电压越限应立即通知现场调档。

（3）对于新主变压器投运、调换等涉及主变压器冲击的启动操作，在启动操作结束后，监控人员应及时将 VQC 系统解封，以实现主变压器运行过程中的自动调挡。

（4）再明确了电压指标重要性，进一步明确电压越限处置流程，监控值班员一旦发现电压越限的情况应立即予以处置，若职责范围内有效处置方法未能有效控制电压在合格范围内，监控值班员应及时汇报调度进行负荷调整并将情况汇报设备部。

第三节　监控事故及异常训练

（1）某变电站 10kV 线路改检修，在操作过程中，断路器拒分。现场值班员手动拍开断路器，请说出以上过程监控机上会发哪些信号？并简单分析出现此种现象的原因。

参考答案：此过程会发信号：开关分闸、重合闸动作、开关合闸、弹簧未储能。

原因：不对应启动重合闸。不对应启动即断路器控制状态与断路器位置不对应启动：装置用跳闸位置接点引入装置开入量判断断路器位置，如果开入闭合，说明断路器在断开状态，若此时控制开关在合闸状态，说明原先断路器是处于合闸状态的。这两个位置不对应启动重合闸的方式称"位置不对应启动"。不对应启动可以在保护动作和断路器"偷跳"均可启动重合闸。

（2）某 110kV 变电站单主变压器运行三绕组变压器，中压侧为 20kV（经小电阻接地），经 201 断路器供 20kV Ⅰ段母线，210 断路器运行带供 20kV Ⅱ段母线，如图 15-8 所示。某日监控员发现如下故障现象：监控信号有事故总动作，1 号主变压器中后备保护动作，高后备保护动作，20kV 母线失压，10kV 母线失压，站用变压器失压，所用电切换，电容器断路器保护动作，直流系统异常；所有跳闸断路器控制回路断线瞬间发信（相关直流信号），事故照明装置异常，风扇回路异常等。请根据现象分析故障情况并进行处理。

参考答案：故障点在 201 断路器与 TA 之间，在 1 号主变压器差动保护范围外，差动保护不动作，由 1 号主变压器后备保护动作。1 号主变压器 20kV 侧后备保护 I 段（一时限）动作跳开 210 断路器，未能切除故障，20kV 侧后备保护 II 段（或 2 时限）保护动作跳开 201 断路器，未能切除故障，20kV 侧后备保护 III 段（或 3 时限）或主变压器 110kV 侧后备保护动作跳三侧开关，故障切除。如有外接站用变压器则切换至外接站用变压器，如没有外接站用变压器则站用电失却，处理过程为：

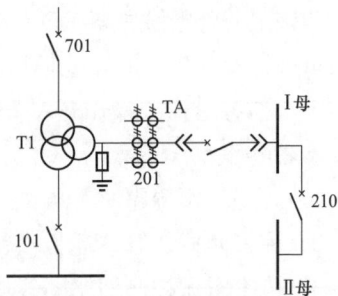

图 15-8　某 110kV 变电站接线简图

1）通知操作班现场检查。

2）从保护动作先后分析故障可能范围。

3）主变压器短时间内无法送电，考虑 10、20kV 负荷转移。

（3）10kV 不接地系统主变压器至 101 断路器之间接地处理。

故障现象：10kV 正母线接地，接地相电压接近于零，其他两相电压升高至线电压，$3U_0$ 接近 100V。

处理过程为：

1）监控发现信号后汇报配调，通知操作班到现场检查。

2）配调发令监控按拉路顺序拉路，接地无变化。

3）配调发令监控拉开 10kV 正母线上所有出线，接地无变化（说明出线上无接地）。

4）怀疑变电站母线及相关回路有接地或两条线路同相接地，待变电站现场检查无异常，请示中心领导，通知对外停电后准备第二轮拉路寻找。

5）再按拉路顺序进行寻找（拉开断路器、观察接地、断路器不合），先拉第一条，再拉第二条，再拉第三条，直至拉完全部出线，接地未消失说明主变压器及母线回路有接地。

6）变电站现场再检查，如仍无异常，发令监控拉开主变压器 101 断路器。

7）请示部门领导后，发令监控合上 10kV 母联开关，或合上某条线路断路器（通过外来电源、必须是空联络线试送母线），没有接地信号，说明母线上无接地（此外 35kV 可通过主变压器消弧线圈，10kV 可通过母线上接地变压器带的消弧线圈辅助判断）。

8）综合以上，说明接地点在主变压器至 101 断路器。

9）看 1、2 号主变压器容量，将 10、35kV 正母负荷尽量由 2 号主变压器供，供不起的负荷转供。

将 1 号主变压器冷备用，隔离故障点，发开工令，处理结束后恢复送电。

（4）某变电站主变压器 220kV 旁代操作，操作结束后发现有"第二套主变压器保护装置异常"，你准备如何处理？

答：若该主变压器保护 220kV 侧采用断路器 TA，则该信号出现为正常情况，无需汇报。若该主变压器保护 220kV 侧采用套管 TA，则该信号出现为异常情况，应通知现场运维人员进行检查微机报告是何种异常并做相应检查。若异常不能消除，应汇报调度。

（5）监控员遥控操作开关失败后应如何处理。

参考答案：

1）若遥控预置超时可再试一次。

2）检查测控装置"远方/就地"切换开关的位置信号。

3）检查有无控制回路断线或分、合闸闭锁信号。

4）检查测控装置通信是否中断。

5）如以上均无问题，则联系自动化人员检查通道状况是否正常。

6）自动化检查如无异常，则现场检查现场运维人员进行检查，测控单元是否故障以及遥控出口连接片的位置。

7）排查上述原因仍无法遥控，监控人员应要求现场运维人员通知检修处理，并汇报调度。若需要改现场操作，值班调度员应终结监控操作任务，重新发令至变电站现场。

（6）利用九宫图讲述无功优化系统在 1、3、6、8 区域的调节原理（九宫图见图 15-9）。

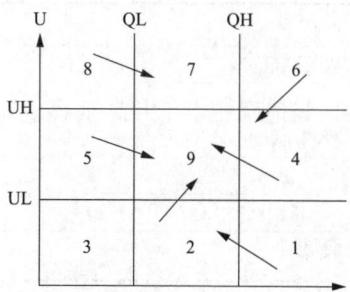

图 15-9 九宫图

参考答案：

1 区：电压低、功率因数低，先切电抗器，投电容器，如电压仍处于下限，再调节分接开关升压。

3 区：电压低、功率因数高，先调节分接开关升压至电压正常，如功率因数仍高于上限，再切电容器，投电抗器。

6 区：电压高、功率因数低，先调节分接开关降压，直至电压正常，如功率因数仍低于下限，则切电抗器，投电容器。

8 区：电压高、功率因数高，先切电容器，投电抗器，如电压仍处于上限，再调节分接开关降压。

（7）典型公用信号。

1）故障录波器装置异常（告警类别：异常）。触发原因：系统故障、输入开关量变位、电压回路故障或电压消失时故障录波器发异常信号。

可能造成的后果为故障录波器不能正常工作。

处理：联系运维人员检查故障录波器是否正常，并及时复归信号，若无法复归，应停用故障录波器。

2）故障录波器启动录波（告警类别：告知）、触发原因。当有测量交流电压、交流电流、直流电压、直流电流以及开关量变化触发故障录波器时发信号。

可能造成的后果：略。

处理：无需处理。

3）低周（低压）减载装置动作（告警类别：事故）。

触发原因：低周减载装置是专门监测系统频率的保护装置。当电压大于整定值、电流大于整定值时，系统负荷过重，频率下降，下降的速度（滑差）小于整定值。当频率下降到整定值时就出口动作，投了低周保护压板出口的开关就会被跳掉，甩掉部分系统负荷，保证系统正常运行。目前监控仅茅山变电站 110kV 部分有此设备。

可能造成的后果：相应线路开关跳闸。

处理：按事故流程处理。

4）低周（低压）减载装置异常（告警类别：异常）。

触发原因：二次装置通过内部逻辑自检出故障时发此信号，说明二次装置的电源或内部元件存在故障。此信号为装置故障、闭锁、电源异常等信号合并。

处理：联系现场检查低周（低压）减载装置，必要时通知检修处理。

5）公共测控装置异常（告警类别：异常）。

触发原因：测控装置直流消失或测控自检故障。

可能造成的后果：硬接点信号的上传将无法进行。

处理：立即联系运维人员对测控装置进行检查，若无法立即恢复，可汇报调度并将故障间隔监控职权移交现场。

6）公共测控装置通信中断（告警类别：异常）。

触发原因：测控装置与监控后台的通信中断。

可能造成的后果：监控人员将无法监视相应间隔的信号。

处理：立即联系运维人员对测控装置进行检查，若无法立即恢复通信，可汇报调度并将故障间隔监控职权移交现场。

7）GPS 失步或异常（告警类别：异常）。

触发原因：GPS 同步时钟与保护及测控保护子站故障录波器等装置进行精确对时，保证系统时间和标准时一致，若对时失败，或 GPS 屏检查交直流电源故障均会发此信号。

可能造成的后果：系统时钟失步。

处理：联系运维人员到 GPS 屏检查交直流电源是否消失，若为装置内部故障加强对 GPS 故障小室设备的时间检查。

8）火灾报警装置动作（告警类别：异常）。

触发原因：火灾报警装置动作。

可能造成的后果：变电站某处失火。

处理：联系运维人员对火灾报警系统进行检查，如非误发信，查明火源位置，进行补救。

9）火灾报警装置异常（告警类别：异常）。

触发原因：火灾报警装置异常。

可能造成的后果：变电站失火时装置不能正常动作。

处理：联系运维人员对火灾报警装置进行检查。

10）防盗报警装置动作（告警类别：异常）。

触发原因：防盗报警装置动作，一般与 110 联动。

处理：联系运维人员对防盗报警进行检查。

11）水泵起动（告警类别：告知）。

触发原因：排水泵、污水泵、消防水泵等信号合并发出，若起动频繁、超时运转等则发告警信号。

可能造成的后果：略。

处理：若频繁起动或超时运转时应联系运维人员现场检查。

12）功角测量装置异常（告警类别：异常）。

触发原因：相角包括发电机的功角和母线电压相角是反映系统稳定性的最主要的状态量，功角测量装置对此进行实时测量，可以根据相角信息采取有效的控制措施，从而使得发电机群仍然能够保持同步。若装置通过内部逻辑自检出故障或保护装置的电源、内部元件存在故障发此信号。

可能造成的后果：装置不能正确工作。

处理：联系运维人员检查功角测量装置电源与装置。

13）智能接口装置异常（告警类别：异常）。

触发原因：智能接口装置为将一些设备例如直流系统、绝缘监测装置的私有报文转化为监控后台可以识别的报文装置。当装置内部逻辑自检出故障或保护装置的电源、内部元件存在故障发此信号。

可能造成的后果：智能接口装置不能正确工作。

处理：联系运维人员检查智能接口装置电源与装置面板。

14）故障测距装置异常（告警类别：异常）。

触发原因：故障测距装置又称为故障定位装置，是一种测定故障点位置的自动装置。它能根据不同的故障特征迅速、准确地测定故障点。装置内部逻辑自检出故障或保护装置的电源、内部元件存在故障发此信号。

可能造成的后果：故障测距装置不能正确工作。

处理：联系运维人员检查故障测距装置电源与装置面板。

15）××无功自投切装置动作（告警类别：事故）。

【例 15-1】 1号主变压器无功自投切装置动作。

触发原因：自投切装置通过判断主变压器高压侧电压量的情况，来自动投切电抗器和电容器，串联判断决定自切，并联判断自投。投切遵循的原则为当自动投切装置的输入电压为 350kV 时，瞬时切除所有的低抗（不投入电容器）。当自动投切装置的输入电压为 450kV 时，经一延时切除所有低抗，同一电压下，再经一延时投入所有电容器（时间整定根据定值单）。当自动投切装置的输入电压为 550kV 时，经一延时切除所有电容器，同一电压下，再经一延时投入所有电抗器（时间整定根据定值单）。

可能造成的后果：略。

处理：检查主变压器 500kV 侧电压互感器采集的电压值，判断是否为主变压器故障失电引起，按事故流程处理。

16）××无功自投切装置异常（告警类别：异常）。

【例 15 - 2】　1 号主变压器无功自投切装置异常。

触发原因：无功自投切装置通过内部逻辑自检出故障、保护装置的电源故障或者低抗或电容器保护动作闭锁自投切时均发此信号，此时保护被闭锁。

可能造成的后果：无功自投切装置不能正确动作。

处理：联系运维人员，检查无功自投切装置，若装置异常无法及时复归，应停用此装置。

17）××稳控装置动作（告警类别：事故）。

【例 15 - 3】　第一套苏北稳控装置动作。

触发原因：在发生预期故障情况下，根据故障严重程度和运行方式，依据温控装置内策略表顺序，实现迅速切机或切负荷保证系统暂态稳定。

可能造成的后果：略。

处理：按事故流程处理，检查稳控装置，符合哪条策略表内容动作。

18）××稳控装置异常（告警类别：异常）。

【例 15 - 4】　第一套苏北稳控装置异常。

触发原因：稳控装置内部逻辑自检出故障时发此信号，说明保护装置的电源或内部元件存在故障。此信号为保护故障、闭锁、电源异常等信号合并。通道故障也会发此信号。

可能造成的后果：稳控装置不能正常动作。

处理：联系现场检查稳控装置，若异常无法复归，按照现场规程处理。

(8) 典型自动化系统信号。

1）变电站主（备）通道投入/退出（告警类别：告知）。

触发原因：变电站自动化通道任一通道投入或退出。

可能造成的后果：通道失去备用。

处理：在厂站工况界面查看相应变电站通道状况，若仅一条通道退出，询问自动化人员与现场工作人员是否因工作引起，防止另一条通道也退出。

2）变电站投入/退出（告警类别：异常）。

触发原因：变电站自动化通道投入或退出。

可能造成的后果：对此站失去监控。

处理：在厂站工况界面查看相应变电站通道状况，若两个通道同时退出，联系自动化进行检查，并将厂站监控职权移交现场。

3）遥测异常（越上限、上上限、下限、下下限、恢复正常、总加不刷新等，告警类别：越限）。

触发原因：遥测值越过系统内相应限值。

可能造成的后果：影响系统稳定运行，对电压合格率产生影响，对设备本身健康状况产生影响。

处理：线路过负荷时应核对调度下发功率越限限额，确认后汇报调度，并立即记录过负荷时间和过负荷倍数。

主变压器过负荷应核对调度下发主变压器功率越限限额，确认后汇报调度，通知现场操作班手动投入全部冷却器，要求现场对过负荷主变压器加强巡视，填写越限记录，记录过负荷主变压器的时间、功率情况。

电压越限时监控员应自行根据网调或省调下达的电压曲线按照逆调压的原则进行电压控制，投切电容器、电抗器，操作完毕后做好记录，无需汇报网调值班员。若投切操作后电压仍越限，需及时汇报调度，并填写电压越限记录。

温度越限主要发生在夏季高温季节低抗、高抗设备发生设备温度高现象。低抗、高抗温度越限时，电话通知现场检查温度是否确已越限，检查是否由于过负荷或环境温度较高引起，立即记录越限的时间与越限温度值，如温度异常持续升高，必须立即汇报调度。

电流越限时应核对生计处下发线路电流越限限额，确认后汇报调度，并立即记录越限时间和越限电流大小。

（9）系统合成上传量。

1）全站事故总信号（告警类别：事故）。

触发原因：全站事故总信号是将站端各个间隔的事故总在站端触发合并（或的关系）成一个全站事故总信号（触发生产，10s自动复归），而间隔事故总主要有三种合成方式（见图15-10～图15-12）。

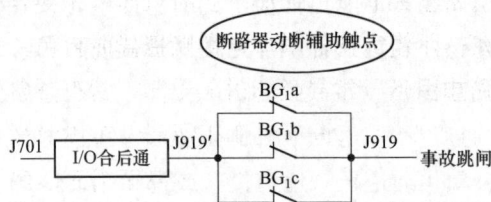

图 15-10　断路器远控分、合闸事故总

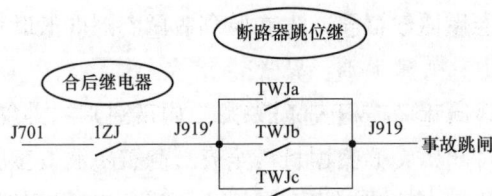

图 15-11　保护动作跳闸事故总

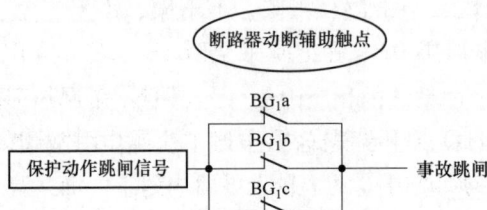

图 15-12　断路器手合事故总

　　I/O 合后触点反映的是断路器远控分、合闸的状态（断路器在监控系统操作断路器时 I/O 合后通触点会变化），1ZJ 接于断路器手合回路，TWJ 接于断路器远控回路或直接接于断路器动断辅助触点上，断路器正常通过监控系统操作时，I/O 合后触点或 1ZJ 触点闭合，在断路器遇到保护跳闸时，TWJ 或 BG 触点会闭合，从而触发单元事故跳闸信号，触发站端事故语音告警。语音为跳闸开关的事故跳闸告警。还有一些老站的间隔事故总直接用保护动作信号，"事故信号＝∑（断路器分闸位置）.and.（此断路器相关的各保护动作跳闸信号）"的生成表达式，原理是：当继电保护动作，断路器跳闸时报事故信号。这种方法基本反映了运行中多数事故情况，但无法反映出非保护动作的跳闸事故，如断路器本身或操作机构、回路的故障引起的跳闸事故（偷跳）。

　　处理：按事故处理流程处理。

　　2) 220kV 及以上事故总信号（告警类别：事故）。同全站事故总，35kV 部分事故，不发此信号。

智能变电站事故及异常

🔧 第一节　智能变电站事故及异常概述

一、变电站结构的差异

智能变电站与传统变电站相比，采用先进、可靠、集成、低碳、环保的智能设备，以全站信息数字化、通信平台网络化、信息共享标准化为基本要求，自动完成信息采集、测量、控制、保护、计量和监测等基本功能，并可根据需要支持电网实时自动控制、智能调节、在线分析决策、协同互动等高级功能。传统变电站和智能变电站的结构图如图 16-1 所示。

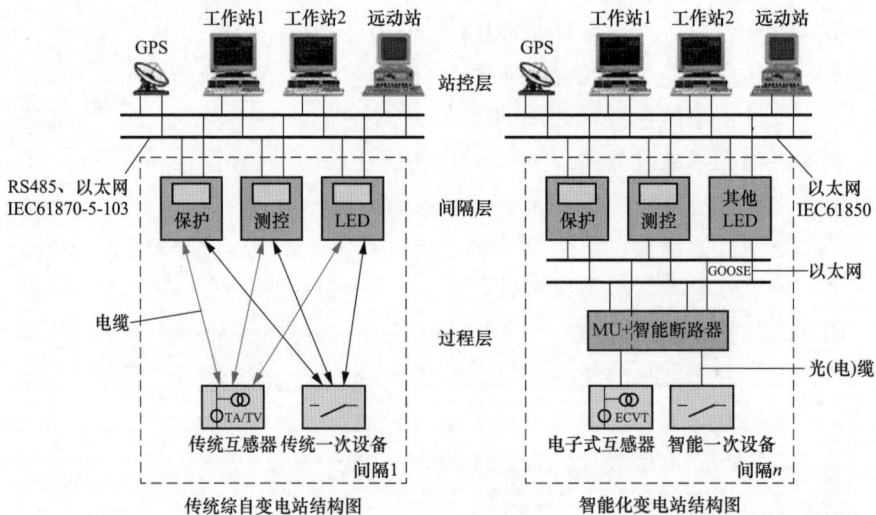

图 16-1　传统变电站和智能变电站的结构示意图

智能变电站的站控层和间隔层之间的网络一般传输制造报文规范（Manufacturing Message Specification，MMS）报文，简称 MMS 网。过程层和间隔层之间的网络一般传输面向通用对象的变电站事件（Generic Object Oriented Substation Events，GOOSE）报文，简称 GOOSE 网。智能一次设备通过电子式互感器进行模拟量采集并上送合并单元，合并单元将同步后的模拟信号上送保护、测控等间隔层装置使用，通过传输采样测量值（Sample Measured Value，SMV）报文上送，简称 SMV 网。GOOSE 报文和 SMV 报文均采用组播方式传播，GOOSE 报文主要传输开关量信息，SMV 报文传输采样值信息。相对于传统意义的倒闸操作，操作人员的面向对象发生了较大的变化，所涉及的日常操作均由在后台监控画面中实现，变化最大的就是保护装置的压板操作采用了软连接片方式，取消了保护屏柜上的二次连接片。另外，采用顺控操作后，倒闸操作所关注的重点也就实现了过程控制向初始目标状态控制的转变，杜绝了运维人员误操作的可能性。

二、变电站设备技术差异（见表 16-1）

表 16-1　　　　　智能变电站和传统变电站设备（技术）对比表

类别	传统综自变电站	智能变电站	智能变电站优点
电流电压互感器	传统互感器	电子式互感器	相对于传统的电流互感器多组二次侧的电缆模拟量引出转变成几根光纤的数字输出，简化了二次回路简化
高压设备	传统一次设备	高压设备＋传感器＋智能组件	测量数字化、控制网络化、状态可视化、信息互动化
设备在线监测	主变压器在线色谱监测等少量应用	主变压器油中溶解气体/微水/油温，GIS 局部放电/SF_6 气体密度/SF_6 气体水分/断路器工作特性，避雷器的泄漏电流/放电次数	状态检修，智能化管理，减少计划停电，避免不可预见事故
通信规约	规约转换	IEC-61850 标准	信息标准化，装置互操作，设备信息集成，便于高级应用
二次接线与网络	电缆连接，模拟量传输	光缆连接，站控层 MMS、GOOSE、SNTP 三网合一、共网传输；110kV 过程层采样值、GOOSE、IEEE-1588 三网合一，共网传输	信息数字化、网络化、共享化，便于高级应用
自动化系统	遥测、遥信、遥控、遥调	增加了高级应用功能，例如顺序控制、智能告警、状态估计、取代功能	智能化，减少人力消耗，为生产运行提供辅助决策，提高安全运行性能和效率
辅助系统	辅助生产系统各自独立，人工干预过程	利用物联网技术建立传感测控网络，实现智能监测与辅助控制	智能监测，智能判断，集成应用，联动控制，减少人力消耗

三、智能变电站与传统站运维的区别

传统变电站电磁式互感器的运维技术已不适用于电子式互感器，电子式互感器各元件发生异常后一次设备停电范围、二次设备安全措施等有待进一步优化，传统电磁式互感器运维中极性、精度和带负荷测试方法无法实现电子式互感器相关性能的测试。

电子式互感器的应用使二次设备实现了信息化、网络化，传统电缆回路很少，二次设备之间数据通过光纤和网络交换机以报文形式传输。由于传输方式不同，传统二次设备的定期校验方法和相应的安全措施与智能变电站区别较大，智能变电站除检修连接片采用硬连接片外，保护装置广泛采用软连接片，满足远方操作的要求。但是，不同生产厂家软连接片人机界面各自孤立不同，连接片名称定义也不同，给运行维护带来困难，存在一定的安全隐患，应对二次设备软连接片优化配置进行研究，并实现软连接片的后台可视化，便于运行人员的运行巡视。

智能二次设备之间信息交换和共享主要通过网络交换机实现，测控的控制命令下发、一次设备状态的上传、保护装置之间的信号传输、合并单元采样值的传输以及站控层设备 MMS 信号的交互等都是通过网络交换机完成的，交换机若出现异常将直接影响到二次设备的正常运行。网络交换机成为智能变电站的关键设备之一，传统变电站二次系统中网络设备应用较少，表 16-2 给出了智能变电站与常规变电站主要设备及运维技术的区别。

表 16-2 智能变电站与常规变电站主要设备及运维技术的区别

常规变电站	智能变电站	运维区别
电流互感器 电压互感器	电子式互感器； 电压：EVT、OVT 电流：罗氏线圈、LPCT、纯光纤电流互感器常规互感器合并单元接入	(1) 互感器的原理、采集方式发生较大变化，输出的载体是光纤。 (2) 增加了前置模块和合并单元，需要电源支撑。 (3) 数据共享后，可能一个合并单元的故障，会对多个设备的运行有影响
变压器	变压器+智能组件	一次部件并无变化，变压器与外界的接口表现为在线监测设备和智能终端
开关	开关+智能组件	一次部件并无变化，开关与外界的接口表现为在线监测设备和智能终端
少量交换机	大量网络交换机	重点关注网络交换机本身的运行状态及对其维护、检修
常规二次设备	智能化二次设备	设备间信息传递方式根本性变化，安措方法及维护、检修方法应与传统不同
—	物联网	新增技术，需重点关注

1. 电子式互感器与传统互感器

电子式互感器区别于常规的互感器，由连接到传输系统和二次转换器的一个或多个电流及电压传感器组成，用于传输正比于被测量的量，供测量仪器、仪表和继电保护或控制装置使用。全光纤电子式电流互感器采用当今国际上最新的主流技术（全光纤光路加闭环控制技术），相比以往电子式互感器，产品的稳定性、可靠性、安全性和免维护寿命得到很大提高，具有绝缘性能好、测量动态范围大、频率响应应度高、体积小、质量轻等优点。

随着温度稳定性和工艺一致性等问题的逐渐解决，目前 ECT 和 OCT 已经逐步由试验阶段走向工程应用阶段。

鉴于电子式互感器的特点，其在运行维护中试验项目、试验停电范围等方面与传统互感器有一定差别。例如投运后电子式互感器部件更换进行极性测试、精度校验、核相定相、带负荷测试、互感器故障定位及异常的处理方法，这些都是设备投运后可能遇到的技术难题，其原理和设备构成决定了与传统互感器运行维护技术的差别，传统互感器的运维技术完全不适用于电子式互感器。

2. 智能化保护与传统保护

由于采用了电子式互感器，智能化保护与传统保护在采样和信号传输方面有很大的区别。传统保护在模拟量输入、开关量信号输入及输出均通过电缆方式接入，接线方式繁多复杂，容易出错，而智能化保护信号传输方式均采用光纤传输方式，光纤插拔简单方便，便于维护。对比智能化保护与传统保护特点如下：

(1) 电压电流采样。智能化保护电压电流采样由合并单元通过 SV 报文的形式通过光纤传输到保护装置，而传统保护采样由电子式互感器二次端子通过电缆接入。在传输形式上有很大的区别，传统保护电缆数量多且接线复杂，智能化保护一组采样仅需一对光纤即可，简单清晰，接线上的优势对于母差保护尤其明显。

(2) 开入开出信号。对于传统保护装置，开入、开出信号也是通过电缆连接，一般每个信号对应一根电缆。而智能化保护与智能终端和其他保护的信号以 GOOSE 报文形式通过光纤连接，同样比较方便简单。但是保护到同一台装置的所有开关量可能都是一对光纤传输，这也给运行维护带来不便，主要是保护装置校验和安全隔离措施的实施。

传统保护校验前的安全隔离措施是将保护动作出口、到相关保护的启动失灵出口电缆解开，相关电流回路短接退出，在此基础上即可开展保护校验工作。但是智能化保护动作出口和启动失灵等信号都是通过光纤送出且一根光纤传输的 GOOSE 包中还包含其他的开关量信号，若直接拔出可能造成保护装置的不正常运行。同样，传统保护校验方法也不再适用于智能化保护校验。

3. 网络交换机

网络交换机的大量使用是智能变电站的主要特征，常规的变电站只有自动化系统有一些网络交换机，在智能变电站中，除了站控层有用于交换四遥信息的网络交换机外，还配置有大量的过程层网络交换机，因此在智能变电站中，网络交换机的重要性不言而喻。

智能变电站过程层采用面向间隔的广播域划分方法提高 GOOSE 报文传输实时性、可靠性，通过交换机 VLAN 配置，同一台过程层交换机面向不同的间隔划分为多个不同的虚拟局域网，以最大限度减少网络流量和缩小网络的广播域。

鉴于网络交换机在智能变电站中的重要性，智能化变电站的通信网络管理不仅要满足信息网络设备管理要求，而且要与继电保护同等重要对待，将交换机的 VLAN 及其所属端口、多播地址端口列表、优先规则描述和优先级映射表等配置作为定值来管理。便于在系统扩建、交换机更换后，网络系统的安全稳定。在日常的运行维护中，与传统变电站不同，网络交换机应作为与继电保护同等重要的二次设备进行管理维护。

4. 智能一次设备状态监测

变电一次设备作为智能变电站的主要组成部分，不仅关系着智能变电站的安全稳定运行，其智能化程度也是衡量变电站是否"智能"的重要标准之一。智能一次设备不但要求可以根据运行的实际情况实现操作控制上的智能，同时还要求根据状态监测数据和故障诊断的结果实现状态检修，因此状态监测技术是实现变电站智能的重要技术之一。

目前部分新投常规变电站或重点改造变电站也包含一次设备状态监测系统，但与智能变电站监测系统相比，其最大的区别是各监测量之间是以独立的系统存在，这就造成了如下问题：①各个状态监测系统都是单一建设，分别来自不同的公司和研究单位，导致生产管理和检修人员面临众多的单一在线监测系统，使用起来十分不便；②各单一监测系统使用多样的数据库，标准各异，分散存放，不能统一管理、统一再次分析利用；③不能有效积累变电设备运行的在线检测历史数据，不能为状态检修及运维技术提供客观、科学的依据；④各种监测数据相互独立，单独使用，不能实现对设备的综合分析诊断，数据利用率低。

智能变电站中一次设备状态监测系统采用现场总线技术，由主机进行循环检测及处理，并依据 IEC-61850 关于变电站功能、变电站通信网络以及整体系统建模的分层设定，通过过程层、间隔层、站控层等层级统一架构将各状态监测子系统进行了有机融合，可实现不同监测量的统一展示、存储、分析，为状态检修工作的开展提供了重要的支撑依据。

变电站是一个多种类设备统一协调工作的整体，目前，智能变电站开展状态监测的一次设备主要有电力变压器、断路器、GIS 及避雷器等。因此需要监测的参数也较多，典型的有：

（1）电力变压器。油的温度、铁心接地电流、油中溶解气体及微水含量。

（2）高压断路器。分、合闸线圈电流，开断次数。

（3）GIS。局部放电、气体压力、SF_6 气体密度和微水。

（4）避雷器。全电流、阻性电流。

以上是变电站典型电力设备的状态监测参量，从信号性质可以分为非电量监测和电量监测两大类。进一步详细分类如图 16-2 所示。

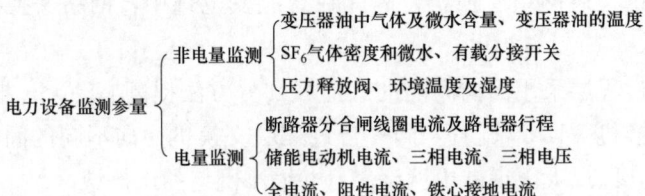

图 16-2　变电站电力设备状态监测参量图

分布式状态监测系统监测设备较多，监测的状态量种类复杂，要根据各个被监测状态参数具有不同的特性，有针对性地选择传感器类型和信号采集设备。一般状态监测系统涉及的传感器有：

（1）变压器状态监测传感器。变压器状态监测传感器包括零磁通电流传感器、电压传感器（信号取自电压互感器）、温度传感器、气敏传感器（测量油中气体含量）、聚酯薄膜电容传感器（测量油中微水含量）、避雷器传感器、零磁通电流传感器。

（2）GIS 状态监测传感器。GIS 状态监测传感器包括 SF_6 微水传感器、SF_6 密度传感器、滑线变阻传感器或者光编码传感器、零磁通电流传感器、超高频传感器。

从功能上看，构成一个在线状态监测至少需要数据获取和数据处理诊断两个子功能系统。尽管设备种类繁多、结构各异，对设备进行状态监测的类型也千差万别，但是，不论什么类型的监测系统，都需要经过三个步骤：采集设备数据信号、对数据进行传输、分析处理数据及诊断。如果仔细划分，它均应包括以下基本功能单元。

（1）信号变送。表示设备状态的信号多种多样，除了电信号以外，还有温度、压力、振动、介质成分等非电量信号。信号变送即应用传感器，将上述设备状态量转换成合适的电信号，并传送到后续单元。它对监测信号起着观测和读数的作用。

（2）数据采集。信号变送后的数据属于模拟信号，无法用于数字系统分析处理。数据采集单元即运用 A/D 转换技术，将模拟信号转换为数字信号。

（3）信号传输。对于集成式的状态监测系统，数据处理单元通常远离现场，故需配置专门的信号传输单元。目前常用的信号传输方式有电缆传输、光纤传输及无线传输等。

（4）数据处理。在数据处理单元收到传输单元传来的表征状态量数据后，根据不同的设备，选择不同的方式进行处理。例如进行平均处理、数字滤波、做时域、频域的分析等读取特征值。

（5）状态诊断。将处理后的实时数据与历史数据、判别数据等进行对比，评估设备缺陷类型、发展程度、缺陷位置等信息，即对设备的状态或故障部位做出诊断。必要时要采取进一步措施，例如安排维修计划、是否需要退出运行等。

由上述几个单元构成的状态监测系统框图如图 16-3 所示。通常将上述各部分分成 3 个子系统：数据信号采集、数据传输、数据处理及诊断。

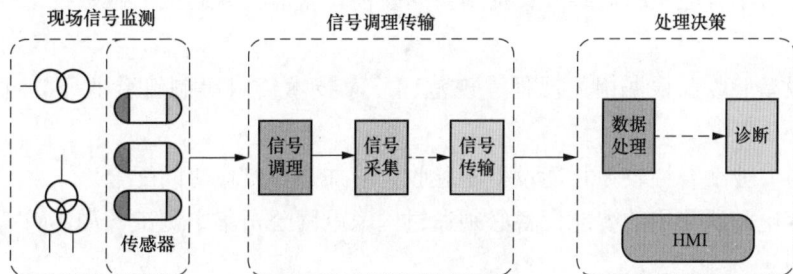

图 16-3　状态监测系统框图

5. 物联网

近年来我国物联网产业技术得到快速发展，在智能变电站中，部分已建立了一个完整的物联网体系。但物联网在国内仍属于发展的初级阶段，虽然应用推广比较快，但是在运维方面，仍然缺少关键技术的研究，无法保障物联网设备的长期可靠运行。

物联网网络可靠性、无线传感器电池电量检测技术以及无线传感设备运行检测技术等都是物联网可靠性运行的关键，只有攻克物联网技术在变电站长期稳定可靠运行的重点问题和难点问题，填补物联网技术在智能变电站运维领域中的空白，才能充分展示物联网技术的优异性能，推动物联网技术在智能变电站中的应用，提升变电站信息获取能力和促进物联网产业发展具有非常重要的现实意义。

四、智能变电站运维管理的一般规定

1. 设备巡视

（1）变电站一次、二次、智能组件、通信、计量、站用电源及辅助系统等设备的例行、全面巡视工作由运维专业负责，专业巡视由设备检修维护单位的相关专业负责。

（2）运维人员应结合重点巡视检查监控后台软压板状态与保护投退状态应一致。

（3）定期巡视监控后台、在线监测系统主机监测数据正常，数据通信情况应正常。

（4）定期检查在线监测设备运行数据，并与历史数据比较，确认设备运行状态正常。

2. 设备检修

（1）智能设备检修维护应综合考虑一、二次设备，加强专业协同配合，统筹安排，开展综合检修维护。

（2）应充分发挥智能设备的技术优势，利用一次设备的智能在线监测功能及二次设备完善的自检功能，结合设备状态评估开展状态检修。

（3）智能设备应积极开展集约化管理、专业化检修。

（4）在智能变电站日常运维或改扩建过程中，凡是涉及 SCD 变更的工作均应从智能变电站配置文件管控系统中执行 SCD 签出，并在工程或工作验收后执行签入。应加强 SCD 文件全过程管控，运检单位验收时要确保 SCD 文件的正确性及其与设备配置文件的一致性，防止因 SCD 文件错误导致保护失效或误动。

3. 设备验收

（1）运维单位应组织运维人员提前参与智能设备的安装调试、做好技术培训，保证验收质量。

（2）设备验收前根据相关规程、规范、厂家技术资料等制订验收卡，并逐条对照验收。

（3）对专业融合性较强智能设备的验收，应加强各专业协同配合。

（4）变电站所采用的智能设备必须通过国家电网公司集中测试，如不符合要求，不予投运。

（5）对变电站监控后台进行验收时，应对监控后台软压板与保护装置软压板操作一致性进行核对，并对监控后台光口链路图中光口与保护装置光口的对应性进行核对。

（6）变电站监控后台应具备全站 SV、GOOSE 链路状态监视功能。当 SV、GOOSE 链路发生告警时，可为异常链路筛选和定位提供依据。

（7）变电站监控后台应具备切换保护定值区、打印保护装置定值、故障报告、故障波形等功能。

（8）变电站监控信息表制作时，应根据省调《变电站典型监控信息表》的要求对装置信号进行合并与分级。监控信息表制作完成后，现场应留存监控信息与装置告警信息合并对照表。

（9）当保护装置与监控后台软压板不一致时，保护装置屏上应张贴保护装置软压板与后台软压板名称对照表以及与光纤回路信息一致的端口分配表。

（10）户内布置的智能控制柜，房间内应装设空调或其他通风设备，应确保室内环境能满足智能设备正常运行所需的温湿度要求；户外布置的智能控制柜，柜体上应装设空调或通风降温装置，应确保柜内环境能满足智能设备正常运行所需的温湿度要求。

（11）工程验收时除移交常规的技术资料外主要应包括：

1）SCD、RCD、ICD、CID、继电保护回路工程文件、交换机配置文件、装置内部参数文件、VLan 配置表、GOOSE 配置图、SV 配置图、全站设备网络逻辑结构图、监控系统方案配置图、一体化电源负荷分布图、交换机接线图、智能设备技术说明等技术资料。

2）系统集成调试及测试报告。

3）设备现场安装调试报告（在线监测、智能组件、电气主设备、二次设备、监控系统、辅助系统等）。

4）检修后现场应检查系统配置文件 SCD、远动配置描述文件 RCD、智能装置能力描述文件 ICD、智能装置实例化配置文件 CID、继电保护回路工程文件、交换机配置文件、装置内部参数文件版本是否与智能变电站配置文件管控系统中相关文件版本一致。

4. 安措布置

（1）一次设备运行状态或热备用状态，相关电压、电流回路或合并单元检修前，相关保护装置应处于信号状态。

（2）合并单元检修工作开展前，应将采集该合并单元采样值（电压、电流）的相关保护装置改接信号状态。

（3）智能终端检修工作开展前，应将相关保护装置改接信号或调整采集该智能终端的开入（断路器、隔离开关位置）的相关保护装置状态，并提醒检修工作人员退出相应的智能终端出口压板。

（4）保护装置检修工作开展前，应将该保护装置改接信号且与之相关的运行中保护装置的 GOOSE 接收软压板（失灵启动压板等）退出。

（5）一次设备停役情况下，在相关电压、电流回路或合并单元检修前，必须退出运行中的线路（3/2 接线）、主变压器、母差保护对应的 SV 压板、开入压板（失灵启动压板等），应按以下操作顺序执行安措：

1）退出运行保护装置中与检修合并单元相关的 SV 软压板。

2）退出运行保护装置中相关的失灵、远跳（或远传）等 GOOSE 接收软压板。

3）投入运行保护装置中对应的检修边（中）断路器置检修软压板（3/2 接线）。

4）退出检修保护装置中与运行设备相关的跳闸、启动失灵、重合闸等 GOOSE 发送软压板。

（6）一次设备送电时，智能变电站继电保护系统投入运行，应按以下操作顺序恢复安措：

1）投入检修保护装置中与运行设备相关的跳闸、启动失灵、重合闸等 GOOSE 发送软压板。

2）退出运行保护装置中对应的检修边（中）断路器置检修软压板（3/2 接线）。

3）投入运行保护装置中相关的失灵、远跳（或远传）等 GOOSE 接收软压板。

4）投入运行保护装置中与检修合并单元相关的 SV 软压板。

5. 异常处理

（1）变电站智能设备异常及事故处理原则上应按上级调控、运检相关规范及变电站现场运行专用规程执行。

（2）双重化配置二次设备或智能组件单一装置异常情况时，运检人员可采取下列应急处置方式：

1）保护装置异常时，投入装置检修压板，重启装置一次。

2）智能终端异常时，退出出口硬压板，投入装置检修压板，重启装置一次。

3）间隔合并单元异常时，相关保护退出（改信号）后，投入合并单元检修压板，重启装置一次。

4）网络交换机异常时，现场重启一次。

上述装置重启后，若异常消失，将装置恢复到正常运行状态；若异常未消失，应保持该装置重启后状态，并申请停役相关二次设备，必要时申请停役一次设备。

（3）根据变电站智能设备的功能特点，智能设备异常及事故处理应遵循以下主要原则：

1）单套配置的合并单元异常或故障时，原则上应将对应的一次设备改为冷备用或检修，并调整母线保护（退出母线保护相应间隔 SV 接收软压板、失灵启动压板等）以及其他受影响保护装置。现场在征得调度同意后，可尝试重启，重启原则参照异常处理规定（2）。

2）双套配置的合并单元单台异常或故障时，应退出采集该合并单元采样值（电压、电流）的相关保护装置。

3）单套配置的智能终端异常或故障时，原则上应将对应的一次设备改为冷备用或检修，并调整母线保护（退出母线保护相应间隔 SV 接收软压板、失灵启动压板等）以及其他受影响保护装置。现场在征得调度同意后，可尝试重启，重启原则参照异常处理规定（2）。

4）双套配置的智能终端的单台异常或故障时，应退出相应的智能终端出口压板，同时调整受智能终端影响的相关保护设备。

5）保护装置异常或故障时应申请停用相应保护装置，当无法通过退软压板停用保护时，应采用其他措施，必要时断开保护装置电源，并联系二次专业人员检查处理，但不得影响其他保护设备的正常运行。

6）双重化配置的两套保护装置及其合并单元、智能终端不应交叉停运，避免保护功能失去；有逻辑回路联系的双重化配置保护装置不应交叉停运，避免失灵、重合闸等功能失去，否则，应考虑一次设备陪停。

7）双重化配置的合并单元、智能终端、保护装置双套均发生故障时，应立即向有关调度汇报，必要时可申请将相应间隔停电，并及时通知检修人员处理。

8）3/2 接线方式，双套配置母线电压互感器合并单元，单套异常或故障时，配置有双套测控的厂站应切换至另一套测控为主用；单配置母线电压互感器合并单元异常或故障时，按母线电压互感器异常或故障处理。

9）双母线接线方式，保护采用线路压变，母线电压互感器合并单元异常或故障时，应向调度申请对应的母差保护停用或其他措施。

10）双母线接线方式保护双重化配置时，保护采用母线压变，双套配置的母线电压互感器合并单元，单套异常或故障时，应向调度申请对应的母差保护退出，并根据现场情况退出线路、主变后备功能。若线路、主变后备保护无法单独退出，则申请退出整套保护。

11）110kV 及以下双母线接线方式保护单套配置时，若保护采母线电压，保护对应的母线电压合并单元异常或故障时，应视作所有单套配置的保护装置失压，必要时向调度申请将受影响的一次设备陪停。

12）按间隔配置的交换机故障，当不影响保护正常运行时（如保护采用直采直跳方式）可不停用相应保护装置；当影响保护装置正常运行时（如保护采用网络跳闸方式），应视为失去对应间隔保护，应停用相应保护装置，必要时停运对应的一次设备。

13）公用交换机异常和故障若影响保护正确动作，应申请停用相关保护设备，当不影响保护正确动作时，可不停用保护装置。

14）间隔交换机异常时影响本间隔（本串）保护之间的失灵、远跳和闭重功能以及主变压器保护联跳母联或分段断路器、3/2 接线断路器保护失灵跳相邻开关等组网跳闸功能。双重化配置单套交换机异常时，应及时汇报调度；双套失灵功能失去时，应向调度申请一次设备陪停。

第二节　智能变电站事故及异常实例

一、某智能站 2 号主变压器光电流互感器光电模块故障

某年 9 月 24 日，某智能站现场发现 2 号主变压器 A 套光电流互感器（编号为 L100092）B 相状态字异常，输出数据无效。抢修人员对问题初步排查，将该套产品的 A、B 两相光电模块互换，此状态下测得 B 相工作正常，A 相工作异常且与 B 相故障相同，因此可以排除光纤敏感环及传输光缆的问题，故障定位在 B 相的光电模块上。随后厂家人员对该互感器 B 相进行了检修，进一步确认该相光电流互感器的光电模块出现了故障，并更换故障光电模块，加电后该互感器工作正常。

故障光电模块返厂后，厂家技术人员对该光电模块进行认真分析和验证，发现该模块光路光纤耦合器失效，并委托某光学检测中心对失效耦合器进行微观检测分析，确认该保偏光纤耦合器尾纤断裂，致使光路断开，并最终导致互感器输出异常。

光纤耦合器从电流互感器上拆卸下后，对故障耦合器进检查分析。耦合器外观如图 16-4 所示。对故障耦合器进行通红光检查，3 端漏光严重，表明耦合器尾纤 3 断裂损坏。

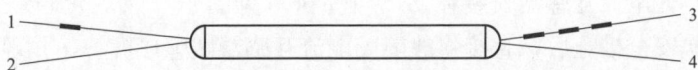

图 16-4　耦合器外观

二、某智能站 220kV 母联光电流互感器光电模块故障

某年 9 月 20 日，某智能站 220kV 母联合并单元 B 套告警，"采样异常"灯亮，并

从自检报文中看到"串口 0 未接收到有效数据";220kV 母联保护 B 套频繁报"采样数据异常"并复归,一段时间后"采样数据异常"不能复归;220kV 母线保护 B 套频繁报"支路 1 通道 1 采样数据异常"并复归,与母联保护相同,一段时间后"支路 1 通道 1 采样数据异常"不能复归,保护闭锁。220kV 母线保护 A 套和母联保护 A 套没有异常报文。

9 月 21 日,检修人员与厂家人员通过分析确认是 220kV 母联光电流互感器的 B 相 AD1 光电模块故障,需要更换光学模块才能解决。9 月 22 日,检修人员、运行人员及厂家人员一起,更换故障光电模块。更换后,光电流互感器数据恢复正常,检修人员与厂家人员对光电流互感器极性和精度进行了校核。

故障光电模块返厂后,厂家进行仔细盘查后发现,电路的信号转换组件在焊接过程中存在工艺缺陷,在高温、高湿的条件下激发绝缘阻值降低的故障,这属于生产工艺问题。

三、某智能站 220kV 母联光电流互感器敏感环故障

某年 11 月 20 日,某站 220kV 母联第二套保护频繁报"采样异常"动作、复归,并且告警动作后很短时间就复归。现场检查发现,母联第二套合并单元报"串口 0 未接收有效数据"发生、恢复,母联第二套保护报"采样异常"动作、返回,第一套和第二套母线保护为有异常报警。通过报文记录分析仪对记录的报文分析发现,母联第二套合并单元发出数据中 B 相 AD1 数据会频繁出现一个点的无效,并马上恢复有效。因此,判断为母联光电流互感器第二套 B 相 AD2 数据无效导致上述告警信号。由于母联保护接收到一个无效采样数据后就闭锁保护并且报"采样异常",因此会频繁出现上述"采样异常"动作、复归;母线保护仅接收到一个和两个无效采样数据时,并不闭锁保护,也不发出告警信号,只有连续接收到三个以上无效数据才会闭锁保护并报"采样异常",因此,母联合并单元仅发出一个无效采样数据时,母线保护正常运行,并闭锁,也不告警。

11 月 21 日厂家人员初步判断为光电流互感器光电模块故障,并对光电模块进行了更换。更换后,短时间没有上述"采样异常"的告警,但长时间后又频繁报出上述告警信号,故障问题未解决。

11 月 22 日,厂家人员对程序进行了升级,升级后未报上述告警信号。同时,厂家人员用时域发射测试仪检查光电流互感器传输光缆和敏感环有无光纤断点或薄弱点,检查发现,在故障光电流互感器的敏感环内存在光纤薄弱点,存在安全隐患,因此虽然数据目前已恢复有效,但仍需对光纤敏感环更换。

考虑到现场光电流互感器安装在 GIS 气室外(见图 16-5),停母联断路器并做好相应一次和二次安全措施后,直接将故障光电流互感器敏感环拆解,并现场重新绕制一个光电流互感器敏感环,将影响减小到了最小。

四、某智能变电站 110kV 母差保护异常实例

1. 异常现象

2023 年 02 月 13 日,监控告某智能变电站 110kV 母线保护装置故障,110kV 母线

保护装置 A 网通信中断，接于 110kV 两段母线上的设备间隔均发"智能终端 GOOSE 链路中断"信号。

2. 处理过程

值班员立刻赶至现场进行检查，发现 110kV 母差保护装置失电。同时，接于两段母线上的 110kV 设备间隔"智能终端 GOOSE 链路中断"光字牌亮。

图 16-5 220kV 母联光电流互感器安装方式

发现此故障现象后，值班员立即将以上检查情况向班长和专职汇报，并向调度申请停用 110kV 母差保护。但由于母差保护装置失电，运维人员在停用 110kV 母差保护时无法在后台遥控母差保护相关软压板，故采取断开母差保护装置电源的形式将母差保护退出运行。

检修至现场后，通过拔光纤的形式隔离母差保护，然后试送电进行检查。经检修至现场检查后判断母差保护装置电源板故障，导致母差保护装置失电，从而使接于 110kV 两段母线上的设备间隔均发智能中断 GOOSE 告警信号。另外，正常情况下 110kV 母线发生故障时，110kV 母差保护动作将闭锁备自投装置，但此时 110kV 母差保护停用，当 110kV 母线发生故障时备自投装置将动作使系统合于故障。按调度目前新的定值单整定要求思路，在 110kV 母差保护停用时，备自投装置应陪停，故此时向调度申请将 110kV 备自投停用。备自投定值单实例如图 16-6 所示。

> 1. 仅当 7E7、7E8 均为进线运行时，自投启用，否则自投停用。
> 2. 采用 110kV 备自投采用进线及分段备投方式，110kV 母差保护动作、手分 110kV 开关均闭锁自投。
> 3. 未列参数现场常规设置，未用保护退出，未设定值按最不易动作设置。
> 4. 110kV 母差保护停用，则 110kV 备自投陪停。

图 16-6 110kV 备自投定值单要求

2 月 14 日 22 时，检修压上母差保护装置置检修压板，更换母差保护装置电源板后，重启装置；同时，运维人员将保护装置所有出口压板取下，执行 110kV 母差保护停用的操作，确认无异常后，检修人员将检修压板取下，并将光纤复原。

随后值班员向调度申请将 110kV 母差保护及备自投启用。

母差保护装置型号：LCS-6679；生产厂家：××有限公司；出厂日期：2018-04-01；投运日期：2018-11-28。

3. 异常分析

由于母差保护装置电源板故障，使得保护装置失电，导致母差保护实际处于停运状态，母差保护开出至两段母线上 110kV 间隔智能终端的跳闸 GOOSE 链路发生中断，故相应间隔智能终端发 GOOSE 链路中断信号。

由于母差保护处于停运状态，此时若母线发生故障，将由上级线路保护带时限跳闸，使得故障母线失电，而 110kV 备自投装置检测到故障母线失电无压、进线开关无流，且无备自投闭锁信号开入，110kV 备自投将动作合上分段 710 开关，使运行母线合至故障母线，将引起运行母线误跳闸，最终将引起全站失电。因此为了避免以上事故发生，应将 110kV 备自投停用。

4. 注意事项

(1) 智能变电站智能设备发生异常时，可能伴随较多的异常告警信号，运维人员应注意异常信号区分和分析，寻找告警信号的根本原因。

(2) 智能站保护装置发生死机、失电等异常时，运维人员无法操作软压板来实现装置停用操作，此时应采取断开装置电源的方式将异常设备隔离，且不能再次试送。

(3) 按调度目前新的定值单整定要求思路，为防止 110kV 母差保护停用下，110kV 母线发生故障时备自投误动，在 110kV 母差保护停用时，备自投装置应陪停。

(4) 检修至现场后，应通过拔光纤的形式隔离母差保护，并投入装置检修压板；装置修复上电后，应先将装置出口软压板取下，然后再将光纤复原、检修压板取下。

五、某 220kV 智能变电站 10kV 洪明 151 断路器无法远方操作异常实例

1. 异常现象

2022 年 12 月 12 日，监控告某 220kV 智能变电站 10kV 洪明 151 线保护装置通信中断，保护装置异常等信号（见图 16-7）。值班员至现场检查后，后台洪明 151 遥信位置失去，洪明 151 网络 A、网络 B 通信故障告警，发保护装置通信中断信号；现场洪明 151 线保测装置电源低压断路器跳开，RCS-9611C 线路保测装置失电。

图 16-7　洪明 151 线路保测装置

图 16-8　洪明 151 开关柜内部低压断路器

2. 处理过程

值班员检查发现洪明 151 线保测装置电源低压断路器跳开后，随即试送装置电源低压断路器，试送不成，于是立即汇报班长与专职，联系检修处理（见图 16-8）。

由于 RCS-9611C 为保测一体装置，因此装置失电后，无法远方遥控操作开关分合闸且开关无保护运行，故立即汇报调度，由调度安排负荷转移。

洪明 151 断路器负荷完全转移后，检修人员现场处理时，退出保护重合闸出口压板，然后检修现场对断路器进行分闸。最终，经检修检查判断为 RCS-9611C 保测装置内部短路，更换电源板后装置电源低压断路器试送成功，保测装置恢复正常。

3. 异常分析

保测一体装置在装置失电后，将导致开关无法远方遥控操作，且开关将失去保护运

行，此时应立即告知调度，并联系检修处理。

4. 注意事项

保测一体装置故障、单套配置的智能终端故障等异常，将导致开关无法远方遥控操作，且开关将失去保护运行。保测一体装置通讯中断、测控装置至智能终端的GOOSE断链、测控装置通信中断、测控装置故障等缺陷，将导致开关无法远方遥控操作。

对于此类断路器无法远方遥控操作的缺陷，运维人员处理过程中应注意：

(1) 当站端无法遥控操作断路器时，运维人员应向调度反馈，建议调度转监控尝试主站遥控操作；当监控主站无法遥控操作断路器时，监控人员应向调度反馈，建议调度转现场运维人员尝试站端遥控操作。

(2) 运维人员严禁就地操作开关，及时向调度反馈异常造成的影响，并联系检修处理。

(3) 若需开关停役进行处理，应向调度申请转移负荷，待断路器空载后，检修现场通过就地分闸开关、紧急分闸按钮或短接分闸回路等方式，使开关分闸。注意：除采用就地分合闸控制开关进行分闸外，其余分闸方式应先将保护装置重合闸停用。

(4) 紧急情况下，若调度急需拉开该开关，需经中心及设备部同意后，在断路器空载状态下，运维人员可就地通过断路器控制开关进行分闸操作。任何情况下严禁运维人员就地执行断路器合闸操作。

第三节 智能变电站事故及异常训练

1. 智能装置

(1) 合并单元装置告警。此信号产生可能由于合并单元程序判断装置本身运行状态不正确，或是一些逻辑判断条件不满足，判断错误。

(2) 合并单元装置故障。由于装置硬件或软件故障导致装置死机或启动不了的情况下会发出此信号。

(3) 合并单元装置远方。对于支持母线电压并列/解列遥控操作的合并单元，装置远方表示可远方操作。

(4) 采集器（互感器异常）。表明送出的采样值通道出现无效数据，将引发相关保护的"采样数据异常"告警。具体可由现场确定故障后停用保护或相关保护功能。

(5) 对时异常或采样失步。对时异常或采样失步将影响网络采样的自动化设备（如测控、PMU、故障录波器等），采用直采模式的继电保护不受时钟异常和采样失步的影响，应可正常运行。

(6) 智能终端告警。智能终端告警由以下几个原因导致：

1) 任一开入插件上的光耦电源监视失电。

2) 智能操作回路插件上的控制回路电源监视失电。

3) 由开入插件采集到断路器操作机构压力异常，包括跳闸压力低、重合闸压力低、合闸压力低或操作压力低。

4）GOOSE 网络异常，包括 GOOSE 断链、配置错误、网络风暴等。

5）总线启动信号异常，指检测启动信号的逻辑值与其实际电平不一致，是装置内部硬件错误。

6）GOOSE 输入命令长期有效，指装置接收到 GOOSE 跳合闸命令长期动作，可能是保护长期动作或 GOOSE 信号接收异常。

处理：通知现场运维班检查智能终端运行是否正常，通过装置前面板的串口，使用液晶面板仿真软件进行查看，需手动复归。

（7）智能终端闭锁。此信号一般由于板卡配置错误，定值超范围，总线信号异常，硬件损坏等原因发出。

2. 保护直采信号

（1）某 220kV 线第一套线路保护采样数据无效（告警类别：B）。

触发原因：合并单元 A 至 931 线路保护无有效数据进入采样环节的情况，光纤损坏，电压或电流采样无效均会发此信号，可结合其他光字判断具体故障，是非常重要的信号，会闭锁保护，由第一套线路保护发出。

处理：通知现场运维班检查合并单元 A、931 保护运行是否正常，相关光纤回路是否损坏，若保护装置被闭锁，应汇报调度，停用相关保护。

（2）某 220kV 线第一套线路保护 SV 链路异常（告警类别：B）。

触发原因：合并单元 A 至 931 线路保护点对点采样数据链路中断，保护无采样，可判断为光纤损坏，会闭锁保护，由第一套线路保护装置报出。

处理：通知现场运维班检查合并单元 A、931 保护运行是否正常，相关光纤回路是否损坏，若保护装置被闭锁，应汇报调度，停用相关保护。

（3）某 220kV 线第一套线路保护电流采样无效（告警类别：B）。

触发原因：合并单元 A 至 931 线路保护用于故障计算的电流 AD1 数据无效，会闭锁保护，由第一套线路保护发出。

处理：通知现场运维班检查合并单元 A、931 保护运行是否正常，若保护装置被闭锁，应汇报调度，停用相关保护。

（4）某 220kV 线第一套线路保护启动电流采样无效（告警类别：B）。

触发原因：合并单元 A 至 931 线路保护用于启动的电流 AD2 数据无效，会闭锁保护，由第一套线路保护发出。

处理：通知现场运维班检查合并单元 A、931 保护运行是否正常，若保护装置被闭锁，应汇报调度，停用相关保护。

（5）某 220kV 线第一套线路保护电压采样无效（告警类别：B）。

触发原因：合并单元 A 至 931 线路保护用于故障计算的电压 AD1 数据无效，会闭锁带方向保护，由第一套线路保护发出。

处理：通知现场运维班检查合并单元 A、931 保护运行是否正常，若保护装置被闭锁，应汇报调度，停用相关保护。

（6）某 220kV 线第二套线路保护采样中断（告警类别：B）。

触发原因：合并单元 B 至 103 线路保护点对点采样数据链路中断，保护无采样，可以判断为光纤损坏，会闭锁保护，由第二套线路保护发出。

处理：通知现场运维班检查合并单元 B、103 保护运行是否正常，相关光纤回路是否损坏，若保护装置被闭锁，应汇报调度，停用相关保护。

（7）某 220kV 线第二套线路保护 I_a 数据通道无效（告警类别：B）。

触发原因：合并单元 B 至 103 线路保护用于故障计算的 A 相电流 AD1 数据无效，会闭锁保护，由第二套线路保护发出。

处理：通知现场运维班检查合并单元 B、103 保护运行是否正常，若保护装置被闭锁，应汇报调度，停用相关保护。

（8）某 220kV 线第二套线路保护 I_{ar} 数据通道无效（告警类别：B）。

触发原因：合并单元 B 至 103 线路保护用于启动的 A 相电流 AD2 数据无效，会闭锁保护，由第二套线路保护发出。

处理：通知现场运维班检查合并单元 B、103 保护运行是否正常，若保护装置被闭锁，应汇报调度，停用相关保护。

（9）某 220kV 线第二套线路保护 U_a 数据通道无效（告警类别：B）。

触发原因：合并单元 B 至 103 线路保护用于故障计算的电压 AD1 数据无效，会闭锁带方向保护，由第二套线路保护发出。

处理：通知现场运维班检查合并单元 B、103 保护运行是否正常，若保护装置被闭锁，应汇报调度，停用相关保护。

（10）某 220kV 线第二套线路保护 U_x 数据通道无效（告警类别：B）。

触发原因：合并单元 B 至 103 线路保护 V 母同期电压数据无效，V 母母线电压 AD1 数据无效或母线电压级联光纤损坏，会导致三重检同期不过，由第二套线路保护发出。

处理：通知现场运维班检查合并单元 B、103 保护运行是否正常，相关光纤回路是否损坏。

（11）某 220kV 线第二套线路保护 U_{x2} 数据通道无效（告警类别：B）。

触发原因：合并单元 B 至 103 线路保护 Ⅵ 母同期电压数据无效，Ⅵ 母母线电压 AD1 数据无效或母线电压级联光纤损坏，会导致三重检同期不过，由第二套线路保护发出。

处理：通知现场运维班检查合并单元 B、103 保护运行是否正常，相关光纤回路是否损坏。

3. 保护直跳信号

（1）某 220kV 线第一套线路保护与第一套智能终端 GOOSE 断链（告警类别：B）。

触发原因：由于智能终端 A 至 931 保护的光纤损坏，导致 931 保护收不到断路器位置、隔离开关位置和操作箱闭重信号。

处理：通知现场运维班检查智能终端 A、931 保护运行是否正常，若保护装置被闭锁，应汇报调度，停用相关保护。

（2）某 220kV 线第一套智能终端与第一套线路保护 GOOSE 断链（告警类别：B）。

触发原因：由于 931 保护至智能终端 A 的光纤损坏，导致 931 保护的跳闸和重合闸命令无法出口。

处理：通知现场运维班检查智能终端 A、931 保护运行是否正常，若保护装置被闭锁，应汇报调度，停用相关保护。

（3）220kV Ⅴ/Ⅵ母第一套母差与Ⅴ/Ⅵ母联第一套智能终端 GOOSE 接收中断（告警类别：B）。

触发原因：由于智能终端 A 至 5，6M 母线第一套母差保护装置的光纤损坏，导致母差保护收不到断路器位置信号。

处理：通知现场运维班检查智能终端 A、5，6M 母线第一套母差保护运行是否正常，若保护装置被闭锁，应汇报调度，停用相关保护。

（4）220kV Ⅴ/Ⅵ母联第一套智能终端与 220kV Ⅴ/Ⅵ母第一套母差保护 GOOSE 断链（告警类别：B）。

触发原因：由于 5，6M 母线第一套母差保护装置至智能终端 A 的光纤损坏，导致母差保护发出的三跳闭重命令无法出口。

处理：通知现场运维班检查智能终端 A、5，6M 母线第一套母差保护运行是否正常，若保护装置被闭锁，应汇报调度，停用相关保护。

4. 保护组网信号

（1）某 220kV 线第一套线路保护与 220kV Ⅴ/Ⅵ母第一套母差保护 GOOSE 断链（告警类别：B）。

触发原因：由于 5，6M 母线第一套母差保护装置至 931 线路保护的光纤损坏或者交换机故障，导致线路保护收不到远跳和闭重信号。

处理：通知现场运维班检查 931 保护、5，6M 母线第一套母差保护运行是否正常，光纤是否损坏，交换机是否故障，若保护装置被闭锁，应汇报调度，停用相关保护。

（2）220kV Ⅴ/Ⅵ母第一套母差保护某 220kV 线第一套线路保护 GOOSE 接收中断（告警类别：B）。

触发原因：由于 931 线路保护至 5，6M 母线第一套母差保护装置的光纤损坏或交换机故障，导致母差保护收不到启动线路开关失灵信号。

处理：通知现场运维班检查 931 保护，5、6M 母线第一套母差保护运行是否正常，光纤是否损坏，交换机是否故障，若保护装置被闭锁，应汇报调度，停用相关保护。

（3）220kV Ⅴ/Ⅵ母第一套母差与Ⅶ/Ⅷ母第一套母差保护 GOOSE 接收中断（告警类别：B）。

触发原因：由于 7、8M 母线第一套母差保护至 5、6M 母线第一套母差保护装置的光纤损坏或交换机故障，导致母差保护收不到外部启动分段失灵信号。

处理：通知现场运维班检查 7、8M 母线第一套母差保护、5、6M 母线第一套母差保护运行是否正常，光纤是否损坏，交换机是否故障，若保护装置被闭锁，应汇报调度，停用相关保护。

（4）220kV Ⅴ/Ⅵ母第一套母差保护 220kV Ⅴ/Ⅵ母联第一套保护 GOOSE 接收中断（告警类别：B）

触发原因：由于 5、7M 母联第一套保护至 5、6M 母线第一套母差保护装置的光纤损坏或者交换机故障，导致母差保护收不到母联充电启动失灵信号。

处理：通知现场运维班检查 5、7M 母联第一套保护、5、6M 母线第一套母差保护运行是否正常，光纤是否损坏，交换机是否故障，若保护装置被闭锁，应汇报调度，停用相关保护。

5．测控网采网跳信号

（1）某 220kV 线测控与合并单元 A 通信中断（告警类别：B）。

触发原因：由于合并单元 A 至某 220kV 线测控装置的光纤损坏或交换机故障，导致无遥测，隔离开关被闭锁。

处理：通知现场运维班检查合并单元 A、某 220kV 线测控装置运行是否正常，光纤是否损坏，交换机是否故障。

（2）某 220kV 线测控与第一套智能终端通信中断（告警类别：B）。

触发原因：由于第一套智能终端至某 220kV 线测控装置的光纤损坏或交换机故障，导致无法遥控。

处理：通知现场运维班检查第一套智能终端、某 220kV 线测控装置运行是否正常，光纤是否损坏，交换机是否故障。

（3）某 220kV 线第一套智能终端与线路测控 GOOSE 断链（告警类别：B）。

由于某 220kV 线测控装置至第一套智能终端的光纤损坏或者交换机故障，导致无遥信，跨间隔"五防"可能受影响。

处理：通知现场运维班检查第一套智能终端、某 220kV 线测控装置运行是否正常，光纤是否损坏，交换机是否故障。

6．电子互感器采集

（1）某 220kV 线合并单元 AOCT 电气单元 1 链路异常（告警类别：B）。

触发原因：由于 OCT 电气单元 1 至合并单元 A 的光纤损坏，导致合并单元接收电流数据 AD1 链路中断，合并单元的输出数据被置 0，为无效，闭锁相应保护。

处理：通知现场运维班检查合并单元 A、931 保护运行是否正常，相关光纤回路是否损坏，若保护装置被闭锁，应汇报调度，停用相关保护。

（2）某 220kV 线合并单元 AOPTA 相电气单元链路异常（告警类别：B）。

触发原因：由于 A 相 OPT 电气单元 1 至合并单元 A 的光纤损坏，导致合并单元接收电压 A 相数据链路中断，合并单元的输出数据被置 0，为无效，闭锁相应保护。

处理：通知现场运维班检查合并单元 A、931 保护运行是否正常，相关光纤回路是否损坏，若保护装置被闭锁，应汇报调度，停用相关保护。

（3）某 220kV 线合并单元 AOCT 电气单元 1 数据无效（告警类别：B）。

触发原因：由于 OCT 电气单元 1 至合并单元 A 的光纤链路异常，电气单元光电模块故障，电气单元柜低压断路器跳闸，导致合并单元用于故障计算的电流 AD1 发生数据无效，合并单元报装置异常，发出的数据故障相有效位变为 1，相应保护被闭锁。

处理：通知现场运维班检查合并单元 A、931 保护运行是否正常，相关光纤回路是否异常，若保护装置被闭锁，应汇报调度，停用相关保护。

（4）某 220kV 线合并单元 AOPTA 相电气单元数据无效（告警类别：B）。

触发原因：由于 A 相 OPT 电气单元 1 至合并单元 A 的光纤链路异常，电气单元光电模块故障，电气单元柜低压断路器跳闸，导致合并单元用于故障计算的电压 AD1 发生数据无效，合并单元报装置异常，发出的数据故障相有效位变为 1，相应保护被闭锁。

处理：通知现场运维班检查合并单元 A、931 保护运行是否正常，相关光纤回路是否异常，若保护装置被闭锁，应汇报调度，停用相关保护。

第十七章

典型二次回路实例

一、断路器回路图

1. 断路器操作回路（见图 17-1）

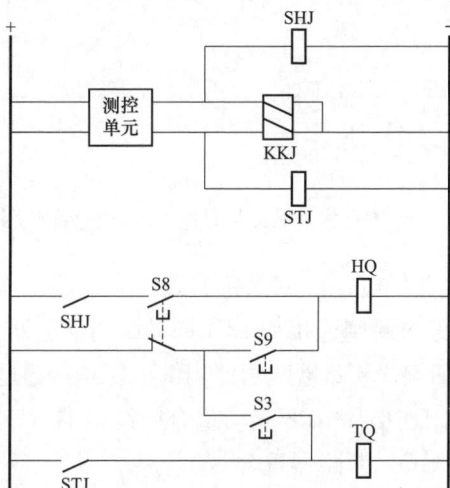

图 17-1 断路器操作回路

释义：在后台机或测控屏上操作断路器时，需要将断路器机构箱中的切换开关 S8 切至"远方"位置，其动合触点闭合，动断触点打开。在测控单元中有断路器分合的动合触点，当合断路器时，测控装置中的合闸动合触点闭合，使操作箱中的 SHJ（手合）继电器得电，其动合触点闭合带动断路器本体中的 HQ（合闸）继电器，使断路器进行合闸。同样当遥控分闸时，操作箱中的 STJ（手跳）继电器得电，其动合触点闭合带动断路器本体中的 TQ（跳闸）继电器，使断路器进行分闸。当需要在断路器机构箱中进行分闸时，将断路器机构箱中的切换开关 S8 切至"就地"位置，其动合触点打开，动断触点闭合，断开远方操作回路，沟通就地操作回路。在断路器机构箱中按分闸按钮 S3 或合闸按钮 S9 即可实现断路器的就地分合闸。

在图 17-1 中，KKJ 是合后继电器，当在后台机或测控屏手动操作以后，KKJ 继电器动作，若保护动作跳闸或重合闸动作合断路器后，KKJ 继电器不会动作，因此可通过该继电器的接点对重合闸回路进行放电，实现手动分合断路器闭锁重合闸。

2. 分合闸自保持、保护跳闸、自动重合闸及防跳回路（见图 17-2）

释义：为了在手动分合闸或保护、重合闸动作后，断路器能够得到持续脉冲，使断路器能够完成分合闸的动作过程，因此在断路器的分合闸回路中增加了自保持继电器 TBJ、HBJ。如手合断路器时，当 SHJ 动合触点闭合，HBJ 继电器动作，HBJ 动合触

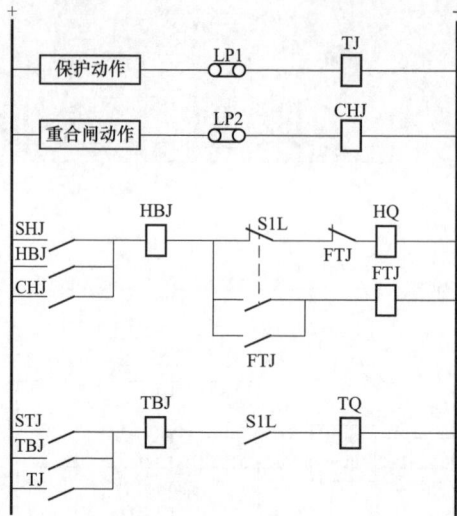

图 17-2　分合闸自保持、保护跳闸、自动重合闸及防跳回路

点闭合，继续对 HBJ 继电器供电，形成保持回路。当线路上有故障时，继电保护经过逻辑判断后进行出口，并经过跳闸连接片 LP1 起动跳闸继电器 TJ，TJ 继电器的动合触点闭合，起动分闸继电器 TQ，断路器跳闸。当继电保护经过逻辑判别需要断路器重合时进行出口，并经过重合闸连接片 LP2 起动重合闸继电器 CHJ，CHJ 继电器的动合触点闭合，起动合闸继电器 HQ，断路器重合。

断路器防跳回路是为了避免断路器手合于故障时，若合闸脉冲较长时，会发生断路器合闸、跳闸、再合闸、再跳闸的重复跳跃过程。因此为了避免此种情况，增加了断路器防跳回路。当断路器合闸后，合闸回路中的断路器动断辅助触点 S1L 打开，动合辅助触点 S1L 闭合，接通防跳继电器 FTJ，使其动合触点 FTJ 闭合，并对 FTJ 继电器进行保持，同时打开动断触点 FTJ，此时就将合闸回路断开，即使手合于故障，断路器跳闸后，合闸脉冲一直保持，也不能再进行合闸了。因此一般在验证断路器防跳回路时，可以一人在测控屏上将断路器的分合闸切换开关切至合后位置，一人进行保护搭跳，若断路器没有再合上，则说明回路是正确的。

3. 断路器分、合闸的监视回路（见图 17-3）

释义：断路器正常运行时，可通过相应的指示灯判断断路器的分、合闸回路是否完善。一般使用跳闸位置继电器 TWJ 来指示合闸回路，使用合闸位置继电器 HWJ 来指示分闸回路。当断路器在分位，准备合断路器时，其断路器的动断辅助触点 SIL 接通，跳闸位置继电器 TWJ 得电，其动合接点可以点亮分位绿灯；当合断路器时，SHJ 或 CHJ 动合辅助触点闭合时，当断路器合上后，断路器的动断辅助触点 SIL 断开，TWJ 继电器失电，绿灯熄灭；同时分闸回路中的动合辅助触点 SIL 接通，使合闸位置继电器 HWJ 得电，其动合触点可以点亮合位红灯。当断路器分闸时，其过程相反，红灯熄灭，绿灯点亮。断路器在合位时，红灯亮，指示分闸回路完好；断路器在分位时，绿灯亮，指示合闸回路完好。

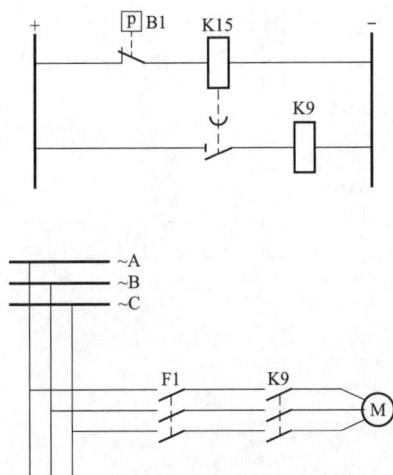

图 17-3　断路器分、合闸的监视回路

4. 液压机构油泵打压控制回路（见图 17-4）

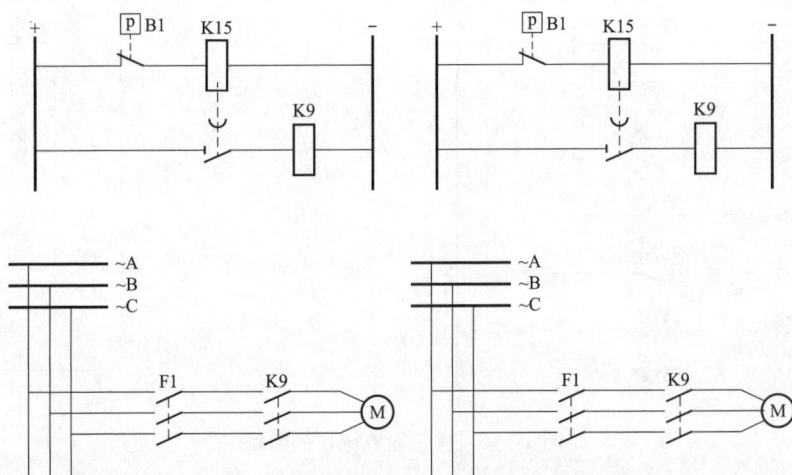

图 17-4　液压机构油泵打压控制回路

释义：当液压操作机构的压力继电器 B1 降低到打泵压力时，其触点闭合，K15 继电器得电，其动合辅助触点立即闭合，并起动 K9 继电器。当 F1 交流低压断路器合上，K9 继电器的动合触点闭合，起动电动机进行打压。当压力上升至停泵压力时，B1 继电器的触点打开，K15 继电器失电，其动合辅助触点延时 3s 打开，K9 继电器失电，其动合触点断开，电动机停止运转。

5. 操作箱电压切换回路（见图 17-5）

释义：电压切换回路有两种继电器，①普通继电器：继电器得电时，辅助触点动作，失电时，辅助触点复归；②磁保持继电器：继电器 A 端得电时，辅助触点动作，失电时，辅助触点不复归，只有当继电器 B 端得电时，辅助触点复归。

隔离开关可以提供一动合、一动断两对辅助触点。当线路接在 I 母上时，I 母隔离开关的动合辅助触点闭合，1YQJ1、1YQY2、1YQJ3 继电器动作，1YQJ4、1YQJ5、

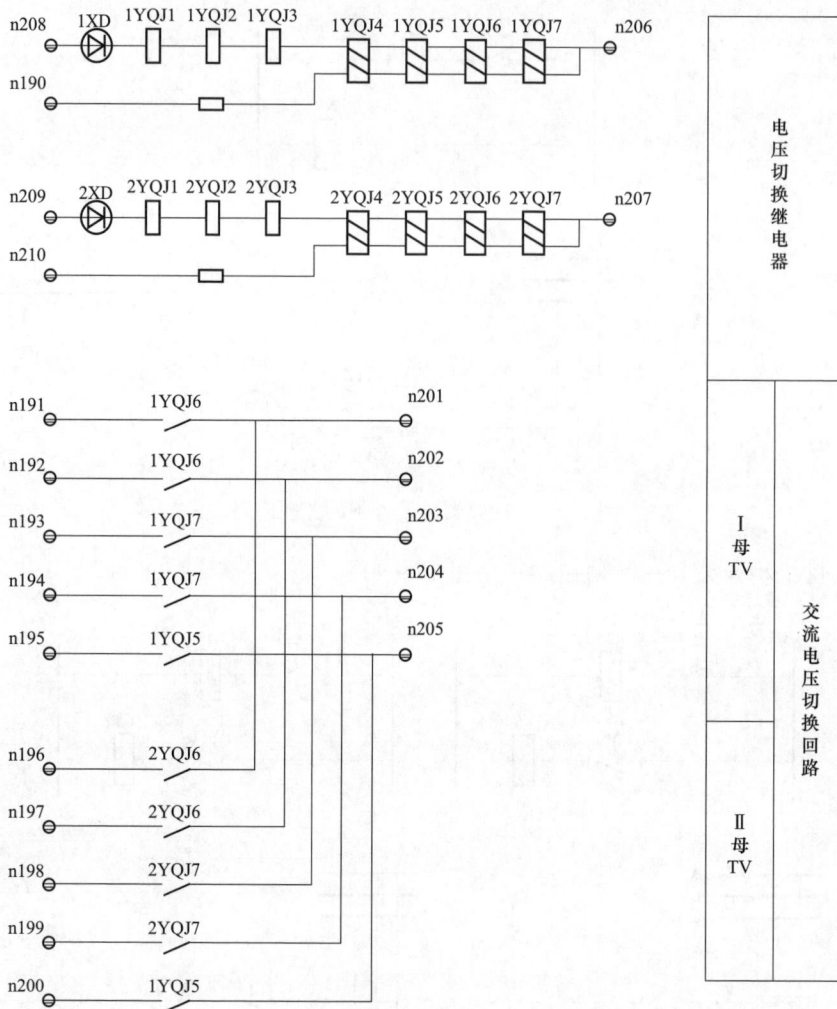

图 17-5　操作箱电压切换回路

1YQJ6、1YQJ7 磁保持继电器也动作且自保持。Ⅱ母隔离开关的动断触点将 2YQJ4、2YQJ5、2YQJ6、2YQJ7 复归，此时，1XD 亮，指示保护装置的交流电压由Ⅰ母 TV 接入；当线路接在Ⅱ母上时，Ⅱ母隔离开关的动合辅助触点闭合，2YQJ1、2YQJ2、2YQJ3 继电器动作，2YQJ4，2YQJ5、2YQJ6、2YQJ7 磁保持继电器动作且自保持。Ⅰ母隔离开关的动断触点将 1YQY4、1YQJ5、1YQJ6、1YQJ7 复归，此时 2XD 亮，指示保护装置的交流电压由Ⅱ母 TV 接入。当两组隔离开关均闭合时，则 1XD、2XD 均亮，指示保护装置的交流电压由Ⅰ、Ⅱ母 TV 提供。若操作箱直流电源消失，则自保持继电器接点状态不变，保护装置不会失压。

6. 其他信号回路

(1) 控制回路断线如图 17-6 所示。

释义：在断路器的分合闸监视回路中，可以串接多个合闸位置继电器、跳闸位置继电器，通过继电器的辅助触点实现其他信号的监视。图 17-6 使用断路器合闸回路中的跳位继电器动断辅助触点 3TWJ 与断路器第一组跳闸回路中的合位继电器动断辅助触点 11HWJ 先单相串联再三相并联，实现断路器第一组控制回路的监视。同样，使用断路器合闸回路中的跳位继电器动断辅助触点 3TWJ 与断路器第二组跳闸回路中的合位继电器动断辅助触点 21HWJ 先单相串联再三相并联，实现断路器第二组控制回路的监视。

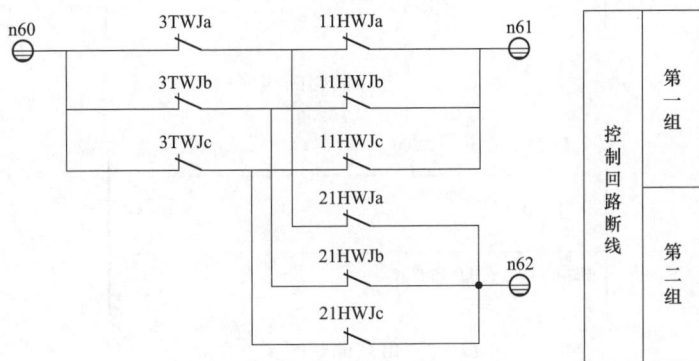

图 17-6　控制回路断线

当断路器在合位时，跳位继电器 3TWJ 失电，其动断接点闭合，合位继电器 11HWJ、21HWJ 得电动作，其动断接点打开，不会发出控制回路断线。当第一组直流电源失电时，合位继电器 11HWJ 失电，其动断接点闭合，发出第一组控制回路断线信号；同样，第二组直流电源失电时，发出第二组控制回路断线信号。当断路器在分位时，跳位继电器 3TWJ 得电动作，其动断接点打开，合位继电器 11HWJ、21HWJ 失电，其动断接点闭合，不会发出控制回路断线。当第一组直流电源失电时，跳位继电器 3TWJ 失电，其动断接点闭合，会同时发出第一组控制回路断线信号和第二组控制回路断线信号；由于第二组直流电源只供第二组跳闸回路使用，当第二组直流电源失电时，跳位继电器 3TWJ 不会失电，其动断接点打开，因此不会发出任何一组控制回路断线信号。

（2）电压回路断线如图 17-7 所示。

释义：经过电压回路的切换后，将电压开入到保护装置中，当电压失却时，对保护装置的功能有影响。当间隔为运行状态，断路器和其中一母线隔离开关在合位，断路器的动合辅助接点 HWJ 闭合，隔离开关的动断辅助接点 1YQJ2、2YQJ2 中一个闭合、一个打开，回路不接通，不会发出电压回路断线信号；当断路器在合位时，当合闸位置的母线隔离开关动合辅助接点由于某些原因断开，则电压切换继电器失电，动断辅助接点 1YQJ2、2YQJ2 闭合，发出电压回路断线信号，此时，母线电压无法开入到保护装置中。

之后，设计单位对该信号进行了规范，当两把隔离开关均在分闸位置时或者保护屏后的电压低压断路器位置接点闭合（低压断路器跳开）时，发出电压回路断线，与断路器位置无关，如图 17-8 所示。

（3）切换继电器同时动作（见图 17-9）。

释义：当两组隔离开关均闭合时，动合辅助接点 1YQJ1、2YQJ1 都闭合，发出切换继电器同时动作的信号。该信号可供线路热倒排时使用，防止热倒时，隔离开关合闸不到位造成辅助接点接触不良。

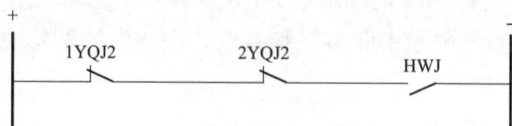

图 17-7 电压回路断线（一）

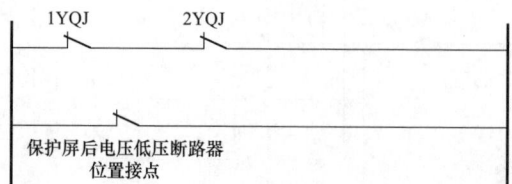

图 17-8 电压回路断线（二）

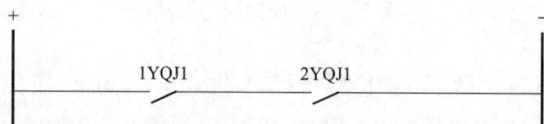

图 17-9 切换继电器同时动作

（4）非全相运行（见图 17-10）。

释义：操作箱可以提供断路器非全相运行的信号，其是通过两组跳闸回路中合位监视继电器的动合辅助触点与动断辅助触点分别并联后进行串联再进行并联。当断路器任意一相与其他两相位置不一致，都能够接通该信号回路，实现告警功能。

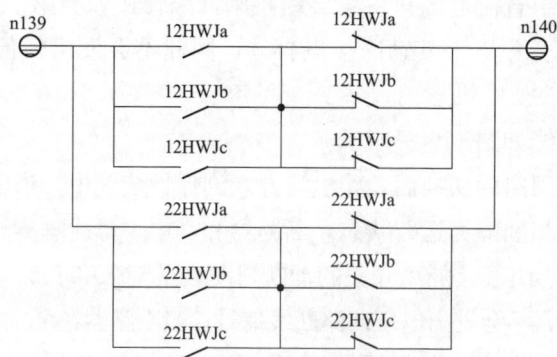

图 17-10 非全相运行

二、隔离开关回路图

1. 隔离开关操作回路典型闭锁原理（见图 17-11）

释义：随着测控装置的应用，隔离开关已经采用"监控系统逻辑闭锁＋设备间隔内电气闭锁"的方式来实现防误操作功能，不再设置独立的微机防误操作系统。该功能除了可以判别本间隔的闭锁条件外，还对其他跨间隔的相关闭锁条件进行判别。各电气设备间隔设置本间隔内的电气闭锁回路，不设置跨间隔之间的电气闭锁回路，跨间隔的防误闭锁功能由监控系统实现。监控系统逻辑闭锁与间隔内电气闭锁形成"串联"关系。电气回路与测控回路分别并接解锁切换开关，可单独进行某一回路的解锁。图 17-11 中 LD 为远近控切换开关，PC、PO 为近控操作按钮，L 为手摇操作电磁锁。隔离开关操作可在三个地方操作：①在后台机或测控装置上操作，利用 I/O 发出分合闸命令；②可以在端子箱或机构箱内操作，将切换开关 LD 至于"就地位置，使用按钮 PC、PO 进行电动操作；③可以在机构箱内进行手动操作，将 L 切至手动位置，使用摇柄进行手动操作。在任一地点操作，只有电气回路和监控回路满足条件，回路沟通才可进行。

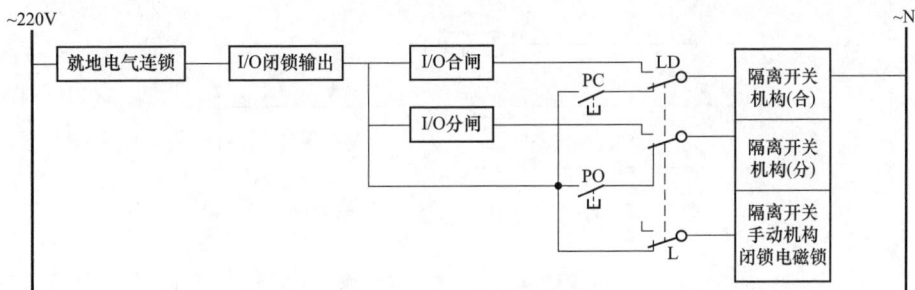

图 17-11 隔离开关操作回路典型闭锁原理

2. 隔离开关电气闭锁回路（见图 17-12、图 17-13）

释义：一个线路电气间隔包含断路器、隔离开关、接地闸刀。为保证操作的安全性，因此对隔离开关增加技术手段，防止人员的误操作。我们以 1G 隔离开关为例，要操作 1G 隔离开关，断路器必须拉开，防止带负荷拉隔离开关；其次与之关联的接地闸刀 1GD 要分开，由于断路器不作为明显的开断点，因此接地闸刀 3GD1 也要分开，防止母线上的电流经过隔离开关 1G 短路接地；此外，还要求另一把母线隔离开关在分位，防止两条母线不经过断路器直接串联。除了上述 1G 的正常操作，还有一个回路是专门用于热倒回路的，只要 2G 隔离开关在合位，1G 隔离开关就可以操作，可实现对外不停电。当然，由于断路器、隔离开关、接地闸刀多为户外设备，其辅助触点可能会接触不良，在满足隔离开关操作条件时仍旧不能操作。因此，与电气回路并接了 1SK 的解锁切换开关，当电气回路存在问题时，可直接将 1SK

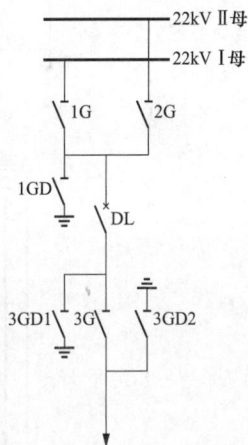

图 17-12 一间隔主接线

切换开关接通，将电气回路短接。当然，隔离开关失去电气闭锁会带来很大的风险，因此解锁操作一定要慎重。

3. 电动机控制回路（见图 17-14、图 17-15）

释义：隔离开关电动操作是由电动机正转或者反转，通过连杆带动导臂实现闸刀的分合。图 17-14 中，不论在隔离开关的任一操作地点发出合闸命令时，隔离开关动断辅助触点 S11 在闭合位置，动合辅助触点 S12 在打开位置，继电器 K2 不带电，其动断辅助触点 K2 在闭合位置，F1 为电动机电源的低压断路器辅助触点，正常运行时，其辅助触点 F1 合上，此时，合闸回路被沟通，继电器 K1 动作，其动合辅助触点 K1 闭合，形成保持回路，对继电器 K1 持续供电。并带动图 17-15 中动合辅助触点 K1 闭合，电动机 M 得电运转，隔离开关合闸。当隔离开关到达合位后，隔离开关动断辅助触点 S11 打开，断开合闸回路，继电器 K1 失电，电动机停止运转；同时动合辅助触点 S12 闭合，当发出分闸命令后，继电器 K2 得电，图 17-14 中动合辅助触点 K2 闭合，进行分闸保持，图 17-15 中动合辅助触点 K2 也闭合，由于相序反接，电动机进行倒转，隔离开关实现分闸。

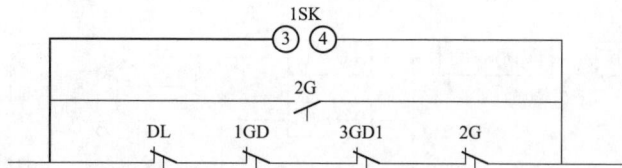

图 17-13　隔离开关闭锁回路简图

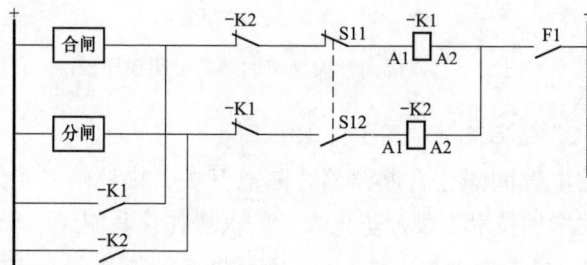

图 17-14　电动机控制回路（一）

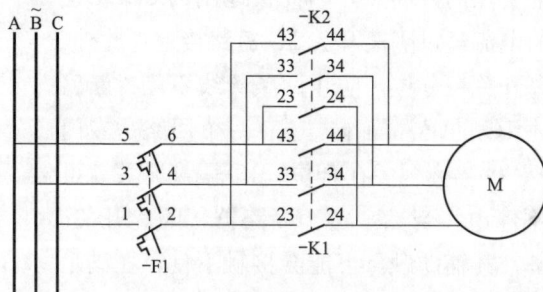

图 17-15　电动机控制回路（二）

三、保护装置回路图

1. 双套线路保护重合闸的配合（见图 17-16）

释义：现阶段的双套线路保护只用其中一套保护重合闸，另一套保护重合闸出口连接片停用。另一套保护通过至重合闸连接片、沟通三跳连接片两块连接片与前一保护重合闸配合，实现重合闸功能。

如图 17-16 所示，两套保护共用 602 的保护屏的重合闸功能，RCS931 保护通过至重合闸连接片 1LP15 将三跳启动、单跳启动、闭锁重合闸作为开入量开入 PSL602 保护中，PSL602 保护通过重合闸出口连接片 1LP6 将重合闸命令输入 931 屏上的操作箱 CZX12 的合闸中间继电器 ZHJ、信号继电器 ZXJ 完成重新合闸，并发出信号。

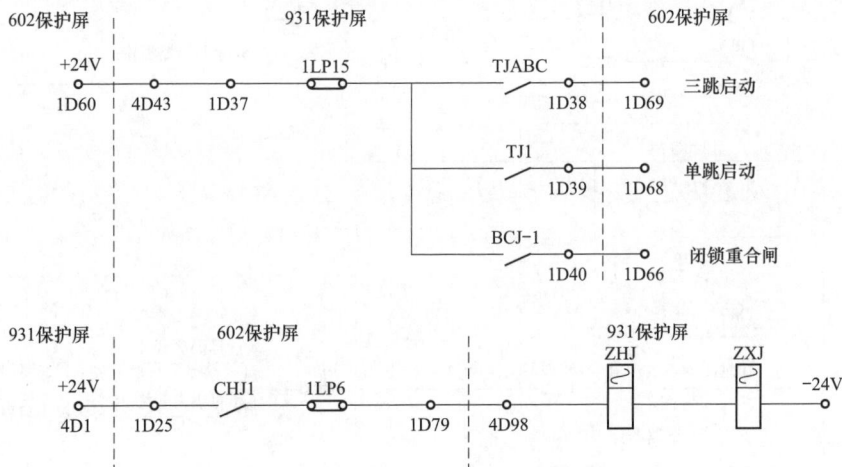

图 17 - 16　双套线路保护重合闸的配合

2. 线路失灵保护回路图

释义：220kV 线路由双套微机保护组成，有两套线路保护、一套断路器保护及操作箱组成。断路器失灵保护是作为断路器拒动时的近后备保护。失灵保护动作条件是保护动作并且动作相仍有故障电流时，启动断路器的失灵保护。如图 17 - 17 所示，当 RCS931 保护动作后，一路经操作箱出口跳闸，另一路去起动失灵保护，跳闸接点 A、B、C 分别通过本装置的失灵保护连接片 1LP9、1LP10、1LP11 触发 PSL631 装置中的失灵保护，同样，PSL602 保护动作后，一路经操作箱出口跳闸，另一路去起动失灵保护，跳闸接点 A、B、C 分别通过本装置的失灵连接片 1LP7、1LP8、1LP9 触发 PSL631 装置中的失灵保护，PSL631 装置接到单相的失灵保护触发后，对该相进行电流判别，若该相仍有故障电流，则电流继电器动作，其动合辅助接点闭合，失灵保护继电器 QDSL1、QDSL2 得电，这样实现了失灵保护的启动。之后，动合辅助接点 QDSL1、QDSL2 闭合，经过失灵启动连接片 15LP13 进入到母差保护，母差保护接到命令后，通过该间隔的隔离开关辅助接点判断其运行的母线，若满足复合电压开放条件，则对接于该母线上的所有回路发出跳闸命令，实现对故障的隔离，如图 17 - 18 所示。此外，还有些保护是直接三跳或者永跳的，保护三跳后，通过操作箱中的三跳接点 TJQ 闭合启动跳闸；而保护永跳后，通过操作箱中的永跳接点 TJR 闭合启动跳闸。保护动作三跳或者永跳后，其跳闸接点触发 PSL631 装置中的失灵保护，装置对三相电流进行检测，若电流继电器 LJABC 动作，则失灵保护启动。

3. 主变压器保护失灵回路图（见图 17 - 19）

释义：当主变压器发生故障时，主变压器保护动作起动跳闸继电器 TJR1 或 TJR2 的接点闭合，一路经操作箱出口跳闸，另一路去起动失灵保护。如果断路器跳开，则保

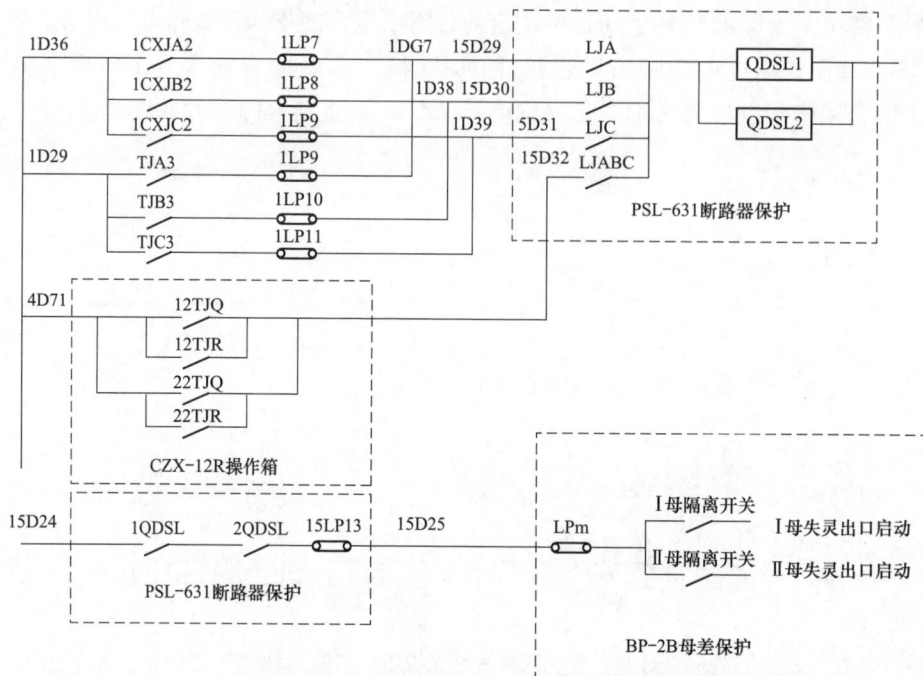

图 17-17 双套线路保护与失灵保护配合逻辑

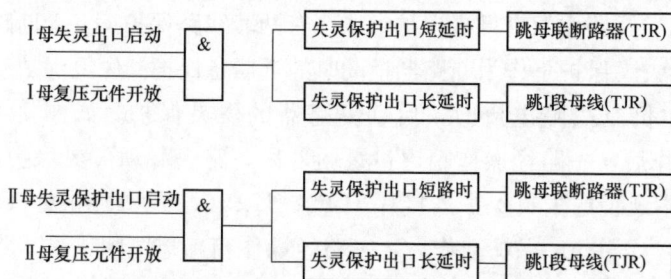

图 17-18 母差保护中失灵保护动作逻辑

护返回 TJR1 或 TJR2 接点返回，电流闭锁接点 LJ1、LJ2、LJ0 返回，失灵保护不动作。如果断路器拒动，TJR1 或 TJR2 接点不返回，电流接点闭合，起动中间继电器 SLQD，SLQD2 接点延时闭合，经短延时（0.5s）解除复压；SLQD1 接点延时闭合，经长延时（0.8s）去启动母差保护装置中的失灵保护。通过母差保护装置里的隔离开关切换触点来选择故障元件在Ⅰ母还是Ⅱ母，则时间继电器 TJ 延时接点闭合，0.3s 跳开母联断路器，0.6s 跳开拒动断路器所在母线上的所有元件。

对比线路失灵保护及主变压器失灵保护其主要区别有：

1）220kV 线路断路器失灵保护动作需经复合电压启动，即Ⅰ（Ⅱ）母复合电压动作和Ⅰ（Ⅱ）母失灵保护出口两个条件同时满足才能经母差保护出口跳开关；而主变压器 220kV 侧断路器失灵保护动作后 0.5s 解除母差保护中复压闭锁接点。解除复合电压的目的是：当主变压器低压侧或中压侧发生短路故障时，220kV 母线电压可能降低不会太大，达不到复合电压的动作值，如果此时不去解除 220kV 母差保护的复合电压闭锁，失灵启动后,母差保护有可能拒动,故障无法切除。

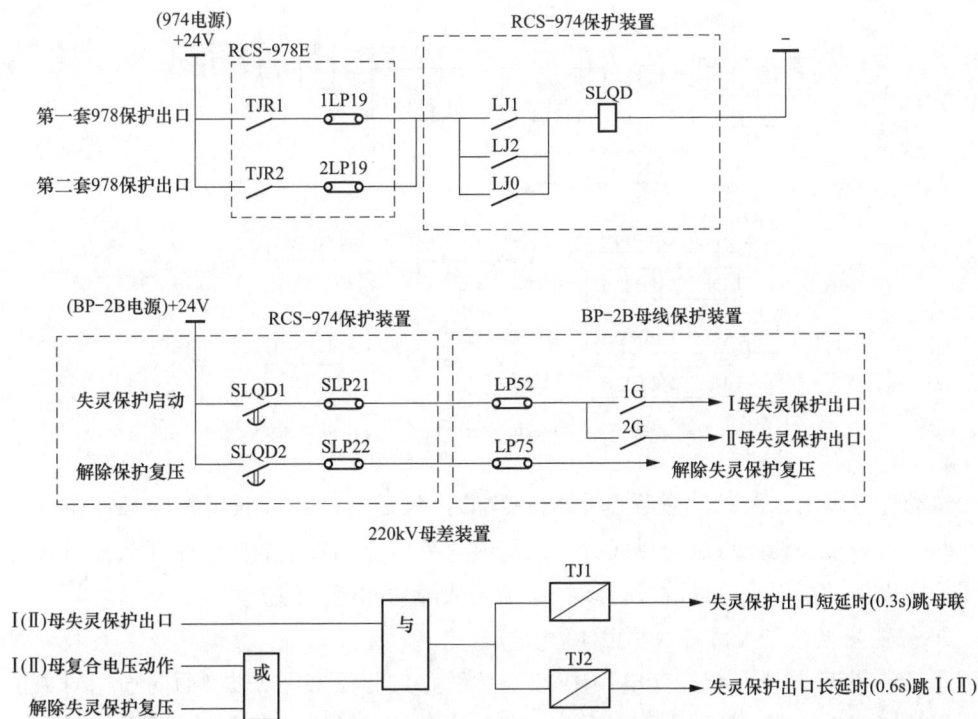

图 17 - 19 主变压器失灵保护回路图

2) 220kV 线路失灵保护动作后,不经延时去启动母差保护装置,即 SLQD 继电器不带延时;而主变压器 220kV 侧断路器失灵保护动作后经延时(0.8s)去启动母差保护装置,即 SLQD1 接点经 0.8s 延时闭合,因此,主变压器 220kV 侧断路器失灵保护更加可靠,不会因故障切除后电流接点返回慢而造成失灵保护误动。

4. 微机母差保护母联失灵保护与死区保护逻辑图(见图 17 - 20)

释义:当Ⅰ段母线上有故障,Ⅰ段差动保护动作,跳开母联断路器及Ⅰ段母线上所有线路断路器。当母联断路器故障,未能跳开时,即启动母联失灵保护。由于母联断路器未跳开,对于Ⅱ段母线来说,其小差(Ⅱ段母线各支路电流与母联电流的矢量和)是平衡,为了切除故障,需要将Ⅱ段母线上所有线路断路器跳开。为此,保护装置采用封母联 TA 的方式。当母联断路器失灵后,经过一段延时,保护装置逻辑自动将母联 TA 电流封锁,不进行逻辑计算,此时,Ⅱ段母线由于失去母联电流,Ⅱ段差动保护动作,实现故障的隔离,该动作过程即为母联失灵保护。

死区保护是故障点在母联断路器及 TA 之间,当Ⅰ、Ⅱ段母线合环运行时,母联 TA 靠近Ⅱ段母线,当发生死区故障,首先Ⅰ段差动保护动作,跳开母联断路器及Ⅰ段母线上的所有线路断路器。而对于Ⅱ段母线来说,其小差是平衡,为了切除故障,需要将Ⅱ段母线上所有线路断路器跳开。为此,保护装置同样采用封母联 TA 的方式,但其逻辑是当母联断路器在分位时,延时 50ms,进行封母联 TA,此时,Ⅱ段母线由于失去母联电流，Ⅱ段差动保护动作，实现故障的隔离，该动作过程即为母联死区保护。

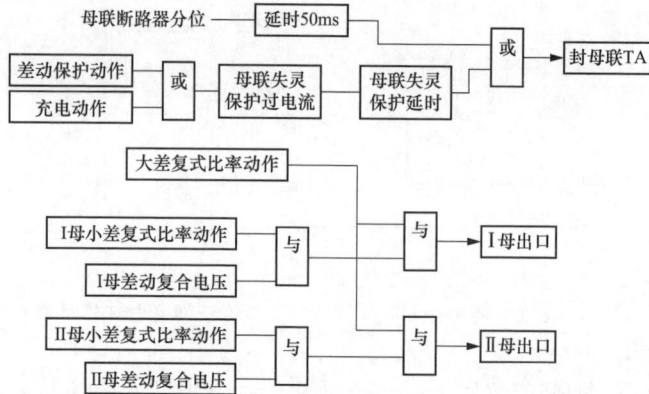

图 17 - 20　微机母差保护母联失灵保护与死区保护逻辑图

从动作逻辑上来说，其过程基本是一致的，只是启动封母联 TA 的触发条件不一致。此外，最重要的一点是当母线分列运行时，死区点如发生故障，由于母联 TA 已被封闭，所以保护可以直接跳故障母线，避免了故障切除范围的扩大。

5. 智能变电站二次回路（见图 17 - 21）

释义：图 17 - 21 是智能变电站中 220kV 线路过程层 GOOSE（面向通用对象的变电站事件）信息流图，从图中可以看到，各装置间相互的连接由早期多根的电缆变成了少量的光纤，由于光纤上可承载的信息很多，只要在信息前增加相应的字段，如编号、时序等，就可以对这些信息进行区别。各装置间通过过程层交换机进行交流，装置可以将自己的信息发布到交换机中，同时也可以将需要的信息从交换机上吸收到本装置中。举例来说，如 220kV 线路 OCT（光纤式电流互感器）合并单元将 GSA05 上传至交换机，查阅图 17 - 21（b），GSA05 为 OCT 合并单元装置信息、告警信息，该 GOOSE 信息被线路保护测控装置所接收，这样，当 OCT 合并单元有何异常信号，都会通过 220kV 线路保护测控装置发出报警信号。同样，220kV 线路智能终端将 GSA03 上传至交换机，并

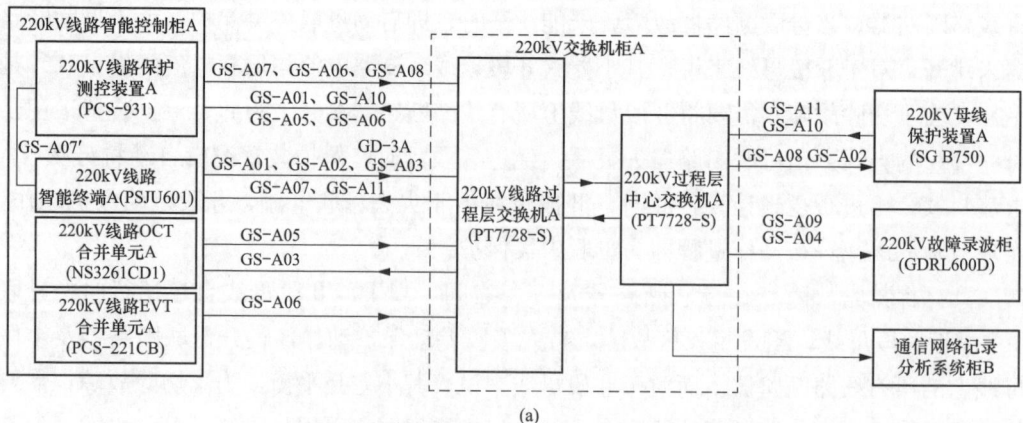

(a)

图 17 - 21　智能变电站二次回路（一）

序号	发送	接收	GOOSE信息内容表表号	说明
1	220kV线路智能终端A(PSIU601)	220kV线路保护测控装置A(PCS-931)	GS-A01	断路器、隔离开关位置、气压低闭锁重合闸
2	220kV线路智能终端A(PSIU601)	220kV母线保护装置A(SG B750)	GS-A02	隔离开关位置(1G/2G)
3	220kV线路智能终端A(PSIU601)	220kV线路OTA合并单元(NS3261CD1)	GS-A03	隔离开关位置(1G/2G)
4	220kV线路智能终端A(PSIU601)	220kV故障录波器(GDRL600D)	GS-A04	断路器位置录波
5	220kV线路OTA合并单元(NS3261CD1)	220kV线路保护测控装置A(PCS-931)	GS-A05	OCT合并单元装置信息、告警信息
6	220kV线路EVT(PCS-221CB)	220kV线路保护测控装置A(PCS-931)	GS-A06	EVT装置告警信息
7	220kV线路保护测控装置A(PCS-931)	220kV线路智能终端A(PSIU601)	GS-A07	控制命令出口
8	220kV线路保护测控装置A(PCS-931)	220kV线路智能终端A(PSIU601)	GS-A07′	保护动作、重合闸动作、闭锁重合闸
9	220kV线路保护测控装置A(PCS-931)	220kV母线保护装置A(SG B750)	GS-A08	断路器单跳启动失灵
10	220kV线路保护测控装置A(PCS-931)	220kV故障录波器(GDRL600D)	GS-A09	保护动作录波
11	220kV母线保护装置A(SG B750)	220kV线路智能终端A(PSIU601)	GS-A10	母线保护跳闸
12	220kV母线保护装置A(SG B750)	220kV线路保护测控装置A(PCS-931)	GS-A11	母线保护动作启动远跳，闭锁重合闸

(b)

图 17-21 智能变电站二次回路（二）

被 220kV 线路 OCT 合并单元所接受，查阅图 17-21（b），GSA03 为母线隔离开关的位置接点，220kV 线路 OCT 合并单元可根据隔离开关位置接点对母线电压进行判断取舍。